치앙마이를
가장 멋지게
여행하는 방법

일러두기

이 책은 2019년 8월까지의 현지 취재를 바탕으로 제작됐습니다. 최선을 다해 취재했지만 현지 사정으로
가격, 영업시간, 이전 및 폐업에 관한 정보가 실시간으로 반영되지 않을 수 있음을 양해 부탁드립니다.

치앙마이를 가장 멋지게 여행하는 방법

초판 발행 2017년 2월 1일
개정판 2쇄 2019년 8월 30일

지은이 신중숙, 방콕커플 / **펴낸이** 김태헌
총괄 임규근 / **기획·편집** 신중숙 / **진행** 신미경 / **교정교열** 조창원
디자인 표지 천승훈, 내지 홍주연
일러스트 표지 이예연, 내지 김소연, 지도 홍주연
영업 문윤식, 조유미 / **마케팅** 박상용, 손희정, 박수미 / **제작** 박성우, 김정우

펴낸곳 한빛라이프 / **주소** 서울시 서대문구 연희로2길 62 한빛빌딩
전화 02-336-7129 / **팩스** 02-325-6300
등록 2013년 11월 14일 제25100-2017-000059호
ISBN 979-11-88007-25-7 14980, 979-11-85933-52-8 14980(세트)

한빛라이프는 한빛미디어(주)의 실용 브랜드로 우리의 일상을 환히 비추는 책을 펴냅니다.

이 책에 대한 의견이나 오탈자 및 잘못된 내용에 대한 수정 정보는 한빛미디어(주)의 홈페이지나 아래 이메일로
알려주십시오. 잘못된 책은 구입하신 서점에서 교환해 드립니다. 책값은 뒤표지에 표시되어 있습니다.

한빛미디어 홈페이지 www.hanbit.co.kr / 이메일 ask_life@hanbit.co.kr
페이스북 facebook.com/hanbit.pub / 인스타그램 @real.guide

지금 하지 않으면 할 수 없는 일이 있습니다.
책으로 펴내고 싶은 아이디어나 원고를 메일(**writer@hanbit.co.kr**)로 보내주세요.
한빛라이프는 여러분의 소중한 경험과 지식을 기다리고 있습니다.

치앙마이를
가장 멋지게
여행하는 방법

신중숙·방콕커플 지음

IB 한빛라이프

> 66
> ## 치앙마이,
> ## 나를 착하게 만드는 여행지
> 99

● 여행 기자에서 여행 작가로 전업한 이후, 그리고 회사를 다니는 중에도 틈틈이 10권이 넘는 책을 썼습니다. 다녔던 회사에서 만든 가이드북, 관광청의 공식 가이드북까지 더하면 족히 30권이 넘는 여행 정보서를 냈더군요. '다시는 가이드북 작업은 하지 않겠다' 다짐했지만 다시 이 책을 만들기로 작정한 건 일종의 공명심 때문이었던 것 같습니다. 나만 알고 있기는 너무나도 미안했기 때문에.

'도시지향형 여행자'로서 대도시를 다니며 이따금 '여긴 정말 나만 알고 싶다. 다른 사람은 몰랐으면 좋겠다'는 이기적인 생각을 했습니다. 하지만 치앙마이에서는 달랐습니다. 인도도 제대로 갖춰지지 않은 길가에 멋지게 그려진 스트리트 아티스트의 벽화, 디테일 하나하나까지 그대로 베끼고 싶었던 13개 방을 품은 치앙마이 아티스트의 부티크 호텔, 단돈 1,000원으로 먹기에 퀄리티와 모양새가 몹시도 훌륭해 송구스러운 마음까지 들었던 브런치 한끼, 가장 태국스러우면서도 세계 어디와 비교해도 뒤지지 않는 북부 태국의 커피와 카페까지. 나만 알기에는 너무 미안해서. 그래서 가족, 친지, 친구들은 물론 사방팔방에 이 멋진 도시 치앙마이, 그리고 치앙마이에서의 순간들을 더 속속들이 알리고 또 나누고 싶어 이 책을 썼습니다.

그리고 그동안 우리가 가졌던 치앙마이에 대한 편견, '코끼리 트레킹', '고산족인 카렌족 마을 방문', '골프'와 같은 내용은 이 책에서 찾아볼 수 없습니다. 대신 코끼리와 함께 걷고, 고산족이 재배한 커피를 예쁜 카페에서 즐기며, 고산족의 솜씨가 녹아든 수공예품을 구입하며 '착한 여행'이란 것이 우리의 여행에서 그리 요원하지 않다는 것을 보여드리고 싶었습니다. 또한 일부 사람들만 즐기는 골프보다는, 누구나 편히 쉽게 배우고 여행 후에도 주변 사람들을 위해 충분히 활용할 수 있는 쿠킹 클래스 정보를 더욱 성실히 취재했습니다. 이 책의 출간을 앞둔 지금, 이 모든 것들이 치앙마이 덕에 내가 좀 더 착해진 느낌이 드는 여러 가지 이유입니다.

340여 페이지에 꾹꾹 눌러 담은 저희의 추천 스폿들, 그리고 사랑스러운 문화와 매력을 통해 그동안 알고 있던 태국의 이미지를 바꿔놓는 진정한 치앙마이를 여러분도 꼭 만나시길 바랍니다. 빙산의 일각일 테지만 '치앙마이를 가장 멋지게 여행하는 방법'을 자신 있게 소개합니다.

신중숙 Rena Shin

〈여행신문〉의 객원기자로 시작해 자매지인 〈트래비〉 창간 멤버로 여행업계에 본격적으로 입문했다. 프리랜스 여행 에디터로 관광청 및 각종 매거진과 다양한 프로젝트를 진행했으며 여행 작가로 10여 권의 여행 책을 집필했다. 그 후 개별자유여행 전문 여행사 '내일투어' 마케팅 팀장으로 합류해 여행업에 대한 보다 깊고 넓은 견문을 쌓았다. 현재는 좋은 친구들과 좋은 의도의 일만 하겠다는 거창한 포부를 갖고 홍보 및 여행 콘텐츠 제작 기획사인 '굿 컴퍼니'를 운영 중이다. 전 세계 대도시를 기자 혹은 작가로서 취재하고, 진짜 여행자로서 여행한 이 풍부한 경력과 경험으로 훗날 서울시장이 되겠다는 원대한 장래희망을 갖고 산다.

저서로는 《시크릿 방콕》, 《시크릿 홍콩》, 《It's Hot 홍콩쇼핑》, 《싱가포르 가자》, 《365 여행》 등이 있다.

 renakongshin 　blog blog.naver.com/poet99

> 66
> # 지금은 치앙마이로
> # 떠날 '때'입니다
> 99

● 세상 모든 여행지 중에 태국, 그리고 태국에서도 방콕이 가장 좋아 우리 스스로를 '방콕커플'이라 이름 붙인 평범한 부부입니다. 여행업에 종사하며 낮에는 회사에서, 밤에는 블로그를 안식처 삼아 밤낮으로 여행만 생각하던 저희에게 어느 날 꿈이 생겼습니다. 언젠간 저희가 사랑하는 태국 여행 책을 써보리라는 원대한 꿈. 글 쓰는 재주도, 사진을 찍는 기술도 제로, 게다가 여행 고수 많기로 유명한 태국을 1년 내내 여행할 수는 없는 일. 그럼에도 1년에 몇 번 귀한 휴가를 내서 묻지도 따지지도 않고 태국으로 떠나는 여행자들과 공감할 수 있는 책을 쓰고 싶다는 바람을 늘 간직하고 있었습니다. 이런 저희에게 마법, 기적, 운명이란 단어를 다 끌어들여도 모자랄 정도로 놀라운 일이 펼쳐졌고 저희의 '꿈은 이루어진다' 스토리는 급행열차를 타고 진행되었습니다.

누군가 "왜 그 많은 여행지 중 치앙마이냐?"고 묻는다면 세상 모든 일에 때가 있듯이 지금이 치앙마이를 여행할 때이기 때문이라 답하겠습니다. 그동안 치앙마이는 바다가 없다는 이유로, 혹은 방콕처럼 화려한 매력이 부족해 그 진가를 인정받지 못했습니다. 하지만 지금 치앙마이는 하루가 다르게

변하고 있습니다. 세련된 카페, 감각적인 레스토랑, 치앙마이 쇼핑 리스트를 가득 채울 쇼핑몰까지 속속 들어서며 완벽한 매력을 가진 여행지로 변모하는 중입니다. 거기에 란나의 문화와 역사를 간직한 사원과 고즈넉한 동네의 소박한 풍경, 넉넉한 인심까지 더해졌으니 가성비 훌륭한 여행지이기도 합니다.

최대한 뻔하지 않은 스폿, 치앙마이 사람들이 주목하는 곳을 담으려 노력했습니다. 밥 한끼, 커피 한잔을 하더라도 아무데서나 보낼 수 없는 여행자의 귀한 시간을 아껴주고 싶은 마음을 이 책에 담았습니다. 아직도 저희 커플은 서울의 집에서 치앙마이 카페에서 마셨던 달콤 쌉싸래한 라테와 빠이까지 가는 그 굽이진 길과 빠이에 흘러넘치는 자유로움, 치앙라이 토요 시장에 펼쳐진 신명나는 춤사위, 그리고 소박한 사람들에 대해 이야기를 나누곤 합니다. 한국에서는 왜 피콜로 라테를 쉽게 찾을 수 없는지에 대한 불만을 토로하기도 하고요. 그 추억을 나누며 일상에서 힘을 얻는 저희처럼 이 책이 여행 후 또 다음 여행을 기약하며 삶의 활력소로 삼을 수 있는 계기가 되었으면 합니다.

방콕커플 Bangkok Couple

남편은 영화, 아내는 언론을 전공했지만 철들고 보니 천직은 여행이라는 것을 깨닫고 직업을 아예 여행사 직원으로 바꾼 후 10년째 함께 여행하고 있는 부부. 전 세계를 둘러봐도 여행지로는 태국이 최고라 외치며 모든 이들에게 태국 여행을 전도하는 중이다.

bkkcouple   bangkokcouple   blog.naver.com/fairysection

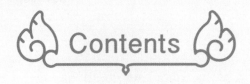

Contents

Hotels & Resorts
호텔 & 리조트

Easy Chiang Mai
치앙마이 여행 기초 정보

치앙마이
미리 보기

치앙마이 키워드 10

치앙마이로 떠나기 전, 치앙마이라는 도시에 대해 우리가 알아두어야 할 핵심 키워드 10가지!

01 아트 마이

예술의 도시 치앙마이. 사원에, 박물관에, 카페에, 그리고 일상 곳곳에 스며든 예술의 향기. 그래서 이곳은 예술가가 가장 살고 싶어 하는 도시다.

02 커피 Coffee

고산족이 공들여 재배한 수준 높은 커피는 생각지도 못했던 여행의 재미를 더한다. 커피로 인해 더욱 향기로운 치앙마이 여행.

03 로열 프로젝트 Royal Project

아편을 재배하고 화전농업을 하던 고산족을 위해 왕실은 '고산족 자급자족 프로젝트'로 지역을 개발했다. 덕분에 그들의 생활뿐 아니라 우리의 여행까지 보다 풍요로워졌다.

04 마운틴 Mountains

태국어로 도이Doi란 산을 의미한다. 태국 최고 높이의 도이인타논을 비롯해 수많은 산은 바다 위 섬들의 이야기보다 더 재미나다.

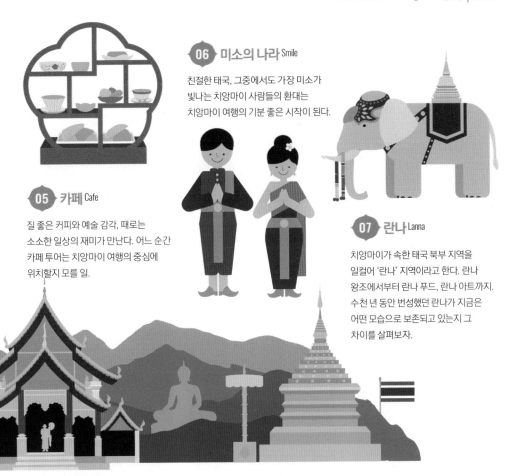

06 미소의 나라 Smile

친절한 태국, 그중에서도 가장 미소가
빛나는 치앙마이 사람들의 환대는
치앙마이 여행의 기분 좋은 시작이 된다.

05 카페 Cafe

질 좋은 커피와 예술 감각, 때로는
소소한 일상의 재미가 만난다. 어느 순간
카페 투어는 치앙마이 여행의 중심에
위치할지 모를 일.

07 란나 Lanna

치앙마이가 속한 태국 북부 지역을
일컬어 '란나' 지역이라고 한다. 란나
왕조에서부터 란나 푸드, 란나 아트까지.
수천 년 동안 번성했던 란나가 지금은
어떤 모습으로 보존되고 있는지 그
차이를 살펴보자.

08 태국 북부의 중심 Center of the Northern Thai

태국 북부의 신도시 치앙마이는 치앙라이, 치앙샌, 치앙콩, 빠이,
매홍손, 매싸이 등을 모두 잇는 북부 태국의 중심이다.

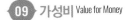

09 가성비 Value for Money

"이 가격에 어떻게 이런!" 수많은 것에
절로 감사하게 만드는 놀라운 가성비는
치앙마이에서 빛을 발한다. 먹고, 보고,
머무는 모든 것을 뛰어난 가성비로 맘껏
즐기시라!

10 교통편 Connectivity

치앙마이는 북부 지역의 중심일 뿐
아니라 태국 제2의 수도로서 방콕을
비롯해 푸껫, 끄라비, 꼬사무이 등
태국의 다른 지역이나 라오스, 미얀마,
캄보디아로의 교통편이 발달했다.

치앙마이 베스트 오브 베스트 10

치앙마이를 여행하다 보면 예상치 못한 규모와 역사에 놀라는 순간이 많다. 태국 안에서도, 세계적으로도 최고, 최대를 자랑하는 치앙마이의 면면.

태국 최고의 산
도이인타논 Doi Inthanon

도이인타논은 해발 2,565m로 1954년 국립공원으로 지정됐다. 여러 소수민족이 살며 수많은 사원과 이국적인 열대 우림의 풍광 덕에 빼놓을 수 없는 여행 코스로 사랑받는다.
➡ p.015

태국에서 가장 높은 사원
도이수텝 Doi Suthep

수텝은 치앙마이 서쪽 15km 지점에 있는 높이 1,677m의 성스러운 산이다. 산 중턱에 자리 잡은 도이수텝은 태국에서 가장 높은 곳에 위치한 사원으로 1383년에 세워졌다.
➡ p.014

세계 최대 마약 생산지
골든 트라이앵글 Golden Triangle

태국, 미얀마, 라오스가 맞닿은 골든 트라이앵글은 과거 세계 최대의 헤로인 생산지였으며 현재도 세계 마약의 대부분이 이곳에서 난 것이다. 그러나 마약 단속을 강화하고 주민들에게 다른 생계수단을 제공하기 위해 노력하고 있다.
➡ p.238

세계 최고의 무위 마을
빠이 Pai

치앙마이에서 140km 떨어진 곳으로 버스로 4시간, 762개 고개를 넘어가야 닿을 수 있는 산골 마을 빠이는 아무것도 안하고 시간을 보내거나 무엇이든 원하는 대로 액티비티를 즐기기에도 최적의 장소다.
➡ p.254

태국 최고의 바리스타
리스트레토 Ristr8to

치앙마이에는 '카페라테'를 가장 예술
적으로 만드는 바리스타가 있다. 2015
년, 2011년 월드 라테 아트 챔피언World
Latte Art Champion에 빛나는 리스트레토
의 아논Arnon이 그 주인공!
➡ p.156

치앙마이 최고의 대학
치앙마이 대학교 CMU

치앙마이 대학교는 태국 북부에 설립된
최초의 고등교육 기관이며, 방콕 이외 지
역에 설립된 태국 최초의 지방종합대학
이다. 영화 〈로스트 인 타일랜드〉에 등장
한 뒤에는 여행 명소로도 사랑받는다.
➡ p.138

세계 최초의 코끼리 병원
아시아 코끼리의 친구들
Friends of Asian Elephant

람빵Lampang에는 세계 최초 코끼리 병
원 '아시아 코끼리의 친구들'이 있다. 여
기에서는 자원봉사를 신청해 보다 의미
있는 여행이 가능하다.
➡ p.311

가장 유니크한 숙박
포시즌스 텐티드 캠프
Four Seasons Tented Camp

모두 수공예품으로 만든 15채의 텐트,
1박에 300만 원에 달하는 고가의 숙박
비에 걸맞게 투숙 내내 포함된 와인, 음
식, 액티비티까지. 코끼리와 함께 맞는 아
침과 특별한 체험거리 등 이보다 더 특별
한 숙박은 없다. ➡ p.308

치앙마이 최대 야시장
선데이 마켓 Sunday Market

동남아를 여행하며 빼놓을 수 없는 즐거
움이 야시장이다. 특히 치앙마이에서는
주말이 되면 그 어느 야시장 부럽지 않은
큰 규모로 열린다. 치앙마이 쇼핑 리스트
를 이곳에서 다 채워도 될 정도다.
➡ p.068

치앙마이 최대의 강
빙강 Mae Ping

언뜻 보기에는 강이라 하기엔 작은 규모
지만 방콕까지 700km 이상을 흘러 방콕
차오프라야를 태국에서 가장 긴 강으로
만드는 중요한 역할을 한다. 치앙마이에
서는 강변의 낭만을 레스토랑, 호텔, 크
루즈에서 다채롭게 만날 수 있다.
➡ p.174

치앙마이 최고의 명소

자유여행이든, 패키지 여행이든 치앙마이를 여행할 때 꼭 들러야 할 방문지는 바로 여기!

1 도이수텝을 오르는 309개의 계단
2 황금빛 불탑, 제디는 신성한 아름다움을 뽐낸다

치앙마이 제일의 사원 그 이상

도이수텝 Doi Suthep

치앙마이 사람들이 여행자에게 반드시 묻는 것 중 하나. "도이수텝 다녀왔어?" 그리고 덧붙이는 말. "치앙마이에서 도이수텝을 안 가면 치앙마이에 왔다고 얘기할 수 없어!" 그만큼 도이수텝은 치앙마이 여행의 필수 코스다. 도이Doi는 태국어로 산을 의미한다. 해발 1,053m에 위치한 왓프라탓 도이수텝Wat Phrathat Doi Suthep은 치앙마이를 대표하는 사원으로 1383년에 지어졌다. 왓프라탓은 부처의 사리가 안치되었다는 뜻이다. 란나 왕국 때 부처의 사리를 운반하던 하얀 코끼리가 수텝 산에 올라 탑을 3바퀴 돌고는 쓰러져 죽었다는 설이 있는데 당시 코끼리가 운반해왔다는 사리가 불탑에 안치되었다. 사원의 하이라이트는 309개의 계단과 황금 불탑인데, 치앙마이의 시가지가 한눈에 들어오는 전망대도 필수 코스로 꼽힌다. 또 24m 높이의 황금빛 불탑 주변에는 33개의 종이 둘러져 있는데 이 종을 모두 치면 복을 받는다고 한다. 치앙마이 시내에서는 송태우나 데이투어를 이용해 둘러볼 수 있다.

🚌 30바트(엘리베이터 이용 시 입장료 포함 50바트) 🚐 치앙마이 시내 중심에서 차로 30분 📍 Wat Phra That Doi Suthep Rd, Srivijaya Suthep, Chiang Mai 📞 +66 53 295 002 🕐 06:00~18:00 🗺️ p.022-A 지도 밖

🗺️ p.022-A 지도 밖

✤ Editor's Tip ✤

도이수텝은 하루 코스로!

도이수텝과 함께 도이뿌이Doi Pui를 들러보는 코스도 자유여행자들에게 인기다. 도이뿌이는 몽족이 사는 마을로 대단한 볼거리는 없지만 좁은 골목의 계단 길에 도이뿌이 마을의 특산품인 차와 수공예품을 파는 상점이 빼곡하다. 열대 나무와 열대 꽃, 그리고 양귀비까지 심은 마을의 소담한 꽃밭과 고산족 생활 박물관도 흥미롭다. 고산 지역이라 겨울에는 기온까지 서늘해져 피서지로도 사랑받는데 실제로 인근에는 태국 왕실이 사용하는 별장, 푸핑 팰리스Bhubing Palace도 자리해 도이수텝과 함께 여행하기 좋다.

3,4 도이인타논으로 가는 길, 볶지 않은 생 마카다미아를 파는 상점이 눈에 띈다 5 그랜드 캐년에는 젊은 여행자들이 많이 방문한다
3

태국에서 가장 높은 산의 매력
도이인타논 국립 공원 Doi Inthanon National Park

태국에서 가장 높은 산으로 '태국의 지붕'으로도 알려진 대표적인 국립공원이다. 치앙마이 시내에서 109㎞ 정도 떨어져 있다. 해발 800m부터 2,565m까지 크고 작은 산들이 연결된 큰 규모를 자랑하며 특별한 볼거리보다는 자연 그대로를 느끼는 것이 도이인타논을 만끽하는 방법이다. 울창한 산림 곳곳에 매야Mae Ya, 매끌랑Mae Klang 같은 유명한 폭포가 자리해 자연경관과 함께 트레킹이나 캠핑을 즐기기에 더없이 좋은 곳. 도이인타논은 여름에도 20도 전후의 서늘한 기후로 특히 10월부터 2월 사이에는 추위가 느껴질 정도로 기온이 내려간다. 1~2월에는 벚꽃이 만발해 태국인들이 가장 선호하는 여행지다. 또 300여 종의 열대 식물과 360종 조류의 서식처로 3월부터 5월까지 새들의 이동 시기가 되면 형형색색의 꽃과 새를 관찰할 수 있다. 고산족의 삶의 터전이기도 해 흐몽족을 비롯해 다양한 부족을 만날 수 있다. 대부분의 여행자는 치앙마이 시내에서 아침에 출발하는 데이투어를 이용한다.

🎟 어른 300바트, 아동 150바트, 1일 투어 이용 시 1,100바트~ 🚗 치앙마이 시내에서 차로 2시간 📍 Amphoe Chom Thong, Chiang Mai 📞 +66 53 355 728 🕐 06:00~18:00 ᴍᴀᴘ p.022-A 지도 밖

스릴 넘치는 물놀이
그랜드 캐년 Grand Canyon

분지 지형으로 3월부터 낮 기온이 40도까지 올라가는 치앙마이. 더위를 피할 바다나 큰 강이 없어서 치앙마이 여행이 아쉬웠다면 치앙마이 캐년이 그 갈증을 해소해 줄 수 있겠다. 원래 토양 채취를 위한 곳이었지만 한쪽만 파고 남은 곳에 물이 고여 작은 캐년을 연상시키는 인공 습곡이 되었다. 관광지로 개발된 이후 사고가 끊이지 않았지만 서양여행자들의 전폭적인 지지로 항동지역 1등 관광지로 성장하고 있다. 현재 그랜드 캐년은 워터파크로 개장했다. 입장권은 입구에서 구매해야 하며 안쪽에서는 구명조끼와 튜브, 보트 등을 유료로 빌릴 수 있다. 그랜드 캐년을 내려다볼 수 있는 경치 좋은 카페와 레스토랑도 있으니 하루쯤 치앙마이에서만 즐길 수 있는 물놀이와 자유로움을 경험해보기에 나쁘지 않다.

🎟 워터파크 성인 450바트, 신장 120㎝ 이하 아동 350바트, 90㎝ 이하 아동 무료, 로커 이용 50바트(로커 키 디포짓 100바트) 🚗 치앙마이 시내에서 항동 쪽으로 차로 20분 이상 📍 244 Nam Phrae, Hang Dong, Chiang Mai 📞 +66 80 893 9858 🕐 09:00~19:00 🌐 www.facebook.com/Grandcanyonwaterpark ᴍᴀᴘ p.022-C 지도 밖

GRAND CANYON

4
5

온 가족이 열대의 밤을 즐기는 법
나이트 사파리 Night Safari

싱가포르에 이어 세계에서 두 번째 문을
연 나이트 사파리다. 싱가포르 나이트 사
파리보다 2배 이상 큰 40만 평 대지에 자
리하며 낮부터 밤까지 다양한 프로그램
을 운영한다. 사파리는 걷거나 트램 혹은
전동 킥보드를 대여해 다닐 수도 있다. 치
앙마이 나이트 사파리는 사파리이자 동
시에 동물원으로 판다와 백호가 가장 인
기다. 크게 재규어 트레일 구역, 포식자
구역, 밤이면 활발해지는 동물들을 관찰
할 수 있는 사바나 구역으로 나뉘는데 낮
보다는 밤에 방문해 밤에 활동하는 동물
들을 관찰할 것을 추천한다.

오디오 가이드는 시간대에 따라 영어와
태국어로 진행되니 미리 확인하는 것이
좋다. 아동을 위한 놀이터와 자연 교육을
위한 디지털 코너도 가족 여행자에게 호
응을 얻는다. 타패 게이트 인근 호텔까지
무료 셔틀을 운영한다.

🏛 재규어 트레일 100바트, 트램 탑승 포함
데이/나이트 사파리 성인 800바트, 아동 400
바트 ▐ 치앙마이 시내에서 항동 쪽으로 차로
20분 이상 ♥ 33 Moo 12, Nong Khwai,
Hang Dong, Chiang Mai 📞+66 53 999
000 🕐 11:00~22:00 🌐 www.Chiang
Mainightsafari.com MAP p.022-C 지도 밖

1 야행성
동물들은 밤에 더
활발하니 방문에 참고할 것
2 태국 학생들의 현장 학습
장소로도 인기인 로열 파크
랏차프룩 3 로열 파크를
도는 유료 트램

란나 정신이 담긴 테마 정원
로열 파크 랏차프룩 Royal Park Ratchaphruek

치앙마이 시민들의 휴식처이자 볼거리 가득한 로열 파크 랏차프룩은 80헥타르, 무려
24만 2,000평에 달하는 거대한 공원이다. 2009년 농업 박람회가 열렸던 곳을 2010
년부터 로열 파크 랏차프룩이란 명칭으로 개방했으며 전 세계 도시와 기업으로부터 후
원받아 만든 테마관이 모여 특색 있는 정원이 되었다. 50여 개가 넘는 테마관은 특징
에 따라 오키드관, 분재관 그리고 후원한 나라의 이름을 딴 중국관, 한국관 등이 있다.
공원의 하이라이트는 공원 끝에 자리한 로열 파빌리온. 태국어로 호 캄 루앙Ho Kham
Luang이라 하며 란나 스타일의 정수를 담은 건축물이다. 못 하나 쓰지 않고 목조로만
건축된 이곳은 학생들의 학습 장소일 뿐 아니라 전 세계 순회 전시 중인 '1600 판다 플
러스'의 전시 장소로도 활용됐다. 드넓은 공원은 유료 트램을 타고 돌아보면 편하다.

🏛 성인 100바트, 아동 50바트, 트램 20바트, 자전거 대여 60바트(보증금 200바트 별도) ▐ 치앙마이
시내에서 항동 쪽으로 차로 20분 이상 ♥ 2 Highway 121, Mae Hia, Chiang Mai 📞+66 53 114
110 🕐 08:00~18:00 🌐 www.royalparkrajapruek.org MAP p.022-C 지도 밖

4,5 퀸 시리킷 보타닉 가든의 아름다운 자연 6 트레킹 코스로 사랑 받는 매사 폭포

공중 산책로가 있어 더욱 매력적인 식물원
퀸 시리킷 보타닉 가든 Queen Sirikit Botanic Garden

공원인 동시에 거대한 식물원으로 치앙마이를 포함해 태국 전역에 총 5곳이 있다. 산등성이 하나가 통째로 보타닉 가든으로 지정되었는데 다양한 식물을 보존하고 연구하며 방문자들에게 아름다운 태국의 자연을 선사한다. 보타닉 가든은 크게 자연 트레킹을 위한 테마 길과 난이나 고사리 등 특정 식물을 모아둔 실내 식물원, 200여 종의 하얀색 꽃이 가득한 정원, 그리고 산 정상에 위치한 글래스 하우스로 구성된다. 2015년에는 새롭게 캐노피 워크웨이Canopy Walkway가 설치됐는데 지상에서 20m 높이에 설치된 약 400m 길이의 하늘 산책로로 마치 키 큰 나무 위를 걷는 듯한 느낌이다. 넓은 부지인 만큼 차량을 타고 입장이 가능하고 내부에는 트램도 운행한다. 카페와 기념품 가게도 있고 트레킹과 함께 다양한 볼거리와 휴식공간을 제공하니 하루쯤 시간 내어 치앙마이의 자연 속에 머무르자.

🏛 어른 100바트, 아동 50바트, 차량 입장 시 추가 100바트, 내부 트램 30바트 ᚷ 치앙마이 시내에서 항동 쪽으로 차로 20분 이상 ♀ 100 Mu 9 Tambon Mae Ram, Mae Rim, Mae Rim-Samoeng Rd, Chiang Mai 📞 +66 53 841 234 🕐 08:30~17:00 🌐 www.qsbg.org 🗺 p.022-B 지도 밖

10개의 폭포를 따라 오르는 트레킹
매사 폭포 Maesa Waterfall

매사 폭포는 현지인들에게 물놀이와 피서 장소로 사랑받는다. 1935년에 발견되어 뿌이 국립공원Pui National Park의 일부로 현지인들은 돗자리와 점심을 챙겨 들고 와서 더위를 피하고 여행자들은 폭포 구경과 함께 트레킹 코스로 활용한다. 1,500m 높이 산줄기에 10개의 폭포가 자리하는데 규모는 작지만 연중 시원한 풍경을 만나볼 수 있다. 폭포의 크기는 작은 편이므로 폭포 자체에 대한 기대보다는 각기 다른 모습의 10개의 폭포수를 감상하며 트레킹을 즐기는 것에 중점을 두고 방문하는 것이 좋겠다.

끝까지 오르는 데 1시간 정도 걸리는데 자연 그대로의 모습이 잘 보존되어 다양한 동식물과 계곡의 풍경을 감상하기에 그만이다. 트레킹을 위한 지도는 입구에 위치한 인포메이션에서 받아볼 수 있고 차로 접근할 경우 3번 폭포부터 트레킹을 시작하면 된다. 폭포뿐 아니라 매림 지역에는 코끼리 캠프나 난 농장 같은 볼거리가 많으니 연계해 방문해도 좋다.

🏛 어른 100바트 ᚷ 치앙마이 시내에서 차로 30분 거리, 매림 지역에 위치 ♀ Highway 1096, Mae Ram, Mae Rim, Chiang Mai 🕐 09:00~16:30 🗺 p.022-B 지도 밖

1년 내내 축제가 가득한 치앙마이

연중 언제 방문해도
매력이 넘치는 치앙마이.
여행의 즐거움을
배가할 수 있는 크고
작은 축제를 찾아보자.
한번쯤 참석하고 싶은
치앙마이의 월별 이벤트.

1~2월

보상 우산 축제 Bosang Umbrella Festival

솜씨 좋게 만든 수공예품을 뽐내는 장으로 치앙마이에서 차로 30분 거리인 산깜팽San Kamphaeng에서 열리는 연간 축제다. 대개 1월 셋째 주에 열리며 축제 기간 동안 수공예품으로 만든 조형물로 화려하게 장식해 축제 분위기를 더한다. 만든 사람의 개성이 묻어나는 화려한 우산 퍼레이드가 펼쳐지고 미인이 많기로 소문난 치앙마이의 최고 미인을 뽑는 선발대회도 열린다. 곳곳에 즐길거리와 먹을거리가 가득해 태국 사람들은 물론 여행자들도 손꼽아 기다린다.

치앙마이꽃축제 Chiang Mai Flower Festival

매년 2월 초에 펼쳐지는 성대한 꽃 축제로 40년의 역사를 자랑한다. 산과 계곡이 많은 자연환경, 태국 어느 곳보다 다양한 꽃과 식물이 자라는 지역의 특징을 십분 살린 축제로 이 기간에 방문하면 치앙마이 곳곳에서 다채로운 꽃의 향연을 만날 수 있다. 보통 2월 첫째 주에 3일 정도 열리며, 치앙마이에서만 볼 수 있는 꽃도 있다. 다양한 전시와 시가지 퍼레이드, 꽃 아가씨 선발대회 등 다채로운 행사를 진행한다.

4~5월

송끄란 Songkran

물의 축제로 잘 알려진 송끄란은 로이끄라통과 함께 태국 최대 명절이다. 우리나라의 음력 설과 같은 위상인 송끄란은 태국은 물론 주변 동남아시아 국가들이 전통적으로 새해를 맞이하는 때이자 전 세계인이 손꼽아 기다리는 태국 최대의 물 축제이기도 하다.
원래는 연장자에게 물을 뿌리고 물을 맞은 사람은 복을 빌어주는 것으로 시작되었으나 지금은 남녀노소 불문하고 서로에게 물세례를 날리며 새해와 여름을 축복한다.

비사카 부차 데이 Visakha Bucha Day

태국 음력으로 6번째 보름달이 뜨면 부처의 탄생일인 비사카 부차 데이가 된다. 탄생일 당일 시내 주요 사원에서 행사가 진행된다. 하이라이트는 탄생일 전날 도이수텝을 도보로 오르는 행렬이다. 수많은 사람이 손에는 불공을 위한 꽃과 제물을 들고 시내부터 도이수텝까지 10km가 넘는 길을 오르는 그 모습 자체가 장관이다. 길가에서는 음료와 음식을 나누는 등 축제 분위기가 가득해 여행자도 참여할 수 있다.

5~6월

인타낀 페스티벌 Inthakin Festival

태국 음력으로 매해 5~6월경에 왓체디 루앙을 중심으로 일주일 정도 펼쳐지는 종교 축제로 치앙마이 지역의 복을 비는 축제이자 기우제 행사다. 태국에서는 전통적으로 도시를 세울 때 상징적인 기둥이 세워지는데 이를 인타낀이라 한다. 시가지 행진, 공연 등의 볼거리와 복을 기원하는 태국사람들의 행렬이 이어져 축제 기간 동안 도시는 성스러움과 활기로 가득 찬다.

10월

채식주의자 축제 Vegetarian Festival

매년 10월에 열리는 채식주의자 축제로 주로 태국에 사는 화교 커뮤니티를 중심으로 열린다. 방콕에서는 차이나타운에서 성대하게 펼쳐지고, 치앙마이에서는 타패 혹은 와로롯 시장이 있는 시내에서 다양한 프로그램으로 채식에 대한 관심을 높인다. 축제 기간에는 보다 많은 노점이 열려 다양한 먹을거리를 만날 수 있으며 개최 행사와 시가지 행진, 공연 등 볼거리도 풍성하다.

12월

님만해민 아트 앤 디자인 산책로 Nimmanhaemin Art & Design Promenade

12월 첫째 주에 펼쳐지는 행사로 10년 넘게 이어져왔다. 줄여서 NAP이라고도 불리며 축제는 3일 동안 펼쳐지는데 님만해민 곳곳에서 감각적인 소품과 예술품, 수공예품이 전시, 판매된다. 싱크 파크Think Park와 님만해민 소이1을 중심으로 진행되며 페어 기간 동안 갤러리와 상점이 늦게까지 문을 열고 골목마다 먹을거리와 기념품 노점상도 가득하다. 곳곳에서는 작은 공연도 이어져 더욱 흥미롭다.

©태국관광청

로이끄라통 Loi Krathong

태국력으로 12월 보름에 펼쳐지는 하반기 최대 규모의 축제로 태국 전역에서 펼쳐진다. 로이Loi 즉 '소원'을 끄라통 Krathong이라 부르는 작은 배에 띄워 보내면 소원이 이뤄진다고 믿는 풍습에 따라 빙강 전역에서는 작은 배에 꽃과 촛불을 실은 배가 떠내려가는 모습을 볼 수 있다. 여기에 빙강은 물론 콤로이Khom Loi라는 등불을 날려 보내는 이뻥Yi Peng 행사까지 더해져 밤하늘과 강가가 은은한 불빛으로 물드는 장관을 연출한다.

©태국관광청

새해 카운트다운 New Year Countdown

새해를 맞이하는 행사는 도시마다 다채롭게 펼쳐지는데 치앙마이에서도 매년 빙강 주변과 타패 게이트를 중심으로 다양한 이벤트가 열린다. 공식적인 이벤트는 아니지만 매해 마지막 날 저녁에는 강가에서 불꽃놀이와 풍등 날리기가 펼쳐지며 타패 게이트에서는 카운트다운 행사를 한다. 님만해민이나 도이수텝까지 크고 작은 축제가 열린다.

똔낑만
Gulf of Tonkin

태국 지도
한눈에 보기

치앙마이로 떠나기 전 먼저 만나보는 태국.
서로 다른 매력이 넘치는 근교 여행지를
살펴보고 떠나자.

치앙마이 태국 제2의 도시이자 란나의 숨결이 살아 있는 태국 속의 또 다른 태국
치앙라이 골든 트라이앵글로 가는 길목 그 이상의 매력
골든 트라이앵글 태국 북부에서 놓칠 수 없는 역사의 현장
빠이 순수한 자연이 살아 있는 배낭여행자의 천국

베트남
Vietnam

남중국해
South China Sea

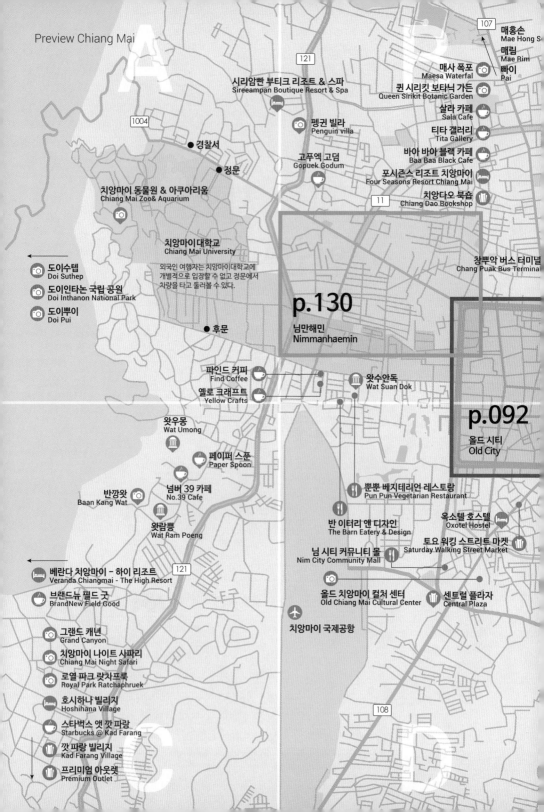

A

107
매홍손
Mae Hong S

매림
Mae Rim

빠이
Pai

121

시리얌빤 부티크 리조트 & 스파
Sireeampan Boutique Resort & Spa

매사 폭포
Maesa Waterfal

퀸 시리킷 보타닉 가든
Queen Sirikit Botanic Garden

펭귄 빌라
Penguin villa

살라 카페
Sala Cafe

1004

티타 갤러리
Tita Gallery

경찰서

고푸엑 고덤
Gopuek Godum

바아 바아 블랙 카페
Baa Baa Black Cafe

정문

포시즌스 리조트 치앙마이
Four Seasons Resort Chiang Mai

치앙마이 동물원 & 아쿠아리움
Chiang Mai Zoo& Aquarium

11

치앙다오 북숍
Chiang Dao Bookshop

치앙마이대학교
Chiang Mai University

외국인 여행자는 치앙마이대학교에
개별적으로 입장할 수 없고 정문에서
차량을 타고 둘러볼 수 있다.

창뿌악 버스 터미널
Chang Puak Bus Termina

도이수텝
Doi Suthep

도이인타논 국립 공원
Doi Inthanon National Park

도이뿌이
Doi Pui

p.130

님만해민
Nimmanhaemin

후문

파인드 커피
Find Coffee

왓수안독
Wat Suan Dok

옐로 크래프트
Yellow Crafts

p.092

올드 시티
Old City

왓우몽
Wat Umong

페이퍼 스푼
Paper Spoon

넘버 39 카페
No.39 Cafe

반깡왓
Baan Kang Wat

뿐뿐 베지테리언 레스토랑
Pun Pun Vegetarian Restaurant

왓람쁭
Wat Ram Poeng

반 이터리 앤 디자인
The Barn Eatery & Design

옥소텔 호스텔
Oxotel Hostel

베란다 치앙마이 – 하이 리조트
Veranda Chiangmai - The High Resort

님 시티 커뮤니티 몰
Nim City Community Mall

토요 워킹 스트리트 마켓
Saturday Walking Street Market

121

브랜드뉴 필드 굿
BrandNew Field Good

올드 치앙마이 컬처 센터
Old Chiang Mai Cultural Center

센트럴 플라자
Central Plaza

그랜드 캐니언
Grand Canyon

치앙마이 국제공항

치앙마이 나이트 사파리
Chiang Mai Night Safari

로열 파크 랏차프룩
Royal Park Ratchaphruek

호시하나 빌리지
Hoshihana Village

스타벅스 앳 깟 파랑
Starbucks @ Kad Farang

깟 파랑 빌리지
Kad Farang Village

프리미엄 아웃렛
Premium Outlet

108

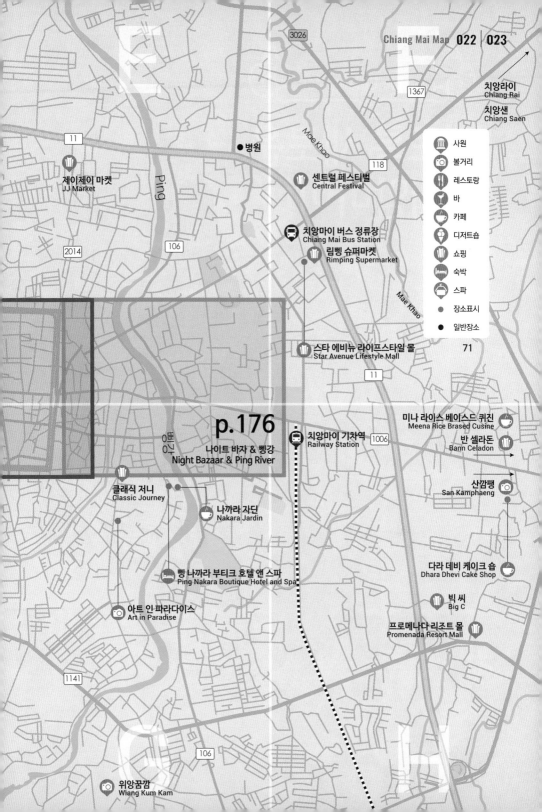

치앙라이
Chiang Rai

치앙샌
Chiang Saen

3026

1367

118

11

제이제이 마켓
JJ Market

Ping

● 병원

Mae Khao

센트럴 페스티벌
Central Festival

2014

106

치앙마이 버스 정류장
Chiang Mai Bus Station

림삥 슈퍼마켓
Rimping Supermarket

Mae Khao

스타 에비뉴 라이프스타일 몰
Star Avenue Lifestyle Mall

11

사원
볼거리
레스토랑
바
카페
디저트숍
쇼핑
숙박
스파
● 장소표시
● 일반장소

71

p.176
나이트 바자 & 삥강
Night Bazaar & Ping River

치앙마이 기차역
Railway Station

1006

미나 라이스 베이스드 퀴진
Meena Rice Brased Cusine

반 셀라돈
Bann Celadon

클래식 저니
Classic Journey

나까라 자딘
Nakara Jardin

산깜팽
San Kamphaeng

삥 나까라 부티크 호텔 앤 스파
Ping Nakara Boutique Hotel and Spa

다라 데비 케이크 숍
Dhara Dhevi Cake Shop

아트 인 파라다이스
Art in Paradise

빅 씨
Big C

프로메나다 리조트 몰
Promenada Resort Mall

1141

106

위앙꿈깜
Wiang Kum Kam

Inside Chiang Mai

이토록 새로운
치앙마이!

북방의 장미 치앙마이 연대기

치앙마이의 문화와 역사를 상징하는 란나 왕국Lanna Kingdom, 란나는 수백만 평의 논을 일컫는데 그 이름대로 높은 산, 티크 나무 숲, 아름다운 강과 비옥한 토양으로 둘러싸여 농업에 최적화된 풍요로운 지역이다.

끊임없는 침략과 천도의 역사

수차례 외세의 침략과 자연 재해 등으로 란나 왕국은 수도를 치앙샌Chiang Saen에서 팡Fang으로, 그리고 치앙라이Chiang Rai로, 또 람푼Lamphun에서 위앙꿈깜Wiang Kum Kam으로 옮겼다. 1296년 멩라이Mengrai 왕은 새로운 도시의 이름을 치앙마이로 지었다. 치앙Chiang은 왕국를 의미하며 마이Mai는 새롭다는 뜻으로 란나 왕국의 신도시를 의미한다.

비옥한 자연환경과 여러 나라 사이의 무역항이라는 지리적인 특징으로 치앙마이는 끊임없이 주변국들의 침략에 시달렸다. 1557년에는 버마의 속국이 되었지만 1774년 시암 왕국의 도움으로 버마를 내쫓았다. 1892년 란나 왕국은 부분적으로 시암의 지배를 받게 되었으며 1932년 치앙마이 전체 지역이 시암에 귀속됐다. 그리고 1949년 시암은 '태국Thailand'으로 공식적인 국호를 지정했다.

'태국은 단 한 번도 식민지를 겪지 않은 나라'라고 배운 우리에게 란나 왕국의 이런 수많은 부침은 다소 의아스럽게 다가온다. 버마, 라오스, 베트남, 캄보디아까지 주변 동남아시아 국가에 둘러싸여 있고 태국 안에서도 여러 왕국으로 분리된 당시 상황을 보면 침략과 수탈에 시달렸던 한반도의 지난한 역사가 떠오를 정도다.

1

란나 왕국의 흔적을 찾아 떠나는 여행

란나만의 독특한 문화를 바탕으로 주변국인 버마, 캄보디아, 라오스에도 영향을 받아 시암과는 다르게 피어난 란나 왕국의 천도지. 이곳을 찾아 시간여행을 떠나보는 건 어떨까. 왕조가 천도를 할 때는 주요 사원과 왕궁을 그대로 옮긴다. 때문에 지역마다 같은 이름의 사원을 찾아 다른 점과 같은 점을 비교하며 구경하는 재미도 특별하다.

1 사원과 박물관에서는 란나의 역사를 설명하는 각종 그림과 자료를 살펴볼 수 있다
2,3 지금은 스러진 사원이지만 한때는 번성했던 치앙샌의 왓체디루앙
4,5 비교적 최근에 발굴된 위앙꿈깜으로의 나들이도 란나의 역사를 알기 좋다

01 고대 요새 도시
치앙샌 Chiang Saen

치앙샌은 14세기 중국 운남성 출신의 타이족Tai Yuan이 메콩강 유역의 골든 트라이앵글 유역에 정착하면서 시작됐다. 란나 왕국을 건설한 멩라이 왕은 1238년 치앙샌에서 태어났으며 치앙샌의 은양국Ngoen Yang 25대 왕이 되었다. 란나 왕국이 치앙마이를 기점으로 하는 1296년 건립됐다고 보는 시선도 있지만, 란나 왕국을 건설한 멩라이 왕의 출생부터 따져 북부 태국 사람들은 치앙샌을 "란나 왕국의 고대도시Old City of Lanna Kingdom"라고

설명한다. 치앙샌은 멩라이 왕의 손자 샌푸 왕King Saen Phu이 1329년에 건설한 도시로 왕의 이름을 따서 치앙샌이 되었다. 도시 방벽과 해자로 둘러싸인 고대 요새 도시의 면면과 함께 오래된 사원, 골든 트라이앵글의 전망을 볼 수 있는 전망대 등 반나절에서 하루 코스의 여행을 하기 적당하다.

🚩 치앙샌만을 일부러 찾기엔 무리가 되는 거리지만, 골든 트라이앵글이나 치앙라이를 연계한 일정이라면 방문해볼 만하다.
MAP p.023-F 지도 밖

02 미지의 시간을 찾아서
위앙꿈깜 Wiang Kum Kam

란나 왕국은 1287~1290년까지 치앙마이 동남쪽 5km 떨어진 위앙꿈깜으로 수도를 옮겼다. 그러나 매년 반복되는 홍수 피해를 겪다 1294년 빙강의 대범람으로 파괴되었고 버마의 침공에 완전히 파괴되었다. 700년 가까이 발굴이 이뤄지지 않다가 1984년에 '역사 공원'으로 복구되었으며 현재도 란나 왕조의 유적과 사원을 발굴 중이다. 이곳에서는 셀 수 없이 많은 사원과 역사박물관 등을 통해 란나 왕국의 미지의 시간을 들여다볼 수 있다. 방문자센터에서 지도를 5바트에 구입할 수 있으니 자전거나 트램을 이용해 반나절에서 하루 코스의 여행을 즐기면 된다.

🚩 시내 중심에서 빙강을 따라 남쪽으로 차로 약 15분 거리, 미리 송태우나 툭툭을 왕복 운행해줄 것을 협상해 움직이는 것이 좋다.(협상 시 약 200바트부터) ♀ Rte 3029, Chiang Mai ⏰ 08:00~17:00 📞 +66 53 277 322 (인포메이션 센터) 🌐 qr.wiangkumkam.com
MAP p.023-G

태국 예술의 산실 치앙마이

치앙마이를 디자인 여행지로 추천하면 열에 여덟은 의외라는 반응을 보인다. 하지만 치앙마이의 역사나 문화를 이해한다면 치앙마이가 디자인은 물론 예술과 떼려야 뗄 수 없는 도시라는 점에 고개가 절로 끄덕여질 것이다.

다문화적, 그리고 치앙마이만의 아름다움 '란나'

란나 왕국Lanna Kingdom은 13세기부터 역사를 이어온 덕에 역사, 예술, 음식, 생활 방식 등 모든 문화가 독창적으로 발전했다. 북쪽으로는 중국, 서쪽으로는 버마, 동쪽으로는 크메르 왕국과 남쪽의 시암까지 여러 나라로 둘러싸인 데다 문화적인 접목과 수용에 관대한 태국인의 특성답게 란나 스타일Lanna Style은 '다문화적 아름다움'이라는 수식어를 얻었다. 란나 시대부터 치앙마이는 예술작품, 수공예작품으로 이름이 높았다. 치앙마이의 이런 예술적인 분위기를 바탕으로 '란나 예술', '란나 건축'은 그만의 색과 개성을 빛내며 예술적 치앙마이의 상징이 되었다. 란나 스타일이라는 뚜렷한 개성의 문화는 고대 문화로서 태국 북부 전역에 보존되었고 거기에 젊은 아티스트의 솜씨가 더해졌다. 선조들의 감각을 물려받고 이 지역만의 낭만과 운치를 온몸으로 흡수한 젊은이들이 생활 곳곳에 '예술적 치앙마이'를 소담스럽게 꽃 피운 것이다. 그리고 그런 매력에 태국 북부에 눌러앉기로 결심한 전 세계의 예술가들은 치앙마이의 예술적 아우라를 더욱 활활 타오르게 만든다.

유망한 디자이너들이 치앙마이로 몰려드는 까닭은?

역사적인 배경 말고도 방콕보다 저렴한 물가와 임대료, 태국 왕실의 산업 장려 프로그램인 로열 프로젝트Royal Project라는 이름으로 지원받는 다양한 디자인 사업은 치앙마이 아티스트를 육성했다. 이 도시만의 유니크한 매력은 태국은 물론 세계의 예술가와 디자이너들이 살고 싶은 도시로 만들었다.

명문대학교 중 하나인 치앙마이 대학교Chiang Mai University는 특히나 예술가를 많이 배출한 것으로 유명한데, 그들은 졸업하고 나서 치앙마이에 남아 갤러리를 열고 각종 전시회에 참여하며 예술적인 분위기를 더하는 데 일조한다.

치앙마이 출신의 예술가와 디자이너, 태국 전역의 아티스트와 활발하게 예술적 협업을 도모하는 다채로운 전시가 연중 내내 다채롭게 펼쳐진다. 뿐만 아니라 스트리트 아트부터 건축과 제품 디자인에 이르기까지 다양한 예술 분야의 국제적인 컬래버레이션이 예술의 도시 치앙마이를 더욱 빛나게 만든다.

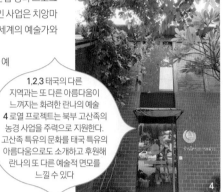

1,2,3 태국의 다른 지역과는 또 다른 아름다움이 느껴지는 화려한 란나의 예술
4 로열 프로젝트는 북부 고산족의 농경 사업을 주력으로 지원한다. 고산족 특유의 문화를 태국 특유의 아름다움으로도 소개하고 후원해 란나의 또 다른 예술적 면모를 느낄 수 있다

4

" 이 도시의
모든 사람이 예술가 "

Interview+
띠끼와우가 말하는 북부 태국의 예술

띠끼와우Tikkywow(본명 삐쳇 루지바라랏 Pichet Rujivararat)는 방콕 출신의 유명 스트리트 아티스트로 태국 고유의 문화를 소재로 다양한 벽화는 물론 제품 디자인을 선보인다. 나이키NIKE, 지샥G-Shock 등 유명 브랜드를 비롯해 인터내셔널 호텔 등과의 다채로운 협업으로 영역을 확장하고 있다.

– 북부 태국에서 어떤 작업을 진행했나?
지샥에서 진행한 아티스트 콘셉트에서 북부 태국 지역을 맡았다. 또 엘리펀트 퍼레이드Elephant Parade 10주년을 맞아 특별 전시를 진행했다. 내 그림이 그려진 코끼리를 2016년 7월 타이베이를 시작으로 11월 치앙마이로 옮겨 여러 전시가 진행 중이다.

– 그런 작업들이 당신에게 주는 의미는?
태국의 예술, 독특함, 아름다움으로 '예술적인 도시'로 여겨지는 치앙마이에서 세계적인 아티스트 브랜드와 진행할 수 있다는 것이 영광이었다. 가령 엘리펀트 퍼레이드 작업에서는 케이티 페리Katy Perry, 리처드 브랜슨Sir Richard Branson, 브라이언 아담스Bryan Adams, 패션 디자이너인 폴 스미스Paul Smith, 다이앤 폰 퍼스텐버그Diane Von Furstenberg 등과 함께 라인업에 낄 수 있다는 것에 흥분했다.

– 치앙마이 또는 북부 태국 예술의 특별한 점은?
역사에서부터 문화, 음식까지 북부 태국은 다른 지역과 다르다. 란나 예술, 란나 건축, 란나 푸드 등 이곳만의 스타일을 구축해왔다. 가장 훌륭한 점은 '예술'이 '실생활' 안에 깊이 들어가 있다는 것이다. 거리를 걷기만 해도 느껴진다. 이렇게 벽화가 많은 도시가 세상 그 어디에 있던가. 한 골목 건너면 또 하나 나타나는 사원들의 개성과 고산족의 문화도 일상에 자연스레 스며 있다. 이 도시의 모든 사람이 나보다 나은 예술가가 아닐까 하는 생각이 들 때가 한두 번이 아니다.

아트 갤러리 부럽지 않은 골목골목의 벽화

대도시를 중심으로 세련된 기법, 보다 기발한 컬래버레이션으로 눈길을 끄는 그래피티 아트는 여행의 또 다른 재미가 된다. 예술의 도시 치앙마이에서도 다채로운 벽화 감상, 보석 같은 스트리트 아티스트 찾기를 놓치지 말 것.

우리는 치앙마이 출신의 그래피티 아티스트!

치앙마이를 거점으로 방콕, 푸껫 등의 대도시는 물론 해외와의 컬래버레이션도 활발하게 펼치는 치앙마이의 아티스트들. 분명한 개성 덕에 골목골목에서 우연히 마주치면 "아하! 까나엣Kanaet의 작품!" 하고 반갑게 감상하게 될 것이다. 치앙마이 전역을 캔버스 삼아 더 컬러풀하고 더 예술적인 거리를 꽃 피우는 대표적인 스트리트 아티스트를 만나보자.

1

까나엣 님왓 Kanaet Nimwat

📷 kanaetcnx

치앙마이의 스트리트 아티스트 중 가장 활발한 활동은 물론, 방콕 등지의 그래피티 아티스트와의 협업을 통해 그 존재감을 분명히 하는 까나엣. 컬러풀한 큐브는 그의 상징이다.

산차이 Sanchai

📷 sanimbass

까나엣과 더불어 수많은 협업으로도 잘 알려진 산차이. 치앙마이 곳곳에 숨어 있는 초록색 외계인은 산차이의 대표 캐릭터다.

2

1 까나엣 님왓의 시그니처인 도형과 여우 캐릭터가 조화된 벽화 2 산차이의 대표 캐릭터인 초록색 외계인 벽화 3 삥강의 작은 골목길에서 찾을 수 있는 뽀아스의 벽화 4 뽀아스는 그의 예명인 POAS만으로도 치앙마이 곳곳에 그만의 예술 영역 표시를 하고 있다 5 LEO라는 3가지의 알파벳에 익살맞은 표정을 입혀 벽화를 만든 점이 인상적이다 6 산차이의 또 다른 벽화 작품 7 아무 사인이나 표식이 없는 벽화도 치앙마이 곳곳에서 만날 수 있다 8 마치 부조처럼 만든 부처의 벽화도 예술적인 치앙마이의 소소한 풍경을 이룬다

뽀아스 POAS

📷 **1136ers**

치앙마이 곳곳에서 만나는 컬러풀한 레터링, POAS는 일부 스티커에 'POAS : Fight the Power'라는 의미만을 나열해 전달할 뿐 확실한 의미나 본인의 소개는 전달하지 않지만 뽀아스가 치앙마이에 가장 많은 벽화를 그린 스트리트 아티스트 중 하나임은 분명하다.

레오 LEO

📷 **leo_tmc**

Leo라는 3개의 영문 레터링에 둥글둥글 익살맞은 얼굴 캐릭터를 치앙마이 곳곳에 그린 레오도 그만의 성격이 분명하다.

이렇게 근사한 스트리트 아트 합작품!

농사도, 어업도 커뮤니티를 이뤄 협업하는 태국 문화의 특성상, 아티스트들 역시 커뮤니티를 형성해 합작으로 무엇이든 이뤄낸다. 벽화와 스트리트 아트도 마찬가지다. 방콕의 아티스트를 비롯해, 유럽과 미국 그리고 호주 아티스트들과 협업한 근사한 치앙마이의 벽화들.

태국 스트리트 아트에서 기억해야 하는 두 이름

알렉스 페이스 Alex Face

🔲 alexfacebkk

태국에서 가장 유명한 아티스트로 런던, 서울, 타이베이, 멜버른 등 대도시에서도 각종 협업을 통해 이름을 알리고 있다. 알렉스 페이스 작품을 상징하는 것은 눈이 3개인 어린아이가 토끼 탈을 쓴 캐릭터인 마르디Mardi다. 스트리트 아트로 작품을 시작해 유사 작품을 아트 갤러리에서 전시하기도 하는 등 그래피티 화가로서는 태국에서 가장 활발한 활동을 펼친다. 태국 전역의 디자인 호텔이나 호스텔과의 협업으로 그의 그래피티가 인테리어의 중심 요소가 되기도 한다. W 방콕 호텔이 대표적.

뮤 본 Mue Bon

🔲 mue_bon

알렉스 페이스와 함께 태국을 대표하는 스트리트 아티스트 뮤 본. '본'은 불어로는 '좋다', 태국어로는 '비활동적인 것은 없다'는 의미다. 그는 작품에서 '폭 넓은 인간사'를 다루는데 그 주인공은 인간과 동물이다. 인간과 동물이 함께 TV를 보는 일상이나 신화 속의 한 장면을 연출하기도 한다. 또 뮤 본을 상징하는 마크인 해골 모양의 판다도 빼놓을 수 없다. 작가의 낙관인이나 사인 대신 여기저기 그려놓은 판다의 해골 마크는 어느덧 태국 전역은 물론 세계적으로도 유명한 표식이 되어 '출처 없어 보이는' 스티커 등으로 판매될 정도니 말이다.

1 마르디는 알렉스 페이스를 상징하는 캐릭터다 2 뮤 본을 상징하는 판다의 해골 3, 4 태국 출신의 스트리트 아티스트와 네덜란드 출신 아티스트인 OX 외계인OX-Alien이 합작한 벽화 5, 6 이름 모를 아티스트들의 벽화를 발견하는 재미도 쏠쏠 7, 8 뮤 본을 상징하는 또 다른 캐릭터는 까만 새

예술가들이 모여 사는 마을

치앙마이의 예술적인 분위기에 바탕이 된 란나 예술. 선조들의 감각을 물려받고 이 지역만의 낭만과 운치를 온몸으로 흡수한 젊은이들, 그런 매력에 눌러앉은 전 세계의 예술가들은 '치앙마이 예술인 공동체 마을'이라는 신개념 커뮤니티를 탄생시켰다.

천천히 그리고 함께 삶을 누린다!
반깡왓 Baan Kang Wat

치앙마이에는 크고 작은 공동체 마을이 꽤나 많다. 그중에서 2014년에 30대의 젊은 태국 아티스트인 나따웃 룩쁘라싯Nattawut Ruckprasit이 주도해 만든 공동체 반깡왓은 태국 사람들은 물론 여행자에게까지 큰 관심을 집중시키는 예술인 공동체 마을이다. 최근에는 인스타그램이나 페이스북 같은 SNS로 이 마을의 매력적인 풍경들이 퍼지며 여행자의 발걸음이 부쩍 잦아지고 있다.

'사원 옆에 있는 집'이라는 뜻의 반깡왓은 왓우몽Wat Umong 지역 왓람쁭Wat Ram Poeng 바로 맞은편에 위치한다. 나따웃 룩쁘라싯은 태국 고산지대 부족 마을에 영감을 받았다며 공동체의 빠른 성장과 큰 이익을 원하는 것이 아니라 천천히 함께 발전하면서 결속력이 강한 커뮤니티를 이루며 사는 것이 이 공동체 마을의 목표라고 설명한다. 현대 도시에서도 시골 마을의 라이프스타일처럼 큰 욕심을 부리지 않고도 사업으로 수익을 얻고 또한 삶을 공유할 수 있다는 믿음이 이 마을의 시작이었다.

마을 안에는 10여 개의 갤러리, 카페, 식당, 게스트하우스, 수공예 숍이 옹기종기 모여 있는데 대부분은 1층을 대중에게 공개하고 2층은 가족과 함께 거주하는 집으로 쓴다. 이곳의 모든 건물은 얼핏 태국 전통 가옥 그대로인 듯 보이지만 실제 2층만 전통 가옥과 같은 티크 목재로 짓고 1층은 콘크리트로 보다 견고하고 편리하게 만든 것이 특징이다.

1 각종 이벤트가 열리는 야외 광장 2,3 표시판이며 로고까지 예술인들의 마을이라는 정체성이 느껴진다 4 소품 숍이자 게스트하우스로도 활용되는 이너프 포 라이프 5,6,7 갖고 싶은 아이템이 가득한 이너프 포 라이프 8,9 조용히 책을 읽으며 쉬어 가기 좋은 북카페, 마하사뭇 도서관

마을 뒤뜰에서는 주민들이 공동 텃밭을 가꾸어 유기농 채소를 수확한다. 공동체 마을답게 입구 앞 광장에서는 모닝 마켓이나 벼룩시장이 펼쳐지고 옹기종기 가옥들에 포옥 안긴 원형 극장에서는 각종 인디 공연, 영화상영 등이 열려 인근 지역 거주민들은 물론 여행자에게도 보석 같은 문화의 쉼터가 된다. 반깡왓 갤러리에서는 치앙마이 대학교 예술학부 학생들의 데뷔 무대를 제공한다. 반나절 코스로 들러 티타임과 마을 산책을 즐기거나 아예 반깡왓의 게스트하우스에 머물러 보는 것은 어떨까?

🚩 님만해민에서 송카우를 타고 15분, 왓람뿡에서 내려 맞은편 마을 입구로 들어간다
📍 191-197 Soi Wat Umong, T. Suthep, Amphoe Muang, Chiang Mai 📞+66 98 427 0666 🕐 10:00~18:00(월요일 휴무)
🌐 www.baankangwat.com
Map p.022-C

부족함 없는 삶
이너프 포 라이프 Enough for Life

01 단어 그대로 '충분한 삶'이라기보다는 '부족함 없는 삶'이라는 뜻이라는 이곳은 건축가인 태국인 남편과 결혼한 한국인 정다운 씨가 운영하는 게스트하우스 겸 수공예품 상점이자 주스와 아이스크림을 파는 카페. 가게 안에서는 화려하지 않지만 소담스럽고 멋스러운 라탄 제품, 도자기 그릇, 빈티지 컵, 액세서리 등을 판다. 치앙마이는 물론 반깡왓과도 잘 어울리는 분위기로 한국 여행자들에게 특히 인기가 많다. 홈페이지를 통해 숙소와 픽업 송카우 등을 예약할 수 있다.

🌐 www.enoughforlife.com

아늑한 북카페
마하사뭇 도서관 Mahasamut Library

02 한가로이 좌식 카페에 앉아 다디단 타이 밀크티를 마시며 쉬거나 마하사뭇의 책장에 꽂힌 태국 책을 보며 시간을 보내는 사람들이 가득한 반깡왓의 인기 북카페로 반깡왓에서는 도서관 역할을 한다. 조용한 분위기와 저렴한 가격에 인근 치앙마이 대학교 학생들이 과제를 하러 즐겨찾는 곳이기도 하다. 달콤쌉싸래한 타이 커피Thai Coffee와 타이 밀크티Thai Tea는 아이스로 주문하면 45바트, 새콤한 맛이 더위를 싹 가시게 할 패션 프루트 주스Passion Fruit Juice는 55바트다.

📞+66 94 169 5191 🌐 www.facebook.com/mahasamutlibrary

1,2,3
일본 스타일이 가미된 치앙마이의 수공예품은 절로 지갑을 열게 만든다 4,5 치앙마이 예술가들의 작품을 다채롭게 전시하는 갤러리 깡왓 6,7,8 외국 여행자보다는 태국 여행자나 치앙마이 대학교 학생에게 인기인 카놈찐 뷔페

감각 만점 소품 가득
지베리시 Jibberish

03 일본의 유기농 농원에서 자원봉사를 한 경험이 있는 주인장이 일본의 수공예품과 단순한 라이프스타일에 감명을 받아 반깡왓에 차린 자카 숍Zakka Shop이다. 매장은 얼핏 일본 제품을 파는 곳 같지만 대부분의 아이템은 치앙마이에서 생산된 수공예품이다. 목각 장식, 직접 만든 액세서리, 각종 세라믹 그릇, 핸드메이드 의류와 에코백을 판매한다. 두 명의 동업자 모두 그래픽디자이너 출신이라 제품들의 디자인 감각을 구경하는 것만으로도 시간이 훌쩍 간다.

📞 +86 2525 9489 🌐 www.facebook.com/jibberish.shop

반깡왓과 딱 어울리는
갤러리 깡왓 Gallery Kang Wat

04 아티스트의 커뮤니티라는 반깡왓의 존재감을 가장 빛내는 갤러리 깡왓은 치앙마이 대학교 예술학도들의 작품이나 워크숍인 15.28 스튜디오 워터컬러15.28 Studio Watercolor에서 완성한 작품을 전시하는 공간이다. 종종 태국 출신의 예술가, 사진가의 작품 전시회도 만나볼 수 있다. 워크숍에서 만든 소품이나 작은 화분 등을 판매하는 상점도 겸하니 둘도 없는 특별한 기념품을 구입하기에도 좋다.

📞 +86 613 4759 🌐 1528studio.blogspot.com

태국 스타일 집밥
뷔페 앳 홈 @Home

05 카놈찐Khanom Jeen 뷔페로 이름이 높은 앳홈. 식사 시간이면 반깡왓에 놀러온 사람들이 쉴 새 없이 몰려들어 늘 만석인 작은 식당이다. 카놈찐이란 쌀국수로 태국 사람들은 진한 카레나 각종 피클 등과 곁들여 먹는다. 실제 앳홈은 쌀국수뿐 아니라 밥을 기본으로 함께 제공한다. 여기에 곁들여 먹는 5~6가지의 카레와 북부요리 뷔페가 1인당 단돈 69바트. 물, 튀김이나 디저트는 추가금액을 내고 주문할 수 있다.

📞 +66 89 431 7607

1 친구들과 함께 모여 살며 카페와 자카 숍을 운영한다 2,3 진 타나, 핸드 룸도 의외의 보석을 구할 수 있는 숨겨진 쇼핑 플레이스다 4,5 아기자기한 소품도 사고, 진한 커피도 맛볼 수 있는 페이퍼 스푼

핸드메이드의 세계에 오신 것을 환영합니다!
페이퍼 스푼 Paper Spoon

반깡왓이나 펭귄 빌라처럼 커뮤니티를 아우르는 명칭은 없지만 페이퍼 스푼을 중심으로 다양한 수공예품 상점과 예술품 가게가 한데 모여 공동체를 이룬다. 크고 운치 있는 정원을 가진 페이퍼 스푼. 카페 주변 도로도 붐비지 않아 간혹 들리는 자동차와 오토바이 소리, 정원 안을 돌며 지저귀는 새 소리, 바람 소리가 섞여 오묘한 BGM이 된다. 30년은 된 것만 같은 낡은 선풍기가 터덜터덜 돌아가고 마당을 아무렇지도 않게 돌아다니는 작은 도마뱀과 풀과 꽃을 넘나들며 우아하게 노니는 나비 사이에서 커피를 홀짝이고 그저 책만 읽어도 이곳이 낙원인 것만 같은 착각에 빠진다. 초록빛 마당을 내려다보며 사색할 수 있는 2층 공간은 더 프라이빗하다. 단출하지만 아기자기한 볼거리가 가득한 소품 전시 공간도 마련돼 있다. 수공예로 만든 문구류와 각종 나무 테이블웨어, 집을 꾸미기 좋은 소소한 장식 소품 등이 다채롭다. 독특한 천으로 만든 의류와 가방 등을 판매하는 진 타나JYN TANA는 '전원생활'에 딱 어울리는 편하고 심플한 디자인의 옷과 소품을 만든다. 유아용품을 직접 만들어 판매하는 핸드 룸Hand Room은 5~6세 정도의 어린이를 위한 선물을 준비하기 좋은 장소. 센스 있는 바느질, 커팅, 핸드룸만의 컬러와 패턴의 패브릭을 사용해 멋스러운 아동복 디자인을 완성했다. 수공예 잡화점인 커뮤니스타Communista도 구경하는 재미가 쏠쏠하다.

항상 사람들로 북적이는 건 아니지만 차를 몰고 혹은 오토바이를 끌고 온 태국 사람들이 꾸준히 찾는다. 빡빡한 일정이라면 일부러 들르기 부담스러운 위치지만 왓람뽕, 반깡왓, 왓우몽과 함께 연계해 방문하면 좋다.

▐▌ 왓람뽕과 왓우몽의 중간 지점 ♥ 36/14 Moo 10 Wat Umong, Wat Ram Poeng, Amphoe Muang, Chiang Mai ⏰ 11:00~17:00(화, 수요일 휴무) ☎ +66 850 416 844 ⊕ www.facebook.com/pages/Paper-Spoon-Coffee-Shop/13285519678770 ▨⧈⧉ p.022-C

1.2 실제 예술가들이 사는 곳 펭귄 빌라 3,4,5 카페, 식당, 자카 숍은 물론 세탁소와 수리점까지도 있다

치앙마이 속 또 다른 세상
펭귄 빌라 Penguin Villa

펭귄 빌라의 시작은 캐널 로드에 위치한 '펭귄'을 테마로 하는 카페 펭귄 게토였다. 그러다 차츰 뜻이 맞는 아티스트와 개성 강한 식당, 자카 숍 등이 들어서며 커뮤니티로 확장된 케이스다. 이 마을에 사는 사람들은 모두 학생 때부터 친분이 있는 사람들로 모두가 아티스트는 아니지만 디자인과 예술에 대한 열망만은 무척이나 강하다. 펭귄 게토의 매니저인 윌라이락 꾼삭난Wilailuck Kunsaknan은 "계획된 것 없이 어느 날 조직적으로 한번에 이 희한한 마을이 형성됐다"고 말했다. 펭귄 빌라는 〈닥터 슬럼프 Dr. Slump〉에 등장하는 가상공간인 펭귄 빌라에서 이름을 땄다. 만화 속 펭귄 빌라는 물방개 섬에 위치한 시골 마을로 산이 많고 주택이나 상점이 듬성듬성하게 자리 잡은 가상의 공간이다. 그리고 그 마을에는 두 발로 걷는 동물과 외계인 괴수 등이 살아간다. 실제 치앙마이 펭귄 빌라도 만화 속 펭귄 빌라와 유사하다고 윌라이락은 설명한다. 의도하지는 않았지만 같은 가치관으로 모여 살다 보니 삶이 차츰 자연주의적인 방식으로 변하게 됐다. 거주민끼리 뒤뜰에 커뮤니티 가든을 만들자고 합의했지만 그 누구도 앞장서거나 서두르지 않아 늘 계획에만 머물러 있다.

총 5개의 각기 다른 야트막한 건물이 듬성듬성 위치하고 그 안에는 모두 7개의 개성 강한 숍이 입점해 있다. 전원적인 반깡왓이나 수공예 마을 같은 페이퍼 스푼에 비하면 펭귄 빌라는 이름과 콘셉트만큼이나 팡팡 튄다. 마을을 꾸미는 소품, 벽화, 그리고 그 안을 채우는 콘텐츠가 보다 밝고 독특하며 젊은 느낌이다. 빈티지 소품 숍, 각종 스튜디오, 건축가의 사무실, 베이커리와 레스토랑까지 다채롭게 구성되어 있다.

매달 첫 번째 일요일 오후 4시부터 11시에는 관광객으로 가득한 올드 시티의 선데이 마켓을 대신할 웜업 플리 마켓Warmup Flea Market도 연다. 치앙마이 출신의 젊은 디자이너와 아티스트가 만든 제품이나 그들이 소장한 아이템을 판매한다.

남만해민에서 도보 25분 ♀ 44/1 Moo 1, Canal Rd, T. Chang Puak, Amphoe Muang, Chiang Mai ⏰ 11:00~20:00 ☏ +66 83 564 7107 🗺 p.022-B

1

1,2,3 장식부터 음료 메뉴까지 펭귄을 테마로 하는 펭귄 게토 4,5 근사한 소품을 다채롭게 구입할 수 있는 펭귄 코업 6,7,8 이 작은 레스토랑을 만나면 치앙마이 다이닝의 퀄리티에 놀라게 된다

6

2

4

7

3

5

8

펭귄 테마의 귀여운 카페
펭귄 게토 Penguin Ghetto

01 펭귄 빌라의 중심이자 디자인 사무소 NOTDS가 운영하는 카페로 외관과 내부의 구조가 특이하다. 인테리어는 펭귄이라는 이름에 잘 맞게 블랙 앤 화이트. 게다가 이 집에서 키우는 고양이도 블랙 앤 화이트 컬러의 고양이다. 2층짜리 하얀 콘크리트 건물을 덮은 재활용 목재가 따뜻한 느낌을 준다. 커피와 케이크의 퀄리티도 훌륭하다. 앙증맞은 펭귄 얼굴을 한 롤케이크(70바트), 따뜻한 우유와 아이스 큐브 에스프레소가 나오는 코리 코리 펭귄Kori Kori Penguin(70바트)이 추천 메뉴.

📞 +66 89 183 3224 🌐 www.facebook.com/PenguinGhetto

나만 알고 싶은 디자인 숍
펭귄 코업 Penguin co-op

02 3.2.6.스튜디오3.2.6.studio와 린닐 자카 숍Linnil Zakka Shop 등을 운영하는 펭귄 빌라의 아티스트가 직접 만든 제품을 비롯해 다양한 소품과 기념품을 판매하는 상점이다. 모두 태국 디자이너들의 작품으로 일부 디자인 제품은 방콕의 예술 문화 센터Bangkok Art and Culture Center에서도 판매되는 만큼 그 퀄리티는 염려할 필요가 없다. 특히 린닐이 직접 만든 공책, 가방, 기념품 등이 여행자들에게 인기가 많다.

📞 +66 88 459 9155 🌐 www.facebook.com/penguincoop

수준 높은 홈메이드 요리
베어풋 카페 Barefoot Cafe

03 요란하게 꾸민 것 하나 없는 작은 식당이다. 심지어 얼핏 보면 식당이 아니라 요리연구가의 쿠킹 스튜디오 같다. 게다가 작은 식당 안에는 오직 7자리만 있음에도 늘 사람들이 줄을 서서 기다린다. 생면으로 만드는 다양한 파스타는 120바트. 아침 세트도 120바트. 눈앞에서 정성스레 만들어주는 훌륭한 요리들이 제일 비싸봤자 150바트라는 것이 놀랍다. 베어풋 카페에서는 무료 영화 상영회도 종종 벌이는데 펭귄 빌라의 뒤뜰에서 치앙마이의 젊은 디자이너와 예술가들과 한데 모여 영화와 맥주를 즐기는 데 동참할 수 있으니 참고할 것.

📞 +66 415 460 2160 🌐 barefootcafe.com

태국 사원 A-Z

비행기에서 내려다본 치앙마이는 방콕과는 사뭇 다르다. 가지런하게 정리된 논과 밭에도 산 위에도, 그리고 복잡한 도심 건물 사이에도 사원이 위용을 과시하고 있다. 태국 사원, 이 정도는 알고 여행하자!

왓 Wat

왓이란 사원을 의미하는 태국어로, 울타리 안에 여러 건물이 함께 있어 사찰, 수도원, 마을회관 등의 역할을 한다. 태국에는 약 3만 개 이상의 사원이 있다. 대부분의 사원은 기본적인 원칙과 기능에 따라 지어지지만, 건축 방식과 배치, 양식 등은 시대에 따라 다르다. 이름 앞에 랏, 라차, 마하, 프라 등의 명칭이 붙은 왓은 왕이 세웠거나 귀중한 보물이 보관된 곳을 말한다.

바이세마 Bai Sema

우보솟 주변에는 바이세마라는 돌을 세워 신성한 장소라는 경계를 표시한다. 보통 우보솟의 네 귀퉁이와 중간에 하나씩 총 8개로 이 안으로는 들어오지 말라는 뜻이지만 일부 유명 관광지의 사원에는 외부인도 들어갈 수 있다.

살라 Sala

작은 강당이나 정자로, 순례자의 모임 장소를 말한다.

보리수 Pho

부처가 보리수 나무 아래에서 해탈했다. 일반적으로 태국 사원에서 많이 볼 수 있다.

꾸띠 Kuti

승려의 숙소 공간.

호뜨라이 Ho Trai

경전을 보관하는 도서관으로 형태나 규모가 다양하며 사원에 따라 호뜨라이가 없는 경우도 있다.

호라캉 Ho Rakhang

예불 시간 혹은 승려의 모임을 알리는 종이 있는 종탑이다.

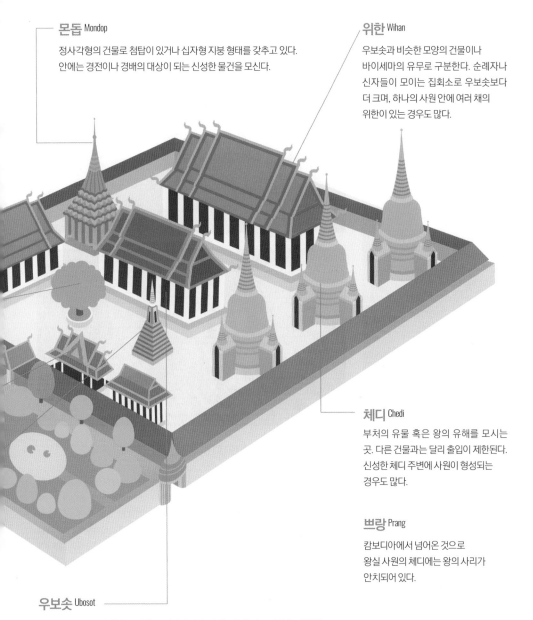

몬돕 Mondop

정사각형의 건물로 첨탑이 있거나 십자형 지붕 형태를 갖추고 있다.
안에는 경전이나 경배의 대상이 되는 신성한 물건을 모신다.

위한 Wihan

우보솟과 비슷한 모양의 건물이나
바이세마의 유무로 구분한다. 순례자나
신자들이 모이는 집회소로 우보솟보다
더 크며, 하나의 사원 안에 여러 채의
위한이 있는 경우도 많다.

체디 Chedi

부처의 유물 혹은 왕의 유해를 모시는
곳. 다른 건물과는 달리 출입이 제한된다.
신성한 체디 주변에 사원이 형성되는
경우도 많다.

쁘랑 Prang

캄보디아에서 넘어온 것으로
왕실 사원의 체디에는 왕의 사리가
안치되어 있다.

우보솟 Ubosot

기본적으로 태국 사원은 불상을 모시며 승려들이 기도를 올리고 의식을 거행하는
우보솟이 중심이 된다. 위한과 비슷하게 생겼지만 주변에 바이세마라는 돌을 세워
경계를 구분한다. 보통 동쪽을 향해 짓는다.

낯설고도 흥미로운 태국 문화에 다가가기

뭘 먹고 뭘 사고 뭐하고 노는지를 알려주는 가이드북을 넘어 외국인의 눈으로 바라본 진짜 태국 사람들의 생활상을 때로는 낯설게, 때로는 친숙하게 전해주는 책은 치앙마이를 더 깊이 이해하게 해준다.

태국에서 통하는 마법의 단어

태국 사람들의 성향을 나타내는 단어이자, 태국 사람들에게 사용하면 금세 친구가 될 수 있는 몇 가지 말이 있다. 첫째로는 "마이뻰라이Mai Pen Rai". 영어로 말하자면 "No Problem"이지만 태국 문화에서는 더 복합적인 의미를 갖는다. "아무렴 어때!", "괜찮아!"라는 뜻으로 뭐든 대충대충 넘어가는 태국 사람들의 특징을 나타내는 말이기 때문이다. 또 다른 표현은 "사바이Sabai". "좋다"는 말이다. 태국 사람들은 "사바이 사바이"처럼 두 번 연속으로 주로 쓰는데 "편하게 편하게"라는 의미. 세 번째는 "사눅Sanuk". '재미있는', '즐거운'의 뜻으로 인생 자체를 긍정적으로 대하는 태국인의 삶의 방식을 엿볼 수 있다. 서양 문화권과는 다르게 태국 사람들은 '일'이 진지해야 한다고 생각지 않는다. '재미'에 큰 가치를 부여하기 때문에 태국 사람들은 재미가 없으면 일을 그만두는 경향이 강하다. 따라서 모든 활동은 '사눅'과 '마이 사눅(재미없다)'으로 나뉠 정도. 예) '사바이'하고 '사눅'한 분위기 = 편안하고 재미있는 분위기

《극락 타이 생활기》

01 **작가 : 다카노 히데유키**

작가는 치앙마이 대학의 일본어 강사로 부임해 '미소의 나라'라 불리는 태국인들의 적나라한 생활상을 목도하게 된다. 태국인들의 생활을 관찰하고 연구하고 기록한 다카노 히데유키의 책에는 흔히 유명 여행지로만 알던 것과는 전혀 다른 태국이 담겼다. 책에서 저자는 때로는 유쾌하게, 때로는 날카롭게, 때로는 시니컬하게 태국인을 묘사하며, 태국 문화에 대한 깊은 애정이 담긴 기록을 독자에게 선물한다. 넘치는 유머와 가독성 높은 글로 폭로(?)하는 태국 뒷이야기를 들으며 태국 문화를 보다 신랄하게 간접체험해보자.

《치앙마이, 그녀를 안아줘》

02 **작가 : 치앙마이 래빗**

남편은 번역가, 아내는 작가 지망생인 부부가 지친 서울 생활을 뒤로 하고 태국 북부 도시 치앙마이에서 쓴 '일상으로 머무는 여행기'로 기존의 가이드북과는 완벽하게 다른 치앙마이와 치앙마이의 매력을 조곤조곤 알려준다. 재충전을 위해 무작정 찾아온 이 도시는 예상치 못한 기쁨과 낭만, 우정을 찾을 수 있었던 보물과도 같은 곳이었다. 그래서 자연스럽게 치앙마이에 녹아들어 사랑스럽고 상냥하며 어여쁜 치앙마이를 독자에게 보여준다. 에세이 성격이 강하지만 소개하는 장소나 음식에 대한 정보 소개도 허투루 하지 않는다. 작가의 귀여운 일러스트까지 더해져 읽는 재미까지 놓치지 않은 책, 치앙마이 여행 전에 기대감을 높이기 충분하다.

치앙마이
서점으로 떠나는
시간 여행

작고 예쁜 책방부터
편히 둘러볼 수 있는
대형 서점들이
전 세계의 '독서광'과
'서점 마니아'를 기다린다.
작은 서점들에서는
그림 전시와 음악회,
토론의 장이 열리는 등
지역의 예술가와 팬을
잇는 역할까지 한다.
들르는 것만으로도
영혼이 충만해지는
치앙마이의 대표 서점
속으로.

1 란 라오에는 복고 느낌 가득한 소품이 곳곳에 자리한다 2 지나치기 쉬운 작은 입구 3, 4 세련된 외관의 북 스미스에서는 책 외에 펜시용품도 선보인다 5 눈에 띄는 아시아 북스의 초록색 간판 6,7 치앙다오 북숍에는 아동도서가 특히 많다

누구에게나 추천하고 싶은 책방
란 라오 Ran Lao

님만해민 소이 1과 2의 입구 큰길가에 자리한 란 라오 서점은 태국어로 해석하면 '말하다To Tell'란 뜻으로 영어로 '투 텔 북스토어To Tell Bookstore'로도 알려졌다. 서점 안으로 들어서면 아늑한 동네 책방 느낌이 가득한데 주로 태국어 서적이 진열되어 있다. 문학부터 정치, 종교까지 그 주제도 다양하며 영어 서적도 눈에 띈다. 서점이지만 란 라오의 매력은 다채로움이라고 하겠다. 입구에 마치 인테리어 소품처럼 장식해둔 엽서나 장난감 등의 기념품은 예스러운 멋을 담고 있거나 다른 곳에서는 쉽게 찾을 수 없는 것이 많아 최고의 기념품 상점도 될 수 있다. 2층의 작은 공간에서는 주변 예술가의 작품을 전시하는 갤러리가 열리고 서점 앞 공간에서도 때때로 연주회나 토론회가 열리는 등 서점 그 이상의 역할을 한다.

⚑ 님만해민 소이 1 입구에서 맞은편, 싱크 파크에서 도보 3분 📍 8/7 Nimmanhemin Rd, Amphoe Muang, Chiang Mai 📞 +66 53 214 888 🕐 12:00~23:00 🌐 www.facebook.com/ranlaobookshop 지도 p.130-B

예쁜 책 컬렉터가 되고 싶은
북 스미스 The Book Smith

북 스미스는 선별된 책만 모아 판매하는 곳으로 예술과 디자인 책이 70% 이상을 차지한다. 그 외에 취미, 여행, 요리 등의 실용 서적과 소설책을 태국어와 영어로 만나볼 수 있다. 예쁘게 디자인된 책들은 내용을 모르더라도 인테리어 소품으로 활용하고 싶을 정도. 철 지난 잡지와 센스 넘치는 문구류도 판매해 기념품을 장만하기에도 좋다. 특히 태국요리에 관심 있는 사람이라면 다채로운 레시피 책을 구입할 수 있다. 〈방콕 매거진BK Magazine〉이 선정한 '꼭 한번 방문해야 할 태국의 빈티지 서점'에 이름이 올라 태국 사람들은 물론이고 여행자들도 한 번쯤 들르는 님만해민의 명물 서점이다.

📍 님만해민 중앙로에서 님만해민 소이 3 입구
📍 11 Nimmanhaemin, Amphoe Muang, Chiang Mai 📞+66 91 071 8767
🕐 10:00~22:00(시즌별로 상이함)
🌐 www.facebook.com/thebooksmithbookshop
🗺️ p.130-B

영어 서적이 다양한 대형 서점
아시아 북스 Asia Books

태국 전역에 여러 지점을 둔 대형 체인 서점으로 외국인도 활용할 수 있는 영어 서적을 주로 판매한다. 님만해민의 대형 쇼핑몰 마야에 입점해 접근성도 훌륭하다. 아시아 북스의 장점은 에어컨이 나오는 공간에서 편하고 쾌적하게 책을 볼 수 있다는 것. 우리나라 대형 서점과 마찬가지로 서점 곳곳에 자리를 잡고 책을 보는 사람이 많아 눈치 보지 않고 다채로운 책을 보고, 구입하기에 최적의 장소다.
태국의 역사나 예술, 음식과 문화에 관한 영어 서적을 다양하게 구비해 현지인보다는 여행자가 더욱 선호하며 디자인, 건축 서적과 같은 전문 서적도 다채롭다. 뿐만 아니라 잡지와 아동 도서, 기념품도 판매해 천천히 둘러보기에 그만이다. 센트럴 플라자와 센트럴 페스티벌 쇼핑몰에서도 아시아 북스를 만나볼 수 있다.

📍 님만해민 마야 쇼핑몰 3층
📍 8/7 Nimmanhemin Rd, Amphoe Muang, Chiang Mai 📞+66 52 081041
🕐 10:00~22:00 🌐 www.facebook.com/Asia-Books-Maya 🗺️ p.130-B

완소 동네 책방
치앙다오 북숍 Chiang Dao Bookshop

치앙다오는 치앙마이에서 북쪽으로 1시간 30분 정도 떨어진 한적한 마을로 이 서점만을 위해 찾기에는 무리가 있는 것이 사실이다. 하지만 치앙마이의 예술적인 기운은 이곳까지 퍼져 이 작은 인디 서점에서도 예사롭지 않은 예술가들의 움직임을 엿볼 수 있다.
치앙다오 북숍은 2013년 두 명의 작가가 합심해 문을 열었다. 태국 전통 가옥 스타일을 그대로 살렸고 벽을 가득 매운 책들이 평온한 인상을 준다. 서점 곳곳에는 좌식 평상과 테이블이 놓여 있는데 카페도 겸한다. 이곳에는 아동 도서와 청소년을 위한 책이 많아서 책을 보거나 공부하는 아이들이 눈에 띈다. 갤러리 겸 세미나룸으로도 이용되며 단편영화를 상영하는 등 치앙다오의 문화 센터로 영역을 넓혔다.

📍 치앙마이에서 북쪽으로 80km, 차로 1시간 30분 치앙다오 국립공원 인근 📍190/4 M.4, Ban Wangjom, Chiang Dao, Amphoe Muang, Chiang Mai 📞+66 081 111 3693 🕐 10:00~22:00 🌐 www.facebook.com/chiangdaobookshop
🗺️ 022-B 지도 밖

영화 속
치앙마이

선명하고 조금은
자극적인 방콕의
이미지와도 다르고,
파라다이스가 있다면
이런 곳일 것 같은
푸껫이나 꼬사무이와도
다른 치앙마이.
유니크하고 아직은
진가가 덜 알려진 이곳은
묘한 분위기의 영화 촬영
장소로 사랑받는다.

수영장
Pool·2009

감독 오오모리 미카 **주연** 가세 료, 고바야시 사토미, 시티차이 콩필라

가족을 떠나 4년 전부터 태국 치앙마이의 작은 수영장이 있는 게스트하우스에서 일하고 있는 엄마 쿄코를 만나러 딸 사요가 찾아온다. 여기에는 시한부 인생을 살고 있지만 항상 여유를 잃지 않는 주인아줌마 키쿠코와 순수한 청년 이치오, 엄마가 입양한 태국 소년 비이가 함께 살고 있다. 가족을 떠나 남들과 즐겁게 지내는 엄마에게 무책임하고 이기적이라고 힐난하는 딸, 자기 인생을 살기 위해 그랬다고 담담히 얘기하는 엄마. 다섯 등장인물은 둘이, 셋이 또 다섯이 모여 평범한 대화를 나눈다. 풍등을 날리고, 소원을 빌며, 노래를 부르며 함께 나누는 경험의 중심은 늘 수영장이다. 6일간의 여행을 통해 사요는 엄마를 이해하게 되었을까. 아니면 더 미워하게 되었을까. 영화는 다소 지루할 정도로 나긋한 대사와 평면적 구성으로 이루어져 있지만 감성적인 화면과 매력적인 치앙마이의 면면으로 러닝타임을 꽉 채운다.

이 영화의 배경인 호시하나 빌리지Hoshihana Village는 일본과 한국 여행자들에게 큰 인기다. 영화 속 모습 그대로 여행자를 맞는 호시하나 빌리지 옆에는 에이즈로 부모를 잃고 자신도 에이즈를 앓는 태국 아이들을 돕는 '반롬사이'라는 단체가 위치한다. 호시하나 빌리지를 통해 얻는 모든 수익금은 반롬사이의 아이들을 돕는 데 사용된다. 영화 속에도 등장하는 치앙마이의 명소나 태국음식도 치앙마이의 매력을 어필하기에 충분하다.

살아가는 데
우연이란 없어. 매 순간
자신이 원하는 것을
선택해 가는 거야

집
Home·2012

로스트 인 타일랜드
Lost in Thailand·2012

감독 추키아트 사크위라쿨 **주연** 나타퐁 아루나테, 수포즈 찬차로엔

〈시암의 사랑 The Love of Siam〉으로 태국 영화계에 신선한 바람을 일으킨 감독 추키아트 사크위라쿨의 옴니버스 영화로 감독의 고향인 치앙마이의 3가지 사랑이야기를 그린다. 첫 번째 이야기는 〈시암의 사랑〉처럼 두 남자아이가 주인공이다. 고등학교 졸업을 앞두고 친구들과 마지막을 보내는 것이 아니라 야밤의 학교 교정을 사진으로 찍는 '네이'와 중학교 때 전학을 왔다가 고등학교도 다른 지역으로 가는 농구부 '빔'은 묘한 동질감을 느낀다.

두 남자아이의 미묘한 케미스트리는 '빔'이 '네이'의 디지털 카메라 파일을 컴퓨터로 옮기다가 발견한 사진에서 시작되는데 알 듯 말 듯한 '네이'의 정체와 밝은 모습으로 '네이'의 속내를 들어주는 모습이 훈훈하게 그려진다. 아침이 되어 헤어지는 그들의 모습까지 보이무비를 평범한 로맨스로 그려내는 감독의 정서가 세련됐다.

두 번째 이야기는 남편이 죽은 후로 홀로 펜션을 운영하는 여인의 이야기. 남편은 한 문장짜리 쪽지를 집 안 곳곳에 숨겨두었는데 서랍을 열거나 남편이 정리한 노트를 펼칠 때마다 툭툭 나오는 쪽지를 보며 그녀는 남편과 대화한다. 그녀보다 먼저 사별한 친구, 남편과 아이까지 모두 잃은 젊은 여인, 서로에게 무관심한 조카부부의 모습은 남편과의 추억 중 하나인 것처럼 느껴진다. 사랑하는 사람과 결혼을 해도 마지막은 둘 중 한 사람이 먼저 가는 거라며 사랑의, 삶의 마지막에 느끼는 상실감을 전한다.

세 번째 에피소드는 결혼식 전날 위기에 빠진 예비부부를 그렸다. 깐깐한 시부모와 무뚝뚝한 신랑까지 모든 게 심란한 예비 신부는 브라이덜 샤워에 갔다가 우연히 첫사랑을 만나 술김에 키스를 나눈 후 죄책감을 못 이기고 이를 남편에게 고백한다. 결국 화해와 용서를 통해 어떤 잘못을 해도 사랑이라는 이름으로 극복할 수 있다는 마무리로 또 다른 형태의 사랑을 이야기한다.

집은 우리 마음이 머무는 곳이다. 그 마음은 추억이 되어 영원히 남을 수 있다

감독 서쟁 **주연** 서쟁, 왕바오창, 황보

'중국 역사상 최고의 흥행작'이 태국 치앙마이를 배경으로 만들어졌다.

바보 때문에 일이 꼬여간다

〈로스트 인 타일랜드〉는 제임스 캐머런 감독의 〈아바타〉를 제치고 중국 영화 역사상 가장 흥행에 성공한 대작이다. 치앙마이가 주무대로 등장하는 〈로스트 인 타일랜드〉의 개봉 이후 중국에는 치앙마이 여행 붐이 일었다. 2009년 중국인 관광객 방문지 순위에서 10위에 그쳤던 태국이 2년 새 4위로 껑충 뛰었다. 영화가 흥행하자 중국 내 여러 도시에서 직항편과 전세기가 운행될 정도라니 그 인기를 실감할 수 있다.

〈로스트 인 타일랜드〉는 2010년 〈로스트 온 조니Lost on Journey〉의 속편이다. 〈로스트 온 조니〉는 1987년 〈자동차 대소동〉을 리메이크한 작품으로 전혀 다른 두 주인공이 명절에 가족을 찾아가는 과정의 소동을 코믹하게 그렸다. 2편은 1편보다 발전적이고 보다 사회적인 터치를 가미했다는 평을 받는다.

태국 북부에서는, 란나 푸드

태국 동북부 지역 요리인 이산 푸드Isan Food는 태국 전역에서 비교적 쉽게 접할 수 있다. 그에 비해 태국 북부요리는 쓰이는 재료나 요리법이 독특한데다 다른 지역에서는 쉽게 찾아볼 수 없는 음식이 많다. 그러니 당부컨대 란나 푸드는 치앙마이에 있을 때 잘 먹어두자.

🪷Editor's Tip🪷 란나 푸드의 특징

태국에서 가장 높은 산악지대에 위치한 까닭에 북부요리는 산에서 나는 다채로운 식재료를 사용한다. 그래서 다른 지역의 팟타이나 솜땀, 똠얌꿍처럼 단순히 요리 이름만으로 설명하기 어렵다. 쓰고, 맵고, 거친 맛이 강한 음식이 지배적이고 유독 돼지 내장이나 피로 만든 음식이 많기 때문에 여행자에 따라 호불호가 극명히 갈리기도 하며 안남미로 만든 흰밥을 먹는 타지와는 달리 칼로리가 더 높은 찹쌀밥을 즐겨 먹는다. 그 이유는 자연적인 특징에 더해 보다 노동 집약적인 산악지방 사람들의 생활방식에서 찾을 수 있다.

01

북부 태국의 소시지
사이우아 Sai Ua

소시지도 치앙마이에서 만나면 색다르다. 카레를 넣어 진한 노란 색을 띠는 치앙마이 소시지 사이우아는 다진 돼지고기에 허브와 향신료, 고추를 더해 다채로운 향과 매콤한 맛이 특징이다. 태국 북부에서 쉽게 만날 수 있으며 숯불에 노릇하게 구워내면 독특한 향이 배가되니 노점상에서 구입해 간식으로 즐겨보자.

북부 카레의 선두주자
깽항래 Kaeng Hang Lay

태국 카레 중에서도 가장 익숙하고 풍부한 맛을 가진 북부 지역의 음식이다. 버마에서 유래했는데 태국에서 달콤한 맛이 더해졌다. 타마린드, 땅콩, 생강 등이 들어간 카레 페이스트를 큼지막한 돼지고기 삼겹살에 버무려 끓여낸다. 밥이나 쌀국수를 곁들이면 맛의 밸런스가 좋다.

제육 볶음이 생각나는 소스
남쁘릭옹 Nam Prik Ong

절구에 갈랑가 생강, 고추, 마늘, 샬럿, 소금과 말린 새우를 넣고 빻는다. 방울토마토를 잘 섞어 웍에 기름을 두르고 모두 볶는다. 돼지고기, 타마린드 즙, 피시 소스와 설탕을 넣고 걸쭉해질 때까지 잘 볶아주면 완성! 오이, 양배추 등의 채소와 함께 내는 음식으로 우리나라의 제육볶음과 유사한 맛이 난다.

북부 태국에서만 1년에 딱 한 번!
헷톱 Hed Thob

화전민들이 산에 불을 질러 우기에만 자라는 이 버섯을 수확하는데, 환경오염과 산불을 일으킨다는 논란이 있다. 껍질이 꼬들꼬들하고 하얀 속살은 부드럽다. 1년에 한 번만 수확할 수 있고 양식이 불가능해서 상당히 비싸다. 맑고 신 수프에 익혀 먹는 스타일인 깽헷톱Kaeng Hed Thob으로 즐기는 것이 보통.

우리 음식과 다르지 않아요!
칸똑 Khan Tok

'칸Kan'은 그릇, '똑Tok'은 밥상을 뜻하는데 동그란 상에 여러 반찬과 찹쌀밥을 내오는 음식을 일컫는다. 보통 위에 언급한 깽항래, 남쁘릭옹, 남쁘릭눔, 사이우아 등의 북부요리를 내므로 치앙마이 여행 중에는 한 번쯤 시도해볼 만하다. 일부 레스토랑에서는 태국 북부 전통 춤과 함께 칸똑 디너쇼를 진행하기도 한다.

초록 고추로 만든 북부 소스
남쁘릭눔 Nam Prik Num

북부 방언으로 '덜 익은 고추'를 말하는 쁘릭눔으로 만든 걸쭉하고 진한 소스다. 고추의 섬유질이 그대로 살아 있어 촉촉하고 매운맛이다. 고추와 함께 샬럿, 마늘, 고수, 라임주스, 피시 소스를 갈아서 내는 간단한 요리로 맵고 짜고 단맛을 한 번에 느낄 수 있다. 남쁘릭눔이나 남쁘릭옹 하나면 밥 한 그릇을 뚝딱 해치운다.

개미알 요리도 북부요리!
까이못댕 Kai Mot Daeng

산에 사는 불개미의 알(까이못댕)로 만드는 다양한 요리도 태국 북부의 별미다. 특히 태국의 산 개미는 알이 상당히 크고 영양소가 많아 고산족들의 고단백 영양식으로 뺄 수 없는 중요한 식재료다. 다양한 요리가 있지만 샐러드로 먹는 얌까이못댕Yam Kai Mot Daeng이 가장 무난하다. 불개미의 알은 레몬처럼 신맛이 난다.

란나의 대표 국수
카오소이 Khao Soi

코코넛 밀크가 듬뿍 든 카레 국수로 북부 지역의 대표적인 국수다. 치앙마이를 비롯한 태국 북부에서는 보통 에그 누들, 바미Bamee면을 사용한다. 카오소이는 잘 익은 면발에 바삭하게 튀겨낸 면발을 고명으로 올려 만드는데 다양한 식감을 맛볼 수 있다.

돼지고기, 닭고기, 해산물 등 주재료를 선택할 수 있고 국수와 함께 따라오는 사이드를 입맛에 따라 곁들이는 것이 정석이다. 취향에 따라 함께 나오는 칠리 페이스트와 채 썬 샬럿, 채소 절임을 더해 먹는다.

카오소이 맛집 3

01

카오소이 이슬람 Khao Soi Islam

이곳에서 선보이는 카오소이는 전통 방식 그대로라 여행자들에게 특히 사랑받는다. 진한 카레 국물에 부드러운 면발을 넣고 그 위에는 튀긴 국수와 고기 고명을 얹는데 코코넛 밀크와 적절히 조화된 부드러운 맛이 일품이다.

📍 22-24 Thanon Charoenprathet Soi 1, Amphoe Muang, Chiang Mai 📞+66 053 271 484 ⏱ 10:00~18:00(금요일 정기 휴무)
MAP p.176-D

02

카오소이 매사이 Khao Soi Maesai

매콤하고 크리미한 카레 국물이 쫄깃한 면발을 만나 달콤하면서도 조화로운 맛이 특징이다. 고명으로 얹는 바삭한 면발을 카레 국물에 넣어 맛보면 고소함이 더해진다. 면발 밑에 숨은 닭이나 소고기도 부드럽기 그지없다.

📍 Ratchaphuek Rd, Chang Phueak, Amphoe Muang, Chiang Mai 📞+66 53 213 284 ⏱ 08:00~16:00(일요일 정기 휴무)
MAP p.131-E

03

카오소이 푸엥파 Khao Soi Fueng Fah

무난한 맛의 카오소이로 튀는 향신료도 없고 코코넛 밀크의 맛도 진하지 않다. 한입 맛보면 평범한 맛이라 의아할 수도 있다. 하지만 이곳의 묘미는 바로 이 베이스에 내가 원하는 맛을 더해 내 입맛에 맞는 DIY 카오소이를 만들 수 있다는 것.

📍 Thanon Charoenprathet Soi 1, Amphoe Muang, Chiang Mai 📞+66 81 595 7030 ⏱ 07:00~21:00(금요일 정기 휴무)
MAP p.176-D

꼭 먹어볼
태국 대표 요리

맵고, 달고, 짜고, 시고, 쓴맛의 조화를 맛볼 수 있는 태국요리. 산과 바다가 사방으로 펼쳐진 천혜의 자연환경에서 나는 신선한 재료와 태국만의 조리법에 이웃 나라의 요리 방식이 더해져 유니크한 매력을 선사한다. 한번 빠져들면 헤어나올 수 없는 중독성 강한 태국요리, 알고 먹으면 더 맛있다!

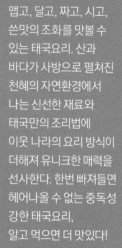

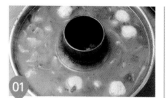

세계 3대 수프의 매력
똠얌꿍 Tom Yam Goong

똠Tom은 끓이다, 얌Yum은 시다, 꿍Goong은 새우를 뜻하며 세계 3대 수프로 잘 알려져 있다. 호불호가 갈리기도 하지만 그 오묘한 맛의 조화로 중독성 강한 요리로 꼽힌다.

국가대표 볶음 쌀국수
팟타이 Phad Thai

팟Phad은 볶다, 타이Thai는 태국이란 말로 '국가대표' 요리다. 쌀국수를 달콤한 타마린드 소스에 볶아 땅콩 가루와 함께 내는데 고소하고 달콤한 맛이 일품이다.

파파야 샐러드 그 이상
솜땀 Som Tam

우리에게 김치가 있다면 태국에는 솜땀이 있다! 고추와 마늘, 라임이 듬뿍 들어가 식감이 매콤, 새콤, 아삭하며 기름진 육류에 곁들이면 최고의 궁합을 이룬다.

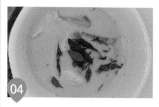

태국 카레의 변신은 무제한
깽 Kaeng

태국 카레는 태국말로 깽이라 부르며 코코넛 밀크를 넣어 달달하고 식감이 부드럽다. 카레와 함께 자스민 라이스나 쌀국수를 곁들인다.

진한 육수의 쌀국수
꾸어이띠어우 Kuay Teaw

소고기나 돼지고기, 오리고기로 푹 고아낸 육수가 우리 입맛에도 잘 맞는다. 보통 국수의 너비와 고명을 선택해 주문하며 똠얌 수프가 국물로 쓰이기도 한다.

타이 스타일 볶음밥
카오팟 Khao Phad

안남미로 만든 볶음밥으로 재료에 따라 무궁무진하게 변신한다. 기본 간을 피시 소스로 해 감칠맛이 있다. 우리나라 사람들에게는 게살을 넣은 카오팟뿌가 인기다.

고소한 숯불 닭 구이
까이양 Kai Yang

양념에 재운 닭을 숯불에 구워낸 태국식 닭 구이. 먹기 좋게 잘라낸 닭을 간장이나 칠리소스와 함께 내오는데 주로 쏨땀, 찰밥과 맛보는 것이 정석이다. 노점상에서 부위별로 꼬치에 끼워 판매하기도 한다.

똠얌꿍보다 더 이국적인 수프
똠카까이 Tom Khaa Kai

코코넛 밀크가 듬뿍 들어간 치킨 수프로 뽀얀 국물 안에 갈랑가 생강, 라임, 고추를 넣어 부드러우면서 매콤하고 알싸하다. 똠얌꿍과 비슷한 재료로 만들지만 코코넛 밀크의 맛이 훨씬 강하며 태국요리 마니아에게 특히 사랑받는다.

태국인들의 진짜 주식
카놈찐 Khanom Jeen

팟타이나 카오팟만큼 태국 사람들이 즐겨 찾는 메뉴로 전문으로 취급하는 현지 식당이나 노점에서 접할 수 있다. 우리나라의 소면과 같은 가는 쌀국수를 푹 삶고 고기나 생선이 든 다채로운 맛의 카레를 얹어 생채소와 함께 먹는다.

담백한 맛이 일품
카오만까이 Khao Man Kai

중국 하이난식 닭 요리Hainan Chicken Rice의 태국 버전으로 저렴한 한끼 메뉴로 인기다. 백숙과 비슷해 보이는데 다양한 허브가 들어가 이국적인 맛도 느껴진다. 닭고기와 함께 내는 소스의 맛이 '카오 만까이 맛집' 판단의 중요한 키다. 밥과 닭육수가 세트처럼 나온다.

새콤달콤한 애피타이저
얌 Yum

태국 전역에서 만날 수 있는 얌은 샐러드의 일종이다. 데친 채소에 매콤하고 새콤한 소스를 버무린 모든 음식을 얌으로 칭하기 때문에 종류가 수십 가지에 달한다. 대표적인 메뉴는 얌운센Yum Woonsen으로 투명한 녹두 국수와 채소, 해산물을 함께 버무려 나온다.

태국 넘버원 게 요리
뿌팟퐁 카레 Poo Phad Phong Kari

여행자들에게 더 사랑받는 게 요리로 옐로 카레와 달걀이 섞인 소스에 튀긴 게를 함께 볶아 만든다. 코코넛 밀크가 들어가 부드러운 맛을 더했으며 게를 맛보고 남은 소스에 밥을 비벼 먹기도 한다. 태국 사람들은 게 대신 새우나 닭을 넣기도 한다.

향긋한 한끼 식사
팟끄라빠오무삽
Phad Krapow Moo Sab

태국에서 쉽게 찾아볼 수 있는 허브 중 하나인 바질(끄라빠오)을 다진 돼지고기와 섞어 짭짤하게 볶아 하얀 쌀밥과 함께 먹는다. 보통 달걀 프라이와 함께 나오며 돼지고기 대신 닭고기나 소고기를 사용하기도 한다.

달짝지근한 족발 덮밥
카오카무 Khao Kha Moo

간장, 향신료와 함께 푹 고아낸 족발을 먹기 좋게 잘라 흰밥 위에 얹어 내는 덮밥이다. 족발은 흐물흐물할 정도로 부드럽고 달콤하다. 걸쭉한 소스에 밥을 적셔 먹고 채소와 삶은 달걀을 곁들여 먹는다. 후다닥 만들 수 있는 다른 태국요리에 비해 시간과 공이 많이 드는 요리.

1등 채소 밥 반찬
팟빡붕파이댕
Phad Pak Bung Fai Daeng

동남아시아에서 주로 나는 채소 모닝글로리(파이댕Fai Daeng)를 굴 소스와 마늘, 고추와 함께 볶는다. 아삭한 모닝글로리는 특별한 향이 없어 외국인도 무난하게 맛볼 수 있다. 주로 밥에 곁들이는 반찬으로 사랑받는 사이드 메뉴.

태국에서 맛보는 샤브샤브
수키 Suki

태국식 샤브샤브인 수키는 심심하게 간을 한 육수에 신선한 고기나 채소를 넣어 매콤한 소스에 찍어 먹는 음식이다. 태국 전역에 다양한 체인이 있어 쉽게 만날 수 있다. 전통 도기에 익혀 먹는 찜쭘Jim Jum도 수키의 일종이다.

쫄깃함과 달콤함이 가득
로띠 Roti

주로 남부아시아에서 주식으로 먹는 로띠는 쫄깃한 도우를 얇게 펴 기름에 튀기듯이 구워낸 것인데 태국에서는 디저트로 만나볼 수 있다. 태국 카레를 찍어 맛보면 식사대용으로 그만. 연유나 설탕, 바나나를 더하면 고소하고 달콤한 디저트로 변신한다.

망고와 찰밥이 만드는 색다른 달콤함
카오니아오마무앙
Khao Niao Mamuang

태국을 대표하는 디저트로 잘 익은 생망고와 찰밥이 달콤한 코코넛 밀크와 함께 어우러진다. 찰밥을 카오니아오Khao Niao, 망고를 마무앙Mamuang이라고 하는데 코코넛 밀크로 지어 향을 더했고 망고의 달콤함과 찰밥의 차진 식감이 조화롭다.

태국 커피가 특별한 이유

치앙마이 사람들은 고산지대에서 지은 커피와 차로, 그리고 그들 특유의 아기자기한 감각으로 전 세계 어디에 내놓아도 뒤지지 않는 수준급의 카페를 만들어냈다. 단언컨대 치앙마이에서는 '맛집'보다도 '카페' 검색에 더욱 열을 올려야 할 것이다.

로열 프로젝트

태국 역사상, 그리고 세계에서도 최장수 국왕인 푸미폰 아둔야뎃Bhumibol Adulyadej 국왕은 태국에서 우상적인 존재다. '반인반신'이라는 평가와 함께 절대적인 사랑과 존경을 받는 태국의 국왕은 전통적으로 불교의 이상적인 통치자인 '탐마라차Thammaracha, Dhammaraja,法王'가 되기 위해 노력한다. 푸미폰 국왕의 탐마라차로서의 자질을 가장 잘 보여주고 있는 것은 왕실사회복지사업인 국왕개발계획Royal Development Projects, 국민들을 더욱 잘살게 만들려는 국왕과 왕실의 노력이 담긴 3,000개 이상의 국가사업이다. 그중에서도 초기에는 고산족을 위한 왕실 프로젝트Royal Hill Tribe Project라고 불렸던 로열 프로젝트The Royal Projects는 국왕과 왕비가 개인적으로 실행하는 프로젝트. 1960년대 말까지 태국 북부의 고산족은 아편을 짓고 빈곤하게 살았으며 화전 농업을 주로 하여 산림의 훼손이 심각했다. 1969년 푸미폰 국왕은 고산족이 아편 대신 고소득을 올릴 수 있는 과일, 채소, 커피, 잼, 와인, 화훼작물을 재배하도록 도와 마약 퇴치는 물론이고 생계수단 마련과 산림 보호까지 도모했다. 경작물 재배에서부터 포장, 운송, 마케팅까지 전폭적으로 지원하는 로열 프로젝트는 국제적으로도 인정받아 1988년에 '아시아의 노벨평화상'이라는 '막사이사이상'을 수상했다.

세계적 수준의 차와 커피

푸미폰 아둔야뎃 국왕과 그의 어머니 스리나가린드라 여사의 뜻을 이어받은 건 국왕의 둘째 딸 마하 차끄리 시린톤Maha Chakri Sirindhorn 공주. 태국 국민들이 '쁘라텝(천사 공주님)'이라고 부르는 공주는 특히 커피와 차 사업에 열의를 불태웠다. 어느덧 커피와 차 산업은 국가가 장려하는 주요 사업으로 자리 잡았음은 물론이고 북부에서 생산된 커피와 차는 세계적으로 품질과 맛을 인정받는다.

태국 북부 고산 지역은 적도 부근의 아열대 기후로 커피 재배에 최적의 환경을 갖췄다. 대부분의 공정이 수작업으로 이뤄지기 때문에 친환경적이다. 이곳의 커피는 돌화덕의 일정한 복사열을 이용하는 스톤 로스팅 방식이므로 신맛보다는 쌉싸래한 맛이 강하다.

1,2 로열 프로젝트의 수혜를 받은 태국 북부 커피 브랜드 도이창 3,4 치앙마이와 치앙라이의 외곽에서는 훌륭한 뷰와 함께 커피를 즐기기 좋은 카페가 수두룩하다 5,6 삥강에 위치한 카지와 님만해민의 리스트레토를 비롯해 치앙마이 카페 수준에 감탄하게 만드는 곳이 많다 7 와위 커피 역시 태국 북부 커피의 수준을 알 수 있게 해주는 브랜드다

🖋Editor's Tip⁺

태국 명품 커피 브랜드 5

태국 북부 지역에서 나는 커피는 그 수가 무척이나 많지만 그중 브랜드로서 널리 알려진 것은 4개 정도다. 도이창Doi Chaang, 도이퉁Doi Tung, 와위Wawee, 아카아마AkhaAma가 바로 그것. 그 외에 코끼리 커피 Elephant Coffee도 북부를 대표하는 희귀 커피로 일명 블랙 아이보리 커피Black Ivory Coffee라고도 한다. 치앙라이의 골든 트라이앵글에서 생산되며, 바나나와 사탕수수에 커피 원두를 섞어 코끼리에게 먹이로 준 뒤 코끼리의 배설물을 통해 발효된 원두를 채취하는 방식. 코끼리의 위산이 원두의 단백질을 분해해 쓴맛을 없애므로 매우 부드럽다. 1kg에 US$1,100 정도로 인도네시아의 루왁 커피보다 비싸다.

치앙마이의 애프터눈 티 열전!

질 좋은 원두, 고산족들의 개성 넘치는 수공예품으로 대표되는 소박한 예술적 감각에 더해 치앙마이만의 독특한 분위기를 가진 사랑스러운 애프터눈 티타임. 오래 머물며 마냥 게으른 한낮의 여유를 만끽해보자.

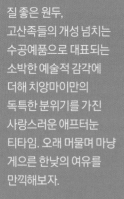

01

클래식과 럭셔리의 조화!
서비스 1921 The Service 1921

시내 중심에 위치한 호텔 중 가장 럭셔리한 곳으로 통하는 아난타라 치앙마이 리조트에서는 고급스러운 클래식 버전의 애프터눈 티를 만날 수 있다. 푸른 리조트 정원, 강가의 아름다운 풍경과 함께 훌륭한 티 세트를 즐길 수 있다. 3단 트레이에 서빙되는 세트 구성은 스콘과 케이크, 마카롱에 아이스크림까지 충실하며 20가지 종류의 차와 커피 중에서 원하는 음료를 선택할 수 있다. 세트에 따라 와인이나 칵테일을 추가할 수도 있다.

🍽 1인 288바트, 2인 1,100바트(세금 불포함)
📍 123~123/1 Charoen Prathet Rd, Changklan, Amphoe Muang, Chiang Mai
📞 +66 53 253 333 🕐 애프터눈 티 주문가능 시간 14:00~18:00 MAP p.176-D

02

강가 전망과 함께하는 티타임
살라 란나 Sala Lanna

삥강 주변에 자리한 부티크 호텔 살라 란나의 1층 카페는 강변을 마주한 아늑한 분위기의 애프터눈 티 세트로 주목받는다. 3단 트레이에 나오는 세트는 미니 코스 메뉴라 할 만큼 든든한 구성이다. 애피타이저로 시저 샐러드와 스프링 롤을, 메인으로 구운 연어와 샌드위치를 맛볼 수 있다. 고운 색의 푸딩과 브라우니, 한입에 쏙 들어가는 케이크 조각 등 달달한 디저트까지 맛보면 만족스러운 식사가 된다.

🍽 2인 650바트(세금 불포함)
📍 49 Charoenrat Rd, Wat Ket, Amphoe Muang, Chiang Mai 📞 +66 53 242 588
🕐 애프터눈 티 주문가능 시간 13:00~17:00
MAP p.176-B

03
비밀의 정원에서 즐기는 여유
나까라 자딘 Nakara Jardin

꽃과 나무, 유럽풍의 예쁜 집과 삥강의 평화로움이 어우러져 동화 같은 풍경이 펼쳐진다. 클래식한 느낌의 작은 소품과 가구들이 더해져 영국 카페를 그대로 옮겨온 듯하다. 메인으로 파스타, 콘피Confit, 브루기뇽Bourguignon, 푸아그라 요리를 맛볼 수 있고 케이크는 물론 크로크 무슈, 크레페, 포카치아 등 유럽 디저트를 모두 모았다. 3단 트레이에 제공되는 클래식한 애프터눈 티 세트와 스콘은 이곳이 치앙마이라는 것마저 잊게 만든다.

🍽 애프터눈 티 세트 2인 1,070바트(세금 불포함), 홈메이드 스콘 165바트, 커피 70바트부터 📍11 Soi 9 Charoenprathet Rd, T.Changklan, Amphoe Muang, Chiang Mai 📞+66 53 818 977 🕐애프터눈 티 주문가능 시간 11:00~19:00(수요일 휴무) 🗺 p.023-G

04
타이 스타일 하이티
삥 나까라 부티크 호텔 앤 스파
Ping Nakara Boutique Hotel and Spa

로맨틱한 분위기의 삥 나까라 호텔, 평화로운 분위기의 라이브러리 테라스에서는 치앙마이에서 유일하게 태국식 애프터눈 티를 선보인다. 2단으로 된 3개의 철제 트레이가 나오는데 태국식 애피타이저와 한입거리 디저트가 빼곡하다. 애피타이저로는 치킨이 들어간 파이 끄라통 통Kratong Thong과 쌀 튀김인 까오땅나탕 Kao Tang Na Thang이 나오며 파스텔 색이 예쁜 디저트는 입가심으로 그만이다.

🍽 애프터눈 티 세트 2인 750바트(세금 불포함) 📍135/9 Charoen Prathet Rd, Changklan, Amphoe Muang, Chiang Ma 📞+66 53 252 999 🕐 애프터눈 티 주문가능 시간 14:30~17:30 🗺 p.023-G

05
낭만을 더한 달콤한 오후
나 니란드 로맨틱 부티크 호텔
Na Nirand Romantic Boutique Hotel

호텔 이름처럼 '로맨틱'이란 단어는 애프터눈 티 세트에도 녹아들었다. 3단 트레이 곳곳에 놓인 생화와 하트 모양 스콘은 보기만 해도 달콤하다. 메뉴 또한 충실해 미니 버거, 샌드위치, 스프링롤 등 식사거리부터 케이크, 마카롱 등 디저트까지 코스로 맛볼 수 있다. 여기에 100년 된 레인 트리 그늘 아래서 애프터눈 티 세트를 맛보며 즐기는 삥강의 풍경 또한 낭만적이다.

🍽 시그니처 하이티 세트 2인 1,200바트부터 (세금 포함) 📍1/1 Soi 9, Charoenprathet Rd, Tambon Changklan, Amphoe Mueang, Chiang Mai 📞+66 53 280 988 🕐 애프터눈 티 주문 가능 시간 14:00~17:00 🌐 www.nanirand.com 🗺 p.176-D

멀어도 찾아갈 만한 치앙마이의 멋진 카페

란나 스타일을 입은 특별한 별다방
스타벅스 앳 깟 파랑 Starbucks @ Kad Farang

태국의 커피 수도라고도 불리는 치앙마이에서는 소규모 로스터리에서 차와 커피를 맛보기에도 시간이 부족하다. 그래서 '전 세계에서 만날 수 있는 스타벅스를 굳이 치앙마이까지 가서 방문해야 할까' 하는 의문이 드는 것이 사실이다. 스타벅스 앳 깟 파랑은 전통 란나 스타일로 안팎을 꾸민데다 깟 파랑 빌리지 쇼핑몰과 함께 자리해 스타벅스 마니아의 충성심과 커피 러버들의 호기심을 자극한다. 시내 중심에서 차로 약 20분, 항동Hang Dong 지역에 자리한 깟 파랑 빌리지 입구에서부터 눈에 띄는 웅장한 스타벅스는 간판을 못 보면 사원이라 착각할 정도로 멋스럽다. 2층 규모의 높은 천장은 어두운 티크 나무와 란나 건축 장식으로 독특한 멋을 풍긴다. 태국 북부 예술 작품에서 자주 쓰이는 기법인 금박 장식과 그림도 멋을 더한다. 아쉽게도 여타 스타벅스와 다른 특별 메뉴는 아직 없다. 깟 파랑 빌리지 옆에 자리한 프리미엄 아웃렛에서 나이트 바자와 님만해민으로 운행하는 무료 셔틀을 이용하면 더욱 편리하다.

🍴 라테 90바트, 아이스 아메리카노 95바트, 프라푸치노 115바트부터 🚩 치앙마이 시내에서 항동 쪽으로 차로 20분, 프리미엄 아웃렛 무료 셔틀 이용 📍 Ban Waen, Hang Dong, Chiang Mai 📞 +66 53 442 472 🕐 07:00~21:00 🌐 www.starbucks.co.th 🗺️ p.022-C 지도 밖

"치앙마이의 진짜 좋은 카페는 외곽에 있어!" 라는 치앙마이 토박이의 추천으로 시작된 멋진 카페 찾기 놀이. 시야가 탁 트이고, 가슴이 뻥 뚫리는 아름다운 카페에서는 도심 속 찌든 스트레스가 절로 풀린다.

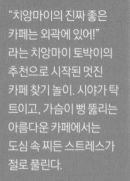

1,2 스타벅스 앳 깟 파랑에서는 전통 란나 스타일을 느낄 수 있다 3 스타벅스의 원두는 물론 치앙마이의 원두도 있다 4 커피와 케이크의 맛은 다른 나라와 대동소이하다

> 5 푸핀 인 레이크에서는 해먹에 누워 경치를 감상한다 6 치앙마이 전경이 내려다보인다 7 커피도 훌륭하지만 이런 곳에서는 맥주 한잔을 즐기는 것도 좋다 8 살라 카페의 잘 가꾸어진 정원 자리도 인기다

산과 호수를 더욱 매력적으로 만드는 이름
푸핀도이 & 푸핀 인 레이크 Phufinn Doi & Phufinn In Lake

그랜드 캐년, 나이트 사파리 등 볼거리 많은 항동으로 나들이 나왔다면 푸핀Phufinn에서 커피 한잔의 여유를 즐겨보자. 총 세 곳에 푸핀이란 이름의 인기 카페 겸 레스토랑이 운영되므로 방향 설정이 필요하다. 모두 다른 매력과 분위기이기 때문. 탁 트인 치앙마이 시내 전망과 함께할 수 있는 푸핀도이는 산 중턱에 자리한다. 커피나 디저트를 즐기며 망고 과수원 사이를 거닐거나 트리 하우스에서 인증샷을 남기기 그만이라 날씨가 서늘해지는 겨울과 주말이면 발 디딜 틈이 없다. 푸핀 인 더 레이크는 좀 더 시내와 가깝고 한적한 호숫가에 자리해 가장 인기가 많다. 해먹에 누워 여유로움을 즐기거나 호수에서 오리배도 탈 수 있어 유원지에 온 기분이다. 레이크 지점은 수입 맥주와 칵테일 등 다양한 주류 메뉴도 갖춰 흥겨운 나이트 스폿으로도 큰 인기를 끈다. 어디를 선택해도 달달한 커피와 맛 좋은 태국음식까지 맛볼 수 있어 한번 자리 잡으면 시간 가는 줄 모르는 치앙마이 사람들의 진짜 나들이 장소다.

📞 커피 60바트부터, 케이크 80바트부터, 밥 종류 65바트부터, 스파게티 140바트부터 📍 Nam Phrae, Hang Dong, Chiang Mai 📞 +66 092 9590 399 🕐 10:00~20:00 🌐 www.facebook.com/phufinn 🗺 p.022-C 지도 밖

언제 와도 편안한 동네 사랑방
살라 카페 Sala Cafe

치앙마이 시내에서 20분 정도 벗어났을 뿐인데 산과 논의 풍경이 펼쳐지는 매림Mae Rim 지역. 우리나라의 시골 풍경을 꼭 닮은 이곳은 요즘 핫한 카페가 곳곳에 자리해 밤낮으로 차와 오토바이 소리가 끊이지 않는다. 그중 가장 대중적인 인기를 얻는 곳이 살라 카페. 마치 부유한 과수원과 주택을 개조한 것 같은 이곳은 모던하거나 트렌디한 카페는 아니다.

나무가 있는 넓은 정원과 카페 곳곳에 앉을 곳, 쉴 자리를 만들어 어디에 자리를 잡아도 집처럼 편안한 느낌이다. 넓은 카페 곳곳은 자연스럽게 포토 스폿이 되어 기념사진을 찍는 이도 많다. 게다가 맛 좋은 커피와 디저트를 저렴한 가격에 선보여 수고스럽게 찾아온 이들에게 본전 찾는 기분마저 들게 만드는 것이 인기 비결. 카페뿐만 아니라 30여 가지가 넘는 태국음식도 선보여 식사와 디저트를 동시에 해결할 수 있어 좋다. 현지인은 물론 입소문을 들은 여행자들이 시내에서 오토바이나 차로 찾아오는 모습도 쉽게 볼 수 있는 동네 사랑방과 같은 곳이다.

📞 라테 50바트, 그린티 위드 레드빈GreenTea with Red Bean 75바트, 팟타이PadThai 70바트 📍 133/11 M.5 Mae Ram, Mae Rim, Chiang Mai 📞 +66 53 860 996 🕐 08:00~18:00 🌐 www.facebook.com/mysalacafe 🗺 p.022-B 지도 밖

예술과 어우러진 갤러리 카페
티타 갤러리 Tita Gallery

갤러리와 부티크, 카페가 더해진 복합 문
화 공간이다. 갤러리는 티타 갤러리, 카페
는 수안 라후Suan Lahu라는 별개 이름을
가졌지만 티타 갤러리로 통한다. 매사폭
포는 물론 포시즌스 치앙마이도 지척이
라 위치도 매력적이다.

카페의 야외 좌석에서는 매림의 푸르른
자연을 감상하기에 좋고, 2층 실내는 편
안하고 사랑스러운 인테리어로 절로 카
메라를 들게 만든다. 달콤한 시그니처 커
피와 차, 다양한 케이크를 선보여 주말이
면 매림의 자연과 부족함 없는 메뉴를 맛
보기 위해 시내에서 일부러 찾아오는 이
들로 가득하다. 전시가 끊이지 않는 갤
러리, 사고 싶은 아이템만 판매하는 부티
크, 수준급의 커피와 소박하고 정성이 깃
든 음식을 맛볼 수 있어 반나절 일정을 보
내기 충분하다.

🏠 수안 라후 커피 65바트, 레드벨벳 치즈
케이크 110바트, 파스타 150바트부터
🚩 치앙마이 시내에서 매림 방향으로 차로
20~30분 📍 68 Mu 6 Rim Tai, Mae Rim,
Chiang Mai 📞 +66 53 297 911 🕐 08:00~
18:00 🌐 www.facebook.com/TitaGallery
🗺️ p.022-B 지도 밖

홈메이드 음식과 디저트가 가득
바아 바아 블랙 카페 Baa Baa Black Cafe

근사한 레스토랑과 카페가 많은 매림 지역에서 소박한 할머니 손맛으로 여행자 정보
사이트 트립어드바이저의 맛집 1~2위를 다투는 숨겨진 보석 같은 곳이다. 이곳은 매림
라군 베드 앤 베이커리Mae Rim Lagoon Bed & Bakery에 속한 카페다. 한 가족이 운영하
는데 티타임부터 식사까지 한번에 즐길 수 있으며 메뉴는 소박하지만 태국 가정식 스
타일이라 인기가 많다.

주말에만 주문이 가능한 샐러드 겸 밥인 카오얌과 특정 시즌에만 자라는 고사리 종류
의 채소 빡꿋Pak Kood이 들어간 카레는 이곳에서만 파는 메뉴다. 야외 정원에서 넉넉한
인심이 담긴 푸짐하고 맛좋은 태국음식도 맛보고, 카페에서는 직
접 구운 쿠키, 케이크와 커피로 마무리할 수 있어 만족도가
높다.

🏠 아메리카노 60바트, 길티 초콜렛 70바트, 랍 포크 95
바트, 카레 95바트부터 📍 65/7 moo 6 Mae Rim-
Sameong Old Rd, Mae Rim, Chiang Mai 📞 +66 53
297 288 🕐 09:00~20:00 🌐 www.maerimlagoon.com
🗺️ 022-B 지도 밖

1,2 예술적인
분위기가 충만한 티타
갤러리 3 소박한 가정식 한끼를
원한다면 바아 바아 블랙 카페로
향하자 4 바아 바아 블랙 카페만의
한정 메뉴가 다양하다 5 매림에
위치한 바아 바아 블랙
카페

보기 좋은 것이 몸에도 좋다!
미나 라이스 베이스드 퀴진 Meena Rice Based Cusine

치앙마이 시내에서 차로 30분 정도 떨어진 산깜팽은 원래 우산 마을로 유명한데 요즘은 쌀을 기본으로 한 건강 레스토랑 미나 때문에 더욱 주목받는다. 소박한 분위기의 오두막과 야외 마당, 작은 연못이 어우러져 평범한 치앙마이의 시골집을 보여준다. 나무 그늘 아래 테이블이 전부지만 쌀을 기본으로 해서 내오는 음식들의 감각적인 플레이팅이 고급 레스토랑 못지않다.

무엇보다 이곳을 유명하게 만든 것은 여러 가지 색의 밥이다. 밥 메뉴는 총 5종류로 일반 자스민 라이스부터 붉은 빛이 도는 브라운 라이스와 라이스베리 라이스, 노란 샤프론 플라워 라이스와 푸른 버터플라이 피 라이스 중 선택할 수 있는데 모두 천연 재료로 색을 들인다. 원하는 조합을 알려주면 색색이 조화로운 삼각 김밥도 주문가능한데 보기만 해도 감탄이 절로 나오는 예쁜 색이 인상적이다. 모든 메뉴에 쌀을 더했으며 모양뿐 아니라 맛도 훌륭하다.

🍽 라이스베리 라이스 25바트, 그릴드 포크 샐러드 80바트, 딥 프라이드 프라운 120바트, 음료 30바트부터 📍 133/11 M.5 Mae Ram, Mae Rim, Chiang Mai 📞+66 087 177 0523 🕐 10:00~17:00 🌐 www.facebook.com/meena.rice.based Ⓜ️🅰️🅿️ p.023-H 지도 밖

우아한 티 살롱에서 애프터눈 티를!
다라 데비 케이크 숍
Dhara Dhevi Cake Shop

치앙마이 최고급 호텔 중 하나인 다라 데비 리조트의 베이커리로 호텔 이상의 인기를 누린다. 케이크 숍은 다라 데비 리조트 입구 한켠에 쇼핑 아케이드와 함께 자리하는데 시내에서 차로 15분 거리인데도 많은 이들이 애프터눈 티를 맛보기 위해 이곳을 찾는다. 고풍스러운 매력을 지닌 호텔처럼 케이크 숍도 유럽 스타일로 고급스러운 분위기를 이어간다.

인기 메뉴는 케이크와 마카롱 그리고 우아한 3단의 애프터눈 티 세트다. 애프터눈 티는 특히 찾는 이가 많아 정오부터 오후 6시까지 즐길 수 있다. 고운 색을 입은 마카롱도 인기인데 25바트 선으로 저렴한 편이다. 다라 데비 케이크 숍은 님만해민의 마야 쇼핑몰과 센트럴 페스티벌에도 분점이 있지만 여유롭고 호화로운 티 타임을 즐기기에는 이곳이 더 낫다.

🍽 애프터눈 티 세트 2인 1,200바트(세금별도), 마카롱 25바트, 조각 케이크 135바트부터 📍 51/4 Moo 1, San Kamphaeng Rd, T.Tasala, Mae Rim, Chiang Mai 📞+66 053 888 888 🕐 10:00~20:00 🌐 www.dharadhevi.com/EN/Dining/2 Ⓜ️🅰️🅿️ p.023-H

6 보기만 해도 감탄이 절로 나오는 미나 라이스 베이스드 퀴진의 요리 7,8 멋진 인테리어만큼 맛도 좋고 훌륭한 밥 요리가 가득하다 9,10 고풍스러운 유러피안 스타일의 카페 다라 데비

치앙마이 호텔의 조식 대첩

여행 중에 빼놓을 수 없는 시간은 호텔 혹은 숙소에서 맞이하는 아침식사다. 초특급 호텔부터 디자인 부티크 호텔, 그리고 게스트 하우스에 이르기까지 치앙마이에서 특별한 '조식'을 내기로 유명한 호텔만 꼽았다.

뷔페 & 3가지 단품 메뉴!

라차만카 호텔 Rachamankha Hotel by Secret Retreats

단출한 뷔페 테이블에는 햄, 과일, 베이커리 등 딱 필요한 것만 예쁘게 차려져 있다. 거기에 1인당 선택할 수 있는 단품 메뉴가 무려 3가지! 각종 달걀 요리, 프렌치토스트, 와플, 팬케이크 등의 달달한 메뉴는 물론 태국식으로 죽과 볶음밥도 주문할 수 있다.
→ p.290

퀄리티로는 치앙마이 최고!

포시즌스 리조트 치앙마이
Four Seasons Resort Chiang Mai

선택의 폭이 넓은 뷔페에 즉석에서 요리를 만들어주는 쿠킹 스테이션은 물론이고 매일 바뀌는 단품 메뉴까지 원하는 대로 선택할 수 있다. 하지만 1박 100만 원에 가까운 호텔이라면 이 정도는 당연하다. 호텔 급에 상응하는 훌륭한 조식 뷔페의 모델! → p.307

여기 브런치 카페인가요?

사만탄 호텔
Samantan Hotel

님만해민에 위치한 작은 부티크 호텔. 약 4만 원이라는 숙박비에 비해 송구스러울 정도로 맛있는 달걀 요리가 예쁘게 차려져 나온다. 식사 공간 역시도 카페처럼 꾸며져 굳이 브런치를 따로 먹을 필요가 없을 정도.
→ p.298

요리를 사랑하는 아티스트
호텔 데스 아티스트, 삥 실루엣
Hotel Des Artists, Ping Silhouette

아티스트가 만든 예쁜 호텔답게 조식도 아름답다. 식기며 커틀러리까지 공들여 제작해 뷔페 테이블 디스플레이의 수준을 높였다. 여기에 모두가 선택할 수 있는 양식과 태국식의 단품 요리 메뉴는 물론 커피까지도 그 플레이팅과 맛의 수준이 상당하다. → p.304

모던 호텔에서 만나는 북부요리
아트 마이 갤러리 호텔
Art Mai Gallery Hotel

최신과 모던, 디자인이란 수식어가 어울리는 호텔에서 선보이는 조식의 포인트는 태국 북부음식이다. 일반 호텔 조식 메뉴를 고루 갖추고 있으면서도 한켠에 북부 음식 샘플러가 있어 아침부터 치앙마이 여행 분위기를 만끽할 수 있다.
→ p.296

특급 호텔 못지않은 세심함
유 님만 치앙마이
U Nimman Chiang Mai

체크인부터 24시간 투숙하는 독특한 콘셉트의 호텔. 조식 뷔페 또한 세심한 배려로 유명하다. 주스 코너에는 전문 카페 부럽지 않은 맛의 생과일주스가 가득하고, 달걀 요리는 북부식 요리부터 수란까지 6가지 메뉴로 즐길 수 있다.
→ p.295

세트 조식의 신세계
살라 란나
Sala Lanna

뷔페가 아닌 주문식 세트 메뉴. 아시안, 아메리칸과 같은 기본 조식 구성은 물론이고 뮤즐리나 그레놀라가 나오는 헬시Healthy, 토스트나 팬케이크가 주된 마이티Mighty, 달걀과 올리브가 곁들여진 스패니시Spanish 같은 이름의 아침식사를 선택할 수 있다. → p.302

대접을 받는 느낌이 물씬
자리트 님만
Jaritt Nymmanh

빵과 과일로 구성된 작은 뷔페와 수준급 커피로 시작하는 조식의 하이라이트는 오직 투숙객 한 사람만을 위해 차리는 한상 차림. 치앙마이 전통 음식 차림을 마주하면 극진히 대접받는 느낌이 드는 건 당연지사다.
→ p.300

일부러 아침에 찾아가고 싶은
피유르 오텔
Pyur Otel

부티크 호스텔에서 선보이는 조식은 단출하다. 과일이 든 뮤즐리 한그릇과 크루아상, 태국식 디저트까지 더해지니 이곳만의 심플하지만 사랑스러운 한 상에 아침부터 기분이 좋아진다. 커피로 유명한 옴브라 카페의 커피도 만족도를 높인다.
→ p.161

치앙마이에서는 나도 태국요리 셰프!

1,2 접근성 편리한 님만해민에서 쿠킹 클래스를 즐기기 좋은 님만 타이 쿠킹 스쿨 3,4 농장에서 수확한 작물로 바로 요리를 만들어볼 수 있는 타이 팜 쿠킹 5 쿠킹 클래스를 통해 태국의 대표 메뉴를 두루 배워볼 수 있다 6,7 바질 쿠커리 스쿨은 소수 정예만을 위한 쿠킹 스쿨이다

님만해민의 인기만점 쿠킹 스쿨
님만 타이 쿠킹 스쿨 Nimman Thai Cooking School

카페와 레스토랑이 가득한 님만해민 소이 17에 자리한 쿠킹 스쿨로 편리한 위치와 오직 8명만을 위한 소수정예의 친근한 클래스가 장점이다. 실내에서 진행되어 더위를 피하기에도 좋다. 수업은 크게 오전과 오후로 나뉘는데 오전 9시부터 오후 2시까지 진행되는 오전 수업은 재래시장에 방문해 직접 장을 본 뒤 수업에 참여한다. 오후 4시 이후 열리는 저녁 수업은 예약제로 소규모 그룹을 위해 진행된다. 4가지 코스가 요일별로 다르게 진행되며 총 5가지 태국요리를 만든다. 코스에는 전채 요리부터 본식, 디저트까지 알짜배기만을 모았으며 수업 후에는 함께 음식을 맛본다. 수업에 참석하지 않은 외부 친구를 초대해 대접하려면 추가 요금을 내면 된다. 자신이 만든 음식 사진을 예쁘게 찍을 수 있도록 포토 부스도 있으며 수업을 마친 후에는 레시피 책자를 선물로 준다.

🏠 오전 수업 인당 1290바트, 저녁 수업 1,890바트 📍 님만해민 소이 17 끝자락 📍 28/4 Nimmanhemin Rd, Soi 17, Sutep, Amphoe Muang, Chiang Mai 📞 +66 83 575 0424 ⏰ 08:30~16:00 🌐 www.nimmanthaicooking.com MAP p.130-D

"도전! 1일 마스터 셰프가 되어보자!" 여행 중에 맛본 태국음식의 매력에 빠졌다면 다음에는 태국요리 셰프가 되어보는 건 어떨까. 팟타이, 똠얌꿍, 쏨땀을 비롯해 태국 북부요리까지 직접 만들어볼 수 있는 치앙마이의 대표 쿠킹 스쿨 리스트.

진짜 농장에서 배우는 태국요리
타이 팜 쿠킹
Thai Farm Cooking

태국요리 단기 속성 코스
아시아 시닉 타이 쿠킹 스쿨
Asia Scenic Thai Cooking School

소수정예 가정식 클래스
바질 쿠커리 스쿨
Basil Cookery School

치앙마이 쿠킹 스쿨 중 유일하게 농장을 소유한 곳으로 시내에서 차로 20분 정도 떨어진 유기농 농장에서 진행한다. 종일 반만 운영하며 오전 8시 30분부터 시작해 오후 5시쯤 마치는데 음식뿐 아니라 태국의 자연을 더불어 배울 수 있어 유익하다. 수업이 열리는 농장은 태국 가족이 운영하는데 화학 약품을 배제한 농사법으로 쌀, 허브, 과일 등을 재배한다.

오전에 4가지, 오후에 2가지 총 6가지 메뉴를 만드는데, 소스 만들기부터 밥 짓기, 끓이고 볶는 모든 과정을 학생들이 직접 한다. 만든 음식은 현장에서 먹거나 포장도 가능하다. 농장을 산책하며 피크닉을 즐길 수도 있다. 시내까지 왕복 픽업 서비스가 제공되며 창뿌악 게이트 인근에 사무실이 있어 방문 예약도 가능하다.

🍴 1,300바트 |🚏 왕복 픽업이 제공되며 시내에서 차로 20분 거리의 농장에서 진행된다 📍 Moonmuang Soi 9, Amphoe Muang Chiang Rai 📞+66 81 288 59 89 🕐 08:30~16:00 🌐 www.thaifarmcooking. com 🗺️ p.093-F

타패 게이트에서 도보로 5분 거리라는 매력적인 위치를 자랑한다. 시내 중심에 자리하지만 안으로 들어서면 민트나 바질 등이 가득한 작은 허브 가든이 있으며 종일 수업은 차로 20분가량 떨어진 농장에서 진행된다. 여행자들은 이동이 편리한 시내 수업을 더 선호하는데 시간대도 다양해 오전 9시부터 오후 1시까지 진행되는 아침 수업과 오후 5시부터 9시까지의 저녁 수업 중에서 선택할 수 있다. 프로그램에는 도보 10분 거리에 자리한 솜펫 시장을 둘러보는 마켓 투어도 포함된다. 또 기본 5가지 요리 이외에 더 배우고 싶은 요리를 선택해 추가로 배워볼 수 있다. 시내 무료 픽업이 가능하며 반일 수업을 마친 후 공항이나 버스터미널로의 이동도 가능하다.

🍴 반일 코스 800바트, 종일 코스 1,000바트, 종일 농장 코스 1,200바트 |🚏 타패 게이트에서 중심부로 도보 5분 이동, 소이 5 골목 안쪽에 위치 📍 31 Rachadumneon Soi 5, Amphoe Muang, Chiang Mai 📞+66 53 418 657 🕐 09:00~21:00 🌐 www.asiascenic.com 🗺️ p.093-E

최대 정원이 8명을 넘지 않는 가정식 쿠킹 클래스다. 태국의 평범한 집을 개조해 요리 교실을 만들었는데 진짜 태국 가정에서 쓰이는 식기와 도구로 학생들을 가르친다. 오전과 오후로 나뉘는 수업은 인근 시장 투어를 포함하며 오전 투어는 9시부터, 오후 수업은 4시부터 약 4시간가량 진행된다.

타이 카레를 포함해 7가지의 음식을 만드는데 국수, 카레, 디저트 등 6가지 카테고리에서 원하는 요리를 선택할 수 있다. 기념품으로 레시피 북이 제공된다. 참여자가 적은 만큼 친밀한 분위기며 실용적인 요리 팁이 오간다. 완료 후에는 다 같이 모여 음식을 맛보며 요청에 따라 수료증도 준다.

🍴 반일 코스 800바트, 종일 코스 1,000바트, 종일 농장 코스 1,200바트 |🚏 무료 픽업을 이용하거나 깟수안깨우에서 도보 10분 📍 22/4 Soi 5 Siri Mangkalajarn Rd, T.Suthep, Amphoe Muang, Chiang Mai 📞+66 33 207 693 🕐 09:00~20:30(월~토) 🌐 www.basilcookery.com 🗺️ p.131-G

밤에 더 로맨틱한 야경 명소

방콕과 비교하자면 치앙마이의 밤은 보다 우아하고 조용하지만 지루하거나 심심하지는 않다. 야경 명소와 떠들썩하게 즐길 수 있는 나이트라이프의 명소를 미리 알아두어 잊지 못할 치앙마이의 밤을 즐겨보자.

야경은 역시 강변!
삥강 Ping River

치앙마이의 젖줄과 같은 삥강 일대는 낮에도 매력적이지만 해질 무렵부터는 낭만을 더해 사람들을 강가로 불러 모은다. 강가에 자리한 카페와 레스토랑에 조명이 더해지면 강 표면에 불빛이 잔잔하게 반사되어 아름다운 강가의 야경이 펼쳐진다. 꼭 한 곳만 가야 한다면 아이언 브리지Iron Bridge를 놓치지 말자. 낮에는 평범한 철교지만 밤이면 색색의 조명이 밝혀져 현지인들에게 사랑받는 야경의 명소로 변한다.

1 삥강의 아이언 브리지 2 밤의 타패 게이트 3 님만해민의 야경 4,5 님만해민의 몇 안 되는 고층 루프탑 바 재너두에서는 도이수텝을 보며 치앙마이의 밤을 즐길 수 있다

사람들이 이뤄내는 밤의 활기
타패 게이트 Tha Pae Gate

어둠이 내리고 조명이 더해지면 수백 년의 이야기를 간직한 올드 시티는 주홍빛으로 물들어 또 다른 야경의 명소가 된다. 불을 밝힌 타패 게이트는 낮과는 완전히 다른 신비로운 기운이 돈다. 밤마다 사람들은 게이트 앞에 자리를 잡고 치앙마이의 밤이 선사하는 풍경을 감상하며 분위기에 취한다.

타패 게이트의 야경을 제대로 감상하려면 광장 인근 스타벅스의 2층 자리에 앉아보자. 북쪽 창뿌악 게이트 인근도 은은한 야경을 감상하기 좋은 감상 포인트.

루프탑 바에서 즐기는 치앙마이의 밤

노리 Nori
남만해민에 위치한 일본식 선술집 이
자카야로 루프탑 명소로 만날 수 있다.
→ p.165

루프탑 바 The Rooftop Bar
남만해민 야이 호텔의 루프탑 바로 로
맨틱하고 감각적인 분위기다.
→ p.164

아키라 라이즈 바 Akyra Rise Bar
수준급의 칵테일과 전 세계에서 수입
한 와인을 즐길 수 있는 히든 플레이스.
→ p.164

재너두 루프탑 펍 앤 레스토랑
Xanadu Rooftop Pub & Restaurant
푸라마 호텔 17층에 자리한 루프탑 바
의 정석. 탁 트인 전망과 함께 식사도 가
능하다.

📍 17F Furama Hotel, 54 Huay Kaew
Rd, Amphoe Muang, Chiang Mai
📞 +66 53 415 222 🌐 www.furama.
com/chiangmai 🗺️ p.131-E

내 마음대로 즐기는 님만해민 야경
님만 힐 Nimman Hill

치앙마이에서 탁 트인 하늘과 함께 낭만
적인 밤을 보낼 수 있는 명소가 마야 쇼핑
몰 꼭대기에 자리한다. 6층 건물의 옥상
에는 넓은 광장처럼 레스토랑과 바, 작은
정원이 자리하는데 마야 쇼핑몰 주변으
로 전망에 방해되는 건물이 없어 언덕에
올라 야경을 감상하는 듯하다.
분위기 좋은 레스토랑에서 식사를 하거
나 양옆에 자리한 바에서 가볍게 맥주 한
잔을 즐겨도 좋다. 열대 특유의 밤 분위기
에만 취하고 싶은 여행자라면 계단에 앉
아 야경을 바라만 봐도 된다. 대도시 같은
화려한 불빛은 아니지만 잔잔한 님만해
민 모습과 가로수가 빛의 길을 만드는 풍
경은 그 어느 곳보다 사진 속에 담아 오래
간직하고 싶은 밤의 풍경이다. 보너스로
6층에 자리한 캠프CAMP는 24시간 오픈
하는 카페로 이곳에서 바라보는 야경도
훌륭하다.

치앙마이 3대 시장 탐방기

1 주말이면 사원 주변으로 야시장이 문을 연다 2 다채로운 핸드메이드 제품을 만날 수 있다 3 선데이 마켓에서 다채로운 공연도 만나보자

태국에서 거래되는 수공예 제품 중에 약 80%가 태국 북부에서 생산된다. 자연스럽게 북부 최대 도시 치앙마이에서 태국의 질 좋은 수공예 제품을 다양하고 저렴하게 만나볼 수 있다. 치앙마이에서도 가장 이름난 시장 세 곳을 꼽았다.

태국 북부 최대 야시장을 만나다
선데이 마켓 Sunday Market

치앙마이를 여행하는 여러분의 일정에 부디 일요일이 끼어 있길 바라는 이유는 바로 선데이 마켓 때문이다. 타패 게이트에서부터 왓프라싱까지 이어지는 약 1km의 랏차담는 로드는 일요일 오후 4시부터 차량이 통제되며 태국 북부 최대 야시장으로 변신한다. 볼거리, 먹을거리, 살거리까지 풍부해 일요일 저녁이 되면 현지인부터 여행자까지 선데이 마켓을 구경하러 나온다.

주된 아이템은 수공예 제품과 그림이나 조각 같은 아마추어의 예술작품, 의류와 신발, 생활용품에 이르기까지 다양하다. 여행자들에게는 고산족들의 특유 장식이 가미된 의류와 액세서리, 인형 등이 특히 인기만점. 가격도 방콕과 비교하면 더 저렴하며 대부분 정찰제지만 여러 개를 구입한다면 약간의 흥정도 시도해볼 만하다. 또 태국 간식, 아이스크림과 같은 군것질거리가 다채로워 시장 구경의 묘미를 더해준다. 거리의 악사가 길목마다 자리해 열대 밤을 더욱 흥겹게 만든다. 이 큰 규모의 시장을 걷다 지치면 노점 사이에 섞인 마사지 의자에 앉아 단돈 100바트짜리 발마사지로 피로를 풀어보자.

▐▛ 타패 게이트 혹은 왓프라싱부터 시작된다 📍 Rachadamnoen Rd, Amphoe Muang, Chiang Mai ⏰ 17:00~22:00 ＭＡＰ p.092-G

선데이 마켓 부럽지 않은 핫한 시장
토요 워킹 스트리트 마켓
Saturday Walking Street Market

매일 밤이 즐거운 상설 야시장
나이트 바자
Night Bazaar

선데이 마켓보다 규모는 작지만 놓치기
엔 아쉬운 야시장이다. 우아라이 로드는
평상시에는 주로 은 수공예품을 취급하
는 골목이지만 토요일에는 활기찬 야시
장이 펼쳐진다. 품질 좋은 은 제품은 물
론이고 다채로운 수공예 제품을 만나볼
수 있는 것이 토요 시장의 특징.
주인들은 저마다 자신의 가게 바로 앞에
반지, 목걸이 등을 저렴하게 내놓아 운
좋은 여행자들에겐 득템의 기회가 되기
도 한다. 현장에서 바로 뜨개질을 하거나
가방에 직접 그림을 그려 파는 등 솜씨
좋은 상인들도 눈에 띄며 곳곳에 음식 노
점과 마사지 가게가 자리해 쉬어가기도
좋다. 불을 밝힌 사원에서는 공연이 펼쳐
지기도 하는 등 선데이 마켓을 방문하지
못하는 여행자의 아쉬움을 달래기 충분
하다.

요일에 상관없이 매일 저녁 야시장이 열
린다. 창클란 로드를 중심으로 셀 수 없
는 노점이 빼곡하게 들어서 이 일대는 밤
마다 거대한 야시장이 된다.
대부분의 여행자가 몰리는 아누산 마켓은
주로 의류와 기념품, 수공예품을 판매하
는데 선데이 마켓과 비교하면 종류는 적지
만 가격은 큰 차이가 없다. 여기에 레스토
랑과 야외 푸드코트도 있고 라이브 밴드의
공연도 열려 매일 밤 흥겹다.
트렌디한 분위기에서 식사를 하고 싶다
면 칼라레 바자 북쪽에 새롭게 생긴 야외
푸드코트 쁠른루디Ploen Ruedee가 제격
이다. 단순한 야외 푸드코트를 넘어 치앙
마이의 핫한 나이트 스폿으로 떠오른 곳
으로 저렴한 음식과 예쁘게 디자인된 공
간, 야외 공연까지 어우러져 젊은 여행자
들의 전폭적인 지지를 받는다.

치앙마이의 대표
벼룩시장

제이제이 마켓 JJ Market
예술과 자연이라는 키워드를 가진 중
고 벼룩시장. 원래 이름인 징 자이Jing
Jai 마켓을 줄여 JJ마켓이라 부르며 시
내에서 차로 10분 정도 거리에 위치한
다. → p.207

나나 정글 Nana Jungle
매주 토요일 오전, 숲속에서 열리는 작
은 규모의 플리마켓이다. 직접 키운 채
소와 과일부터 간식, 수공예품, 옷까지
다양한 물품을 판매하는데 그중에서
도 치앙마이 내 여러 지점을 운영하는
나나 베이커리Nana Bakery의 빵이 가
장 인기 있다. 대중교통 이용이 불편하
니 차편을 마련해 두는 것이 좋다.

📍 올드 시티 남쪽 치앙마이 게이트 시장
건너편부터 시작 📍 Wua Lai Rd, Amphoe
Muang, Chiang Mai 📞 +66 91 071 8767
🕐 17:00~22:00 Map p.092-G

📍 르메르디앙 호텔을 기점으로 열린다
📍 Chang Kaln Rd, Amphoe Muang,
Chiang Mai 🕐 17:00~23:00
Map p.176-D

📍 Chang Phueak, Amphoe Hang
Dong, Chiang Mai 📞 +66 86 586
5405 🕐 토요일 06:00~11:00
🌐 www.facebook.com/pages/Nana-
Jungle/650316005059148

치앙마이 쇼핑의 대세 대형 쇼핑몰

치앙마이에는 여행 쇼핑 리스트를 업그레이드할 개성만점 쇼핑몰이 속속 들어서고 있다. 님만해민 입구에 자리한 최신 쇼핑몰부터 특별한 테마를 가진 곳까지 취향에 따라 선택이 가능하다. 대부분 무료 셔틀이 운행되어 이동도 간편하다.

접근이 용이한 생활밀착형 쇼핑몰
마야 라이프스타일 쇼핑센터
Maya Lifestyle Shopping Center

복합 쇼핑 콤플렉스로 다이닝, 나이트라이프까지 즐길 수 있다. 지하에 자리한 림빙 슈퍼마켓과 왓슨, 부츠 등 드럭스토어, 3층의 다이소, 1층부터 자리한 의류와 잡화, 태국 브랜드 나라야와 유명 속옷 와코루, 고급 스파 제품 판퓨리 등 인기 브랜드 종류가 다양하다. 은행과 통신사도 위치해 유심을 구매하거나 환전을 하기도 수월하다.

🚩 치앙마이 대학교 가기 전 님만해민 초입 큰길가, 싱크 파크 맞은편 📍 55 Moo 5, Huay Kaew Rd, Chang Puak, Amphoe Muang, Chiang Mai 📞+66 052 081 555 ⏱ 10:00~22:00 🌐 www. mayashoppingcenter.com Ⓜ️ p.130-B

태국 대형 쇼핑몰의 대명사
센트럴 페스티벌 Central Festival

초대형 쇼핑몰로 태국 전역에 체인을 두고 있는 센트럴 페스티벌의 치앙마이 지점이다. 센트럴 지점 중 가장 큰 규모의 쇼핑몰로 시내에 자리한 센트럴 플라자 Central Plaza보다 3배가 넘는 규모로 태국 북부에서 가장 크다. 태국 로컬 브랜드부터 글로벌 브랜드까지 300여 개가 넘는 매장이 포진돼 있으며 로빈슨 백화점 하나가 통째로 입점했다. 나이트 바자와 쇼핑몰 간에 무료 셔틀을 운행한다.

🚩 치앙마이 시내에서 매림 방면 차로 15분 이상 📍 99/3 M4 T.Fah Ham, Amphoe Muang, Chiang Mai 📞+66 053 999 499 ⏱ 11:00~21:00(토~일 10:00~22:00) 🌐 www.central.co.th/en Ⓜ️ p.023-F

자연과 함께하는 쇼핑
프로메나다 리조트 몰
Promenada Resort Mall

치앙마이의 푸르름을 함께 느낄 수 있는 여유로운 쇼핑몰로 3층 규모의 건물 2동에 숍과 레스토랑, 카페는 물론 공원과 연못, 휴식공간까지 두루 갖췄다. 키즈 센터와 유명 장난감 숍인 토이저러스, 서점 등 다른 곳에 비해 가족을 위한 시설도 다양해 치앙마이 사람들의 나들이 장소로도 사랑받는다.

▐ 치앙마이 시내에서 매림 방면 차로 15분 이상 ♀ 192-193 Moo 2, Tumbon Tasala, Amphoe Muang, Chiang Mai ☎ +66 053 107 888 ⏱ 11:00~21:00(토~일 10:00~22:00) 🌐 www.promenadachiangmai.com 📍 p.023-H

브랜드 아웃렛의 정석
프리미엄 아웃렛 Premium Outlet

시중보다 30~70% 이상 할인해 판매한다. 리바이스, 라코스테, 디즈니, 할리우드 스튜디오 스토어, 나이키, 아디다스, 리복, 와코루 등 총 50여 개 매장에서 300여 개 브랜드를 만날 수 있다. 아웃렛이라고는 하지만 간혹 시내 쇼핑몰에서 판매되는 할인가와 비슷한 경우도 있으니 가벼운 마음으로 둘러보는 것이 좋다. 깟 파랑 쇼핑몰과 연계해 일정을 잡는 것을 추천하며 님만해민과 나이트 바자까지 무료 셔틀 버스가 운행된다.

▐ 치앙마이 시내에서 항동 방면 차로 15분 이상 ♀ 13 Ban Wan, Hangdong, Amphoe Muang, Chiang Mai ☎ +66 053 336 789 ⏱ 10:00~21:00 🌐 www.outletmallthailand.com 📍 p.022-C 지도 밖

란나 스타일의 멋을 쇼핑하다
깟 파랑 빌리지 Kad Farang Village

항동 지역 주민의 편의를 위해 지어졌으나 독특한 분위기로 인기 스폿이 되었다. 이곳을 더욱 유명하게 만드는 것은 란나 스타일의 스타벅스가 한몫한다. 배 모양을 한 마하나콘 레스토랑과 카오소이 인타논 레스토랑도 란나 문화의 전통을 엿볼 수 있어 쇼핑몰 자체가 테마파크 같은 느낌이다. 림빙 슈퍼마켓과 다이소를 제외하고는 대단한 쇼핑 스폿은 없지만 프리미엄 아웃렛과 동선을 연계해 무료 셔틀로 들러보는 것도 나쁘지 않다.

▐ 치앙마이 시내에서 항동 방면 차로 15분 이상 ♀ 13 Moo 13 Chiangmai-Hod Rd, T.Baan Waen, A.Hang Dong, Chiang Mai ☎ +66 053 430 552 ⏱ 10:00~21:00 🌐 www.kadfarangvillage.com 📍 p.022-C 지도 밖

밤이 더욱 활기찬 24시간 쇼핑몰
스타 애비뉴 라이프스타일 몰
Star Avenue Lifestyle Mall

치앙마이 버스터미널 바로 앞, 3층 규모의 쇼핑몰로 맥도널드, 서브웨이, 와위커피 등 친근한 다이닝 브랜드가 많다. 림빙 슈퍼마켓, 드럭스토어 부츠, 다이소도 있어 여행자들에게는 치앙마이 인근 도시를 이동할 때 필요한 물품을 마련하는데 필수 코스다. 셔틀은 운행하지 않으나 쇼핑몰 앞 터미널에서 송태우나 택시를 이용하기 편하다.

▐ 치앙마이 버스터미널 옆, 시내에서 차로 10~15분 거리 ♀ 10 Chiangmai Lampang Rd, Amphoe Muang, Chiang Mai ☎ +66 053 307 080 ⏱ 24시간(매장별로 다름) 🌐 www.star-avenue.com 📍 p.023-F

1 '마야몰'이라고도 불리는 님만해민의 상징적인 쇼핑몰 2 센트럴 페스티벌 입구 3.4 프리미엄 아웃렛에서는 의류와 잡화를 주로 만날 수 있다 5 깟 파랑 빌리지에 자리한 스타벅스 6 스타 애비뉴 라이프 스타일 몰

치앙마이에서만 살 수 있다!

여행의 추억을 더 오래 간직하기 위해, 주변 사람들을 위한 선물로 준비하는 각종 기념품. 'Chiang Mai Only' 라는 수식어가 붙으면 더 매력적이다! 오직 치앙마이에서만 살 수 있는 특별한 아이템은 사전 조사가 필수!

오리엔탈 스타일 Oriental Style

치앙마이만의 터치Chiangmai Accents라는 콘셉트로 치앙마이에서 시작된 고급 의류 및 잡화 브랜드. 옷과 다채로운 액세서리의 질도 좋은데 리빙 용품 역시 출중하다. 팬더 모양의 스탠드는 2가지 모양이 있으며 가격은 980바트. 매장은 빙 강과 센트럴 플라자 2층에 있다.

시 스케이프 See Scape

인테리어 디자이너 톨라프 헌Tolarp Hern이 창조해낸 캐릭터 아스트로 보이Astro Boy의 연인 버전. 연인이기 때문에 같은 방향으로 스위치를 동시에 올려야 불이 켜진다. 2,800바트.

아이베리 iberry

방콕 아이베리에는 없다! 오직 치앙마이님해민 매장에서만 우돔 캐릭터의 저금통, 인형, 셔츠, 지갑, 가방 등을 기념품으로 구입할 수 있다. 우표도 있는데 가격은 150바트, 저금통은 650바트.

이너프 포 라이프 Enough For Life

반깡왓의 이너프 포 라이프는 또 다른 '봄부'의 장소다. 색까지 고운 자체 제작 식판과 8각형의 독특한 커피 잔은 280바트.

플레이웍스 Playworks

치앙마이에서 시작된 감각적인 소품숍으로 선데이 마켓에서 만날 수 있다. 태국 북부 전통 장신구를 쓴 고양이나 소수민족의 일러스트가 그려진 가방, 파우치 등이 추천 아이템. 가격은 400바트부터.

치앙마이에서 꼭 사오는 아이템 분석

카페 기념품 Cafe Souvenir

리스트레토, 와위 커피 등에서 판매하는 원두, 머그컵은 여행을 추억할 수 있는 최고의 기념품. 150바트부터.

커피

커피를 빼놓고 치앙마이 쇼핑을 논할 수 없다. 시내 곳곳에서 만나볼 수 있는 와위Wawee 커피는 기본 중 기본. 다수의 마니아를 보유한 아카아마Akha Ama나 도이퉁Doi Thung, 도이창Doi Chang 등은 대형 마트와 림빙 슈퍼마켓에서 베스트셀러로 꼽힌다.

흐몽 아이템 Hmong Item

치앙마이 대표 수공예품으로 꼽히는 흐몽족의 제품은 화려한 색과 장식으로 인기 기념품이다. 코끼리 인형과 자수 가방도 좋다. 보다 다양한 품목은 흐몽 시장에서 만날 수 있다. 가격은 50바트부터.

쌀 과자

치앙마이 특산품 중 하나로 한국 쌀 과자와도 비슷하다. 바삭하게 튀긴 쌀 과자를 시럽으로 뭉쳐낸 것으로 고소하고 달콤한 간식으로 좋다. 슈퍼마켓이나 시장의 특산품 코너에서 판다.

꿀

마트와 시장 곳곳에서 만날 수 있는 100% 자연산 꿀. 종류도 다양하고 가격도 한국보다 저렴하다. 시장이나 쇼핑몰 특산품 코너에서 판매하며 로열젤리나 프로폴리스 등 가공품으로도 만날 수 있다.

치앙마이 맥주 Chiang Mai Beer

림빙 슈퍼마켓과 치앙마이 곳곳의 바에서 파는 병맥주로 파란색 바이젠Weizen 밀맥주와 빨간색 IPA 2가지 종류다. 바이젠은 클로브와 바나나 아로마가 느껴지는 것이 특징. 가격은 65바트.

말린 과일

말린 과일 종류로 망고만 떠올렸다면 치앙마이에서는 좀 더 다양한 현지 특산품으로 눈을 돌려보자. 딸기와 롱간Longan을 말린 것이 현지인들에게는 인기!

돼지 껍질 튀김

치앙마이 여행을 마치고 돌아가는 태국인 여행자들 손에 가득한 것 중 하나가 바로 돼지 껍질 튀김인 깝무Kap Moo다. 태국 북부요리 밥상에서 빠지지 않는 치앙마이 특산품으로 재래시장의 인기 품목.

태국에서 사 오면 좋은 아이템

인터넷에서 '태국에 가면 꼭 사 와야 하는 아이템'을 미처 검색하지 못했다 해도 걱정할 필요가 없다. 이 책만 참고해도 '태국 쇼핑 리스트'의 80%쯤은 성공이다.

야돔

태국인들 손에 하나씩 들려 있는 립스틱 크기의 야돔은 페퍼민트 성분으로 코에 넣고 흡입하면 청량감을 느낄 수 있어 여행자에게도 인기. 편의점부터 드럭스토어, 시장, 공항 등에서 쉽게 구입 가능하다.

치약

홍콩, 대만에서도 필수 쇼핑 리스트로 꼽히는 강한 민트의 달리 치약은 태국이 훨씬 저렴하다. 태국에 공장을 둔 덴티스테 Dentiste는 한국의 반값. 슈퍼마켓과 편의점에서 판다.

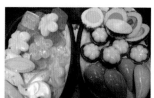

아로마 비누

야시장에서 빠지지 않는 아이템으로 정교하게 조각된 꽃 모양부터 진짜 망고나 파파야를 그대로 재현한 비누 등 모양이 다양하다.

코코넛 오일

드럭스토어나 시장에서 판매되는 오일은 100% 엑스트라 버진 코코넛 오일로 주로 얼굴과 몸에 클렌징 용도로 쓰거나 음식에 곁들여 먹는다.

원피스

열대 기후에 딱 어울리는 다양한 원피스도 배놓을 수 없다. 천연 염색이 되었거나 화려한 북부 소수민족 장식이 가미된 원피스는 야시장에서 여성들의 사랑을 받는다.

냉장고 바지

여행자들이 너도나도 입고 있는 넉넉한 크기의 냉장고 바지는 통풍도 잘돼 시원하고 여행 분위기를 내기에도 그만이다. 소재와 디자인도 다양하고 재래시장이나 나이트 바자 곳곳에서 판매한다.

인테리어 소품

수공예가 발달한 치앙마이에서 야시장마다 특색 있는 인테리어 소품도 배놓을 수 없다. 코코넛 열매 같이 자연 그대로를 활용한 장식품이 인기. 색색의 화려한 조명도 저렴하다.

각종 페이스트와 요리재료

태국음식에 대한 그리움을 달래줄 요리 재료는 필수 쇼핑 아이템. 슈퍼마켓이나 시장에서 파는 팟타이 소스나 뿌팟퐁 카레 페이스트는 사 오면 후회하지 않는다.

태국의 맛을 재현할 소스

스리라차 소스, 시푸드 소스, 쁘릭 남쁠라 등 다채로운 태국 소스는 한국요리와 궁합도 잘 맞는다. 슈퍼마켓에서 쉽게 구할 수 있다.

각종 태국 과자

일명 '규현 김과자'를 비롯해 '피쇼'와 같은 어포, 각종 태국 과자는 맥주와의 궁합이 기가 막힌다. 가격도 저렴해 가벼운 마음으로 시도해볼 수 있다는 것도 장점.

치앙마이 핵심 코스만! Basic 3박 5일

치앙마이는 물론 태국의 역사와 종교, 예술과 문화를 만나보고 세련된 치앙마이와 북부요리를 고루 맛볼 수 있는 3박 5일 필수 일정.

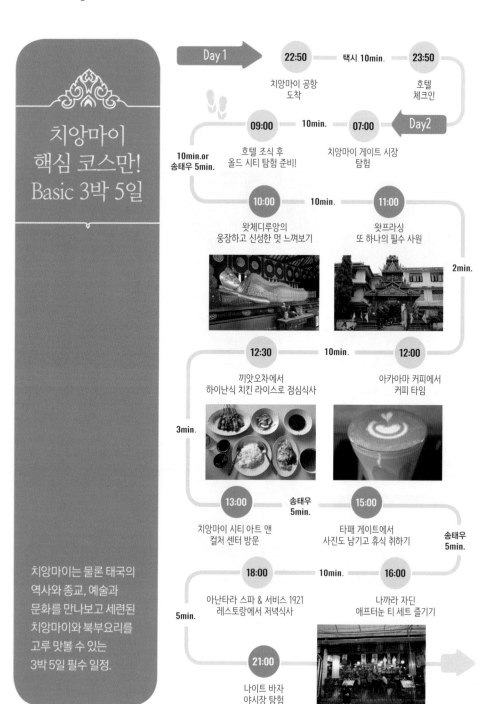

Day 1

22:50 치앙마이 공항 도착 — 택시 10min. — **23:50** 호텔 체크인

Day2

07:00 치앙마이 게이트 시장 탐험 — 10min. — **09:00** 호텔 조식 후 올드 시티 탐험 준비!

10min.or 송태우 5min.

10:00 왓체디루앙의 웅장하고 신성한 멋 느껴보기 — 10min. — **11:00** 왓프라싱 또 하나의 필수 사원

2min.

12:00 아카아마 커피에서 커피 타임

12:30 끼앗오차에서 하이난식 치킨 라이스로 점심식사

3min.

13:00 치앙마이 시티 아트 앤 컬처 센터 방문 — 송태우 5min. — **15:00** 타패 게이트에서 사진도 남기고 휴식 취하기

송태우 5min.

16:00 나까라 자딘 애프터눈 티 세트 즐기기 — 10min. — **18:00** 아난타라 스파 & 서비스 1921 레스토랑에서 저녁식사

5min.

21:00 나이트 바자 야시장 탐험

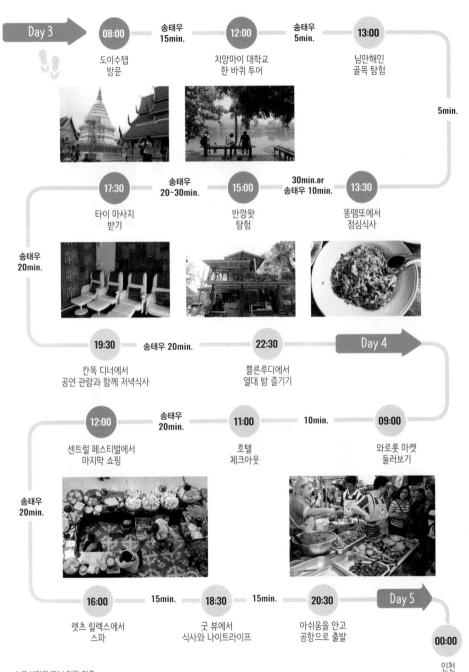

Day 3

08:00
도이수텝
방문

송태우
15min.

12:00
치앙마이 대학교
한 바퀴 투어

송태우
5min.

13:00
님만해민
골목 탐험

5min.

17:30
타이 마사지
받기

송태우
20~30min.

15:00
반깡왓
탐험

30min.or
송태우 10min.

13:30
똥뗌또에서
점심식사

송태우
20min.

19:30
칸똑 디너에서
공연 관람과 함께 저녁식사

송태우 20min.

22:30
뻴른루디에서
열대 밤 즐기기

Day 4

12:00
센트럴 페스티벌에서
마지막 쇼핑

송태우
20min.

11:00
호텔
체크아웃

10min.

09:00
와로롯 마켓
둘러보기

송태우
20min.

16:00
렛츠 릴렉스에서
스파

15min.

18:30
굿 뷰에서
식사와 나이트라이프

15min.

20:30
아쉬움을 안고
공항으로 출발

Day 5

00:00
인천
도착

* 소요시간은 도보 이동 기준

치앙마이의 외곽까지 즐기는 Basic 4박 6일

4일 이상의 여유로운
일정이라면 치앙마이
외곽까지 즐길 수 있다.
치앙마이 시내의
볼거리와 먹거리는 물론
자연까지 완벽하게
느낄 수 있는
여유 만만 코스.

Day 1

18:30
치앙마이 공항 도착 후 바로 공항
정찰제 택시로 호텔로 이동, 휴식

택시
10min.

22:00 — 5min. — **21:00**

와로롯 시장
야시장에서 열대 과일 구입

뻘른루디에서 입맛대로
저녁식사

Day 2

09:00 — 5min.
호텔 조식 후
동네 산책

11:00 — 10min. — **10:00**

올드 시티
골목 탐험

왓프라싱 & 왓체디루앙에서
경건한 마음 느껴보기

송태우
5min.

12:00 — 10min. — **13:00**

흔펜에서
카오소이에 도전

란나 포크라이프 뮤지엄에서
역사와 문화 공부

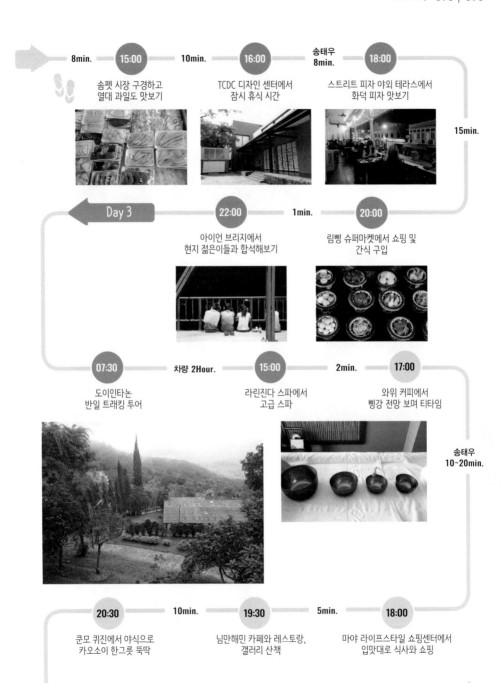

8min.　15:00　10min.　16:00　송태우 8min.　18:00

15:00 솜펫 시장 구경하고 열대 과일도 맛보기

16:00 TCDC 디자인 센터에서 잠시 휴식 시간

18:00 스트리트 피자 야외 테라스에서 화덕 피자 맛보기

15min.

Day 3

22:00　1min.　20:00

22:00 아이언 브리지에서 현지 젊은이들과 합석해보기

20:00 림삥 슈퍼마켓에서 쇼핑 및 간식 구입

07:30　차량 2Hour.　15:00　2min.　17:00

07:30 도이인타논 반일 트래킹 투어

15:00 라린진다 스파에서 고급 스파

17:00 와위 커피에서 삥강 전망 보며 티타임

송태우 10~20min.

20:30　10min.　19:30　5min.　18:00

20:30 쿤모 퀴진에서 야식으로 카오소이 한그릇 뚝딱

19:30 님만해민 카페와 레스토랑, 갤러리 산책

18:00 마야 라이프스타일 쇼핑센터에서 입맛대로 식사와 쇼핑

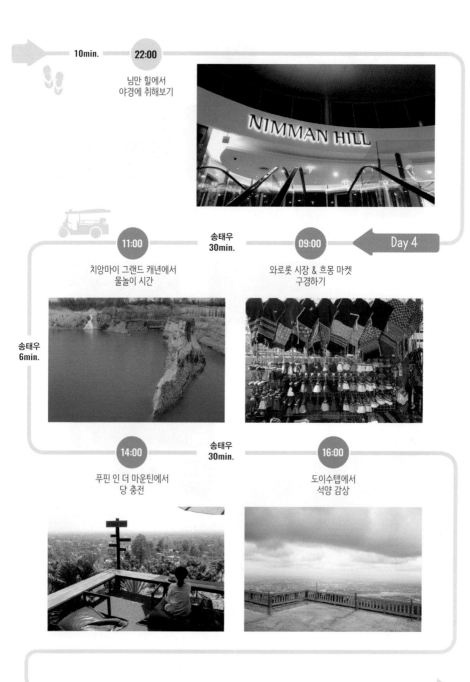

10min. **22:00**
님만 힐에서
야경에 취해보기

11:00 송태우 **09:00** Day 4
30min.
치앙마이 그랜드 캐년에서 와로롯 시장 & 흐몽 마켓
물놀이 시간 구경하기

송태우
6min.

14:00 송태우 **16:00**
30min.
푸핀 인 더 마운틴에서 도이수텝에서
당 충전 석양 감상

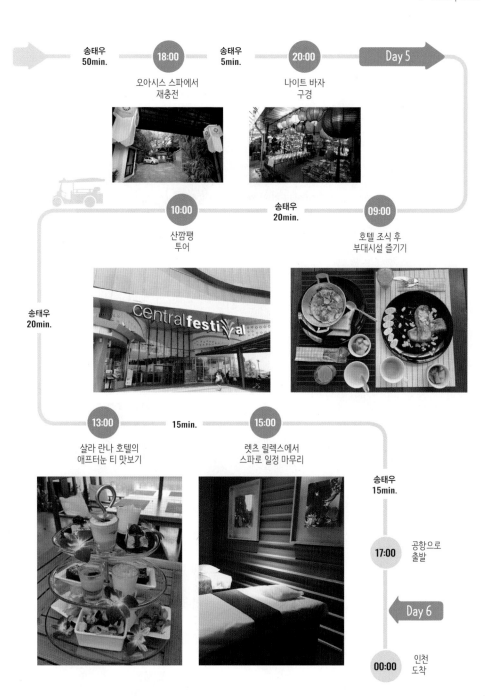

송태우
50min.

18:00

오아시스 스파에서
재충전

송태우
5min.

20:00

나이트 바자
구경

Day 5

10:00

산깜팽
투어

송태우
20min.

09:00

호텔 조식 후
부대시설 즐기기

송태우
20min.

centralfesti∨al

13:00

15min.

살라 란나 호텔의
애프터눈 티 맛보기

15:00

렛츠 릴렉스에서
스파로 일정 마무리

송태우
15min.

17:00

공항으로
출발

Day 6

00:00

인천
도착

Sample 1

치앙마이에서
신나는 액티비티
섭렵하기

08:00

차량 30min.

트래킹
시내에서 30분 이상 거리의 산 속

11:00

차량
20min.

플라이트 오브 기본에서
느끼는 스릴 그 자체

13:00

차량 30min.

16:00

뱀부 래프팅
대나무 뗏목으로 유유자적 래프팅

올드 시티
자전거 투어

송태우
10min.

17:00

매뼁 리버 크루즈
즐기기

온몸으로 치앙마이를
느껴보자! 천혜의 자연
환경 그대로가 커다란
놀이동산이 되어주는
치앙마이 액티비티
즐기기!

Sample 2

10:00
퀸 시리킷 보타닉 가든에서
포토 타임

차량
10min.

13:00
매사 폭포에서
현지인처럼 개울물에 발 담궈보기

차량
20min.

15:00
산깜팽 우산 마을에서
나만의 여행 기념품 만들기

차량
30min.

17:00
쿠킹 스쿨에서
태국요리 비법 파헤쳐보기

하루 종일
즐기는 맛있는
치앙마이

하루쯤은 태국음식으로
1일 5식에 도전!
로컬스러움을 사랑하는
이들에게 추천하는 완벽
로컬 하루 식단.

Sample 1

09:00
와로롯 시장
현지인들과 같이 아침식사

7min.

10:30
삥강
산책하기

10min.

10:00
카오소이 이슬람에서
태국 대표 카오소이 맛보기

10min.

12:00
데크 1
홈메이드 소스로 만든 태국음식

10min.

14:00
삥 나까라 부티크 호텔 앤 스파
3단 애프터눈 티

송태우
10~20min.

18:00
똥뗌또
태국 북부요리의 끝판왕

10min.

16:00
님만해민
구석구석 탐험

Sample 2

10:00
리스트레토에서
카페인 충전 완료

15min.

11:00
크레이지 누들에서
쌀국수 먹기

5min.

14:00
흐언 무안 자이에서
태국 북부요리 먹기

송태우
5min.

12:00
치빗 치바에서
빙수 맛보기

송태우
5min.

16:00
망고 탱고에서
달콤한 망고 즐기기

송태우 10min.

18:00
스트리트 피자
음식, 분위기, 가격 모두 만족

5min.

20:00
빨른루디에서
맛보는 저렴하고 맛 좋은 음식

1 Day
치앙마이
워킹 투어

Sample 1

12:00 — 5min.
타패 게이트
치앙마이 워킹 투어의 시작과 끝

13:30 — 10min. — **12:30**
왓체디루앙
치앙마이 3대 사원

왓판온
황금빛 불탑에서 기도

7min.

14:00 — 13min. — **15:00**
치앙마이 게이트 시장
구경

왓프라싱에서
태국 사원의 아름다움 느끼기

8min.

17:00 — 8min. — **15:30**
창뿌악 게이트
기념 사진 남기기

삼왕상 및
주변 박물관 구경

치앙마이를 천천히 걸어서 둘러보는 것만큼 좋은 방법은 없다. 골목마다 숨어 있는 사원도 구경하고 치앙마이다운 분위기에 흠뻑 취해볼 수 있는 워킹 투어.

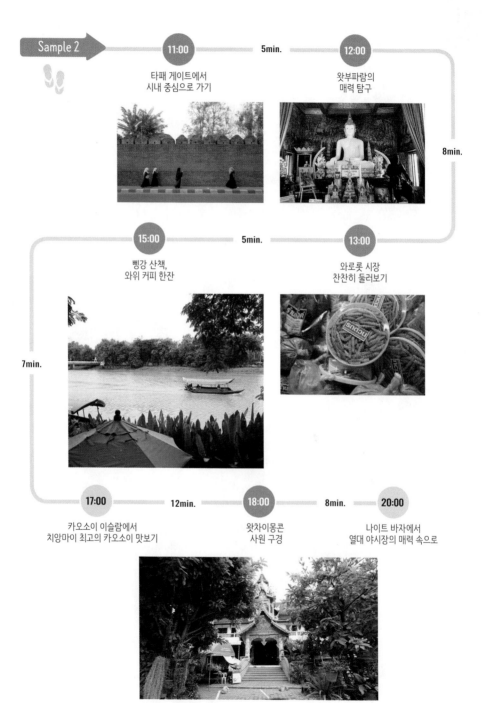

Sample 2

11:00 — 5min. — **12:00**
타패 게이트에서 시내 중심으로 가기
왓부파람의 매력 탐구

8min.

15:00 — 5min. — **13:00**
뺑강 산책, 와위 커피 한잔
와로롯 시장 찬찬히 둘러보기

7min.

17:00 — 12min. — **18:00** — 8min. — **20:00**
카오소이 이슬람에서 치앙마이 최고의 카오소이 맛보기
왓차이몽콘 사원 구경
나이트 바자에서 열대 야시장의 매력 속으로

Real Chiang Mai

진짜 치앙마이의
매력 속으로!

올드 시티
치앙마이 여행의
시작

지도를 펼치면 치앙마이 한가운데에 있는 네모난 해자를 찾을 수 있는데
보통 이 네모 안을 올드 시티라 칭한다. 왓체디루앙, 왓프라싱, 타패
게이트 등 치앙마이 여행을 준비했다면 적어도 한번쯤 들어보았을
법한 대표 스폿이 올드 시티에 모여 있다. 한 집 건너 사원이고 세련된
고층빌딩 하나 찾기 힘들지만 이 안에는 자유로운 분위기의 여행자
거리, 현지인의 삶을 엿볼 수 있는 재래시장, 치앙마이의 개성이 가득한
카페와 식당이 다채롭다.

Old City
Access

공항에서 올드 시티로
송태우나 뚝뚝을 이용할 수도 있지만 치앙마이가 초행이고
짐이 있다면 입국 층 출구에 마련된 택시 카운터에서 행선지를
밝히고 택시를 이용하는 것이 가장 편리하다.
공항 ↔ 올드 시티(타패) / 택시 160바트

송태우나 뚝뚝 타고 올드 시티로
치앙마이 어디에서도 타패 게이트만 외치면 올드 시티로 갈
수 있다. 올드 시티 내에서는 송태우를 타고 20바트면 쉽게
움직일 수 있고 올드 시티에서 근처 지역에 갈 때는 대부분
송태우로 20~40바트, 뚝뚝은 80~100바트 선이다.
타패 게이트 ↔ 님만해민 / 송태우 40바트, 뚝뚝 100바트
타패 게이트 ↔ 삥강 / 송태우 20바트, 뚝뚝 60~80바트
타패 게이트 ↔ 왓프라싱 / 송태우 20바트, 뚝뚝 60바트

도보로 올드 시티까지
쉽게 도보 가능한 지역이나 한낮 더위라면 짧은 거리라도
송태우를 이용하는 것이 낫다.
타패 게이트 ↔ 왓프라싱 / 도보 20분
타패 게이트 ↔ 상설 나이트 바자 / 도보 20분
타패 게이트 ↔ 와로롯 시장 / 도보 15분

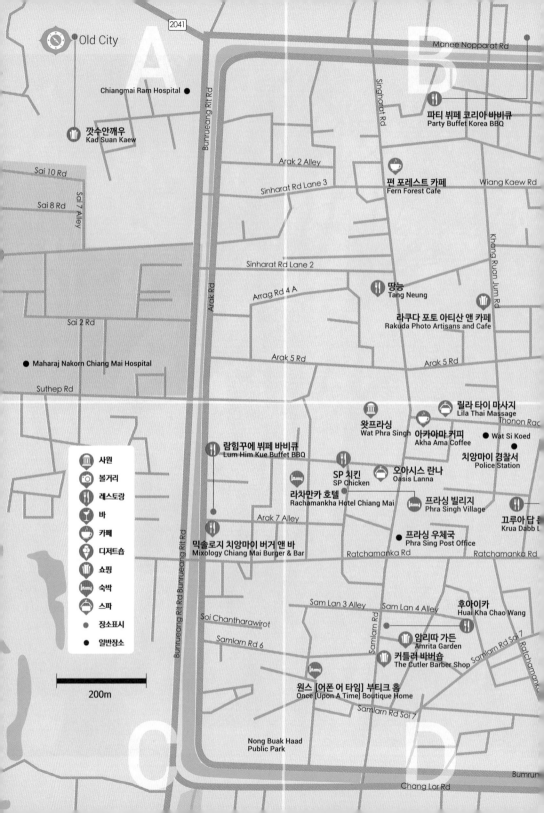

Old City

2041

Chiangmai Ram Hospital ●

깟수안깨우
Kad Suan Kaew

Manee Nopparat Rd

파티 뷔페 코리아 바비큐
Party Buffet Korea BBQ

Sinharat Rd

Sai 10 Rd

Arak 2 Alley

Sinharat Rd Lane 3

펀 포레스트 카페
Fern Forest Cafe

Wiang Kaew Rd

Sai 8 Rd

Sai 7 Alley

Bunrueang Rit Rd

Arak Rd

Sinharat Rd Lane 2

Arrag Rd 4 A

땅능
Tang Neung

Kheng Ruan Jum Rd

라쿠다 포토 아티산 앤 카페
Rakuda Photo Artisans and Cafe

Sai 2 Rd

Maharaj Nakorn Chiang Mai Hospital ●

Arak 5 Rd

Arak 5 Rd

Suthep Rd

릴라 타이 마사지
Lila Thai Massage

왓프라싱
Wat Phra Singh

아카아마 커피
Akha Ama Coffee

Thonon Rac

● Wat Si Koed

치앙마이 경찰서
Police Station

람힘꾸에 뷔페 바비큐
Lum Him Kue Buffet BBQ

SP 치킨
SP Chicken

오아시스 란나
Oasis Lanna

라차만카 호텔
Rachamankha Hotel Chiang Mai

프라싱 빌리지
Phra Singh Village

끄루아 답 ㄹ
Krua Dabb L

Bunrueang Rit Rd Bunrueang Rit Rd

Arak 7 Alley

믹솔로지 치앙마이 버거 앤 바
Mixology Chiang Mai Burger & Bar

프라싱 우체국
Phra Sing Post Office

Ratchamanka Rd

Ratchamanka Rd

범례

🏛	사원
📍	볼거리
🍴	레스토랑
🍸	바
☕	카페
🍨	디저트숍
🛍	쇼핑
🛏	숙박
💆	스파
●	장소표시
●	일반장소

200m

Soi Chantharawirot

Samlarn Rd 6

Sam Lan 3 Alley

Sam Lan 4 Alley

Samlarn Rd

후아이카
Huai Kha Chao Wang

Samlarn Rd Soi 7

Ratchamankha

암리따 가든
Amrita Garden

커틀러 바버숍
The Cutler Barber Shop

원스 [어폰 어 타임] 부티크 홈
Once [Upon A Time] Boutique Home

Samlarn Rd Soi 7

Nong Buak Haad
Public Park

Bumrun

Chang Lor Rd

창뿌악 게이트 먹거리 야시장
Chang Puak Gate Night Market

노스게이트 재즈 코옵
Northgate Jazz Co-op

Sri Poom Rd

TCDC 치앙마이
TCDC Chiang Mai

왓치앙만
Wat Chiangman

타이 팜 쿠킹
Thai Farm Cooking

진저 바이 하우스 숍
Ginger by The House Shop

바트 커피
Bart Coffee

Moon Mueang Rd Lane 6

치앙마이 히스토리컬 센터
Chiang Mai Historical Centre

그래프
Graph

하이드 아웃
The Hideout

치앙마이 시티 아트 앤 컬처럴 센터
Chiang Mai City Arts&Cultural Center

솜펫 마켓
Somphet Market

란나 포크라이프 박물관
Lanna Folklife Museum

48 개러지
48 Gagage

Ratvithi Rd

삼왕상
Three Kings Monument

퐁가네스 에스프레소
Ponganes Espresso

프레시 앤 랩스 레스트로 바
Fresh &Wraps Restro Bar

Chang Mai Rd

끼얏오차
Kiat Ocha

왓인타낀
Wat Inthakin

아시아 시닉 타이 쿠킹 스쿨
Asia Scenic Thai Cooking School

럿 로스
Lert Ros

치앙마이 커피 빈
Chiang Mai Coffee Bean

란나 아키텍처 센터
Lanna Architecture Center

타마린드 빌리지
Tamarind Village

스타벅스
Starbucks

Wat Chetawan

Tha Phae Rd

oen Alley

블루 숍
Blue Shop

왓파논
Wat Phanon

사이롬조이
Sailomjoy

타패 게이트
Thaphae Gate

왓체디루앙
Wat Chedi Luang

선데이 워킹 스트리트 마켓
Sunday Walking Street Market

Thapae Rd Soi 4

디 비스트로(1F)
D'Bistro

터머릭
Turmeric

케이트 앤 하수 부티크 치앙마이
Kate & Hasu Boutique Chiangmai

렛츠 릴렉스 스파 타패
Let's Relax Spa Thapae

흔펜
Huen Phen

Ratchamanka Rd

Thapae Rd Soi 5

Prapokklao Lane 7

록 미 버거
Rock Me Burger

Lai Kroh Rd

심플리 룸 치앙마이 빈티지호텔
The Simply Room Chiang Mai Vintage Hotel

Chaiyapoom Rd

킥
KIK

치앙마이 게이트 마켓
Chiang Mai Gate Market

토요 워킹 스트리트 마켓
Saturday Walking Street Market

Ratchapakhinai Rd

Chang Moi Kao Rd

Mun Mueang Rd

Ratchawong Rd

Sithiwangse Rd

실전여행 노하우

이은도, 회사원
2015년 2월 6일간 치앙마이 여행

"

치앙마이에서 올드 시티는 가장 쇼핑하기 좋은
곳이라 해도 과언이 아닙니다. 특히 선데이 마켓은
쇼핑의 정점을 찍을 수 있는 곳이니 일요일에
치앙마이에 있다면 놓치지 마세요. 타패 게이트부터
천천히 둘러보면 2~3시간은 훌쩍 지나가므로
충분한 체력은 필수입니다. 제 쇼핑 팁은 현금을
넉넉히 마련하고 마음에 드는 물건이 있으면
망설이지 않고 그 자리에서 구입하는 것입니다. 매일
열리는 나이트 바자보다 가격이 저렴해 상인들이
깎아주지 않을 때가 많으니 흥정은 적당히 하는 것이
좋습니다. 치앙마이에서만 쉽게 만날 수 있는 란나
스타일의 장식품과 각종 핸드메이드 용품은 선데이
마켓의 필수 쇼핑 리스트입니다!

"

박은경, 자영업
2015년 8월 5일간 치앙마이 여행

"

치앙마이에서는 별다방과 콩다방 생각은 잠시
접어두셔도 좋습니다. 개성 넘치는 작은 카페가 속속
들어서는 중이라 집집마다 선보이는 시그니처 커피를
맛보는 것만으로도 하루가 모자랄 지경입니다. 이제
와위Wawee커피는 초보자 코스라고도 할 수 있겠네요.
아카아마Akha Ama커피나 그래프 카페Graph Cafe에서
맛본 진한 피콜로 라테는 아직까지도 '치앙마이의
맛'으로 기억합니다. 올드 시티 여행 중 흥미로워
보이는 커피집이 있다면 과감히 들어가보세요. 나만
알고 싶은 카페를 발견할지도 모릅니다

"

올드 시티 Q&A

치앙마이 필수 코스인 만큼 볼거리 많은 올드 시티에서는 효율적인 동선이 가장 중요하다. 올드 시티 여행의 모든 것.

Q 올드 시티에서는 어떻게 움직이는 것이 가장 편할까요?

A 걷는 것을 제외하고 치앙마이 택시라는 빨간색 송태우가 가장 편리한 교통수단입니다. 올드 시티 내에서만 움직인다면 1인당 기본 20바트로 편히 갈 수 있어요. 기사에게 목적지를 말할 때는 최대한 큰 건물이나 거리 이름을 말하는 것이 좋습니다. 구글 맵을 보여주는 것도 좋은 방법입니다. 단 자정이 지난 후에는 송태우가 많이 다니지 않으니 주의가 필요합니다.

Q 선데이 마켓을 가기 위해 올드 시티에 투숙하는 것이 좋을까요?

A 선데이 마켓 쇼핑에 집중할 예정이라면 인근 호텔에 머무는 것이 편합니다. 쇼핑하는 데 반나절은 족히 필요한 마켓을 천천히 둘러보고 도보로 호텔로 돌아갈 수 있어 좋습니다. 단 체크인을 일요일에 할 경우에는 오후 3~4시경부터 라차담느 로드 교통이 통제되어 인근 호텔에 차량으로 접근할 수 없으니 이동 시간을 잘 계산해야 합니다.

Q 자전거 혹은 스쿠터가 꼭 필요하나요?

A 올드 시티를 둘러보기에 가장 편하고 자유로운 방법 중 하나이나 운전에 익숙지 않다면 신중히 고려해볼 필요가 있습니다. 대여는 올드 시티 곳곳에서 가능하나 길이 좁을뿐더러 자전거를 위한 길이 따로 마련되어 있지 않고 낮에는 차량 통행도 많아 자칫 위험할 수 있습니다. 스쿠터의 경우 이동 시 편리하지만 국제운전면허증, 여권, 보험 처리를 확인해야 하는 등 편리한 만큼 주의사항을 유념해야 합니다.

Q 사원은 언제 방문하는 것이 좋을까요?

A 언제 방문해도 다양한 모습을 볼 수 있지만 날씨가 선선한 오전 시간이 좋습니다. 좀 더 부지런한 여행자라면 오전 7시경에 왓체디루앙 인근을 둘러보길 추천합니다. 아침마다 왓체디루앙과 인근 사원의 스님들이 타패 게이트 시장까지 아침 탁발을 나서는 모습을 볼 수 있기 때문입니다. 오후에는 불공을 드리는 현지인들의 모습을 쉽게 볼 수 있어 또 다른 매력이 느껴집니다.

Old City

올드 시티 여행 플랜

치앙마이의 예스러움을 만나는 동시에 트렌디한 치앙마이의 모습까지 엿볼 수 있는 여행 1번지. 타패 게이트를 중심으로 둘러보는 치앙마이 올드 시티 필수 코스.

4시간 오전 코스

09:00 타패 게이트에서 포토타임, 해자에서 물고기 밥 주기

5min.

09:30 솜펫 재래시장에서 아침 시장 구경

2min.

10:00 하이드 아웃에서 브런치 겸 모닝커피

15min.

11:00 터머릭에서 바디용품 쇼핑

15min.

11:30 치앙마이에서 가장 오래된 사원 왓치앙만 방문

5min.

12:00 퐁가네스 에스프레에서 커피 타임

*소요시간은 도보 이동 기준

4시간 오후 코스

12:00 치앙마이 게이트 시장 구경 및 로컬식당에서 점심

8min.

13:00 왓체디루앙에서 경건한 시간

3min.

13:30 란나 아키텍쳐 센터 방문

8min.

14:00 왓프라싱 구경

3min.

14:30 아카아마 커피에서 커피 브레이크

6min.

15:30 끼앗오차에서 카오만까이 맛보기

5min.

18:30 치앙마이 시티 아트 앤 컬쳐 센터 관람 후 삼왕상 앞에서 기념사진

하루 코스

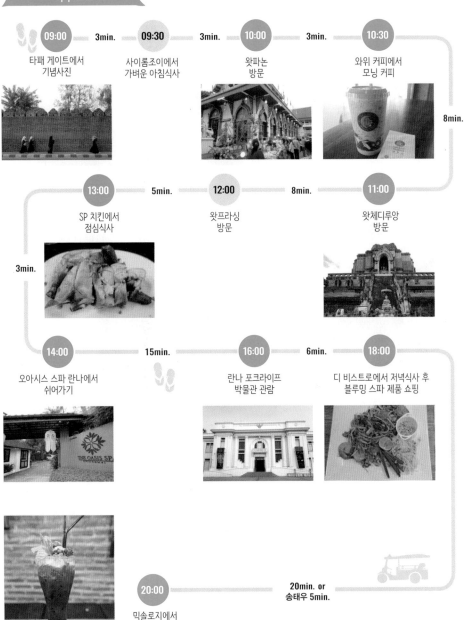

09:00
타패 게이트에서
기념사진

3min.

09:30
사이롬조이에서
가벼운 아침식사

3min.

10:00
왓파논
방문

3min.

10:30
와위 커피에서
모닝 커피

8min.

13:00
SP 치킨에서
점심식사

5min.

12:00
왓프라싱
방문

8min.

11:00
왓체디루앙
방문

3min.

14:00
오아시스 스파 란나에서
쉬어가기

15min.

16:00
란나 포크라이프
박물관 관람

6min.

18:00
디 비스트로에서 저녁식사 후
블루밍 스파 제품 쇼핑

20:00
믹솔로지에서
칵테일 한잔

20min. or
송태우 5min.

1박 2일 코스 / Day 1

13:00
주변 동선 파악

올드 시티 내
호텔에 체크인

5min.

14:00
북부요리 전문점
흔펜에서 점심

5min.

15:00
왓체디루앙
방문

7min.

19:00
럿 로스에서
태국식 저녁식사

8min.

17:00
렛츠 릴렉스 스파 타패에 들러
스파 체험

3min.

16:00
와위 커피에서
북부 대표 커피 맛보기

3min.

20:00
선데이 마켓
구경

8min.

22:00
노스게이트 재즈 코업에 들러
맥주 한잔

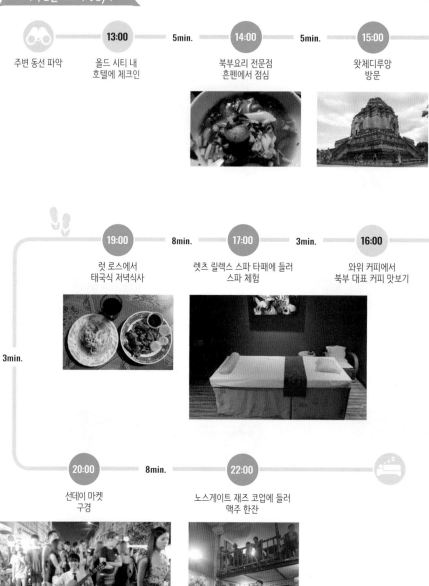

1박 2일 코스 / Day 2

본격적인 올드 시티
탐험(주말)

07:00
치앙마이 게이트 시장에서
탁발 의식과 시장 구경

10min.

11:00　　7min.　　**10:00**　　10min.　　**08:00**
펀 포레스트 카페에서　　왓프라싱　　호텔로 돌아와
커피 타임　　방문　　조식

5min.

12:00　　10min　　**13:00**　　8min.　　**14:00**
땅능에서　　렛츠 릴렉스 스파 타패에서　　올드 시티 박물관 세 곳
점심식사　　스파 용품 구입　　(역사, 아트, 라이프) 투어

19:00　　2min.　　**17:00**　　6min.
블루숍에서 국수를 맛본 후　　타마린드 빌리지 내 스파에서
토요 마켓 혹은 선데이 마켓 쇼핑　　릴랙스 타임

태국 북부를 대표하는 사원
왓프라싱 Wat Phra Singh

치앙마이에서 가장 중요한 사원인 왓프라싱은 1345년 멩라이 왕조 파유Pha Yu 왕이 건설했고 1367년 프라싱 불상이 들어왔다. 사자 모양의 불상이 사원에 들어오면서 이름도 '사자 부처 사원'이라는 뜻의 왓프라싱이 되었다. 프라싱 불상은 석가모니의 별칭이며 인도 샤카족의 사자를 모델로 만들어졌다. 버마가 란나를 지배했던 1578년에서 1774년까지 사원은 방치됐고 황폐해졌다. 1782년 카윌라 왕이 재건을 서둘렀고 그의 후계자가 불전인 라이캄과 사원의 도서관 격인 호트라이를 복원했다. 끊임없는 주변국과의 싸움으로 바람 잘 날 없었지만 1920년에 이르러 유명한 승려인 크루 바 스리비차이Khru Ba Srivichai가 복원에 앞장섰고 2002년경에 완전히 복구되었다. 1500년 이상 된 3구의 프라싱 불상은 가장 신성한 불상으로 여겨진다. 또 프라싱 상이 안치되어 있는 위한 라이캄의 벽면에는 용과 신들의 조각상이 있으며 당시 생활과 풍속 그림 등이 다채로워 란나 건축의 최고봉, 타이 건축의 걸작이라는 극찬을 받는다.

📷 무료(메인 위한Wihan 입장료 20바트) ▐▀ 타패 게이트에서 라차담눈 로드로 쏭태우 3분, 도보 20분 ♀ Th Singharat, Amphoe Muang, Chiang Mai ⏱ 05:00~18:30 Ⓜ️ p.092-D

아름다운 황금빛 불탑
왓파논 Wat Phanon

올드 시티 탐험 중 가장 쉽게 만날 수 있는 사원으로 규모는 작지만 1500년대 란나 시대에 지어진 역사 깊은 곳이다. 사원에 들어서면 2층 규모의 큰 건물이 자리하는데 이는 불공을 드리는 건물인 위한Wihan이다. 위한 옆에는 치앙마이에서 아름답기로 손꼽히는 황금빛 불탑 체디가 빛나고 있다. 체디 주변엔 종을 치며 복을 기원하는 태국인과 이 풍경을 담으려는 여행자들의 발길이 그치지 않는다. 또한 이 사원 내부에는 마사지 파빌리온과 야외 커피숍도 있어 여행자들에게는 더욱 반갑고 친근한 느낌이다. 더욱이 선데이 마켓이 서는 일요일이면 사원 안뜰은 거대한 푸드코트로 변신해 황금빛 체디 아래에서 식사하는 독특한 경험도 할 수 있다.

📷 무료 ▐▀ 올드 시티 중심에 자리하며 타패 게이트에서 도보 5분 거리 ♀ Si Phum, Amphoe Muang, Chiang Mai ⏱ 06:00~17:00 (일요일 06:00~22:00) Ⓜ️ p.093-G

> 1 왓프라싱은 현지인도 필수적으로 방문한다 2 선데이 마켓이 서면 야시장으로 변신한다 3 황금 불탑은 영험한 기운이 가득하다 4 왓체디루앙은 거대한 규모가 압도적이다 5 내부에 안치된 와불 6,7 12간지를 나타내는 동물상

가장 이국적인 태국 사원
왓체디루앙 Wat Chedi Luang

종교적인 중요성이나 역사적인 부침을 떠나 태국의 전형적인 사원과는 달라 이색적이고 무척 아름다운 사원으로 왓체디루앙을 들 수 있다. 왓체디루앙은 1411년에 완공된 사원으로 이름에서 알 수 있듯 '큰 탑이 있는 사원'이라는 뜻이다. 프라체디루앙Phra Chedi Luang이라는 커다란 탑이 있는데 처음에는 높이가 90m에 이르렀으나 대지진으로 소실되어 현재는 60m 정도만 복원됐다. 그런데 둥글둥글한 몸통에 위로 갈수록 뾰족한 일반적인 태국 탑과는 달리 이곳의 탑은 흙으로 빚어져 묘하게 캄보디아의 앙코르와트를 연상시킨다. 그 외에 높이 8m의 입불상이 있는 본당과 태국과 캄보디아가 묘하게 섞인 듯한 사원 구석구석을 구경하는 재미가 쏠쏠하다. 이 사원에는 1468년 에메랄드 불상(실제는 옥으로 만들어진 불상)이 안치되었는데 1551년 라오스의 루앙프라방으로 옮겨졌다. 그리고 마침내 방콕의 왕실 사원인 왓프라깨우Wat Phra Kaew로 옮겨 '방콕 여행 1번지'로서 인기를 구가한다. 왓체디루앙에서는 매년 5월 19일~25일에 인타낀Inthakin이라는 기우제를 연다.

무료 | 타패 게이트에서 도보 10분, 라차담논 로드에서 프라포크로아 Prapokkloa 로드 방면 ♀ 103 Rd, King Prajadhipok Phra Singh, Amphoe Muang, Chiang Mai ⏰ 06:00~18:00 MAP p.093-G

천년의 세월을 간직한 사원의 위엄
왓치앙만 Wat Chiangman

도시의 시작과 함께 건설된 왓치앙만은 치앙마이에서 가장 오래된 사원으로 작지만 유서 깊은 역사를 지녔다. 1296년 멩라이 왕이 치앙마이를 세우면서 함께 지은 사원으로 멩라이 왕은 이곳에 거주하면서 치앙마이를 건설했다. 그 시절 꽃피운 란나 스타일을 사원 건축 양식으로 만나볼 수 있으며 사원 곳곳에는 시간을 헤아리기도 어려울 정도로 오래된 보물이 모셔져 더욱 귀한 의미를 갖는 사원이다. 가장 유명한 것은 사원이 세워지기 전부터 이 자리에 모셔졌다는 크리스털 불상Phra Setangamani과 대리석 불상Phra Sila으로 각각 1800년, 2500년 전에 만들어진 것으로 추정된다. 이 불상에 도시를 지키는 힘과 비를 내리게 하는 영엄함이 깃들어 있다. 사원 뒤뜰에는 불탑, 체디가 자리하는데 15마리의 실물 크기의 코끼리가 황금색 불탑을 떠받든 형태로 란나 스타일의 정수라고 인정받는다.

🏛 무료 ▐ 올드 시티 북동쪽에 자리하며 올드 시티에서 송태우를 타면 기본 20바트 ♀ Ratchapakinai Rd, Amphoe Muang, Chiang Mai
🕕 06:00~17:00 MAP p.093-E

치앙마이 사람들이 찾는 소박한 사원
왓인타낀 Wat Inthakin

올드 시티 정중앙, 삼왕상과 시티 아트 앤 컬처럴 센터 옆으로 작은 사원이 위치한다. 왓사두무앙Wat Sadue Muang이라고도 불리는 이곳은 화려한 외관을 하고 있지만 여느 사원과 달리 담으로 둘러싸이지 않고 양옆으로 찻길과 가게들이 자리해 지나쳐버리기 쉽다. 하지만 이곳은 13세기에 지어진 중요한 사원 중 하나로 어느 사원보다 활발하게 현지인들이 불공을 드린다. 사원은 불상이 모셔진 비한과 두 개의 불탑인 체디, 승려들의 숙소 그리고 란나 시절 역사와 소품을 전시해놓은 작은 박물관으로 이루어졌다. 이 중 비한 건물은 완벽한 비율의 건축물로 손꼽히는데 입구에는 전설의 동물 나가Naga가 위용 넘치는 모습으로 지키고 있고 내부에는 나무 기둥의 금박 장식과 커다란 불상까지 화려한 모습을 이어간다. 벽돌로 지어진 불탑인 체디 또한 14세기에 이어 15세기에 지어진 것으로 원형에 덧대어진 팔각형이 섞여 시대에 따라 각기 다른 모습이 흥미롭다.

🏛 무료 ▐ 삼왕상을 등지고 오른쪽 골목 바로 앞에 자리
♀ Intrawarorot Rd, Amphoe Muang, Chiang Mai
🕕 06:00~18:00 MAP p.093-E

치앙마이 문화와 예술의 이해
치앙마이 시티 아트 앤 컬처럴 센터
Chiang Mai City Arts & Cultural Center

치앙마이에서 단 하나의 박물관만 봐야 한다면 이곳 치앙마이 시티 아트 앤 컬처럴 센터를 추천한다. 유물보다는 시대별 모형으로 꾸며진 곳이지만 치앙마이의 종교, 문화, 예술에 대한 이해를 돕는 전시가 섹션별로 정리되어 있다. 특히 중요한 전시물의 경우 총 6개의 언어(태국어, 프랑스어, 영어, 독일어, 중국어, 일어)로 오디오 설명이 나오고 종교 행사 같이 시각적인 도움이 필요한 것은 작은 모형으로 재현해두었다. 교육적인 가치가 뛰어나 인근 학교 학생들이 현장 학습을 오거나 치앙마이의 역사에 대해 더 알고 싶은 여행자들이 주로 방문한다. 1920년대 지어진 서양식 건물에 자리해 건축물을 둘러보는 재미도 쏠쏠하며 1,2층 모두 다양한 전시를 하고 기념품 숍도 마련되어 있으니 충분한 시간을 갖고 둘러보자.

🎫 성인 90바트 어린이 40바트(란나 포크라이프 박물관과 히스토리컬 센터를 함께 관람 가능한 입장권은 성인 180바트 어린이 80바트) 🚩 타패 게이트에서 도보 10분, 송태우 이용 시 '쓰리킹/쌈깟쌋'을 말하면 쉽게 간다. 기본 20바트부터 📍 Prapokklao Rd,T.Sriphum, Amphoe Muang, Chiang Mai 📞+66 53 21 7793 🕐 08:30~17:00(월요일 휴무) 🌐 www.cmocity.com/indexhall01.html ⓜ p.093-E

1 현지인이 불공을 드리는 왓치앙만 **2,3** 코끼리 불탑이 위엄 있게 서 있다 **4,5** 지나치기 쉬울 정도로 작은 규모인 왓인타긴 **6** 안으로 들어서면 고요한 안뜰이 자리하는 치앙마이 시티 아트 앤 컬처럴 센터 **7,8,9** 코너마다 영어로 설명이 되어 있다

란나의 생활상을 한자리에서 만나다
란나 포크라이프 박물관 Lanna Folklife Museum

역사보다는 지금 치앙마이 사람들의 삶과 예술적 감각에 더 관심이 있다면 이곳 란나 포크라이프 박물관이 보다 흥미롭다. 말그대로 민속학에 대한 자세한 설명이 그림, 모형, 유물 전시로되어 있는데 현대까지 이어지는 전통을 설명해두어 눈길을 끈다. 예를 들어 사원에 드리는 제사물은 어떤 의미를 가지는지, 전통 장식 깃발은 왜 이런 모양을 하고 있는지를 알 수 있어 실제 사원을 방문하기 전 이곳에 들러 공부하는 여행자도 많다. 아트앤 컬처럴 센터처럼 이곳도 1930년대에 지어진 옛 건물을 활용하고 있으며 클래식한 건축물을 구경하는 것도 흥미롭다. 모든 전시가 태국어와 영어로만 설명되어 아쉽지만 란나를 이해하는데 큰 도움이 된다.

📷 성인 90바트 어린이 40바트(아트 앤 컬처럴 센터와 히스토리컬 센터를 함께 관람 가능한 입장권은 성인180바트, 어린이 80바트) 📍치앙마이 시 쁘라뽁끌로아 로드Prapokkloa Rd 중심부로 송태우 이용 시 기본 20바트 📍Jhaban Rd, Amphoe Muang, Chiang Mai ⏰ 08:30~17:00(월요일 휴무) 📞+66 53 217 793 🌐 www.cmocity.com/lanna/indexhall02.html Map p.093-E

1 란나 포크라이프 박물관의 웅장한 외관
2,3,4 내부에는 그림, 조각, 불상까지 다양하게 전시되어 있다

올드 시티의 기준
삼왕상 Three Kings Monument

치앙마이 시티 아트 앤 컬처럴 센터 바로 앞 광장에는 태국 중북부 지방을 다스리던 3개 왕국의 왕들을 모신 동상이 있다. 올드 시티의 중심부로 여겨지는 이 작은 동상은 지금의 치앙마이를 이룬 란나, 파야오, 수코타이 왕이다. 가운데가 란나 왕국의 멩라이Mengrai 왕, 왼쪽이 파야오의 응암무앙Ngam Muang 왕, 오른쪽은 수코타이의 람캄행Ramkhamhaeng 왕이다. 평화롭던 이들의 관계가 전쟁 직전까지 이르렀을 때 멩라이 왕의 중재로 서로 더욱 번성했다는 역사를 품어 가운데 멩라이 왕이 양쪽 왕의 등을 감싸고 있다.

여행자들은 이곳을 올드 시티의 중심으로, 또 기념사진 필수 코스로 여기지만 왕에 대한 특별한 애정을 가진 태국인들은 여전히 동상 앞에서 기도를 드리거나 예를 갖추는 중요한 곳이다.

🎫 무료 ▮ 치앙마이 시티 아트 앤 컬처럴 센터 앞, 송태우 이용 시 '쌈깟쌋'을 말하면 쉽게 이해한다. 기본 20바트부터 📍Prapokkloa Rd, Amphoe Muang, Chiang Mai 🕐24 시간 MAP p.093-E

치앙마이 역사 알기 속성 코스
치앙마이 히스토리컬 센터 Chiang Mai Historical Centre

치앙마이 역사에 대한 이해를 돕도록 시대 순서와 특징을 설명한 작은 전시장이다. 치앙마이의 옛 모습을 지도와 시대별 특징을 담고 있는 모형과 함께 전시한다. 만화경을 통해 옛날 치앙마이 사진을 볼 수 있으며 치앙마이 역사에 대한 영상물을 감상할 수 있다. 모든 설명이 영어와 태국어로만 되어 별도의 가이드나 오디오 설명도 부족하니 이곳만 방문하기보단 치앙마이 시티 아트 앤 컬처럴 센터와 란나 포크라이프 박물관을 포함해 세 곳을 모두 관람할 수 있는 티켓을 소지하고 가벼운 마음으로 둘러보는 것이 좋겠다. 또 전시장 밑에는 이곳이 이전 도시의 중심이었음을 말해주는 두 곳의 유적지가 남아 있으니 놓치지 말자.

> 5 작지만 중요한 역할을 하는 삼왕상 6 삼왕상을 올드 시티 중심으로 봐도 무방하다 7 치앙마이 히스토리컬 센터의 내부에는 작은 공원도 있다 8,9 볼거리는 많지 않지만 인근 여행지와 연계해 방문하면 좋다

🎫 성인 90바트 어린이 40바트(란나 포크라이프 박물관과 히스토리컬 센터를 함께 관람 가능한 입장권은 성인 180바트 어린이 80바트) ▮ 올드 시티 중심부 삼왕상 뒷편으로 도보 3분 📍Jhaban Rd, Amphoe Muang, Chiang Mai 📞+66 53 217 793 🕐08:30~17:00(월요일 휴무) 🌐www.cmocity. com/history/indexhall03.html MAP p.093-E

트렌디 레스토랑
디 비스트로 D Bistro

'옛것과 새로운 것'이 조화로운 올드 시티에서도 단연 눈에 띄는 뉴페이스다. 2015년 라차담넌 로드에 등장한 이곳은 렛츠 릴렉스 스파 체인과 한 건물에 자리한 레스토랑이다. 스파와 식사를 동시에 해결할 수 있는 편리함에 한 번, 앤틱한 겉모습 대비 모던하고 스타일리시한 내부 공간에 두 번 놀라는 이곳은 핑강 근처에서 큰 사랑을 받고 있는 데크1Deck1 레스토랑에서 운영한다. 탄탄한 노하우를 바탕으로 커피를 포함한 음료와 수준급의 케이크, 브런치 메뉴와 태국식, 이탈리안 식사를 선보인다. 추천 메뉴는 팬케이크 등 다양한 브런치로 금액은 비싸지만 갤러리 같은 내부 분위기와 친절한 직원의 서비스, 예쁜 플레이팅이 더해져 만족도가 높다. 선데이 마켓이 열리는 일요일에 방문한다면 스파와 식사 후 야시장 쇼핑까지 환상의 반나절 코스를 만들 수 있다.

🍴 트로피컬 프루츠 팬케이크 160바트, B&B 헤이즐넛 토스트 140바트, 팟타이 120바트 🚩 타패 게이트를 등지고 안쪽 라차담는 로드 도보 8분 길가에 위치 📍 97-2 Rachadamnoen Rd, T. Phra Singh, Amphoe Muang, Chiang Mai 📞 +66 53 271 339 🕐 08:00~23:00(일요일 08:00~00:00) 🌐 www.facebook.com/dbistro.thailand 🗺 p.093-G

1 태국식 이탈리아요리
2 갤러리처럼 꾸민 실내
3 밤이 되면 더 인기 좋은 야외에서 거리 정취까지 만끽하자
4,5 치앙마이 여행자들의 전폭적인 지지를 얻고 있는 하이드 아웃. 인기 메뉴는 프렌치 토스트

맛으로 승부하는 브런치 카페
하이드 아웃 The Hideout

올드 시티 중심부에서 벗어난 위치, 투박한 인테리어에도 불구하고 트립어드바이저에서 꾸준히 평점 상위권을 유지하고 있는데 그 비결은 다름 아닌 맛에 있다. 대부분의 메뉴를 지역에서 생산한 재료를 이용하여 선보이는데 특히 매일 한정된 양만 판매하는 프렌치 토스트와 자신의 입맛에 맞게 빵과 추가 재료를 선택할 수 있는 샌드위치가 인기 메뉴다. 커리, 치앙마이 소시지가 가미된 스페셜 티 샌드위치도 있다. 영어 메뉴판도 있음.

🍴 프렌치 토스트 120바트, 트로픽 썬더 150바트, 과일 스무디 60바트 🚩 타패 게이트에서 북동쪽으로 도보 10분. 큰 길가에서 골목 안쪽으로 들어간 곳에 위치 📍 95/10 Sithiwongse Rd, Chang Moi, Amphoe Mueang Chiang Mai 📞 +66 81 960 3889 🕐 화~일 08:00~17:00 🌐 www.thehideoutcn.com 🗺 p.093-F

칵테일과 버거의 만남
믹솔로지 치앙마이 버거 앤 바 Mixology Chiang Mai Burger & Bar

타패 서쪽 끝에 위치한 믹솔로지(직역하면 칵테일을 만드는 기술이란 뜻)는 빈티지한 매력이 가득한 바Bar로 독특한 버거와 칵테일로 유명세를 탔다. 겉으로는 단순히 분위기 좋은 서양식 바 같지만 찬찬히 살펴보면 어느 곳보다 '치앙마이답다'는 점을 발견하게 된다.

두툼한 메뉴판을 받아들면 어느 레스토랑보다 다양한 북부요리를 만날 수 있다. 치앙마이 버거, 라나 칠리 스파게티, 치앙마이 커리 랩 등 믹솔로지만의 모던한 스타일이라는 것도 인상적. 이 중 대표 메뉴인 치앙마이 버거는 빵 대신 찰밥을, 프렌치프라이 대신 튀긴 돼지 껍질을 곁들인 것으로 새로운 음식에 대한 도전의식을 불러일으킨다. 칵테일도 모히토Mojito 같은 클래식부터 치앙마이 체니베리Chiang Mai Chanee Berry 같은 개성 넘치는 시그니처까지 다양하다. 칵테일은 200바트대, 식사메뉴는 150바트부터이며 현금만 받고 있으니 달콤한 칵테일 리스트를 섭렵하고 싶다면 주머니를 두둑히 채우고 방문해보자.

🍽 치앙마이 버거 150바트, 치앙마이 체니베리 칵테일 200바트, 프리미엄 칵테일 200바트. 패션에덴 칵테일 250바트 🚶 프라싱에서 타패 서쪽 큰 길가, 림Rim 호텔 입구에서 도보 2분 📍 61/6 Arak Rd,Phrasingha, Amphoe Muang, Chiang Mai 📞 +66 88 261 3057
🕐 15:00~00:00(화~금요일) / 11:00~00:00(토~일요일)
🌐 www.facebook.com/MixologyChiangMaiBurger
Map p.092-C

6 세련되게 꾸민 믹솔로지 치앙마이 버거 앤 바의 내부 7 빵 대신 찰밥, 감자튀김 대신 돼지 껍데기 튀김을 올린 치앙마이 버거 8 외관부터 트렌디한 바처럼 꾸며졌다

로컬 커피에 대한 애정이 듬뿍
치앙마이 커피 빈
Chiang Mai Coffee Bean

커피 산지인 치앙마이에서는 작은 동네 카페라도 신선한 원두로 만든 커피를 만날 기회가 많다. 올드 시티 중심부, 삼왕상 인근에서 위치한 치앙마이 커피 빈은 로컬 커피의 맛볼 수 있는 곳 중 하나다. 특히 매주 일요일에는 카페 바로 앞에서 선데이 워킹 스트리트 마켓이 펼쳐지니 야시장 구경 중 쉬어 가기에도 그만이다. 로컬 커피빈을 사용한 롱블랙, 카페 라테 등 커피 본연의 맛을 살린 메뉴를 주로 선보이며 여행 기념품으로 원두도 구입할 수 있다. 오후 시간에 방문한다면 운 좋게 치앙마이 아트 라테 챔피온인 쁘랏차야 뚜Pratchaya too를 만날 수도 있다. 그는 낮 시간에는 와로롯 마켓과 나이트 바자 사이에서 트레일러 에스프레소 바Trailer Espresso Bar라는 젊은 감각의 노점을 운영하고 이곳에서는 아트 라테 클래스를 진행하기도 한다.

1 치앙마이 라테 아트 챔피온십 1위 인증! 2 로컬 커피빈으로 만든 고소한 라테 3 깔끔한 외관, 레트로한 내부 인테리어 또한 인기의 비결 4,5 타패에서 가까운 프레시 앤 랩스 레스트로 바

카페 라테 55바트, 타이 스타일 아이스 커피 55바트 ▐ 삼왕상을 바라보고 왼쪽 큰길로 도보 1분 ♀ 216/1 Prapokkloa Rd, Amphoe Mueang, Chiang Mai ☎ +66 86 421 9755 🕐 10:00~19:00(일요일 ~21:00) ⊕ www.facebook.com/ChiangMaiCoffeeBean [MAP] p.093-E

CHIANG MAI COFFEE BEAN

스타일리시한 아침식사
프레시 앤 랩스 레스트로 바
Fresh & Wraps Restro Bar

신선한 재료를 사용한 샐러드와 샌드위치를 선보이는 곳으로 세련되면서도 편안한 분위기를 자아낸다. 인기 메뉴는 치앙마이 인근에서 생산되는 아보카도로 만든 샐러드와 혼자 맛보기 벅찰 정도의 크기를 자랑하는 파니니, 온종일 주문 가능한 에그 베네딕트다. 모두 이곳 로컬, 유기농, 핸드메이드 요소를 갖추고 있으며 주변에 비해 조금 비싸지만 종일 손님들로 가득하다. 음료 메뉴도 다양해 커피와 망고 스무디, 밀크 셰이크는 물론 밀싹 주스 같은 건강 음료도 준비되어 있다.

아보카도 망고 치킨 샐러드 175바트, 에그 베네딕트 185바트, 라테 55바트 ▐ 타패 게이트를 등지고 오른쪽 솜펫 시장 방향으로 도보 5분 ♀ 125 Moonmuang Rd, Amphoe Muang, Chiang Mai ☎ +66 53 221 205 🕐 08:30~20:00 ⊕ www.facebook.com/FreshandWraps [MAP] p.093-F

엄마가 우리를 이롭게 할 거야
아카아마 커피 Akha Ama Coffee

마을에서 유일하게 대학 교육을 받은 아카족의 리 아유Lee Ayu. 치앙라이에서 대학을 나온 리는 혼자만 그런 기회를 얻었다는 것에 미안한 마음을 가졌고, 치앙마이로 이주해 아이들의 꿈을 이루도록 도와주는 NGO에 합류했다. 그리고 NGO 활동을 통해 커뮤니티의 공동 발전에 대한 고민을 시작했다. 그 결과 아카족과 인근 마을 사람들을 설득해 가장 고소득을 올릴 수 있는 작물이며, 태국 국왕의 '로열 프로젝트'의 일환이었던 커피를 재배해 경제적 자립을 위한 초석을 마련했다. 아마Ama란 태국 북부 고산지대인 매짠따이Maejantai에 집단 거주하는 아카족의 언어로 '엄마'를 뜻한다. '아카족의 엄마'가 부족의 커피 생산뿐 아니라 판매와 유통 판로를 개척해 마을을 더욱 발전하게 할 것이라는 비전으로 이름과 로고를 만들어 2010년 아카아마 커피라는 독립 커피 브랜드 사업을 시작했다. 리 아유는 경쟁이 심한 태국의 커피 시장에서 아카아마 커피가 더욱 돋보일 수 있도록 농부들에게 품질 개선을 위한 교육을 게을리하지 않는 동시에 수익을 마을 공동체와 공유한다. 본점인 창뿌악보다는 프라싱 인근의 2호점이 접근이 용이하며 커피뿐 아니라 커피로 개발한 각종 음료, 과일 주스, 베이커리까지 만나볼 수 있다.

🍴 아메리카노 50바트, 피콜로 라테 50바트, 사케라토 70바트 🏳️ 왓프라싱을 등지고 타패 게이트 쪽으로 10m, 오른쪽에 위치 📍 175/1 Rachdhamnoen Rd, Phra Singh, Amphoe Muang, Chiang Mai 📞 +66 86 915 8600 🕐 08:00~18:00 🌐 www.akhaama.com MAP p.092-D

6 고산족의 커피라고 우습게 보면 큰 코 다친다! 분위기부터 커피를 내는 모양새, 맛까지 근사한 아카아마 7 왓프라싱 인근에 위치한 분점이 본점보다 찾기가 더 쉽다

단골 삼고 싶은 백반집
끄루아 답 롭 Krua Dabb Lob

라차담느 로드와 차반Soi Cha Ban의 교
차점에 위치한 이 소박한 식당은 단순히
'목이 좋아서' 늘 수많은 여행자로 북적
이는 것은 아니다. 우리나라의 여느 백반
집과 마찬가지로 재료별로, 조리하는 스
타일별로 각양각색의 태국요리를 골라
즐기는 재미를 누릴 수 있으며 진짜 태국
의 일반 가정에서 맛볼 법한 맛있고 정성
가득한 음식을 단돈 60바트부터 골라 먹
을 수 있다는 것이 강점이다.

야외에 오픈되어 에어컨 하나 없지만 털
털 돌아가는 선풍기 아래 열대의 공기와
태양을 느끼며 맛있는 태국요리와 태국
맥주 한잔의 행복을 느낄 수 있는 곳. 허
름해 보이는 식당이지만 깔끔하게 정돈
된 실내와 친절한 직원도 합격점. 거기에
무료 와이파이까지 제공되니 단골식당
으로 점찍을 가치가 충분하다.

🍴 카오소이 까이Khao Soy Kai, 마사만 커리
Mussaman Curry, 쏨땀Som Tum 등이 모두
60바트, 밥 추가 10바트, 각종 열대주스와
셰이크 30바트로 노점 식당과 별반 가격 차이가
없다 📍 라차담느 로드와 차반의 교차점
📍 Rachadamnoen Rd, Amphoe Muang,
Chiang Mai 📞 +66 81 033 0001
🕐 08:30~20:00 Map p.092-D

1 소박한 실내, 에어컨
좌석은 없다 2,3 집처럼
편안함이 포인트 4,5 가게
앞에서 종일 바비큐를
요리해 찾기 쉽다

소박한 로컬 음식 한상
럿 로스 Lert Ros

에어컨도 없는 소박한 로컬 식당이지만
해외 여러 매체에서 꼭 방문해야 할 음식
점으로 선정해 서양인과 일본인 여행자
가 특히 많다. 각종 구이와 똠얌꿍을 비롯
한 태국요리가 메인으로 북부식 메뉴와
인기 만점인 과일 셰이크까지 한꺼번에
맛볼 수 있다. 게다가 가격도 대부분 100
바트 미만으로 저렴하고 맛도 좋아 여러
가지 메뉴를 한 상 가득 차려도 부담 없
다. 전 세계 여행자들의 입맛에 맞춘 무난
한 맛을 선보이기 때문에 태국의 맵고 강
한 맛을 원한다면 주문 시 미리 '스파이
시' 혹은 '아오펫펫'을 외쳐보자.

🍴 쏨땀 30바트, 생선 소금구이 작은 것 140
바트, 똠쌥(북부식 스프) 50바트, 망고 셰이크
35바트 📍 타패 게이트에서 올드 시티 쪽을
향해 오른쪽 첫 번째 골목, M 호텔 뒷골목
📍 Soi 1, Ratchadamnoen Rd, Amphoe
Muang, Chiang Mai 📞 +66 82 381 2421
🕐 12:00~21:00 Map p.093-F

자꾸 생각나는 닭구이
SP 치킨 SP Chicken

올드 시티 관광 필수 코스 왓프라싱에 왔다면 관광 후엔 태국식 통닭 구이를 맛볼 수 있는 SP 치킨에서 타이식 치맥 타임을 가져보자. 왓프라싱 정문에서 도보 5분 거리에 위치한 이곳은 우리에게도 익숙한 치킨 바비큐, 까이양을 주 메뉴로 한다. 우리와 다른 점이 있다면 전기가 아닌 숯불 화로에서 통째로 구워낸다는 것. 기름이 쏙 빠진 치킨은 노릇노릇한 비주얼과 숯불 향을 가득 담고 있어 누구나 좋아할 만한 담백한 맛을 자랑한다. 한 마리 혹은 반 마리를 주문할 수 있으며 까이양의 단짝 친구, 솜땀과 찹쌀밥까지 세트로 시키면 든든한 식사로 손색 없다. 현지인들은 테이블에 놓인 주문지에 표시해서 주문하지만 여행자들은 간단한 영어와 손짓, 발짓으로도 쉽게 주문할 수 있다.

🍽 치킨(작은 것) 80바트, 바비큐 포크립 80바트, 솜땀뿌(절인 게가 든 파파야 샐러드) 40바트, 찹쌀밥 10바트 ▐ 왓프라싱 정문에서 오른쪽으로 내려와 첫 번째 골목. 오아시스 스파 안쪽 골목 📍 Samlan Rd, Soi 1, Amphoe Muang, Chiang Mai 📞+66 80 500 5035 🕐 12:00~20:00 MAP p.092-D

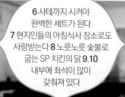

6 사테까지 시켜야 완벽한 세트가 된다 7 현지인들의 아침식사 장소로도 사랑받는다 8 노릇노릇 숯불로 굽는 SP 치킨의 닭 9,10 내부에 좌석이 많이 갖춰져 있다

마성의 치킨 라이스
끼앗오차 Kiat Ocha

올드 시티에서 삼왕상만큼이나 유명한 식당으로 꼽히는 이곳은 1957년부터 하이난식 치킨 라이스와 사테를 선보인다. 오전 6시부터 오후 3시까지밖에 영업하지 않지만 어느 시간에 가도 손님들로 가득하다. 주요 메뉴는 '카오만까이'라고 하는 중국 하이난식 치킨 라이스로 삶은 닭과 밥, 특제 소스가 함께 나오는데 이곳만의 비법으로 덜 기름지고 담백한 것이 특징이다. 스몰부터 점보 사이즈까지 4가지 크기로 주문할 수 있다. 대부분의 로컬 식당이 그렇듯 이곳도 에어컨이 없고 카드 사용도 불가하지만 불편함을 감수하고라도 한번 맛볼 만하다.

🍽 카오만까이 세트(작은 것) 50바트, 사테(10개 한 세트) 50바트 ▐ 삼왕상을 등지고 오른쪽 첫 번째 골목 안쪽. 치앙마이 히스토리컬 센터 인근 📍 43 Intrawarorot Rd, Amphoe Muang, Chiang Mai 📞+66 53 327 262 🕐 06:00~15:00 MAP p.093-E

10

가볍게 찾는 태국식 밥집
땅능 Tang Neung

왓프라싱 정문을 바라보고 왼쪽 길을 삼란Samlarn 로드, 오른쪽 길을 싱하랏 Singharat 로드라고 한다. 싱하랏 로드는 주변에 사원과 학교가 많아 저렴한 로컬 음식점이 모여 있는데 그중 땅능은 현지인, 외국인 모두 즐겨 찾는 태국식당이다. 기본 가격이 50바트 미만으로 100바트가 넘는 메뉴를 찾아보기 힘들다. 요리라기보다는 가볍게 뚝딱 맛볼 수 있는 덮밥 메뉴와 팟타이, 얌운센 등 간단한 태국 음식을 저렴하게 선보이기 때문에 주변 직장인들이 즐겨 찾는 식당이기도 하다. 전체적으로 양은 적지만 커피와 주스, 심지어 바나나 스플리트 같은 디저트 메뉴도 함께 맛볼 수 있어 부담 없는 가격에 나만의 코스 메뉴를 만들 수 있다. 단 실내 좌석에 에어컨이 없으니 더위가 한풀 가신 오후에 방문하면 더욱 만족스럽다.

📋 포크 위드 바질 라이스 50바트, 팟타이 35바트, 똠얌꿍 60바트, 라임 셔벗 40바트
🏴 왓프라싱 정문을 등지고 오른쪽으로 도보 약 8분 큰 길가. 라차담넌Rachadamnoen 거리와 차반Soi Cha Ban의 교차점 📍 9 Singharach Rd, Amphoe Muang, Chiang Mai 📞+66 053 225 854 🕐 11:00~20:00 🗺️ p.092-B

1 땅능은 수풀에 입구가 가려져 있어 찾기가 힘들다
2 저렴하고 맛있는 한끼 덮밥

치앙마이 대표 북부 음식점
흔펜 Huen Phen

여러 해외 가이드북이나 여행자 사이트인 트립어드바이저 등에도 추천된 곳으로 현지인보다 여행자들에게 큰 사랑을 받는다. 올드 시티 중심에 위치해 편리한 접근성과 단돈 50바트로 맛볼 수 있는 다양한 메뉴가 포인트다. 낮에는 카오소이와 치앙마이 소시지를 맛보고 저녁이면 한 상 차림으로 나오는 전채 메뉴인 오르 되브르Hors d'oeuvres에 북부식 수프 똠샙을 추가해 나만의 칸똑 디너를 만들 수 있다. 에어컨이 없어 아쉽지만 이곳의 음식은 대체로 한국인의 입맛에도 친숙해 북부요리를 처음 시도한다면 괜찮은 선택이다.

📋 카오소이 50바트부터, 칸똑 세트(2인분) 350바트 📋 왓체디루앙 뒷문에서 도보 2분 📍 117/1 Rachamunka Rd, Phrasing, Amphoe Muang, Chiang Mai 📞 +66 53 281100 🕐 08:30~16:00, 17:00~22:00 🌐 www.baanhuenphen.com/restaurant 🗺️ p.093-G

재미난 좌석이 포인트!
후아이카 Huai Kha Chao Wang

왓프라싱 남쪽에 위치한 삼란 로드는 최근 트렌디한 바버숍과 카페가 속속 들어서는 핫한 골목이다. 저녁마다 이 골목을 가장 왁자지껄하게 만드는 곳은 모던함과는 거리가 먼 로컬 식당이다. 영어로는 이름도 재미있는 행잉 핏Hanging Feet으로 통하는 후아이카. 거대한 원두막처럼 생긴 식당에 앉은 손님들의 발이 대롱대롱 매달려 있어 붙여진 별명이다. 이 재미있는 풍경에 합류하기 위해서는 1층에 신발을 벗어두고 2층에 올라가 마음에 드는 자리를 잡으면 된다. 재미뿐 아니라 맛 좋은 전통 태국음식을 저렴하게 맛볼 수 있으니 일석이조다. 태국식 볶음밥과 해산물 요리를 50바트부터 200바트 선이면 다양하게 맛볼 수 있다. 직원들이 불친절하다는 평이 많으니 서비스보다는 저렴한 가격과 맛, 분위기를 우선시해 들러보자.

📋 똠얌꿍 100바트, 새우볶음밥 59바트, 생선요리 300바트부터 📋 왓프라싱 정문을 바라보고 왼쪽 삼란 로드로 도보 8분 📍 Sam Larn Soi 5, Sam Larn Rd, T. Phrasingh, Amphoe Muang, Chiang Mai 🕐 18:00~23:00 🗺️ p.092-D

> **3** 전통 소품으로 흔펜의 내부를 장식했다 **4** 깔끔한 북부 수프 똠샙 **5** 전통 태국요리를 한번에 맛볼 수 있는 후아이카 **6** 길가 전망이 보이는 좌석이 인기다 **7,8** 간판은 태국어로만 되어 있다

타패 게이트의 터줏대감
사이롬조이 Sailomjoy

새로운 카페와 레스토랑이 속속 들어서는 타패 게이트에서 터줏대감처럼 자리한 곳이다. 전 세계에서 여행 온 외국인을 대상으로 인터내셔널한 메뉴를 선보이는데 특히 서양인들 사이에서는 망고 팬케이크와 같은 조식 메뉴가 유명하다. 이곳은 똠얌꿍, 팟타이, 카오소이, 망고찰밥 등을 파는 태국음식점이자 피자, 샌드위치를 맛볼 수 있는 있는 델리인 동시에 아트 라테까지 선보이는 카페이기도 하다. 다양한 국적의 여행자들이 버거와 태국식 쌀국수, 커피를 한꺼번에 주문해도 이곳에선 전혀 어색하지 않다. 기본 태국음식은 70바트대, 피자는 150바트대로 가격 대비 맛도 만족스럽다. 이곳에서 선보이는 카오소이와 망고찰밥은 동서양을 막론하고 가장 인기 있는 태국음식. 에어컨이 없는 실내와 오후 4시면 문을 닫는 점이 아쉽지만 저렴한 가격과 정겨운 분위기에 한번 더 찾게 되는 여행자들의 사랑방이다.

🍴 그린카레 70바트, 카오소이 팟타이꿍 80바트, 똠얌꿍 피자 150바트, 망고 팬케이크 아트라테 망고찰밥 40바트 📍 타패 게이트에서 라차남을 로드 초입, 블랙 캐년 옆 📍 319 Mun Muang Rd, Amphoe Muang, Chiang Mai 📞+66 53 209 017 🕐 08:00~20:00 MAP p.093-H

1,2 다양한 메뉴를 자랑한다 3 사이롬조이의 인기메뉴 카오소이 4 국수에 고기가 듬뿍 들어 든든하다 5 온통 파란색인 블루숍의 외관

진한 육수가 그리울 땐
블루 숍 Blue Shop

진한 고기 육수가 인상적인 곳으로 라차담느 로드에 자리해 찾기 쉽고 왓파논과도 바로 접해 있어 사원 방문 후 국수 한 그릇 맛보기 좋은 코스다. 메뉴판을 받아들면 다양한 국수 메뉴에 놀란다. 면의 종류와 육수, 고명을 조합해 20가지의 메뉴가 만들어진다. 추천 메뉴는 고기가 들어간 것으로 돼지고기나 소고기 중 어떤 것이든 좋다. 가장 인기가 많은 면발은 센렉SenLek으로 미리 지정하지 않으면 센미SenMee라는 매우 가는 면으로 나오므로 주문 시 고르는 것을 잊지 말자.

🍴 누들스프 위드 비프(작은 것) 50바트, 누들스프 위드 포크스페어립 40바트, 홈메이드 코코넛 아이스크림 30바트 📍 타패 게이트를 등지고 라차담느 로드 도보 6분, 왓파논 후문 앞 📍 99 Ratchapakhinai Rd, Si Phum, Amphoe Muang, Chiang Mai 📞+66 53 281 100 🕐 11:00~19:00 MAP p.093-G

K팝과 함께 즐기는 뷔페
람힘꾸에 뷔페 바비큐
Lum Him Kue Buffet BBQ

쉽게 접할 수 있는 태국식 무카타로 구이와 샤브샤브가 동시에 되는 불판을 숯불 위에 놓고 맛보는 무제한 뷔페. 한글로 장식된 실내와 익숙한 K팝 음악이 정겨운데 맛은 지극히 태국적인 것이 반전 포인트. 1인 뷔페 금액이 159바트인 것에 반해 한국 소주가 1병당 189바트로 소주의 유혹만 이겨낸다면 알찬 고기 메뉴를 저렴하게 맛볼 수 있다.

부위별 돼지고기와 소고기, 곱창, 다진 고기 등의 고기류와 새우와 오징어 등 해산물도 있으며, 샤브샤브의 재료도 우리나라와 중국 등에선 비싼 생 은이버섯과 다양한 채소가 있어 굽고 끓이는 재미가 있다. 불판이 작은 것이 흠이지만 찍어 먹는 소스도 3종류이고 쌈 채소류, 볶음밥, 스프링롤 등이 사이드 메뉴로 준비된다. 게다가 케이크와 아이스크림도 있어 든든한 저녁식사로 충분하다.

🍴 1인 159바트 무제한 바비큐, 맥주 80바트 ┠ 림Rim 호텔 입구를 등지고 왼쪽으로 도보 2분 📍 Arak Lane 7, Pra Singha, Amphoe Muang, Chiang Mai 📞+66 82 392 0066 🕐 16:30~23:30 🌐 www.facebook.com/lumhimkue 📖 p.092-C

오늘은 고기파티 하는 날
파티 뷔페 코리아 바비큐
Party Buffet Korea BBQ

한국식 고깃집이 그리울 때 찾으면 좋다. 1인 189바트(혼자 오면 200바트)면 구이와 샤브샤브를 무제한으로 즐길 수 있다. 보통 태국식 무카타는 숯불 위에 구이와 샤브를 동시에 할 수 있는 판을 주지만 이곳은 한국식으로 버너를 2개 두고 한쪽에는 불판을, 한쪽에는 샤브용 냄비를 놓아 준다. 이곳의 장점은 사이드 메뉴가 매우 다양하다는 점. 피자와 프렌치프라이, 태국 스타일의 새콤한 샐러드인 얌과 족발 튀김, 북부 소시지 등 20종이 넘는 메뉴에 각종 태국 디저트와 과일, 아이스크림까지 셀 수 없다.

🍴 1인 189바트 무제한 바비큐(음료 불포함, 1인 시 200바트), 이스트 콜라 20바트, 창 맥주 70바트 ┠ 창뿌악 게이트 도보 5분 📍 136/5 Th Mani Nopharat, Amphoe Muang, Chiang Mai 📞+66 99 295 6969 🕐 17:00~06:00 📖 p.092-B

6,7 파티 뷔페 코리아 바비큐에서는 구이와 샤브샤브를 각각 요리하며 맛볼 수 있다 8 한국 음악이 흘러나오는 람힘꾸에 뷔페 바비큐 9,10 해산물, 채소, 버섯, 어묵 등 다양한 재료를 뷔페로 이용하는 무카타 식당

커피 트렌드의 모든 것
그래프 Graph

치앙마이에서 가장 작은 카페지만 가장 유명한 카페라고 할 수 있는 그래프. 타패 게이트에서 멀지 않은 여행자 골목 안에 비밀스럽게 자리하고 있다. 겉모습은 커다란 박스 같아서 언뜻 지나쳐버리기 십상이지만 안으로 들어서면 3개의 테이블과 실내의 3분의 1을 차지하는 에스프레소 바가 아늑한 느낌을 준다. 바리스타이자 그래프의 주인인 티Mr. Tee 씨는 치앙마이와 치앙라이에서 생산된 원두를 기본으로 기본 라테부터 시그니처 메뉴인 콜드 브루Cold Brew까지 다양한 메뉴를 선보인다. 콜드 브루는 주문과 동시에 질소 기계에서 시원한 커피를 뽑아주는데 색다른 커피 경험을 선사한다. 에스프레소나 피콜로 라테 같은 따뜻한 커피도 실패하지 않는 스테디셀러. 큰 인기에 힘입어 최근엔 커피와 함께 핸드메이드 파스타, 피자를 취급하는 그래프 테이블Graph Table을 오픈했다.

📱 그래프 넘버 5 150바트, 니트로 콜드 브루 120바트, 콜드 블랙 커피 85바트 |🚶 타패 게이트에서 솜펫 시장 방향으로 4분 정도 도보 후 좌측 라뜨비티 로드Ratvithi Rd로 도보 3분 📍 25/1 Rajvithi Lane 1,T.Sriphoom, Amphoe Muang, Chiang Mai 📞+66 86 567 3330 🕐 09:00~17:00 🌐 www.graphdream. com 🗺 p.093-F

1 그래프는 작은 내부지만 에어컨이 나와 시원하다 2, 3 바리스타가 내려주는 수준급의 커피 4 외관이 작아서 지나치기 쉽다 5 바리스타가 내려주는 퐁가네스 에스프레소의 부드러운 커피 6 앉아 쉬어갈 자리는 긴 벤치가 전부다

완소 커피집
퐁가네스 에스프레소
Ponganes Espresso

손님들이 수다를 떨 편안한 의자도, '코피스족'이 노트북을 놓을 만한 큰 테이블도 없다. 한쪽 벽면엔 'We Are Not Café'라는 문구와 함께 커피를 마시는 잠깐 동안 허락된 긴 의자 하나, 스탠딩 테이블이 전부. 그럼에도 불구하고 이곳만의 신선하고 부드러운 커피 맛을 보고 신선한 원두를 구입하려는 커피 애호가의 발길이 끊이지 않는다. 바리스타가 추천하는 플랫 화이트부터 신선한 드립커피까지 어떤 메뉴를 주문해도 이곳만의 자부심을 함께 맛볼 수 있다.

📱 플랫 화이트 75바트, 롱마키아토 90바트, 아이스 모카 타이 스타일 80바트 |🚶 타패 게이트에서 랏차담는으로 도보 6분 와인 커피가 보이면 타마린 호텔 뒷문 쪽으로 도보 3분 📍 133/5 Ratchapakinai Rd, T. Sriphum, Amphoe Muang, Chiang Mai 📞+66 87 727 2980 🕐 09:30~16:30(수요일 휴무) 🗺 p.093-E

우아한 오후의 티타임
펀 포레스트 카페 Fern Forest Cafe

어디에 앉아도 자동으로 셀카를 찍게 만드는 예쁜 인테리어가 인상적인 곳. 십여 년이상 올드 시티를 대표하는 낭만적인 카페로 자리하고 있다. 수풀로 둘러싸인 입구를 지나면 만나게 되는 넓은 정원에는 커다란 고목 그늘 아래 치앙마이 스타일의 우산과 쿠션이 놓였고 안쪽에 자리한 하얀색 2층 건물은 유럽풍 장식이 눈에 띈다. 특히 한쪽에 피아노가 놓인 실내 좌석은 고급 호텔의 티 살롱에 온 듯 오랫동안 머물고 싶다. 추천 메뉴는 디저트로 매장에서 직접 만든 애플파이와 코코넛 크림 케이크가 인기다. 프렌치토스트 같은 조식 메뉴와 그린커리 Green Curry, 똠카까이 Tom Kha Kai 같은 태국 음식도 비교적 저렴한 가격에 맛볼 수 있으니 눈여겨보자.

🍴 허니 아메리카노 75바트, 코코넛 크림 케이크 95바트, 카오팟꿍 119바트 🚩 왓프라싱 정문을 등지고 왼쪽으로 도보 7분 📍 Singharat Rd, Amphoe Muang, Chiang Mai 📞 +66 53 416 204 🕐 08:30~20:30 🌐 www.facebook.com/FernForestCafe ᴍᴀᴘ p.092-B

> 7,8 치앙마이 카페 호핑 리스트에 새롭게 추가! 바트 커피 9 펀 포레스트 카페는 유럽 스타일의 카페다 10 디저트가 추천 메뉴 11 카페 이름처럼 정원에 마련된 좌석의 분위기가 그만이다

나만 알고 싶은 완소 카페
바트 커피 Bart Coffee

솜펫 마켓 인근 골목에는 저렴한 게스트하우스가 밀집해 있어 작은 숍과 카페가 함께 자리한다. 바트 커피는 솜펫 마켓에 최근 오픈한 카페들 중에서 단번에 입소문을 탄 곳이다. 작은 집 한 채를 카페로 사용하는데 바리스타가 간신히 몸을 움직일 공간에 의자도 몇 개 없지만 아침부터 여행자들의 발길이 끊이지 않는다. 카페 라테, 카푸치노 등은 우유 대신 소이밀크로 변경 가능하다. 인기에 힘입어 치앙마이 대학교 남문 근처에 업 애비뉴 Up Avenue라는 모던한 스타일의 분점을 오픈했다.

🍴 아메리카노 65바트, 카페 라테 70바트, 카페 모카 70바트 🚩 솜펫 마켓에서 올드 시티 안쪽으로 도보 3분 📍 51 Moon Muang Rd Lane 6, Tambon Si Phum, Amphoe Mueang, Chiang Mai 📞 +66 99 049 4688 🕐 08:00~17:00 🌐 www.facebook.com/pages/Bartcoffee/833223796816573 ᴍᴀᴘ p.093-E

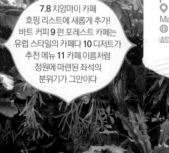

재즈 선율 울려 퍼지는 밤
노스게이트 재즈 코업
The North Gate Jazz Co-Op

문화, 예술적으로 '열린 공간'을 가진 치앙마이에 묘한 시기심을 느끼는 순간은 창푸악 게이트 바로 앞에 위치한 허름한 재즈 바에 들어설 때다. 뮤지션과 연주자들에게 공연의 무대를 제공하려던 이곳의 시작은 미약했다. 하지만 이후 유수의 잡지들로부터 '치앙마이 최고의 바'라는 극찬을 들으며, 2017년 5월 25일부로 10주년을 맞이했다.

재즈 바라고는 하지만 고정 세션이 없고 세계 각국의 뮤지션들이 자유롭게 협연하는 경우도 있기 때문에 음악 장르가 조금씩 바뀌곤 한다. 보통 하루에 두 밴드의 공연이 저녁 9시부터 자정까지 진행된다. 특히 치앙마이에 들르는 뮤지션도 일부러 찾는다는 화요일 밤의 프리 재밍Free Jamming은 작정하고 찾아가볼 만하다.

🍺 맥주 60바트부터 | 🚶 삼왕상에서 북쪽으로 도보 8분, 창푸악 게이트 앞 📍 91/1-2, Si Phum Road, Amphoe Muang, Chiang Mai 📞 +66 81 765 5246 🕐 19:00~00:00 🌐 www.fb.com/northgate.jazzcoop 🗺️ p.093-E

치앙마이 대표 나이트라이프
48 개러지 48 Garage

'48번지에 위치한 차고'라는 이름처럼 바로 개조한 폭스바겐 미니버스가 자리한 곳. 사거리 코너에 자리 잡은 48 개러지 주변에는 조 인 옐로Zoe in Yellow, 아바나 바Havana Bar 등 유명 바들이 있다. 48 개러지에서 한잔하며 흥이 넘치는 분위기를 마냥 즐기기에도 좋고, 행인들에게는 이 바와 손님들 자체가 근사한 볼거리가 된다. 토요일 저녁 9시부터는 DJ의 공연으로 마치 거리의 클럽을 방불케 하니 치앙마이의 밤을 즐기려면 이때 들러볼 것.

🍸 칵테일 80바트부터 | 🚶 타페 게이트에서 왓 치앙만 방면으로 도보 8분. 란나 포크라이프 박물관 뒤편으로 도보 3분 📍 48 Soi Ratvithi, Amphoe Muang, Chiang Mai 📞 +66 81 235 4433 🕐 17:00~01:00 🌐 www.fb.com/48garage.cnx 🗺️ p.093-E

1,2,3 노스게이트 재즈 코업에선 맥주 한 병 손에 들고 자유롭게 재즈를 즐길 수 있다 4,5 합리적인 가격으로 술과 음료를 즐길 수 있는 48 개러지

아날로그 감성 가득
라쿠다 포토 아티산 앤 카페
Rakuda Photo Artisans and Cafe

입구에는 작은 카페, 실내에는 필름 현상소와 필름 관련 제품을 판매하는 숍, 안쪽에는 갤러리가 있어 3가지 매력이 공존한다. 올드 시티에서도 여행자의 발길이 뜸한 한적한 골목에 자리하지만 독특한 치앙마이 기념품 쇼핑과 덤으로 갤러리 구경까지 할 수 있으니 방문해볼 가치가 충분하다. 특히 필름카메라 마니아라면 필수 코스! 카메라용 필름과 액세서리를 판매하는 것은 물론 사진 현상과 스캔 서비스까지 해준다. 기계기 이닌 사림이 직섭 현상해주는 모습을 눈앞에서 볼 수 있어 필름카메라 마니아가 아니라도 독특한 아날로그적인 풍경과 갤러리에서 비정기적으로 열리는 전시를 구경해보자. 영화 촬영장에서나 만날 법한 커다란 필름통과 작은 카메라용 필름 자석, 독특한 사진 엽서가 가득해 하나뿐인 나만의 치앙마이 여행 기념품을 만들 수 있다.

📷 드립 커피 90바트, 카페 라테 60바트, 시그니처 블랙 커피 다크 레몬 85바트
🚩 치앙마이 경찰서에서 왓프라싱 방향 오른쪽 첫째 골목 라차담른 소이 7로 도보 5분
📍 UNG 11/2 Soi 1 Intawarorod Rd, Amphoe Muang, Chiang Mai 📞+66 93 153 0074 🕐 09:00~18:00(토,일요일 ~20:00, 월요일 휴무) 🌐 www.facebook.com/rakudaphotoartisans MAP p.092-B

알록달록 타이 스타일
진저 바이 하우스 숍
Ginger by The House Shop

우리나라에서도 판매되는 진저 브랜드지만 치앙마이에서는 카페와 레스토랑, 큰 쇼룸을 겸한다. 비비드한 컬러와 꽃무늬, 동물을 모티프로 한 화려한 디자인이 특징인 진저 제품은 가방, 키즈, 액세서리 등 다양하다. 멜라민으로 만든 그릇과 주방용품, 컬러감이 뛰어난 아기자기한 식기들이 눈길을 사로잡는다. 작은 멜라민 컵 하나에 80바트 이상, 가방이나 앞치마는 800바트 이상, 핸드메이드 쿠션은 기본 2,000~3,000바트 선이다. 500바트 이상은 신용카드도 사용 가능하다.

📷 컵 80바트부터, 접시 110바트부터, 쇼퍼백 1490바트부터 🚩 타패 게이트에서 북쪽으로 도보 8분, 큰길가에 있다 📍 199 Moonmuang Rd, Sriphum, Amphoe Muang, Chiang Mai 📞+66 53 419 011-3 🕐 10:00~23:00 🌐 www.thehousethailand.com MAP p.093-F

6,7 카페와 레스토랑도 겸한다 8,9,10 입구는 카페 안쪽은 현상소 겸 숍, 맨 안쪽은 갤러리로 구성됐다.

1,2 터머릭에는 선물하기에도 좋은 제품이 많다 3,4 서양의 이발소를 그대로 옮긴 듯한 커틀러 바버숍 5,6 카페를 겸하며 내부에 자유롭게 들어가 쇼핑할 수 있는 암리따 가든

새로운 스파 제품 가게
터머릭 Turmeric

타패 게이트 남쪽에 새롭게 문을 연 천연 스파 제품 매장. 매장 이름처럼 터머릭, 즉 강황을 주재료로 한 제품과 치앙마이에서 천연 스파 제품을 공급하는 체바스트Chevast의 립밤, 비누, 바디용품, 디퓨저를 선보인다. 특히 비누 종류가 다양하며, 매장에서 직접 비누를 만드는 시연도 한다. 특히 매장에서 만든 알록달록한 막대사탕 모양 비누는 여행 선물로도 인기다. 또한 이곳은 당밀과 터머릭을 농축해 만든 몰라세Molassess라는 건강식품도 선보인다. 이곳에선 카드 사용은 불가하다.

🏠 립밤 49바트, 디퓨저 259바트, 비누 50바트부터 ▮ 타패 게이트 앞에서 블랙 캐년을 바라보고 큰길을 따라 왼쪽으로 도보 3분 📍 117/1 Rachamunka Rd, Phrasing, Amphoe Muang, Chiang Mai ⏰ 09:00~22:00 🗺 p.093-H

남성만을 위한 복고풍 이발소
커틀러 바버숍
The Cutler Barber Shop

서양식 레트로 스타일로 꾸민 젊은 감각의 이발소. 모던하고 클래식한 인테리어로 여행자들은 이곳을 예쁜 카페로 착각할 정도. 하지만 커틀러 바버숍이 주목받는 이유는 젊은 헤어 디자이너들의 솜씨에 있다. 헤어스타일은 물론 턱수염까지 자유자재로 스타일링 해준다. 사진으로 구성된 책자에서 원하는 스타일을 고르면 되기 때문에 의사소통에 대한 부담도 적다. 커트 가격도 만 원대로 저렴하다. 작은 타투숍Tatto Shop도 겸하고 있어 여행자들 사이에서 더욱 인기 만점.

🏠 헤어컷 300바트부터, 헤어컷과 면도 500바트 부터 ▮ 왓 프라싱 정문을 등지고 오른쪽 방향 삼란 로드로 도보 7분 📍 95 Samlarn Rd, Tambon Phra Sing, Amphoe Mueang, Chiang Mai 📞 +66 96 393 2488 ⏰ 12:00~20:00 (수요일 휴무) 🌐 www.facebook.com/thecutlerbarber 🗺 p.092-D

숨은 보석을 찾는 재미
암리따 가든 Amrita Garden

엄격한 채식주의를 하는 비건Vegan을 위한 식당과 카페, 게스트하우스, 상점을 겸한다. 수공예품과 가방, 의류, 액세서리들이 인테리어의 일부처럼 전시되었다. 마치 고산족의 의복 같은 원피스는 핸드메이드로 섬세한 장식을 더해 세상에 단 하나뿐인 옷이고 화려한 꽃무늬가 인상적인 쇼퍼백은 태국 쌀자루를 재활용해 만든 친환경 제품이다. 유기농 코코넛 오일이나 천연 소금으로 유명한 히말라야산의 핑크 소금, 천연 재료로 만든 팟타이 소스 등 일반적인 슈퍼에서 찾아보기 어려운 제품이 가득하다.

🏠 흑몽 스타일 의류 800바트부터, 액세서리 100바트부터, 쇼퍼백 600바트부터 ▮ 2/1 soi 5 Samlan Rd, T Phrasing, Amphoe Muang, Chiang Mai 📍 9 Singharach Rd, Amphoe Muang, Chiang Mai 📞 +66 86 053 9342 ⏰ 09:00~20:30(화요일 휴무) 🌐 www.amritagarden.net 🗺 p.092-D

'일요일'이 끼어 있어야 하는 이유
선데이 워킹 스트리트 마켓
Sunday Walking Street Market

치앙마이에 왔다면, 게다가 일요일이 일정에 포함됐다면 반드시 들러야 할 필수 코스. 타패 게이트에서부터 왓프라싱까지 이어지는 약 1㎞의 라차담넌 로드는 일요일 오후 4시부터 워킹 스트리트로 변신해 치앙마이 최대 야시장이 펼쳐진다. 수공예품과 예술작품, 여행 기념품은 물론 의류와 신발, 생활용품까지 다양한 품목이 판매되며 고산족 특유의 장식이 가미된 의류와 액세서리, 인형 등이 여행자들에게 인기다. 가격도 방콕에 비해 지렴한 편이며 대부분 정찰제이지만 많이 구입하면 약간의 흥정도 시도해볼 만하다. 일요일만큼은 나이트 바자가 열리는 메인 로드 양옆으로 자리한 몇몇 사원들이 개방되어 마켓의 일부가 되는 것도 치앙마이만의 매력. 수많은 사람들 틈에서 쇼핑하며 거리 음식도 맛보고 거리 악사의 장단에 흥도 낼 수 있어 필수 코스다.

타패 게이트부터 왓프라싱까지
송태우를 타면 타패 게이트에 내려준다
Rachadamnoen Rd, Amphoe Muang, Chiang Mai 17:00~23:00
MAP p.093-G

> 7 규모는 아담하지만 볼거리는 풍성한 솜펫 마켓 8 각종 먹을거리가 가득하다 9,10,11 수공예품, 예술작품, 각종 잡화와 의류까지 살거리가 풍성한 선데이 마켓 곳곳에서 파는 간식을 맛보며 구경하기에 좋다

작지만 알찬 재래시장
솜펫 마켓 Somphet Market

타패 게이트에서 가장 쉽게 접근할 수 있는 재래시장으로 현지인들의 삶을 엿볼 수 있다. 신선한 과일과 채소, 생선 등 다양한 식료품을 주로 판매하며 옷과 생활용품, 간단한 요깃거리도 있어 종일 현지인과 여행자로 북적인다. 아침에 가장 활기를 띄는데 장을 보러 나온 현지인들과 인근 쿠킹 스쿨에서 수업 전 요리 재료를 구입하는 여행자까지 가세하기 때문. 특히 음식을 사랑하는 여행자에게 솜펫 시장은 작은 오아시스와도 같다. 태국에서만 만날 수 있는 식재료와 먹거리를 구경하는 것만으로도 재미나고 과일 가게에서는 망고, 파파야 등을 먹기 좋게 잘라 판매한다.

타패 게이트에서 북쪽으로 도보 6분
Soi 6 Moon Muang Rd, Amphoe Muang, Chiang Mai 06:00~20:00(상점별로 다름)
MAP p.093-F

흥겨움이 넘치는 토요일 밤
토요 워킹 스트리트 마켓
Saturday Walking Street Market

토요 마켓이 열리는 우아라이|Wua Lai는 평소에는 은을 취급하는 가게들이 모여 있는 작은 골목이다. 하지만 토요일 오후가 되면 치앙마이 게이트부터 우아라이 끝까지 1km의 거리가 거대한 야시장으로 변신한다. 우아라이 거리의 특성상 품질 좋은 은제품과 수공예 제품을 만나볼 수 있는 것이 토요 마켓의 특징. 다양한 수공예품과 기념품, 의류와 함께 저렴한 가격에 좋은 품질의 실버 액세서리를 득템할 수 있는 기회다. 각종 먹을거리와 노점 마사지 가게가 열려 쇼핑하며 쉬어갈 수도 있고 거리의 악사들도 빠지지 않아 흥겨움까지 선데이 마켓에 뒤지지 않는다. 쇼핑 후 보다 푸짐한 야식을 맛보고 싶다면 토요 마켓의 입구 근처 치앙마이 게이트 시장의 야외 노점을 공략해도 좋다. 매일 열리는 먹거리 노점이지만 토요일이 되면 더욱 풍성하게 펼쳐진다. 각종 태국음식과 시장에서 공수된 신선한 과일까지 맛볼 수 있다.

1 란나 스타일의 기념품이 많다 2 빼놓을 수 없는 거리의 악사 3 선데이 마켓만큼 많은 사람이 방문한다 4,5 일본 내 온라인몰에서 판매될 정도로 일본인의 사랑을 받고 있는 킥

🏴 왓체디루앙에서 남쪽으로 도보 12분, 치앙마이 게이트 마켓 건너편부터 시작된다
📍 Wualai Rd, Amphoe Muang, Chiang Mai ⏰ 17:00~23:00 MAP p.093–G

소장 욕구 부르는 핸드메이드 천국
킥 KIK(kick)

토요 워킹 스트리트 마켓이 열리는 우아라이|Wua Lai 로드 초입에 자리한 핸드메이드 소품 가게. 간판도 입구도 작아 지나쳐 버릴 수 있는 곳이지만, 일본 여행자들 사이에선 단연 인기다. 내부를 가득 매운 가방과 스카프, 옷, 파우치 등을 더 돋보이게 하는 건 한 땀 한 땀 수놓은 자수 장식. 대부분 천연 염색한 천으로 제작되었고, 디자인 또한 실용적이다. 정성이 가득 들어간 제품이다 보니 가격대는 300~500바트 이상으로 높은 편이다. 카드 결제는 불가하다.

🏷 파우치 100바트부터, 가방 300바트부터, 원피스 600바트부터 🏴 치앙마이 게이트 마켓에서 우아라이 로드 방향으로 도보 3분 📍 Wua Lai Rd. Amphoe Mueang, Chiang Mai 📞 +66 89 268 7422 ⏰ 월~금 09:00~15:00, 토 14:00~23:00 📘 facebook.com/kikcolor MAP p.092–G 지도 밖

치앙마이 재래시장에서 샀어요!

치앙마이 재래시장은 인테리어의 영감으로 빛나는 최고의 쇼핑 플레이스이다.

추천 재래시장 ♥ 치앙마이 게이트 시장 Chiang Mai Gate Market

▎= 올드 시티 맨 남쪽에 자리한다. 타패 게이트에서 도보 15분 이상 ♀ Cnr Bumrung Buri Rd and Phra Pokklao Rd, Amphoe Muang, Chiang Mai ⊙ 06:00~22:00(상점별로 다름) Map p.093-G

봉지 우유_ 치앙마이에서 만나서 더욱 반가운 봉지 우유. 신선한 우유에 딸기, 파인애플, 리치 등 열대의 달콤함을 담았다. ■ 치앙마이 게이트 마켓 ● 1봉지 7바트

노트_ 시간을 거스른 듯 조금은 촌스러운 표지이지만 왠지 정이 가는 독특한 기념품으로 가격 대비 가장 마음에 드는 아이템이다. ■ 똔람야이 마켓 ● 15바트

대나무 부채_ 여행 중 사용하기 위해 구입했으나 집에 가져와서는 인테리어 소품으로 사용하고 있다. ■ 치앙마이 게이트 마켓 ● 20바트

셀라돈 종지_ 스파숍에서 소금을 담아둔 모습에 혹해 시장에서 보자마자 구입. 집에서는 작은 종지로 사용하기에 좋다. ■ 와로롯 마켓 ● 1개 20바트

돼지 껍질 튀김_ 태국인들도 치앙마이 여행 후엔 양손 가득 기념품으로 장만하는 치앙마이표 돼지 껍질 튀김. 안주로 딱이다. ■ 와로롯 마켓 ● 30바트

동물 인형_ 고산족의 솜씨가 가득한 핸드메이드 인형. 화려한 장식과 다양한 동물 모양이 시내 중심에는 많지 않아 더욱 귀한 아이템이다. ■ 흐몽 마켓 ● 1개 50바트

면 바지_ 잠옷으로도 좋고 여행 중 아무 생각 없이 입기에도 좋은 화려한 태국 무늬 바지. 보들보들한 면이 선물용으로도 좋다. ■ 솜펫 마켓 ● 1개 100바트

자수 가방_ 화려한 자수가 놓인 작은 가방은 여행 중 작은 소품을 넣기에도 좋고 파우치로도 유용하다. ■ 흐몽 마켓 ● 100바트

태국식 도시락_ 색도 무늬도 다양해 몽땅 사 모으고 싶은 태국식 도시락. 부피는 크지만 깨지지 않아 집까지 모셔오기에도 좋다. ■ 와로롯 마켓 ● 1개 200바트

타마린드 그늘 아래 힐링 타임
타마린드 빌리지 스파
Tamarind Village Spa

올드 시티 중심에 위치한 고급 부티크 호텔 타마린드 빌리지에서 운영하는 스파로 란나 스타일과 함께 독특한 스파 경험을 원한다면 이곳이 제격이다. 오리엔탈 분위기가 물씬한 호텔에서 가장 조용한 안뜰 깊숙이 자리해 리셉션부터 6개의 개별 스파룸 모두 앤티크한 란나 스타일로 장식되어 있다. 이곳의 시그니처 프로그램은 여러 테크닉을 결합한 것으로 특히 똑센 Tok Sen이라는 나무 도구를 이용한 기술을 선보인다. 일반 타이 마사지나 오일 마사지도 가능하며 특이하게도 5세 이상의 아동을 위한 오일 마사지도 마련되어 있다. 호텔에 자리한 스파인 만큼 외부보다는 금액대가 높지만 마사지가 아닌 스파 경험으로 추천할 만하다. 반드시 예약을 권장하며, 스파 후에는 호텔 내부의 레스토랑을 이용해도 좋다.

📷 란나 이그조틱 마사지Lanna Exotic Massage 2,000바트, 타마린드 팸퍼링 3시간 Tamarind Pampering 4,200바트, 빌리지 시그니처Village Signature 1시간 30분 3,200바트(세금 별도) |🚩 타패 게이트에서 라차담는 로드 안쪽으로 도보 6분, 타마린드 빌리지 호텔 내 📍 50/1 Rajdamnoen Rd, Tambon Sri Phum, Amphoe Muang, Chiang Mai 📞 +66 53 418 896 🕐 10:00~22:00 🌐 www.tamarindvillage.com/the-village-spa.php 🗺 p.093-G

1,2,3 분위기, 서비스, 시설까지 고급 호텔 스파의 수준을 만끽할 수 있다
4 복잡한 바깥 올드 시티를 상상할 수 없을 정도로 평온한 내부의 분위기
5,6 여성 재소자들의 사회적 자립을 돕는 마사지 숍인 릴라 타이 마사지

올드 시티 어디서나 부담 없이
릴라 타이 마사지 Lila Thai Massage

치앙마이 여자 교도소에 재직했던 주인이 여성 재소자들의 사회적 자립을 돕기 위해 만든 곳으로 대부분의 마사지사들이 재소자 출신이다. 작은 숍으로 시작했지만 좋은 창업 모토와 함께 솜씨 좋은 마사지를 저렴한 가격에 경험할 수 있어 현재 총 6개의 지점을 둔 중견 체인으로 성장했다. 이곳의 시그니처는 전신을 나눠서 관리하는 릴라 타이 컴플리트 마사지Lila Thai Complete Massage와 애프터 트레킹 마사지After Trekking Massage로 주로 근육 이완에 집중한다.

📷 릴라 타이 컴플리트 마사지 2시간 550바트, 애프터 트레킹 마사지 1시간 45분 500바트, 풋, 타이 마사지 1시간 200바트 |🚩 프라싱을 등지고 라차담는 로드로 도보 3분 📍 프라싱 Phra Singh 지점 98/3 Rathchadamnoen Rd, Sri Phum Amphoe Muang, Chiang Mai 📞 +66 53 289 557 🕐 10:00~22:00 🌐 www.chiangmaithaimassage.com 🗺 p.092-D

합리적 가격의 수준급 스파
렛츠 릴렉스 스파 타패
Let's Relax Spa Thapae

방콕과 파타야 등 태국 전역에 체인을 둔 시암 웰니스 그룹Siam Wellness Group의 인기 스파로 치앙마이에서는 시내 중심 나이트 바자에 이은 두 번째 지점이다. 타패 지점은 주변 주요 관광지로 도보 이동이 가능하고 일요일이면 매장 바로 앞에 야시장이 열리는 등 위치적 장점이 돋보인다. 1층에는 스파에서 사용하는 제품을 판매하는 블루밍 숍과 리셉션, 레스토랑 D 비스트로가 자리하며 2층부터 프로그램 종류에 따른 트리트먼트룸이 마련되어 있다. 모던하면서도 편안한 분위기에 천연 제품을 이용하며 간단한 타이 마사지부터 3시간 이상의 복합적인 패키지 모두 합리적인 가격대라 더욱 좋다. 인기가 많기 때문에 예약하는 것이 좋고 홈페이지에서 예약할 경우 별도의 할인이 된다.

🛏 타이 마사지 1시간 500바트, 아로마 테라피 오일 마사지 1시간 1,200바트, 블루밍 라이프 3시간 패키지 3,400바트 🚩 프라싱을 등지고 라차담노은 로드로 도보 3분 📍97/2-5 Rachadamnoen Rd, T.Phra Singh, Amphoe Muang, Chiang Mai 📞+66 52 087 335, +66 52 087 336 🕐10:00~00:00 🌐 www.letsrelaxspa.com/ChiangMai/thapae 🗺 p.093-G

고급 스파의 정석
오아시스 란나 Oasis Lanna

태국 전역에 고급 스파를 운영하는 오아시스 스파는 치앙마이에서 시작됐다. 타이 허브와 숙련된 스파 기술을 조합해 전통과 현대를 조화롭게 해석한 스파를 선보이는데 2003년에 시작되어 10여 년이 지난 지금 태국을 대표하는 스파 체인으로 자리 잡았다. 치앙마이에서는 총 4개의 지점에서 만나볼 수 있는데 그중 님만해민과 올드 시티에 자리한 란나 지점의 위치가 편하다. 치앙마이 시내에서는 무료 픽업 서비스가 가능하고 홈페이지를 통해 미리 예약할 경우 프로모션을 적용받을 수 있다.

🛏 타이 허벌 컴프레스1,200바트, 오아시스 포 핸드 마사지 2,500바트 🚩 왓프라싱에서 남쪽으로 도보 5분 📍4 Samlan Rd, Prasing, Amphoe Muang, Chiang Mai 📞+66 53 920 111 🕐10:00~22:00 🌐www.oasisspa.net 🗺 p.092-D

7,8 치앙마이에서 시작된 태국의 대표적인 부티크 스파, 오아시스 란나
9,10,11 2015년 9월에 문을 연 렛츠 릴렉스의 타패 지점

올드 시티

© 김선화

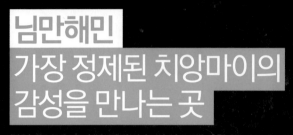

님만해민
가장 정제된 치앙마이의
감성을 만나는 곳

치앙마이에서 가장 세련되고 가장 트렌디한 동네를 꼽으라면 누구나
만장일치로 "님만해민"이라 답할 것이다. 골목골목 근사한 카페가
숨어 있고 부티크 호텔도 레스토랑도 혼자 튀는 법 없이 이 동네의
분위기와 잘 어울리게 제 자리를 지키고 있다는 것도 '사랑스러운
님만해민'을 만드는 요소다. 카페놀이와 소소한 일상에서의 특별한
어떤 것을 찾는 여행자라면, 님만해민에서 더 많은 시간을 보내보길.

Nimmanhaemin
Access

공항에서 님만해민으로

송태우나 뚝뚝을 이용할 수도 있지만 치앙마이가 초행이고
짐이 있다면 입국 층 출구에 마련된 택시 카운터에서 행선지를
밝히고 택시를 이용할 것.
님만해민 ↔ 공항 / 택시 200바트

송태우와 뚝뚝 타고 님만해민으로

송태우를 타면 20~40바트, 뚝뚝은 60~100바트에 갈 수 있다.
님만해민 ↔ 치앙마이 대학교 / 송태우 20바트, 뚝뚝 60바트
님만해민 ↔ 올드 시티 / 송태우 20바트, 뚝뚝 60바트
님만해민 ↔ 왓수안독 / 송태우 20바트, 뚝뚝 60바트

도보로 님만해민으로

더위가 기승을 부리는 건기가 아니라면 도보나 자전거로
움직일 수 있다.
님만해민 ↔ 치앙마이 대학교 / 도보 20분
님만해민 ↔ 올드 시티 / 도보 20분
님만해민 ↔ 왓수안독 / 도보 30분

Nimmanhaemin

깟린캄 나이트 바자
Kat Rin Kham Night Bazaar

님만 힐
Nimman Hill

아시아 북스
Asia Books

마야 라이프스타일 쇼핑센터
Maya Lifestyle Shopping Center

푸드 란나
Food Lanna

미스트 마야
Myst Maya

고푸엑 고덤
Gopuek Godum

CMU 커피 바이 커피맨
CMU Coffee by Coffee Man

치앙마이 대학교
Chiang Mai University

싱크 파크
Think Park

로컬 카페
Local Cafe

플레이웍스
Playworks

유 님만 치앙마이
U Nimman Chiang Mai

까사마 셀라돈 팩토리 아웃렛
Kasama Celadon Factory Outlet

베드가즘 카페
Bedgasm Cafe

란 라오
Ran Lao

리스트레또
Ristr8to Coffee Chiang Mai

북 스미스
The Book Smith

구 퓨전 로티 앤 티
Guu Fusion Roti & Tea

이띰꼿끄링
Itim Kodkring

원 님만
One Nimman

러스틱 앤 블루
Rustic and Blue

무브 업
Move Up

몽놈솟
Mont Nom Sod

바리스트로
The Baristro

줏줏
Zood Zood

페레라
Ferera

시아 피시 누들
Sia Fish Noodle

바미 숩 크라둑
Bahmi Sub Kraduk

똥뗌또
Tong Tem Toh

망고 탱고
Mango Tango

아르텔 님만
The Artel Nimman

비어랩
Beer Lab

샐러드 콘셉트
The Salad Concept

웜 업 카페
Warm Up Cafe

투 겔스 앤 더 픽 부티크 호스텔
Two Gals And The Pig Boutique Hostel

자리트 님만
Jaritt Nymmanh

쿤모 퀴진
Khun Mor Cuisine

갤러리 시스케이프
Gallery Seescape

아이베리 가든
iberry Garden

SS 1254372

호텔 야이
Hotel Yayee

루프탑 바
The Rooftop Bar

한퉁 치앙마이
Hanthung Chiang Mai

카페 네이처
Cafe Nature

님만 타이 쿠킹 스쿨
Nimman Thai Cooking School

로열 프로젝트 숍
Royal Project Shop

치앙마이 대학교 예술 센터
Chiang Mai University Art Center

아로이 줌잽
Aroi Zoomzap

121

2 Chiang Rai Rd

Nimmanahaeminda Rd

Nimmana Haeminda Rd Lane 17

Nimmanahaeminda Rd

Sai 25 Rd

Sai 23 Rd

Sai 24 Rd

A

B

사원
볼거리
레스토랑
바
카페
디저트숍
쇼핑
숙박

● 장소표시
● 일반장소

200m

Taeparak Rd

Charoensuk Rd

Ratchadamli Rd

Morakot Rd

Sanitluk Rd

재너두 루프탑 펍 앤 레스토랑
Xanadu Rooftop Rub & Restaurant

피요르 오텔
Pyur Otel

옴브라 카페
Ombra Caffe

호언 무안 자이
Huen Muan Jai

카오소이 매사이
Khao Soi Mae Sai

아트 마이 갤러리 호텔
Art Mai Gallery Hotel

리스트레토
Ristr8to Coffee Chiang Mai

노리
Nori

차이요 호텔
Chaiyo Hotel

솔라오
Solao

Sermsuk Rd

Hussadhisawee Rd

아키라 매너
Akyra Manor Chiang Mai

아키라 라이즈 바
Akyra Rise Bar

메탈 스튜디오
Metal Studio

사만탄 호텔
Samantan Hotel

2041

Hussadhisaw

깟수안깨우
Kad Suan Kaew

치빗 치바
Cheevit Cheeva

바질 쿠커리 스쿨
Basil Cookery School

Chiangmai Ram Hospital ●

안찬누들
Anchan Noodle

Sai 12 Rd

Bunrueang Riti Rd

Arak Rd

Arak 2 Alley

Sai 10 Rd

크레이지 누들
Crazy Noodles

Sinharat Rd Lane 3

Sai 8 Rd

Sai 7 Alley

Sai 2 Rd

G

Sai 4 Rd

Sai 4 Rd

H

님 시티 커뮤니티 몰
Nim City Community Mall

Sinharat Rd Lane 2

실전여행 노하우

이호진, 회사원
2015년 9월 8일간 치앙마이-빠이 여행

"

처음 치앙마이 여행을 준비할 때는 교통 때문에
무척 고민이 많았지만 실제 치앙마이에서
송태우 타기는 예상보다 아주 쉬웠답니다.
특히 각종 관광지로 접근이 쉬운 님만해민에서
송태우 타기는 식은 죽 먹기. 탈 때마다 가격을
묻지 말고 멀리 가는 케이스가 아니라면
송태우를 탈 때 무조건 자신 있게 타시고 내릴
땐 20바트를 내세요! 송태우만 잘 활용해도
치앙마이에서 못 갈 데가 하나도 없어요!

"

이진형, 자영업
2015년 8월 6일간 치앙마이 여행

"

님만해민에서 가장 인상적이었던 건
현지인으로부터 추천받았던 '쿤야이 타이 스타일
소시지 노점'이었습니다. 어머니에 이어 지금은
딸이 운영하는 30년도 더 된 노점인데 번호표를
받고 기다릴 정도로 인기라죠. 9가지나 되는 소시지
각각의 맛이 개성도 강하고 단돈 15~20바트라는
말도 안 되는 가격에 누리기에는 황송한
맛이었답니다. 밤이 되면 성황을 이루는 야간
노점도 꼭 체험해보세요!

"

님만해민 Q&A

골목마다 카페, 레스토랑, 숍, 호텔이 옹기종기 모여 있어 여행하기에도 편한 님만해민. 거리 탐험을 하다 외곽으로 나가도 좋다.

Q 교통이 불편하지는 않을까요?

A 결론은 '불편하지 않다'입니다. 공항을 기준으로 보면 타패 게이트 인근이나 님만해민 모두 차로 약 20분 거리로 가깝습니다. 님만해민에서 타패 게이트가 있는 시내 중심까지 차로 15~20분 거리인데 치앙마이 택시라 부르는 송태우로 아침부터 저녁까지 편리하게 이동할 수 있습니다. 단 송태우는 목적지를 우선 말하고 기사가 동의를 해야 하기 때문에 님만해민 방문 후 시내 외곽 호텔로 나가거나 자정 이후에는 이동이 쉽지 않으니 주의가 필요합니다. 님만해민 내부에서는 소이Soi라 부르는 골목이 숫자 표시와 함께 잘 정비되어 있으니 걷거나 송태우 기본 요금 20바트면 쉽게 이동할 수 있습니다.

Q 님만해민에서 꼭 봐야 하는 건 뭔가요?

A 트렌디한 치앙마이의 현주소를 가장 잘 말해주는 소이Soi에서의 골목 탐험을 빼놓을 수 없습니다. 님만해민 중앙로 옆 소이에는 개성 넘치는 카페, 레스토랑, 상점, 뷰티숍이 구석구석 자리하고 있습니다. 치앙마이 최고 커피로 손꼽히는 리스트레토Ristr8to를 시작으로 북부요리 대표 레스토랑 똥뗌또Tong Tem Toh, 치앙마이 시내에서 가장 접근 편리한 최신식 쇼핑몰 마야Maya만으로도 방문할 가치가 있습니다. 또한 멀지 않은 곳에 치앙마이 대학교, 예술가 단지 분위기가 물씬한 펭귄 게토Penguin Ghetto, 동물원과 아쿠아리움, 대표적인 사원인 왓수안독Wat Suan dok 등 볼거리까지 충분합니다.

Q 밤에는 어디에서 놀아야 하죠?

A 비어파티 분위기를 선호한다면 님만해민 중앙로 양 옆에 자리한 야외 맥주집이나 싱크 파크를 추천합니다. 작은 광장에 모여 있는 펍에서 현지 젊은이들과 함께 떠들썩한 분위기를 즐길 수 있습니다. 다양한 태국 맥주를 맛보고 싶다면 비어랩Beer Lab이나 비어 리퍼블릭Beer Republic에서 테이스팅 메뉴를 맛보거나 치앙마이식 '가맥'을 즐길 수 있는 깜라이Kamrai 숍도 좋습니다. 조용히 담소를 나누고 싶다면 님만해민 곳곳의 루프탑 바를 추천합니다. 이자카야 노리나 호텔 야이의 루프탑 바, 마야 쇼핑몰 옥상 바도 야경을 즐기기 좋습니다. 참고로 마야 쇼핑몰 5층에 있는 CAMP 카페는 24시간 오픈합니다.

Q 님만해민의 물가가 비싸진 않나요?

A 저렴한 노점 가격대를 기대하지만 않는다면 님만해민은 비싸지 않은 가격에 맛과 분위기까지 만족스러운 곳입니다. 겉모습이 세련되어 자칫 비싸 보이는 곳이 많지만 매장 밖에 비치된 가격표를 보면 다른 곳과 큰 차이가 없음을 느낄 수 있습니다. 물론 최근 들어서는 호텔 레스토랑이나 일식과 같이 태국음식이 아닌 메뉴를 취급하는 곳들은 별도의 세금을 받거나 조금 비싼 가격대를 형성하고 있습니다. 하지만 님만해민에 자리한 곳들은 대부분 가격 대비 훌륭한 음식과 커피를 개성 넘치는 분위기에서 맛볼 수 있어 가성비가 뛰어난 동네로 손꼽힙니다.

님만해민
여행 플랜

님만해민을 가장
효율적으로 돌아보고
예술적이고 세련된
치앙마이의 매력을 가득
품을 수 있는 4시간,
하루 그리고 1박 2일
코스.

4시간 오전 코스

러스틱 앤 블루에서
브런치 **10:00**

3min.

님만해민 골목 산책 및
11:30 리스트레토에서 티타임

5min.

쿤모 퀴진에서
점심식사 **12:30**

* 소요시간은 도보 이동 기준

4시간 오후 코스

17:00 마야 쇼핑몰 방문,
쇼핑 즐기기

3min.

로컬 카페에서
건강하게 한끼 **18:00**

3min.

19:00 싱크 파크 앞 야시장
구경 & 쇼핑

5min.

 님만해민의 테라스 바에서
시원한 맥주 한잔 **20:00**

하루 코스

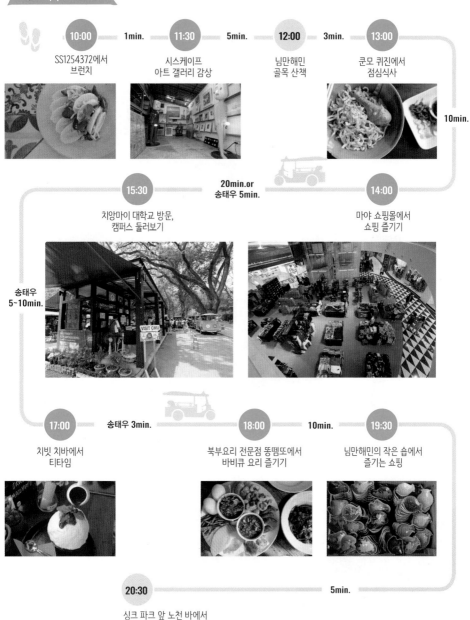

10:00
SS1254372에서
브런치

1min.

11:30
시스케이프
아트 갤러리 감상

5min.

12:00
님만해민
골목 산책

3min.

13:00
쿤모 퀴진에서
점심식사

10min.

15:30
치앙마이 대학교 방문,
캠퍼스 둘러보기

20min.or
송태우 5min.

14:00
마야 쇼핑몰에서
쇼핑 즐기기

송태우
5~10min.

17:00
치빗 치바에서
티타임

송태우 3min.

18:00
북부요리 전문점 똥뗌또에서
바비큐 요리 즐기기

10min.

19:30
님만해민의 작은 숍에서
즐기는 쇼핑

20:30
싱크 파크 앞 노천 바에서
맥주 한잔

5min.

Nimmanhaemin

사뿐사뿐 님만해민 산책과 카페 탐험

13:00
님만해민 부티크 호텔에 체크인

5min.

13:30
북부요리 전문점 똥뗌또에서 점심

5min.

14:30
님만해민 골목 산책

5min.

17:00
마야 쇼핑몰 방문

10min.

16:00
시스케이프 아트 갤러리 감상

3min.

15:00
바리스트로에서 티타임

3min.

20:00
쇼핑몰 안 란나 푸드 푸드코트에서 저녁식사

5min.

21:00
싱크 파크 앞 노천 바에서 맥주 한잔

1박 2일 코스 / Day 2

님만해민 인근 지역까지
다녀오기

09:00
호텔 조식

20min.or
송태우10min.

14:00
왓우몽
관람

송태우 10min.

12:00
크레이지 누들에서
가벼운 점심식사

송태우 10min.

10:30
치앙마이 대학교 방문,
캠퍼스 둘러보기

15min.

15:30
반깡왓
구경

3min.

16:30
반깡왓에서
티타임

송태우15min.

17:00
다음 목적지로

태국 북부 최고의 대학
치앙마이 대학교 Chiang Mai University

1964년에 설립된 북부 최초의 종합대학교로 지금은 태국 북부를 대표하는 대학교로 알려져 있다. 총 4개의 캠퍼스를 가지고 있으며 님만해민과 도이수텝 사이 수안삭Suan Sak이 본 교정이다. 치앙마이 예술과 커피의 산실과도 같은 치앙마이 대학교가 그 자체로 부각된 것은 중국 영화 〈로스트 인 타일랜드〉 때문. 영화 속에 등장한 캠퍼스를 직접 보려는 중국 여행자 사이에서는 치앙마이 대학교가 방문지의 1순위로 꼽힌다. 폭발적인 중국 관광객의 방문 때문에 현재 모든 여행자는 정문에 위치한 센터에서 투어 등록 후 정식으로 내부를 둘러봐야 한다. 트램을 타고 진행되는 투어는 30분가량 진행되며 영어와 중국어로 각 건물에 대한 간략한 소개를 해준다. 투어의 하이라이트는 앙깨우Angkaew 호수에서 약 15분간 정차하는 시간. 호수 앞에는 유명 카페 커피맨Coffee Man도 자리해 커피 한잔 들고 호수를 배경으로 기념사진을 남기는 것이 필수 코스. 방문자 센터 앞에도 커피맨과 동일한 원두를 쓰는 카페가 자리하는데 대학교의 이름을 딴 'CMU 커피'를 맛볼 수 있다.

🚋 방문자 트램 투어 성인 50바트, 아동 20바트 📍 239 Huay Kaew Rd, Amphoe Muang, Chiang Mai ⏰ 08:00~19:00 📞 +66 53 941 300 🌐 www.cmu.ac.th 🗺️ p.022-A, p.130-A

치앙마이 예술의 바로미터
치앙마이 대학교 예술 센터 Chiang Mai University Art Center

치앙마이 대학교에서 운영하는 부속 기관으로 치앙마이의 예술 트렌드를 엿볼 수 있다. 외부인도 관람이 가능한 예술 센터로 다양한 목적으로 사용되는데 그중 미술관이 눈에 띈다.

상설 전시되는 예술 작품은 없지만 본관 홀에는 태국 현대 미술을 비롯한 여러 나라의 예술 작품을 전시하는데 한국, 중국, 대만 등 다른 나라의 예술까지 아우른다. 순수 미술부터 설치 미술, 공예품 전시까지 범위도 다양하다. 전시와 관련된 내용은 예술 센터 홈페이지나 페이스북을 통해 확인 가능하며 대부분 전시는 무료. 학생과 치앙마이 사람들의 커뮤니티로도 활용되는데 소강당과 예술 센터 앞마당에서는 콘서트, 음악 페스티벌, 영화 상영, 플리 마켓도 열린다.

📷 무료 🚶 님만해민 끝자락, 소이 17에서 남쪽으로 도보 10분, 큰길가에 위치 📍 239 Huay Kaew Rd, Amphoe Muang, Chiang Mai ⏰ 09:00~17:00(월요일 휴무) 📞 +66 53 941 300 🌐 www.finearts.cmu.ac.th 🗺️ p.130-C

1 치앙마이 대학교 방문자 센터에는 다양한 기념품을 판다 2 투어 트램은 캠퍼스 안 앙깨우 호수에서 15분간 정차한다 3 커피맨에서 운영하는 CMU 커피도 이용해보자 4,5 치앙마이 대학교 예술 센터는 다양한 전시로 예술적인 감성을 느끼기 좋다

6,7,8 갤러리를 겸하고 있어 내부를 꼭 둘러봐야 한다 9 베스토 보이 시리즈 중 하나로 갤러리 숍에서도 판매되는 제품이다

치앙마이에 감성과 활력을 불어넣다
갤러리 시스케이프 Gallery Seescape

님만해민을 걷다 보면 마치 우주선을 연상케 하는 나지막하고 몹시 튀는 하얀색 건축물을 발견하게 된다. 신기한 조형물과 원형 창문 안으로 보이는 근사한 카페 공간, 흰색의 건물과 초록 잎이 만드는 싱그러운 분위기가 갤러리 시스케이프의 첫인상이다. 치앙마이 대학교 출신의 아티스트 똘랍 헌Torlarp Hern이 본인은 물론이고 예술가 친구들을 위해 마련한 독창적인 갤러리로 2016년에 7주년을 맞이한 님만해민의 터줏대감이다. 현재 치앙마이뿐 아니라 태국 전역에서 가장 활발한 활동을 벌이는 대표적인 예술가 중 하나인 똘랍 헌은 예술의 기운이 넘실대는 치앙마이 님만해민에 작업 공간은 물론이고 시스케이프 갤러리, 카페, 갤러리 숍, 부티크 호텔까지 운영하며 치앙마이라는 도시에 현대적이고 독창적인 감성과 활기를 불어넣는다. 사전 정보 없이 이곳에 들렀다면 호기심을 자극하는 개성 넘치는 외관에 끌리는 것이 그 시작일 테지만 일단 발을 들여놓으면 공간마다 다르게 진행되는 전시와 창의성이 고스란히 묻어나는 크고 작은 예술작품을 구경하는 재미에 시간 가는 줄 모르고 머무르게 된다. 똘랍 헌의 대표작인 베스토 보이Bestto Boy 시리즈를 다채로운 크기와 색상, 포즈로 만나는 것은 물론 인터내셔널 아티스트를 비롯해 치앙마이 예술가들의 각종 실험적인 예술 작품을 두루 만날 수 있으니 꼭 들러볼 것.

🏛 무료 📍님만해민 소이 17 📍22/1 Nimmanhemin Soi 17, Amphoe Muang, Chiang Mai 🕐11:00~23:00 📞+66 93 831 9394 🌐www.fb.com/galleryseescape MAP p.130-D

1.2 웅장한 입구만큼 큰 부지를 가지고 있다 3 코알라관이 특히 인기 4 아쿠아리움 앞 물고기 밥 주기 체험

가족 여행자의 인기 코스!
치앙마이 동물원 & 아쿠아리움
Chiang Mai Zoo& Aquarium

님만해민에서 송태우로 10분 거리에 위치한 동물원과 아쿠아리움. 1974년에 세워진 동물원은 도이수텝 인근의 작은 산 하나를 통째로 동물원으로 꾸몄는데 곳곳에 볼거리, 즐길거리가 다양하다. 동물원은 걷기보다는 입구에서 출발하는 셔틀버스를 이용하는 것이 좋다. 중국에서 장기 임대한 판다 가족부터 백호, 코알라, 펭귄, 오랑우탄 등 동물의 종류가 다양하며 모두 자연 서식지와 비슷한 환경을 조성했다. 태국 염소, 코끼리는 먹이 주기 체험도 가능해 치앙마이 가족 방문자들에게 인기가 높다. 아쿠아리움의 경우 규모가 작은 편이라 동물원만 둘러봐도 무방하다. 판다 전시관 옆에는 겨울 날씨를 체험해볼 수 있는 스노돔Snow Dome이 자리하는데, 추가 금액을 내고 태국에는 없는 추운 겨울을 체험하며 방한복을 빌려 입고 눈썰매를 타거나 기념사진을 남기는 태국 사람들의 모습이 이색적이다. 동물원 곳곳에 꾸준히 식목 작업을 진행해 자연 속 동물원을 만나는 느낌이며 북부에서만 자라는 희귀식물도 보존 중이라 작은 식물원 역할도 겸한다.

🏛 동물원 어른 150바트, 아동 70바트, 동물원+아쿠아리움 어른 520바트, 아동 390바트, 셔틀버스 어른 30바트, 아동 20바트 ♀ 100 Huay Kaew Rd, Amphoe Muang, Chiang Mai ⏱ 08:00~18:00 📞 +66 53 221 179 🌐 www.ChiangMaiZoo.com 🗺 p.022-A

님만해민
플러스 01

○ 님만해민

송태우 10분

○ 왓람뺑

도보 3분

○ 반깡왓

도보 10분

○ 페이퍼 스푼

도보 10분

○ 왓우몽

도보 30분 or
송태우 10분

○ 님만해민 or CMU

님만해민에서 도보로는
30분 이상, 송태우로는
10분가량이 소요되는
다소 먼 거리지만 후회
없이 알찬 하루를
책임지는 추천 여행 코스!

왓람뺑부터 왓우몽까지 하루 도보 여행

고요한 명상의 사원
왓람뺑 Wat Ram Poeng

멩라이 왕조의 9번째 왕인 띨로까랏Tilokaraj 왕에게는 따오 스리 분릉Tao Sri Boonroeng
이라는 아들이 있었다. 띨로까랏 왕은 가장 편애했던 애첩의 이간질로 그의 아들을 치
앙라이로 보냈다. 욧 치앙라이Yod Chiang Rai라는 아들을 낳고 치앙라이를 통치하던 따
오 스리 분릉은 아버지의 애첩에게 끊임없이 모략을 당하다 아버지가 보낸 자객에게
죽임을 당했고 훗날 욧 치앙라이는 할아버지의 뒤를 이어 치앙마이의 왕이 되었다. 그
는 가족을 망가뜨린 원흉을 찾아냈고 그들에게 사형을 선고했다. 란나의 수많은 승려
들이 그 무시무시한 '피바람'에 우려를 표하던 그 무렵, 한 승려가 욧 치앙라이 왕에게
현재 왓람뺑이 위치한 도이캄 사원의 아랫자락에 묘한 빛이 새어나오는데 중요한 유물
이 숨어 있을 거라 이야기했다. 그 후 왕은 유물을 찾았고 그 유물을 탑에 안치하며 왓
람뺑을 세웠다. 실제 왓람뺑은 이런 구구절절한 사연보다 40년 전 수도승 프라 아잔
수빤Phra Ajahn Supan이 이곳에 오면서부터 명상 센터로 이름이 알려졌다. 실제 사원에
서는 하얀 도복을 입고 명상에 잠긴 태국 사람들과 서양인이 조용한 사원에서 수련하
는 모습을 볼 수 있다.

○ Wat Ram Poeng(Tapotaram), Amphoe Muang, Chiang Mai ☎+66 53 278 620
Map p.022-C

Editor´s Tip+

01 님만해민이나 치앙마이 대학교에서
송태우를 탈 때 왓람뺑 앞으로 가는 것이
수월하다
02 거리가 멀지 않으므로 오토바이를 타고
이 지역 일대를 구경하는 것도 좋은 방법
03 도보로 이동 시 인도가 제대로 갖춰지지
않아 특별히 유의할 것
04 왓우몽에서 뚝뚝이나 송태우를 타기
어렵다면 치앙마이 대학교까지 도보로
이동하는 방법도 있다. 걷다 지치면 중간
중간 예쁜 카페에 들러 더위를 식히자
05 교통편에 어려움이 생길 수 있으니 오후
6시 이전 방문을 추천한다

감성이 충전되는 예술가 마을
반깡왓 Baan Kang Wat

'사원 앞의 집'이라는 뜻의 반깡왓은 태국 사람, 해외에서 온 여행자 할 것 없이 요즘 치앙마이에서 가장 핫한 나들이 장소로 손꼽힌다. 2014년에 태국 아티스트인 나따웃 룩쁘라싯Nattawut Ruckprasit이 주도해 만든 예술인 공동체 마을. 마을 안에는 10여 개의 갤러리, 카페, 식당, 게스트하우스, 수공예 숍이 개성을 반짝인다. 저마다의 색이 분명한 마을 안에서 식사도 하고 커피도 마시고 소소한 쇼핑을 즐기며 치앙마이만의 소박하고 단정한 감성을 만끽하기에 이보다 더 좋은 곳이 없다.

📍 191-197 Soi Wat Umong, T. Suthep, Amphoe Muang, Chiang Mai 📞+66 95 691 0888 MAP p.022-C

조용한 카페에서 티타임
페이퍼 스푼 Paper Spoon

반깡왓에서 도보로 10분. 크고 운치 있는 정원을 가진 페이퍼 스푼 역시 친구들이 이룬 작은 공동체 마을. 카페 겸 수공예품 부티크인 페이퍼 스푼을 비롯해 톡톡한 면으로 만든 의류와 가방 등을 판매하는 진 타나JYN TANA. 유아용품을 직접 만들어 판매하는 핸드 룸Hand Room, 수공예 잡화점인 커뮤니스타Communista까지 구경하는 재미로 가득한 공간이다. 반깡왓까지 시간을 내어 갔다면 보다 소담스러운 분위기의 페이퍼 스푼을 놓치지 말 것.

📍 36/14 Moo 10 Wat Umong, Wat Ram Poeng, Amphoe Muang, Chiang Mai 📞+66 850 416 844 MAP p.022-C

40바트로 즐기는 테마파크
넘버 39 카페 No.39 Cafe

밖에서 얼핏 보면 간판 하나 없지만 다양한 콘셉트의 공간이 작은 인공 호수를 껴안고 있는 거대한 카페다. 규모와 구성만 보면 작은 테마파크라고 불려도 손색이 없다. 멋스러운 소품이 가득한 갤러리와 카페 곳곳에 마련된 빈티지 자동차, 어느 것 하나 똑같은 모양이 없는 테이블과 의자도 볼거리다. 사진 찍기 가장 좋은 장소는 목조 건물 2층의 갤러리 좌석이다. 음료는 40바트부터.

📍 39 Suthep Rd, Tambon Su Thep, Amphoe Muang Chiang Mai 📞+66 86 879 6697 🕐 09:30~19:00 MAP p.022-C

1,2 요즘 가장 핫한 예술가 커뮤니티인 반깡왓 3,4 규모는 작지만 보다 조용한 분위기에서 쉴 수 있는 페이퍼 스푼 5,6 페이퍼 스푼 바로 옆에 위치한 힐링 스폿, 넘버 39 카페

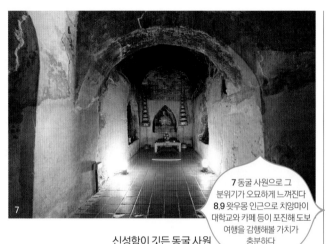

7 동굴 사원으로 그 분위기가 오묘하게 느껴진다
8,9 왓우몽 인근으로 치앙마이 대학교와 카페 등이 포진해 도보 여행을 감행해볼 가치가 충분하다

신성함이 깃든 동굴 사원
왓우몽 Wat Umong

1297년 멩라이 왕이 세운 사원으로 700년이 넘는 역사를 자랑한다. 태국의 모든 사원이 저마다의 색을 자랑하지만 이곳만큼 독특한 분위기의 사원도 드물다. 왓우몽은 '동굴 사원'이라고도 불리는데 여러 길로 난 거대한 동굴의 끝마다 그리고 동굴 벽의 구멍마다 수많은 불상이 안치되어 있고 불상 앞에는 기도를 올리는 태국 사람들이 신비롭고도 성스러운 분위기를 만들어낸다. 터널을 나와 계단을 오르면 동굴의 꼭대기에 오르게 되는데 그곳에는 거대한 체디와 불상이 왓우몽 지대를 내려다본다. 왓우몽은 불교 미술과 불교 서적을 담은 박물관, 명상 센터까지 갖춘 대규모 사원으로 사슴을 키우며 사는 승려들의 공간까지도 매우 이색적이다. 사원의 작은 호숫가로 향하는 길에는 '말하는 나무Talking Trees'가 늘어섰는데 태국어와 영어로 지혜의 언어들이 쓰여 있다.

경내의 기둥은 아쇼카 석주Ashok Pillar로 꼭대기에 4개의 머리를 가진 사자와 우산 역할을 하는 원형바퀴가 있는데 이것은 인도 고대도시 바샬리Vashali에 있는 기둥과도 유사하다. 4개의 사자 머리에서 국가를 상징하는 인도 불교의 영향이 느껴진다.

🏛 무료 | 📍 님만해민에서 송태우를 타고 남쪽 방향으로 15분 ┃ 135 Moo 10 Suthep, Amphoe Muang, Chiang Mai 📞+66 850 333 809 ⏰ 08:00~17:00 🌐 www.watumong.org 🗺 p.022-C

치앙마이 사람들의 아지트

tip 왓우몽 일대에는 치앙마이 사람들이 오토바이나 차로 들르는 카페나 음식점이 즐비하다. 대중적인 란나 푸드뿐 아니라 '헷톱(치앙마이 버섯)', '까이몽댕(개미알)'으로 만든 다소 하드코어한 요리까지 다채롭게 취급하는 한퉁 치앙마이Hanthung Chiang Mai와 식사 후 디저트와 커피를 즐기기 좋은 카페 네이처Cafe Nature는 시내에서는 상상도 못할 저렴한 가격에 진짜 치앙마이의 맛을 선보인다. 왓우몽 일대를 여행할 경우 이 두 곳도 코스에 포함해보자.(구글 지도에는 '카페 네이처'를 입력할 것)

📍 63/9 Moo 14, Soi Wat Umong, Suthep Rd, Suthep Subdistrict, Chiang Mai 📞+66 86 659 9775 🗺 p.130-C 지도 밖

님만해민 플러스 02

- 님만해민
- 송태우 5분
- 왓수안독
- 도보 3분
- 뿐뿐 베지테리언 레스토랑
- 도보 10분
- 반 이터리 앤 디자인
- 송태우 5분
- 님만해민

님만해민에서 도보로는 20분 이상, 송태우로는 5분가량이 소요되는 다소 먼 거리지만 보다 풍성한 치앙마이 여행을 책임지는 추천 여행 코스 두 번째!

채식당과 예쁜 카페에서 놀기

주변 분위기마저 예쁜 꽃의 사원
왓수안독 Wat Suan Dok

수안독이란 '꽃밭'이라는 뜻으로 란나 타이 왕조의 정원으로 쓰였던 곳이다. 1371년에 스리랑카 불교를 들여온 마하테라 쑤마나를 기리기 위해 지은 사원이다. 불전은 1932년에 재건됐고 내부의 불상은 약 500년 전의 것이다. 불전 내부에는 북부에서 가장 큰 규모의 청동 불상이 안치되었다. 왓수안독의 불상은 초기 란나 양식의 걸작으로 인정받는 불상들이다. 사원 안에 수코타이 양식의 황금색 체디가 크고 작은 흰색의 체디 사이에 우뚝 서 있다. 흰색의 체디에는 역대 왕들의 유골이 모셔졌다. 왓우몽이나 왓람뿡과는 다르게 우리 나라 패키지 단체가 관광을 위해 들르는 코스이기도 하다. 치앙마이 대학교 후문에 있는데 주변에 소박한 식당과 세련된 카페가 가득해 치앙마이 여행에서 빼놓기에는 섭섭한 사원.

📍 139 Suthep Rd, Amphoe Muang, Chiang Mai
📞 +66 53 278 304 [MAP] p.022-B

> **1** 흰 불탑이 여느 사원보다 장엄하다
> **2,3** 곳곳에서 느껴지는 불교의 향기

한끼쯤은 건강한 채식으로!
뿐뿐 베지테리언 레스토랑
Pun Pun Vegetarian Restaurant

국민 대다수가 불교신자인 태국에는 종교적인 이유로 채식을 선택하는 사람이 많기 때문에 채식 전문 식당을 찾기 쉽다. 그중에서도 산에 둘러싸인데다 로열 프로젝트로 다채로운 유기농작법을 실현하는 치앙마이는 특히나 높은 수준의 채식당이 많아 비단 채식주의자가 아니더라도 건강한 식사를 원하는 여행자들의 열렬한 환호를 받는다. 고기나 생선, 동물성 유지방도 없이 뚝딱 차려지는 태국식 채식 식탁 앞에서 채식은 맛이 없다는 편견은 산산이 부서질 것이다.
치앙마이에는 셀 수 없이 많은 채식당이 있지만 왓수안독 사원 안에 위치한 뿐뿐이 가장 유명하며 호평을 받는다. 태국식은 물론이고 인도나 베트남 등 인근 아시아 지역의 조리법도 채식에 어울린다며 과감하게 믹스 앤 매치했다. 맛은 물론이고 담음새까지도 정갈하다. 뿐뿐에서 가장 잘나가는 두부로 만든 스테이크, 버섯을 넣어 만든 소시지는 다양한 향신료와 허브가 더해져 오묘한 맛을 낸다.

📍 Wat Suan Dok, Suthep, Amphoe Muang, Chiang Mai 📞+66 86 181 6051 🕐 09:00~16:00(수요일 휴무) 🗺 p.022–B

빈티지 감성이 가득한 디자인 카페
반 이터리 앤 디자인 The Barn Eatery And Design

치앙마이 대학 출신의 친구들이 실제 졸업 작품으로 출품하기 위해 힘을 합쳐 만들어낸 이 근사한 디자인 & 건축 카페는 치앙마이 대학 후문과 가깝고 님만해민처럼 동종업장의 경쟁이 치열한 곳이 아니라는 이점이 작용해 최근 주목받는 카페. 게다가 사진 찍기 좋아하는 태국 사람들의 SNS로 입소문을 타서 일부러 찾아오는 손님이 대다수다. 빈티지 소품이 가득한 삼각형 지붕 아래의 카페 내부, 한창 작업 중인 대학생들의 열기로 뜨거운 야외 회의실과 테라스까지 꽤 넓은 규모를 자랑한다.
공간과 디자인이 카페의 주력 메뉴(?)인데다 입구에 써 붙인 '커피가 아예 없는 것보다는 나쁜 커피라도 있는 게 낫잖아요Even Bad Coffee Is Better Than No Coffee'라는 문구를 보면 커피에는 큰 기대감을 갖지 않게 된다. 하지만 간단하면서도 재미난 음식과 기대 이상의 음료가 전체적인 만족도를 높인다.

📍 Srivichai Soi 5, Amphoe Muang, Chiang Mai 📞+66 94 049 0294 🕐 10:00~01:00 🗺 p.022–B

4,5 채식이라는 것이 느껴지지 않는 수준급의 음식과 분위기 6 커피와 음료를 비롯, 간단한 요깃거리를 판다 7 빈티지 카페에 어울리는 근사한 소품이 가득하다 8 건축 전공의 학생들의 졸업 작품답게 내부 인테리어도 멋지다

태국요리 A-Z
쿤모 퀴진 Khun Mor Cuisine

처음 매땡Mae Taeng 지역에서 보트 누들 전문점으로 인기를 끌던 쿤모 퀴진이 1999년 님만해민에 문을 열었다. 쿤모란 태국 사람들이 의사를 부르는 호칭으로 그만큼 건강하고 좋은 음식을 제공하겠다는 의지를 식당 이름에 담았다. 시내에 위치한 비교적 큰 규모의 치앙마이 대표 레스토랑으로 꼽히는 쿤모 퀴진은 란나 푸드에서부터 일반적인 태국음식까지 두루 맛보기에 좋은 레스토랑이다. 란나 스타일로 식당을 꾸몄고 대부분의 좌석에 에어컨이 가동되지 않지만 추가요금을 지불하고 에어컨이 나오는 프라이빗 룸을 예약할 수 있어 치앙마이 사람들이 외지 사람들을 대접하기 위해 1순위로 선택하는 곳. 태국요리 백과사전을 방불케 하는 메뉴에 뭘 주문할지 고민이라면, 4인 기준으로 란나 푸드 세트Lanna Food Set, 홈메이드 사이우어Sai Ua(북부 소시지), 똠얌꿍 수프, 팟타이와 카오소이 그리고 선호하는 해산물 요리를 주문해 태국음식 파티를 즐겨보자.

🍴 카오소이 59바트, 해산물 요리 100바트부터
📍 Soi 17 Nimmanhaemin Rd, Suthep, Amphoe Muang, Chiang Mai 📞+66 53 226 379 🕐 11:30~23:00 Map p.130-D

1,2 님만해민에서 가장 큰 규모의 레스토랑을 운영하는 쿤모 퀴진 3 쿤모 퀴진이 갖춘 다양한 카오소이도 맛보자 4 일반적인 태국요리는 물론, 각종 해산물도 풍성하다 5,6 솜땀 전문점인 솔라오에서는 솜땀과 돼지 목살 구이인 커무양, 그리고 찰밥을 주문해볼 것

솜땀부터 디저트까지 한번에!
솔라오 Solao

솜땀 전문점으로 유명세를 얻은 솔라오 안에는 이산과 라오스 요리 전문점인 솔라오, 국수 전문점인 소찐Sozen, 디저트와 음료 전문점인 소아이스Soice까지 3가지 브랜드가 있다. 식사부터 디저트까지 한번에 해결할 수 있고 가격과 맛까지 만족도가 높아 넓은 가게 안은 손님으로 가득 찬다. 13가지 솜땀은 40바트부터로 노점상 못지않게 저렴하다. 닭고기 구이인 까이양을 부위별로 파는 것도 인상적. 일명 카놈찐이라고 부르는 국수도 치앙마이 사람들에게 인기다. 피시 카레 소스, 매운 소스, 그린 카레 등 소스와 고명을 고를 수 있으며 가격은 35바트부터.

🍴 솜땀 40바트부터, 커무양Fried Pork Belly 59바트, 찰밥 10바트 📍 님만해민 소이 7의 끝자락 📍 43 Siri Mungkalacharn Rd, Suthep, Amphoe Muang, Chiang Mai 📞+66 53 212 787 🕐 10:00~20:30 Map p.131-E

치앙마이에서 딱 한 곳만 가라면 여기!
똥뗌또 Tong Tem Toh

'치앙마이에서 가장 맛있는 집'이라거나 '한국인의 입맛에 잘 맞는 태국요리' 등의 수식어는 어울리지 않는다. 하지만 태국 북부 지방의 음식, 즉 란나 푸드를 다양하게 즐길 수 있는 곳으로 님만해민에서 둘째 가라면 서운한 곳이 바로 이곳이다. 란나 푸드의 원형을 지키되 지나치게 하드코어한 재료나 희귀 음식으로 타지 사람들이 도전을 꺼리는 메뉴는 제외했기 때문에 전 세계 여행자는 물론이고 치앙마이를 여행하는 태국 사람들도 란나 푸드를 먹기 위해 이곳은 꼭 들른다. 치앙마이에 처음 방문했다면 사람이 덜 붐비는 점심시간도 좋은 선택이다. 치앙마이 사람들은 태국 바비큐를 주문할 수 있는 저녁 시간을 더욱 선호한다는 것을 참고하자. 향신료에 약한 사람이라면 북부 카레 국수인 카오소이 정도면 충분하다. 보다 더 화려한 향신료와 허브의 향연을 느껴보려면 두툼한 돼지 뱃살을 넣어 만든 강한 카레 요리인 깽항레이Kaeng Hang Lay를 주문하자. 잊지 못할 북부의 맛을 선사할 것이다. 우기에만 맛볼 수 있는 헷톱 요리는 다른 요리에 비해 가격이 비싸지만 오직 북부 고산지대에서만 나는 버섯 요리이므로 놓치지 말 것.

7,8 똥뗌또는 치앙마이 이외의 지역에서 여행 오는 태국 사람늘노 반드시 찾는 북부 태국요리 전문점이다 9 태국 북부요리의 정석을 맛볼 수 있는 똥뗌또

🍴 남 프릭 옹 60바트, 깽항레이 72바트 📍 님만해민 소이 13, 쿤모 퀴진 맞은편 📍 11 Nimmanhaemin Soi 13, Suthep, Amphoe Muang, Chiang Mai 📞+66 53 854 701 🕐11:00~23:00 MAP p.130-D

카오소이의 정석
카오소이 매사이 Khaosoy Maesai

카오소이 하나로 일대를 평정한 곳. 한적한 주택가 골목 안쪽에 자리해 일부러 찾아와야 발견할 수 있는 작은 식당이지만 여행자들의 발길이 끊이지 않는다. 카오소이는 부드럽고 진한 카레 국물을 기본으로 한 대표적인 북부 음식이다. 이곳의 카오소이는 칼국수 같은 보들보들한 면발과 향신료 향이 가볍게 첨가된 카레가 조화롭게 어울려 우리 입맛에도 잘 맞는다. 여기에 부드러운 고기 고명을 듬뿍 올리는데, 소고기, 돼지고기, 닭고기 중 선택할 수 있다. 이 모든 것을 더해도 한 그릇에 40바트라는 가격이 놀라울 따름이다. 코코넛 밀크가 들어간 태국 카레가 익숙하지 않다면 진한 고기 국물의 태국식 쌀국수를 추천한다. 태국인들의 주식으로 사랑받는 카놈찐도 만나볼 수 있다. 영어 메뉴판이 마련되어 있고 물도 무료로 제공한다.

🍴 카오소이Khao Soy 40바트, 누들 스프 위드 비프Noodle Soup with Beef 35바트, 라이스누들 위드 스파이시 포크 소스Rice Noodle with Spicy Pork Sauce 25바트 ▐▀ 마야 쇼핑몰에서 올드 시티 방면으로 도보 8분. 구글맵 GPS와 송태우를 이용하는 것이 편리하다 ♀ Soi Ratchaphuek, Amphoe Mueang, Chiang Mai ☎ +66 53 213 284 🕐 08:00~16:00(일요일 휴무) ⊕ www.facebook.com/khaosoi.maesai.chiangmai Map p.131-E

1,2,3 에어컨은 없지만 카오소이 매사이에선 푸근한 인심과 뛰어난 맛이 더위도 잊게 한다 4,5 태국 북부 요리를 즐길 수 있는 흐언 무안 자이. 전통 가옥의 운치를 즐기기 위해서는 낮 시간에 방문해보자

태국인들이 찾는 전통 북부 요리
흐언 무안 자이 Huen Muan Jai

현지인들이 인정하는 전통 북부 요리 전문 식당. 인근에 자리한 카오소이 매사이와 함께 일대에서 꼭 방문해야 하는 곳으로 꼽힌다. 태국 전통 가옥의 고즈넉한 분위기만큼이나 오래된 조리법으로 수십 가지 북부 요리를 선보이는 것이 이곳의 인기 비결. 대부분의 메뉴가 100바트 미만이라 가격 또한 부담 없다. 카오소이, 깽항래 같은 기본 메뉴는 물론이고 다진 고기로 만든 랍Lab, 북부식 국물 요리 초 푹Cho Puk 등 생소한 요리도 많다.

🍴 어 더브 므앙Or Dep Muang 220바트, 깽항래Gaeng Hang Lay 120바트, 깽 플라촌Gaeng Pla Chon 120바트, 코크Coke 20바트 ▐▀ 마야 쇼핑몰에서 올드 시티 방면으로 도보 8분. 구글맵 GPS와 송태우를 이용하는 것이 편리하다 ♀ 24 Soi Ratchaphuek, Amphoe Mueang Chiang Mai ☎ +66 53 404 998 🕐 10:00~22:00 ⊕ www.huenmuanjai.com Map p.131-E

가성비까지 겸비한 로컬 식당
바미 숩 크라둑 Bahmi Sub Kraduk

치앙마이에서 '힙'한 동네로 꼽히는 님만해민에서 가장 로컬스러운 가격과 맛을 만날 수 있는 레스토랑으로 현지 맛집 사이트의 상위권에 자리한 곳이기도 하다. 보통 1인당 100~200바트인 메뉴를 이곳에선 40바트면 맛볼 수 있다. 태국인의 주식인 국수와 덮밥을 돼지고기, 소고기, 닭고기를 사용하여 다양한 조리법으로 선보이는데 진한 맛이 일품이다. 이곳에서 눈여겨볼 메뉴는 본 스프Bone Soup. 커다란 돼지 뼈가 들어 있는데 한국의 감자탕과 비슷한 맛이다.

🍴 누들 위드 본 스프 40바트, 크리스피 포크 위드 스팀 라이스 40바트, 카오소이 40바트 ⚑ 님만해민 소이 15 초입 샐러드 콘셉트 건너편 힐사이드 콘도 앞 ♀ Next to Hillside Condo 2, Amphoe Mueang, Chiang Mai 📞+66 81 648 8238 🕐 월~토 10:00~22:00 ⅯⱭⱣ p.130-C

6,7 30여 가지 다양한 메뉴를 시원한 실내 좌석에서 맛볼 수 있다 **8** 샐러드 콘셉트의 망고 샐러드 **9,10** 입맛 까다롭고 향신료에 민감하다면 찾아볼 만한 샐러드 콘셉트

암을 물리친 가족의 특별한 채식
샐러드 콘셉트 The Salad Concept

'사연 있는' 자매가 운영하는 샐러드 전문 식당으로 아버지가 대장암에 걸려 본격적인 암치료를 받기 전에 면역 기능 향상을 위해 거슨 테라피Gerson Therapy를 선택했다. 설탕과 단백질을 끊고 과일, 채소, 잡곡을 먹는 거슨 테라피 이후 암세포가 눈에 띄게 줄었다. 그때부터 8개의 테이블만 갖춘 작은 식당을 시작해 지금은 큰 규모로 성장했다. 거슨 테라피의 샐러드에는 많은 사람의 취향과 입맛을 만족시킬 다채로운 토핑, 홈메이드 소스, 건강 음료를 추가로 선택할 수 있다. 레귤러 샐러드Regular Salad나 랩 샐러드Wrap Salad 중에 선택하면 5가지 토핑과 1가지 소스가 무료로 포함된다. 부족하다면 추가 금액을 지불하고 스페셜 토핑을 고르면 된다. 신선한 채소와 14가지 이상의 홈메이드 소스가 이곳의 인기비결. 이도저도 귀찮을 경우 접시 하나에 완전히 담아낸 샐러드나 달걀이 주가 되는 브런치 메뉴도 이용 가능하다.

🍴 레귤러 샐러드 69바트, 망고 샐러드 차차 Mango Salad Cha Cha 139바트 ⚑ 님만해민 소이 13에서 메인로드쪽 끝자락 ♀ Soi 13 Nimmanhaemin Rd, T. Suthep, Amphoe Muang, Chiang Mai 📞+66 53 894 455 🕐 11:00~22:00 ⊕ www.thesaladconcept. com ⅯⱭⱣ p.130-D

유쾌한 분위기의 치앙마이 분식집
줏줏 Zood Zood

무려 120개가 넘는 메뉴를 취급하는 식당으로 귀엽고 유쾌한 디자인과 쾌적한 분위기가 매력이다. 기본 이상의 음식 실력과 저렴한 가격으로 치앙마이 사람들도 즐겨 찾는다. 오른쪽 벽에는 치앙마이 곳곳을 표현한 귀여운 일러스트가, 왼쪽 벽에는 고객들의 사진이 가득하다.

메뉴가 많지만 국수, 해산물, 팟타이, 지역 요리 등으로 세심하게 분류해 주문이 용이하다. 치앙마이 누들이라는 이름의 카오소이는 49바트, 종류별로 주문할 수 있는 팟타이는 49바트부터. 연어나 각종 육류로만 만든 스테이크 메뉴도 있어 태국 요리가 지겨워질 때쯤 들러보는 것도 좋겠다. 스테이크는 129바트부터. 한국 스타일의 빙수와 망고찰밥 등의 디저트까지 충실히 갖췄다.

🍴 지역 요리Regional Food를 주문하자.
깽항레이Pork Curry 59바트, 남프릭눔Grilled Chilli Paste with Vegetables 79바트, 남프릭옹Fried Chilli Paste with Vegetables 79바트 ᴵ▮님만해민 소이 9 📍 12/2 Nimmarnhemin Soi 9, T. Suthep, Amphoe Muang, Chiang Mai 📞+66 96 789 1596 🕐11:00~02:00 🗺️ p.130-D

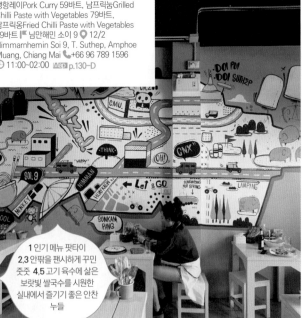

1 인기 메뉴 팟타이
2,3 안팎을 팬시하게 꾸민 줏줏 4,5 고기 육수에 삶은 보랏빛 쌀국수를 시원한 실내에서 즐기기 좋은 안찬 누들

화사한 한 끼 식사
안찬 누들 Anchan Noodle

버터플라이 피Butterfly Pea 혹은 나비콩으로 불리는 보라색 꽃은 태국에서 음료에 널리 애용된다. 안찬 누들은 이 꽃으로 밋밋한 쌀국수와 밥을 물들여 일대에서 가장 화사한 한 끼 식사를 선보인다. 이곳에서 선보이는 20여 가지 메뉴는 밥과 국물 없는 쌀국수를 기본으로 하며, 사이드로 다양한 고기류를 선택할 수 있다. 태국어 메뉴판만 준비되어 있고 주문지에 직접 표시해야 하지만, 음식 사진이 함께 있어 주문은 어렵지 않다.

🍴 꾸어이띠어우 안찬Kuay Teaw Anchan 40바트, 무 크롭Moo Krob 60바트, 버터플라이피 플라워 티Butterfly Pea Flower 20바트 ᴵ▮님만해민 소이 17 초입에서 동쪽으로 직진, 도보 9분 📍 Siri Mangkalajarn Rd Lane9, Amphoe Mueang, Chiang Mai 📞+66 84 949 2828 🕐08:00~16:00 🌐 facebook. com/anchannoodle 🗺️ p.131-G

치앙마이에서 가장 핫한 푸드코트
푸드 란나 Food Lanna

치앙마이에서 젊고 감각적인 동네로 둘째 가라면 서러운 님만해민. 쇼핑몰에 자리한 푸드코트도 님만해민이기에 확실히 다르다. 마야 라이프스타일 몰 4층에 자리한 푸드 란나는 푸드코트에서 기대할 수 있는 다양하고 저렴한 음식의 향연을 시원한 실내에서 즐길 수 있다. '란나'라는 치앙마이와 잘 어울리는 테마로 꾸민 인테리어가 이곳을 더욱 특별하게 하는데 옛 란나 왕국의 영광을 떠올릴 수 있는 소품과 함께 화려한 전통 무늬를 젊은 느낌으로 재해석했다. 주변 치앙마이 대학교 학생들도 한끼를 즐기기 위해 자주 찾는 곳인 만큼 부담 없는 가격이 또 하나의 매력 포인트다. 40~50바트면 단품으로 된 국수나 덮밥, 디저트까지 원하는 음식을 편안하게 맛볼 수 있다. 팟타이 같은 대표 태국음식부터 북부요리, 채식 메뉴, 디저트와 음료까지 종류도 다양해 마음만 먹으면 100바트로 나만의 3코스 식사가 완성된다.

🍴 라이스 포크Rice Pork 40바트, 바질 소스 호키안 누들Hokkian Noodle 40바트, 망고 주스 30바트 📍 님만해민 시작점에 자리한 마야 쇼핑몰 4층 📍 55 Moo 5, Huay Kaew Rd, Chang Puak, Amphoe Muang, Chiang Mai 📞+ 66 52 081 555 ⏱ 11:00~22:00 🌐 www.mayashoppingcenter.com 🗺 p.130-B

쇼핑보단 식도락에 주목
님 시티 커뮤니티 몰
Nim City Community Mall

님만해민에서 남쪽으로 차로 15분 거리에 자리한 커뮤니티 몰. 인기 로컬 카페와 레스토랑 분점을 입점시켜 차별화했다. 그중 밀크 빙수로 유명한 카페 치빗 치바Cheevit Cheeva, 다양한 토스트 메뉴가 자랑인 볼카노The Volcano, 치앙마이는 물론 방콕에서도 인기 유기농 식당으로 떠오른 오카쥬 오가닉Ohkajhu Organic이 유명하다. 도보 10분 거리의 올드 치앙마이 컬처 센터Old Chiang Mai Cultural Center에서 칸똑 디너쇼를 함께 즐기면 금상첨화다.

📍 님만해민에서 송태우로 약 10분. 올드 치앙마이 컬처 센터 맞은편 도보 5분 📍 197,199/8-9, Mahidon Rd. Haiya. Amphoe Mueang, Chiang Mai 📞+66 81 951 7171 ⏱ 08:00~21:00(매장마다 다름) 🌐 www.facebook.com/nimcity 🗺 p.022-D

6,7 님 시티 커뮤니티 몰에 입점한 인기 식당 오카쥬 오가닉 8,9,10 원하는 코너에 앉아 주문해서 맛본다. 대부분 태국음식이다

99바트에 즐기는 무제한 찜쭘
아로이 줌잽 Aroi Zoomzap

줌잽은 찜쭘과 비슷한 일종의 태국식 샤
브샤브로 노점에서 더 많이 찾아볼 수 있
는 서민적인 음식이다. 언뜻 예쁜 카페가
즐비한 님만해민과 어울리지 않는 것 같
지만 1인 99바트라는 가격과 젊은이들
의 입맛에 맞춘 메뉴로 여느 트렌디한 레
스토랑 못지않은 인기를 구가한다.

이곳에서는 찜쭘처럼 토기 그릇을 사용
해 다양한 재료를 무제한 샤브샤브로 맛
볼 수 있다. 우선 뷔페 코너에서 주재료
가 되는 고기, 해산물, 채소, 어묵 등 마음
에 드는 각종 재료를 원하는 소스와 함께
취향껏 퍼 온다. 육수가 끓어오르면 재료
를 넣으면 되는데 이때 해산물을 먼저 익
혀 먹고 그다음 고기를 익혀 먹는다. 채소
는 줄기를 제외하고 잎 부분만 뜯어서 넣
는다. 국물에 날달걀을 풀어 넣어 육류나
채소를 익혀 먹는 것이 태국 스타일! 마무
리로 밥이나 국수, 태국 봉지라면으로 든
든하게 배를 채우고 아이스크림과 태국
디저트까지 맛보면 99바트의 행복한 저
녁식사가 완성된다.

1인당 99바트(2인 이상 시, 1인 방문 시 119
바트) 님만해민 소이 13과 17 끝 사이 오아시스
스파 옆 102 Sirimuangklajan Rd, Suthep,
Amphoe Muang, Chiang Mai +66 86 921
8802 17:00~23:00 Map p.130-D

1 재료는 스스로 가져다
먹는다 2,3 젊은이들에게 특히
인기 4 크레이지 누들에서는 원하는
조합대로 주문가능하다 5 점심시간은
피할 것 6,7 야외 노점이지만 종류는
다양하다 8,9 깊은 국물 맛을
자랑하는 시아 피시 누들

님만해민의 미친 존재감
크레이지 누들 Crazy Noodles

치앙마이 국숫집의 최강자로 손꼽히는
크레이지 누들은 말 그대로 '미쳤다'고 할
만큼 뛰어난 맛을 자랑한다. 입소문이 이
미 치앙마이 전역에 퍼져 식당 앞 골목은
오토바이 행렬로 장사진을 이룰 정도. 이
곳의 포인트는 저렴한 가격과 취향에 따
른 메뉴 선택으로 면과 국물, 곁들일 토핑
을 조합해 수십 가지 종류의 국수를 만들
수 있다. 면은 3종류로 똠얌, 매콤새콤한
핫 앤 사워, 고기 육수 맛이 있다. 굵기와
재료에 따른 5가지 국수와 반숙 달걀, 오
징어, 돈가스 등 가능한 모든 고명을 올리
면 나만의 크레이지 누들이 만들어진다.

고기 육수(클리어)+포크커틀릿 55바트,
핫 앤 사워+새우 55바트 님만해민 소이
17 끝에서 시리 망카라잔 로드 13 안쪽
Sirimangkalajan Soi 13, Chiang Mai
+66 86 541 6646 10:00~21:00
Map p.131-G

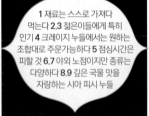

할머니의 비법이 담긴 특제 소시지
쿤야이 타이 스타일 소시지
Khun Yai Thai Style Sausage

'오로지' 현지인들만 아는 소시지 집으로 리어카 노점상일 뿐인데 자연스레 줄을 서고 소시지를 봉지째 사재기(?) 바쁘다. 일명 '님만 할머니 소시지'로 통하는 이곳은 80세의 쿤야이 할머니의 딸과 가족 모두가 소시지를 만들고, 굽고, 판매하는 님만해민의 명물이다. 수십 년에 걸쳐 완성된 비법 소시지는 8종류로, 만들어 온 소시지가 다 팔리면 그날 장사는 끝이다. 돼지고기, 닭고기, 돼지 피를 기본으로 쌀을 넣어 새콤, 매콤한 양념을 첨가한다.

🍴 돼지고기 소시지 12바트, 사이우어와 찰밥 세트는 25바트 🏠 Guu Roti 앞 📍 Front of Nimmanhaemin Soi 3, Amphoe Muang, Chiang Mai 📞+66 85 525 3844 🕐 12:00~ 소시지가 다 팔리면 영업 종료

한국인 입맛 취향 저격!
시아 피시 누들 Sia Fish Noodle

17년 동안 치앙마이 스타일로 어묵 국수를 만들어왔다는 시아 피시 누들은 고속도로 인근의 인기 국숫집으로 시작했으며 님만해민 지점은 두 번째 가게다. 6종류의 어묵과 어묵 면발은 그날 잡은 생선으로 만든다. 육수는 크게 3가지로 똠얌 수프나 맑고 개운한 수프, 달달한 엔타포 수프 중에서 선택하면 된다. 국수에 넣는 면 종류도 6가지. 넓은 면인 센야이Sen Yai, 중간 면발인 센렉Sen Lek, 가는 쌀국수 버미셀리인 센미까오Sen Mi Kao, 달걀로 만든 간수면인 바미Ba Mi, 당면인 운센Woon Sen, 밀가루 없이 어묵으로 만든 면 센쁠라Sen Pla까지.

🍴 맑은 국물의 어묵 국수Fish Noodle and Assorted Fishballs 50바트, 똠얌 국물의 어묵 국수Noodle and Assorted Fishballs in Tomyum Soup 45바트 🏠 님만해민 소이 11 📍 Soi 11 Nimmanhaemin, T. Suthep, Amphoe Muang, Chiang Mai 📞+66 89 262 1686 🕐 08:30~15:00(일요일 휴무)
Map p.130-D

밤에 야식거리로
변신하는 님만해민

 tip 님만해민의 메인 도로에서는 중간에 위치한 세븐일레븐을 중심으로 해가 지면 수많은 노점상이 들어서 또 다른 하루를 시작한다. 닭 구이인 까이양, 솜땀 등의 샐러드, 볶음 국수, 타코야키를 비롯해 로띠 등의 디저트를 파는 가게가 늦은 밤까지 맛있는 냄새를 솔솔 풍기며 행인들의 발걸음을 붙잡는다.
대체로 10~50바트로 가격도 저렴하므로 이용해보자. 편의점이나 슈퍼마켓에서 태국 맥주까지 구입해 숙소에서 야식으로 즐기면 금상첨화!

치앙마이 아트의 일부가 되다
SS 1254372 SS 1254372

시스케이프 갤러리의 이니셜을 따고, 카
페의 길이를 그 뒤에 붙여 카페의 이름
을 완성했다. 치앙마이를 대표하는 아티
스트 똘랍 헌이 만든 호텔 아르텔 님만과
도 디자인의 콘셉트를 같이하는 우주선
같은 카페는 외관부터가 행인들의 호기
심을 자아낸다. 외관도, 내부도, 메뉴도,
치앙마이를 사랑하는 아티스트의 마음
까지도 멋지지 않은 요소가 하나도 없는
곳, 그래서 고스란히 한국으로 가져오고
싶은 카페. 하얀 우주선 같은 카페의
지붕에서 길게 늘어진 초록의 잎사귀, 보
라색의 꽃, 창의적인 조명과 벽지, 어느
하나 같은 것이 없는 멋진 조명과 오픈 키
친 앞을 꾸민 오래된 전화기, 타일을 얼
기설기 붙여 만든 테이블, 헌이 만든 예
술작품도 인테리어 포인트가 된다. 가게
안에 쓰인 글씨의 폰트며 꽃과 화분마저
도 감각적이다. 예쁘게 담아내는 음식과
커피의 프리젠테이션에 식기와 커틀러리
까지 모든 것들이 영감과 감탄을 불러일
으킨다. 아카아마Akha Ama의 원두를 사
용하는 커피도 수준급. 시그니처인 SS
커피SS Coffee는 3가지 종류의 설탕 중에
하나를 선택할 수 있어 재밌다. 다만 오후
2~3시면 문을 닫으므로 아침산책 겸 브런
치를 위한 카페로 들르는 것을 추천한다.

SS 커피 70바트부터, SS베네딕트SS
Benedict 145바트, 망고 토스트Mango
Coconut Almond Toast 95
바트, 바나나 토스트Banana
Cranberries Peanut
Butter Toast 95
바트 님만해민
소이 17 Soi 17
Nimmanhaemin
Rd, T. Suthep,
Amphoe Muang,
Chiang Mai
+66 93 831
9394 08:00~
14:00(15:00 영업종료)
Map p.130-D

1 궁금증을 유발하는 카페의
독특한 외관 2 나름 오픈 키친을
갖췄다 3,4 커피에서부터 브런치 메뉴까지
맛과 모양새가 뛰어나다 5 내부를 꾸민 소품
하나하나에 눈길이 간다 6,7 편하게 골라 먹는
홈메이드 아이스크림 8 가격대가 높은 편이라
여행자가 손님의 대다수 9,10 건강에 좋은
메뉴가 다양하다 11 날씨에 따라 작은
인디언 텐트를 설치하기도 하는
야외 정원

테이크아웃 아이스크림 전문점
이띰꼿끄링 Itim Kodkring

몇 년 전만 해도 '벨을 누르세요'라는 가게 이름처럼 창문 밑에 달린 벨을 눌러야만 점원이 나와 주문을 받았으나 지금은 모든 것이 셀프서비스인 '무인 가게'로 운영하고 있다. 벽에 달린 메뉴판을 살펴본 후 마음에 드는 맛의 아이스크림을 고르고 냉장고에서 직접 꺼내 통에 돈을 넣으면 끝. 코코넛 밀크, 우유, 셔벗 베이스 3가지로 나뉘며 첨가한 재료에 따라 초콜릿처럼 익숙한 맛부터 판단 잎과 같이 태국적인 맛까지 종류가 다양하다. 맛이 자극적이지 않아 현지인들도 사랑하는 곳이다.

🍴 아이스크림 30바트 ▮▬ 님만해민 중심로에서 소이 5로 도보 3분 ♀ 277 Nimmanhaemin Soi 5, T. Suthep, Amphoe Muang, Chiang Mai 📞+66 53 210 491 🕐 08:30~19:00 🌐 www.facebook.com/RingtheBell. IceCream 🗺 p.130-B

건강한 메뉴가 가득한 빈티지 카페
러스틱 앤 블루 Rustic and Blue

치앙마이의 일반적인 가격대를 넘는 메뉴가 대부분이지만 음식은 창의적이고 퀄리티가 훌륭하다. 게다가 팜 투 테이블 Farm To Table을 실천하며 대부분 공들인 홈메이드 식재료를 만나볼 수 있다. 이전에 차를 팔던 부티크였던 이곳은 지금도 한쪽 벽면 가득 주인장 민Min이 직접 블렌딩한 차가 진열돼 있다. 대부분의 차는 카페인이 없으며 과일차부터 잎차까지 종류가 다양하다. 덕 프로슈토 크로스티니Duck Prosciutto Crostinis, 러스틱 웜 브리 샐러드Rustic Warm Brie Salad는 치앙마이 그 어떤 특급호텔의 퀄리티를 능가한다. 에그 베네딕트Eggs Benedict도 러스틱 앤 블루만의 개성을 잘 살려 각종 홈메이드 채소와 곁들임 재료를 선택할 수 있다. 크래프트 비어, 각종 맥주와 와인, 차, 커피, 건강 스무디뿐 아니라 러스틱 블러드 매리Rustic Bloody Mary, 화이트 라벤더 샹그리아White Lavender Shangria와 같은 창작 칵테일도 인기 메뉴.
빈티지한 인테리어와 함께 넓은 야외석이 마련됐는데 거기에는 소파뿐 아니라 앙증맞은 인디안 텐트를 설치해 치앙마이 근교에서 식사하는 느낌이 든다.

🍴 덕 프로슈토 크로스티니 185바트, 러스틱 웜 브리 샐러드 275바트, 에그 베네딕트 225바트, 커피 45 바트부터, 칵테일 185바트부터 ▮▬ 님만해민 소이 7 ♀ Soi 7 Nimmanhaemin Rd, T. Suthep, Amphoe Muang, Chiang Mai 📞+66 86 654 7178 🕐 08:30~22:00 🗺 p.130-B

세계 라테 챔피언의 솜씨!
리스트레토 Ristr8to Coffee Chiang Mai

2011년부터 '치앙마이 최고 수준의 카페'라는 타이틀을 유지할 수 있었던 것은 태국 라테아트 챔피언이자 세계 라테아트 6위의 바리스타이며 주인인, 아논 티띠쁘라서트Arnon Thitiprasert의 공이 크다. 태국 남부 트랑 출신인 그는 호주 시드니의 카페에서 하루 1,200잔 이상의 커피를 만들며 커피에 눈을 떴다. 전 세계 커피 신에서 화려한 경력을 쌓은 그는 2011년 치앙마이에 리스트레토를 오픈했다. 가게 이름에서 보듯 8이라는 의미를 부여하기 위한 노력도 이곳만의 정체성을 확고히 한다. 8(Eight)는 '먹는다'는 의미의 Ate의 동음이의어다. 또 아라비카 커피의 염색체는 44가지, 리스트레토는 도피오 리스트레토Doppio Ristretto 방식이므로 그것의 두 배인 88이다. 영업시간은 오전 7시 8분에 문을 열고 밤 10시 8분에 문을 닫는다. 모든 음료 가격에는 8이 들어 있다. 하지만 마케팅이나 바리스타 자신의 유명세에만 기대는 것은 아니다. 세계 각지에서 제철에 생산한 원두로 만든 싱글 오리진은 단연 으뜸이다. 또한 플랫 화이트 커피를 유행시키거나 커피 칵테일 등의 신메뉴 개발에도 공을 들이는 등 커피에 대한 티띠쁘라서트의 변함없는 열정과 노력이 리스트레토 인기의 핵심 비결일 것이다.

🍽 플랫 화이트Flat White 88바트, 사탄 라테 Satan Latte 98바트 ▮☞ 남만해민 중앙로 📍 15/3 Nimmanhemin Rd, Suthep, Amphoe Muang, Chiang Mai 📞 +66 53 215 278 🕐 07:08~22:08 🌐 www. ristr8to.com MAP p.130-B

1 치앙마이에서 '라테 아트'로 가장 유명한 리스트레토의 아논 2,3 메뉴며, 메뉴 설명 방식에 인테리어까지 누가 뭐라도 이곳은 치앙마이에서 가장 수준 높은 카페임에 틀림없다 4 님만해민에 위치한 리스트레토의 분점

5

6

7

8

9

종일 머물고픈 모던 카페
바리스트로 The Baristro

인기 디저트 가게 구 퓨전 로띠Guu Fusion Roti에서 선보이는 카페 브랜드. 디저트 가게 운영 노하우에 모던한 인테리어, 커피에 관한 전문성을 더해 새로운 카페 브랜드를 만들었다. 지금은 총 4개의 매장을 운영하며 님만해민 소이 9에서는 바리소텔 Barisotel이라는 부티크 호텔과 함께 운영 중이다. 지점마다 디자인 콘셉트가 다른데 님만해민점은 천장이 높고 실내는 화이트 톤으로 꾸며 우아한 티하우스를 연상시킨다. 음료는 평균 70바트대이고 디저트는 22바트부터 시작해 합리적이다. 이곳의 장점은 무엇보다 다양한 메뉴다. 커피 종류만 40여 가지가 넘고 디저트는 로띠, 토스트, 아이스크림, 파이, 샌드위치 등을 다양하게 제공한다. 바삭 달콤한 식감이 독특한 로띠와 달콤함이 더해진 아이스 라테가 추천 메뉴. 인근 원 님만 쇼핑몰에는 있는 지점에서는 의류 편집숍과 함께 카페를 운영한다.

🍴 피콜로 65바트, B-아메리카노 75바트, 크리스피 로띠 위드 쵸콜렛 40바트 📍 님만해민 소이 9 중간에 위치 ♦ 7/2, Nimmana Haeminda Rd Lane 9, Amphoe Mueang, Chiang Mai 📞 +66 92 545 8855 🕐 08:00~21:30 🌐 www.facebook.com/thebaristro 🗺 p.130-D

치앙마이 카페 호핑의 필수 코스
옐로 크래프트 Yellow Crafts

카페 안과 밖 어디에 자리를 잡아도 인생 사진을 남길 수 있는 곳. 단순히 예쁜 카페라면 님만해민 중심부에도 가득하지만 이곳의 가치는 홈메이드 두유 음료에 있다. 깔끔한 맛의 두유는 그냥 마셔도 좋지만 커피나 초콜릿에 두유가 섞인 메뉴를 고르면 색다른 고소함을 맛볼 수 있다. 일반 커피도 수준급. '노란색' 호박이나 오렌지 주스가 들어간 커피는 고운 색을 뽐낸다. 홈메이드 디저트도 인기며 아침 일찍 문을 열어 치앙마이 카페 투어의 시작점으로 삼기에 좋다.

🍴 두유 50바트, 화이트 마그마 85바트, 애시드 프레쉬 110바트 📍 님만해민에서 송타우로 5분, 치앙마이 대학교 예술 센터에서 도보 5분 ♦ 257 29 Suthep Rd, Tambon Su Thep, Amphoe Mueang, Chiang Mai 📞 +66 53 278 757 🕐 07:00~19:00 🌐 www.facebook.com/YellowCraftsHomeBrewing 🗺 p.022-B

10

5,6 인증샷 명소로 유명하므로 조용한 분위기를 원한다면 아침에 방문할 것! 7,8 화이트 톤의 모던한 카페는 부티크 호텔 바리소텔 내부에 자리한다 9,10 디저트와 함께 곁들여도 혹은 오롯이 한 잔만 즐겨도 맛있는 바리스트로의 커피

누구나 동심이 되는 곳!
아이베리 가든
iberry Garden

태국의 유명 스탠딩 코미디언 우돔Udom Taepanich은 방콕에서 아이스크림 전문점인 아이베리로 큰 성공을 거뒀다. 규모가 작고 대부분 쇼핑몰에 입점한 방콕의 아이베리와는 달리 치앙마이의 아이베리 가든은 커다란 정원 안에 카페, 아이스크림집, 부티크가 모두 모였고 곳곳에 익살스러운 포즈와 표정의 우돔 캐릭터를 설치해 치앙마이 기념사진의 성지가 됐다. 남들을 즐겁게 하는 직업을 카페에도 펼쳐보이듯, 우돔은 님만해민의 아이베리 가든을 거대한 놀이터처럼 꾸몄다. 때로는 네 발 동물이기도 하고, 때로는 우돔과 꼭 닮은 표정과 옷을 입은 캐릭터가 정원 카페 곳곳에서 손님들의 시간을 빛내준다. 다만 이제는 치앙마이에서 가장 유명한 카페가 된 만큼, 패키지 여행자도 커다란 버스를 타고 들 정도로 수많은 사람으로 북적여 주문조차 어려울 때가 많다. 고로 비교적 한적한 오전에 들르는 것이 현명하다.

장식과 우돔이라는 연예인의 명성에만 기댄 카페라고 생각한다면 오산이다. 아이베리는 태국은 물론 전 세계 유수의 매거진이 꼽는 태국에서 아이스크림이 제일 맛있는 디저트 카페이기도 하다. 망고, 라이치, 두리안, 타마린드 같은 형형색색의 열대과일을 비롯한 100가지가 넘는 신선한 재료로 만드는 아이스크림이 추천 메뉴다.

🍦 아이스크림 2스쿱 90바트, 케이크 90바트부터
📍 님만해민 소이 17 ⟡ Soi 17, Nimmanhaemin Rd, Suthep, Amphoe Muang, Chiang Mai
📞 +66 53 895 181 ⏰ 10:00~21:00 🌐 www.iberryhomemade.com 지도 p.130-D

1 아이베리 가든의 상징인 네 발 달린 우돔 2,3,4 넓은 정원 카페 곳곳에서 각양각색의 우돔 캐릭터를 찾을 수 있다 5,6 아이스크림과 과일 주스 및 스무디로 유명한 아이베리 카페와 간단한 음료와 음식도 주문할 수 있는 푸드 앤 드링크Food & Drink가 함께 있다

합리적인 가격의 커피와 디저트
파인트 커피 Find Coffee

치앙마이 인기 카페인 그래프, 게이트웨이 커피 로스터를 운영하는 티Mr.Tee가 선보이는 또 하나의 커피 전문점. '품질과 공정(Quality and Fair)'을 모토로 저렴하게 품질 좋은 로컬 커피를 제공하는 것을 목표로 한다. 평균 40~50바트면 신선한 커피를 맛볼 수 있으며 마운틴 타운Mountain Town 같은 재미난 이름의 프라페도 베스트 메뉴로 꼽힌다. 도보 5분 거리에 자리한 치앙마이 대학교 예술 센터나 왓 수안독과 연계해 여행 일정을 짜보자.

📷 카페 라테 40바트, 카라멜 라테 50바트, 마운틴 타운 60바트 🚩 님만해민에서 송태우로 5분 거리, 치앙마이 대학교 예술 센터에서 도보 5분 📍 257/22 Suthep Rd, Tambon Su Thep, Amphoe Mueang, Chiang Mai 📞+66 86 567 3330 🕐 07:30~18:00 🌐 www.facebook.com/findcoffeecnx
Ⓜ️🅰️🅳 p.022-B

우돔의 원더랜드
로컬 카페 Local Cafe

아이베리와 마찬가지로 태국의 유명 코미디언인 우돔이 운영하는 카페로 큰 규모와 재미난 콘셉트로 인기가 많은 곳. 안이 훤히 보이는 유리창 건물 안으로 들어가면 모던한 디자인과 함께 시원시원한 공간감이 돋보인다. 'Think Global Eat Local'이라는 레스토랑의 캐치프레이즈만 보고 태국 식당이라고 생각하면 오산. 대부분의 음식 메뉴는 일식이나 양식, 한식이 대부분이다. 아마도 신선한 지역의 재료를 사용하는 데 자부심을 드러낸 표어 같다. 로컬 카페에서는 음식보다는 창의적인 케이크와 음료를 즐길 것을 추천한다. 특히 수박과 생크림, 케이크를 층층이 올린 워터멜론 케이크Watermelon Cake와 단맛과 쓴맛의 조화가 일품인 타이 티 크레페Thai Tea Crepe는 달지 않고 향이 풍부해 디저트를 즐기지 않는 사람도 좋아할 만하다.

📷 워터멜론 케이크 95바트, 타이티 크레페 90바트, 커피 65바트부터 🚩 마야 쇼핑몰 건너편 싱크 파크 📍 Think Park, Huay Kaew Rd, Suthep, Amphoe Muang, Chiang Mai 📞+66 53 215 250 🕐 10:30~22:00
Ⓜ️🅰️🅳 p.130-B

7,8 신선한 커피와 함께 매일 굽는 베이커리도 추천 9 시원한 통창으로 지어진 로컬 카페에서는 치앙마이만의 푸르름을 만끽하기 좋다 10 퓨전 요리와 디저트까지 모든 메뉴가 훌륭하다 11 우돔이 아닌 귀여운 고양이가 로컬 카페를 상징한다

시선을 사로잡는 디저트 천국
베드가즘 카페 BEDGASM Cafe

님만해민 소이 2 깊숙한 곳에 자리 잡은 베드가즘 포시텔×카페 앳 님만BEDGASM PoshtelxCafe@Nimman의 부속 카페다. 베드가즘 카페는 호스텔의 투숙객을 위한 공간이지만 다양한 디저트와 음료가 입소문을 타 카페만 찾는 손님도 많다. 메뉴는 간단히 요기하기 좋은 피자(149 바트)를 비롯해 형형색색의 초콜릿, 젤리, 쿠키를 곁들인 팬케이크(109바트부터)가 대표적이다. 팬케이크 위에 색색의 초콜릿을 올린 더블 초콜릿 팬케이크 Double Chocolate Pancake, 마치 피자처럼 팬케이크를 네 조각으로 등분하여 각각 초콜릿, 킷캣, 오레오 쿠키, 시리얼을 올린 스위트 피자 팬케이크 Sweet Pizza Pancake가 인기.

🍴 음료 50바트부터, 식사 및 디저트 메뉴 109 바트부터 📍 님만해민 소이 2 끝에 위치, 소이 2 초입에서 도보 3분 📍 19 Nimmanhemin Road Lane 2, Suthep, Amphoe Muang, Chiang Mai 📞 +66 63 265 4950 🕐 08:00~19:00 🌐 www. bedgasmnimman.com 🗺️ p.130-A

1 선명한 파랑과 노랑의 컨테이너형 건물 베드가즘 카페 2 팬케이크 외에도 어항 모양의 유리 그릇 안에 물고기 젤리가 떠있는 피시 볼Fish Bowl 소다(99바트)는 이곳의 베스트셀러 3 조용한 주변 환경 덕에 작업을 하기에도 좋다 4,5 치앙마이 대학교 방문자 센터에 위치한 CMU 커피 바이 커피맨

치앙마이 대학교 대표 커피
CMU 커피 바이 커피맨
CMU Coffee by Coffee Man

치앙마이대학교를 대표하는 카페로 CMU 커피를 소개하기 위해서는 앙깨우AngKaew 호수 근처에 있는 커피맨Coffee Man을 언급하지 않을 수 없다. 넓은 치앙마이 교내에는 유명 체인을 비롯한 다양한 카페가 있지만 그중 저렴한 가격과 품질에 양까지 푸짐한 커피맨은 가장 사랑을 받는다. 45 바트면 커피맨이나 모카 커피를 휘핑크림까지 듬뿍 넣어 맛볼 수 있고, 타이 밀크티나 그린티는 30바트대로 평소엔 학생들로, 주말엔 여행자로 붐빈다. CMU 커피는 커피맨과 동일한 아라비카 원두를 사용하며 방문자 센터에 자리한다.

🍴 커피맨 45~50바트, 타이 밀크티 30바트 📍 치앙마이 대학교 정문에서 도보 3분 방문자 센터 앞 📍 239, Huay Kaew Rd, Amphoe Muang, Chiang Mai 📞 +66 91 965 0420 🕐 07:30~06:00 🌐 www.facebook.com/ cmucoffee 🗺️ p.130-C

일부러 찾아가는 아지트
옴브라 카페 Ombra Caffe

님만해민 인근에 자리한 작은 부티크 호텔인 피유르 오텔Pyur Otel 1층에 마련된 옴브라 카페. 처음 찾아가는 길이라면 약간의 인내심과 지도에 대한 믿음이 필요하다. 큰길에서 주택가로 들어서 막다른 골목 끝까지 가야 비밀스러운 카페가 눈에 들어오기 때문. 요란한 간판 하나 없지만 편안한 분위기의 카페와 북유럽 스타일의 세련된 인테리어의 호텔과 카페는 SNS와 현지 가이드북에 소개되어 태국인과 서양 여행자들에게 먼저 알려졌다. 테이블마다 여유로운 공간이 확보된 아늑한 카페 안을 감각적인 소품과 은은한 조명으로 마음을 편하게 만들어 호텔 투숙객이 아니더라도 오래 머물고 싶다. 여행자들과 인근 치앙마이 대학교 학생들에게 건강한 음료와 간식을 만날 수 있는 곳으로도 통하는데 신선한 과일을 얹은 뮤즐리는 종일 맛볼 수 있는 대표 건강식 메뉴다. 커피와 차, 각종 현지 맥주도 충실하게 마련되어 있고 가격도 40~60바트 정도라 부담이 없어 여행 중 충전의 시간을 갖기 좋은 곳이다.

📖 옴브라 카페Ombra Caffe 60바트, 망고 스무디Mango Smoothie 75바트, 뮤즐리 75바트 📍 님만해민 입구 마야 쇼핑몰에서 송태우 3분, 도보 15분 치앙마이 롯지 호텔 옆 📍 21/8 Ratchaphuek Rd, Amphoe Muang, Chiang Mai 📞+66 52 215 347 🕐 08:00~22:00 🌐 www.facebook.com/pyur.otel 🗺 p.131-E

소복하게 쌓인 눈꽃 빙수
치빗 치바 Cheevit Cheeva

이곳에서 선보이는 빙수는 거칠게 간 얼음 위에 팥을 얹은 전통 한국식이 아닌 우유 얼음을 곱게 간 빙수다. 신선한 우유 얼음을 눈처럼 수북하게 쌓아줘서 그릇을 담은 쟁반까지 두어야 테이블에 흘리지 않는데 대부분 직접 만든 딸기, 그린티, 초콜릿 등 다양한 토핑을 올린다. 가장 인기있는 메뉴는 홈메이드 딸기 소스와 치즈 케이크가 숨어 있는 스트로베리 치즈케이크 빙수와 코코아 가루가 소복하게 쌓인 초콜릿 라바Chocolate Lava다. 태국 특유의 맛을 원한다면 망고 찰밥이나 타이티 빙수도 추천한다.

📖 스트로베리 치즈케이크 빙수 169바트, 초코라바 빙수 169바트 📍 님만해민 소이 17 끝에 자리한 오아시스 스파 입구를 등지고 건너편 좌측 골목에 위치 📍 Siri Mangkalajarn Rd, Lane 7, Amphoe Muang, Chiang Mai 📞+66 087 727 8880 🕐 09:00~21:00 🌐 www.cheevit-cheeva.com 🗺 p.131-G

6 치빗 치바에는 실내보다 실외 좌석이 더 많다 **7** 인기 만점 딸기 빙수 **8** 옴브라 카페에는 베이커리 종류도 다양하다 **9** 카페 밖에도 작은 테이블 하나가 마련됐다 **10** 감각적으로 꾸민 카페 인테리어

우유와 토스트의 찰떡 궁합
몽놈솟 Mont Nom Sod

몽Mont은 1964년부터 영업을 시작한 태국의 대표적인 우유 회사로 2016년에 52주년을 맞았다. 몽놈솟은 '마법처럼 신선한 우유'라는 뜻으로 태국 올드 시티 방람푸(160/2-3 Dinso Rd, Bangkok)에서 태국식 토스트인 까놈 빵Kanom Pang과 몽의 우유를 팔던 것이 대히트를 치며 방콕에만 총 3개의 매장을 열었다. 치앙마이는 방콕 외의 지역에서 유일하게 운영되는 몽놈솟의 지점이다. 원래는 우유 회사지만 우유보다 더 인기를 끄는 몽의 토스트는 반드시 먹어볼 것! 두툼하게 잘라 겉면만 바삭하게 구운 보드라운 토스트 위에 설탕만 뿌려도 되고 연유, 땅콩버터, 초콜릿, 코코넛 커스터드, 크리미 타로, 옥수수 수프, 딸기잼, 녹차잼 등을 취향대로 고르면 된다. 태국 사람들은 싱가포르의 카야 토스트와 유사한 일명 까놈 빵상 까야Kanom Pang Sang Kaya를 가장 좋아한다. 다디단 몽의 우유와 함께 더 단 토스트를 디저트로 맛봐야 태국 식문화에 한발짝 가까이 갔다고 할 수 있다.

🍴 토스트 17~25바트 |🏁 남만해민 중앙로
📍 45/1-2, Nimmanhaemin Rd, Suthep, Amphoe Muang, Chiang Mai 📞+66 53 214 410 🕐 15:00~23:00 ⊕ mont-nomsod.com MAP p.130-D

1,2 몽놈솟은 신선한 우유와 토스트가 대표 메뉴 3 밤 늦게까지 영업한다 4 구 퓨전 로띠 앤 티에는 실내 외 좌석이 마련되어 있다 5 로띠와 타이 티 세트

수십 종 로띠가 유혹하는
구 퓨전 로띠 앤 티
Guu Fusion Roti & Tea

자정 넘어까지 영업을 해 님만해민을 대표하는 야식 카페로 사랑받아온 곳이다. 이곳에서는 쫄깃한 식감의 플레인 로띠와 함께 바삭하게 튀긴 로띠도 선보이는데 그 위에 다양한 토핑을 곁들인 수십 가지 퓨전 로띠를 만날 수 있다. 가장 인기있는 메뉴는 초콜릿, 캐러멜, 치즈를 모두 맛볼 수 있는 4 in 1 메뉴. 로띠 안에 소시지를 넣거나 피자처럼 만든 것은 훌륭한 한끼 식사가 된다. 케이크, 아이스크림, 토스트나 커피와 티도 다양하고 평균 가격이 70바트대라 부담 없다.

🍴 구스 커피Guu's Coffee 69바트, 타이 스위트 로띠Thai Sweet Roti 65바트, 바나나 치즈 러버 Banana Cheese Lover 139바트 |🏁 님만해민 입구 마야 쇼핑몰에서 도보 3분, 소이 3 초입에 위치 📍 Front of Nimmanhaemin Soi 3, Amphoe Muang, Chiang Mai 📞+66 82 898 8992 🕐 09:30~01:30 ⊕ www.facebook.com/guufusionrotiandtea MAP p.130-B

6

8

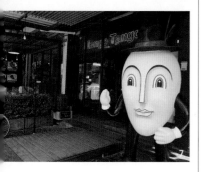

9

눈이 먼저 즐거운 브런치 타임
고푸엑 고덤 Gopuek Godum

인증샷을 부르는 메뉴로 SNS에서 화제가 되어 한국 매체에서도 소개된 작은 카페이다. 이곳을 유명하게 만든 일등 공신은 빵에 곁들이는 타이 커스터드 크림. 크림에 천연 재료를 첨가해 곱게 색을 입혔는데 버터플라이 피Butterfly Pea를 이용해 보랏빛을, 태국 전통 티Tea를 우려 주홍빛을 만들어 냈다. 색마다 각기 다른 맛을 내는 크림은 구운 토스트나 촉촉하게 찐 스팀 브레드를 주문하면 함께 제공된다. 이외에도 죽, 베트남식 국수, 작은 팬에 제공되는 베트남식 계란 요리를 선보여 브런치 명소로도 사랑받는다. 결제는 현금만 가능하며 지도 애플리케이션에서는 'Black Gooseberry Chiangmai'로 검색해야 한다. 또한 페이스북을 통해 미리 오픈 여부를 확인 후 방문하는 것이 좋다.

🍴 타이 커스터드 딥+토스트 세트 35바트, 베트남 스타일 누들 40바트, 팬 프라이 에그 35바트 🚏 님만해민에서 송태우로 5분 거리, 마야 쇼핑몰에서 도보 12분 📍 Chang Phueak, Amphoe Mueang, Chiang Mai 📞+66 62 442 4611 🕐 수~월 07:30~14:00 🌐 www.facebook.com/GopuekGodum 🗺️ p.022-B

망고 디저트의 모든 것!
망고 탱고 Mango Tango

방콕에서 가장 유명한 디저트 가게 망고 탱고의 분점이다. 잘 익은 망고를 갖가지 방법으로 맛볼 수 있고, 망고를 캐릭터화해 인테리어에 유쾌하게 녹여낸 디자인 감각이 여행자들에게 주효했다. 태국 카페의 감성을 느끼기엔 좋지만 태국 여행이 익숙한 사람이라면 슈퍼마켓이나 노점에서 생망고를 먹는 게 낫다.
생망고를 아이스크림, 푸딩, 찰밥, 기타 열대과일과 함께 먹거나 스무디, 셰이크, 라씨 등의 음료로 다채롭게 먹는다. 가게의 이름을 딴 망고 탱고Mango Tango나 망고 셰이크를 코코넛 셰이크와 섞은 망고 보사Mango Bossa가 추천 메뉴다.

🍴 망고 탱고 140바트, 망고 보사 85바트 🚏 님만해민 소이 13 📍 Nimmanhaemin Soi 13, Amphoe Muang, Chiang Mai 📞+66 81 595 8494 🕐 11:00~22:00 🌐 www.mymangotango.com 🗺️ p.130-D

10

> 6 망고 탱고에서는 다양한 망고 디저트를 맛볼 수 있다 7 입구의 망고 캐릭터는 여행자들의 기념촬영에 빼놓을 수 없다 8,9,10 한적한 주택가에 자리한 작은 가게지만 대기가 있을 만큼 인기있는 고푸엑 고덤

고급호텔 수준 칵테일
아키라 라이즈 바 Akyra Rise Bar

님만해민에 2015년 새롭게 등장한 태국계 고급 부티크 호텔 아키라 매너Akyra Manor의 루프탑 바로 규모는 작지만 수준급의 칵테일과 다양한 와인을 즐길 수 있다. 1층의 고급 이탈리안 레스토랑 이탈릭Italic에서 식사를 한 뒤, 8층에 자리한 이곳으로 옮겨 고급스러운 나이트라이프를 즐겨보는 것도 좋겠다. 라이즈 바는 님만해민이 내려다보이는 전망과 호텔 인피니티 수영장을 모두 갖췄는데 시원한 물가에 놀러온 기분이 들기도 하고 밤이 되면 수영장에 푸른빛을 밝혀 더욱 묘한 분위기가 조성된다. 매일 저녁 5시부터 1시간 동안은 해피 아워로 칵테일 등의 음료를 1+1로 즐길 수 있다. 전 세계에서 공수된 와인 리스트도 화려하게 구성됐다. 가격대가 다소 높지만 여행 중 분위기를 내고 싶을 때 찾아보는 것은 어떨까.

🍴 싱하Singha 맥주 200바트, 모히토Mojito 350바트, 수입 와인 병 1,900바트부터, 디아볼라Diavola 피자 350바트, 콜드 컷 플래터 Cold Cuts Platter 350바트 🏳 님만해민 소이 9에 위치, 님만해민 중앙로에서 도보 6분 📍 22/2 Nimmanhaemin Rd, Soi 9, SuThep, Amphoe Muang, Chiang Mai 📞 +66 53 216 219 ⏰ 15:00~01:00(이탈릭 레스토랑 07:00~23:00) 🌐 www.theakyra. com/chiang-mai 🗺 p.130-D

1,2,3
치앙마이에서는 드문 수준 높은 루프탑 바인 아키라 라이즈 바 4,5 낭만적인 분위기가 가득한 호텔 야이의 루프탑 바

로맨틱 무드의 절정
루프탑 바 The Rooftop Bar

야이Yayee 호텔은 태국말로 달링Darling이란 뜻을 가진 곳으로 태국 배우 아난다 에버링엄Ananda Everingham이 운영한다. 루프탑 바는 그의 감각적인 센스와 방콕의 인기 레스토랑인 하이드 앤 시크Hyde and Seek를 성공시킨 믹솔로지스트 나스 아르쟌Nath Arjharn의 수준급 칵테일이 만나 이미 태국 사람들 사이에서는 핫플레이스다. 작은 소품부터, 조명, 의자까지 빈티지한 감각이 빛나며 낭만적인 분위기를 즐기기 좋다. 석양과 함께 음료를 즐기려면 오후 5시부터 시작되는 해피아워도 훌륭한 선택이다.

🍴 레오 맥주 100바트, 아난다스 플라이보이 칵테일Anandas Flyboy 250바트, 칵테일 마라톤Cocktail Marathon 1인당 550바트 🏳 님만해민 중심로에서 소이 17 안쪽으로 도보 5분 📍 17/4-6 Soi Sai Nam Phueng, T.Suthep, Amphoe Muang, Chiang Mai 📞 +66 99 269 5885 ⏰ 15:00~23:00 🌐 www.hotelyayee.com 🗺 p.130-D

6

7

8

9

옥상에 위치한 일식당 & 바
노리 Nori

노리의 풀네임은 노리 나카라 오쿠조우 로바다 앤 이자카야Nori Nakara Okujou Robata & Izakaya로 님만해민에서 인기 많은 일식당이다. 노리 근처에는 텐고쿠 Tengoku라는 고급 일식당이 자리하고 주변에는 더욱 저렴한 가격에 돈가스나 카레, 스시를 선보이는 곳도 많지만 노리만의 아늑한 분위기와 옥상에서 님만해민을 내려다보는 전망을 장점으로 일대에서 태국 사람들에게 가장 사랑받는다. 이곳의 대표 메뉴는 먹음직스럽게 나오는 니기리 스시, 아보카도로 만든 롤과 다양한 일본 맥주와 사케. 샐러드, 메인 코스와 궁합이 잘 맞는 사케를 매칭한 세트도 추천 메뉴. 해질 무렵에는 석양을 감상하며 식사를 하거나 늦은 저녁 연인 또는 친구와 술 한잔 기울이며 대화를 나누기 좋은 분위기. 단 다소 태국 스타일이 가미된 일식이므로 일본과 똑같은 퀄리티를 기대한다면 실망할 수 있다.

노리 믹스 시그니처 니기리(Nori Mix Signature Nigiri) 350바트, 님만롤(Nimman Roll) 300바트, 아사히(Asahi) 90바트, 싱하 Singha 90바트 님만해민 중앙로에서 소이 5 중심까지 도보 5분 14/2 Rooftop Nimmanhaemin Soi 5, Amphoe Muang, Chiang Mai +66 83 573 3888 18:00~23:00 www.facebook.com/NakaraOkujou p.130-B

6,7 미스트 마야 내에는 원통 모양의 2층 루프탑이 있어 360도 전망을 감상하기 그만이다 8 이자카야와 루프탑 바라는 다소 어색한 만남의 노리 9 일식 요리와 태국 맥주를 맛보며 님만해민의 석양을 감상할 수 있다 10 저 멀리 도이수텝까지 내려다보이는 노리에서의 전망

루프탑 위의 루프탑
미스트 마야 Myst Maya

님만해민에서 마야 라이프스타일 쇼핑센터의 역할은 다양하다. 쇼핑은 물론이고, 옥상에 자리한 님만 힐Nimman Hill은 도이수텝이 자리한 산 풍경을 한눈에 감상할 수 있는 명소이면서 동시에 루프탑 바가 되기 때문. 님만 힐에는 몇 곳의 바가 자리하는데, 그중 단연 돋보이는 곳이 미스트 마야 Myst Maya다. 호텔 바 부럽지 않은 칵테일이 주 메뉴로, 무지갯빛을 띠는 일곱 색깔 레인보우 샷이 인기다. 탁트인 전망과 함께 디제잉이나 라이브 뮤직도 감상할 수 있어 하루쯤 호사로운 나이트라이프를 즐기기에 그만이다.

미스트 마티니Myst`s Martini 320 바트, 레인보우 샷Rainbow Shot 380바트 님만해민 입구 초입, 마야 라이프스타일 쇼핑센터 55 Moo 5, Huay Kaew Rd. Chang Phuak, Amphoe Mueang, Chiang Mai +66 81 512 6768 18:00~24:00 www.mystmaya.com p.130-B

10

날마다 흥겨운 야시장
깟린캄 나이트 바자
Kat Rin Kham Night Bazaar

마야 라이프스타일 쇼핑센터 바로 옆 너른 공터에 자리한 상설 야시장으로, 젊은 이들로 가득한 님만해민과 치앙마이 대학교 사이에 자리해 어느 곳보다 활기차다. 이곳은 여행자들이 주로 찾는 시내 중심의 나이트 바자와는 달리 현지인을 위한 시장이다. 따라서 현지 먹거리부터 의류, 액세서리, 핸드메이드 소품, 애완동물 용품에 이르기까지 노점에 차려진 물품이 다양하다. 가장 인기 많은 곳은 먹거리 코너로, 간식부터 파스타, 스시까지 다양한 음식을 인근 레스토랑보다 저렴하게 맛볼 수 있다. 여행자들에게는 독특한 기념품을 발견할 수 있는 쇼핑 장소이자 늦은 밤까지 나이트라이프를 즐길 수 있는 치앙마이 여행의 필수 코스다.

🏁 마야 라이프스타일 쇼핑센터 옆 공터 📍 8 Huay Kaew Rd. Chang Phuak, Amphoe Mueang Chiang Mai 📞 +66 53 400 599 ⏰ 17:00~23:00 🌐 www.facebook.com/kadrincome 🗺️ p.130-B

1.2.3 님만해민을 더욱 매력적으로 만드는 현지인을 위한 상설 야시장, 깟린캄 나이트 바자

밤에 더 화려한
님만해민의 바 거리

tip 님만해민 중앙대로에서 스타벅스를 기점으로 밤이 되면 수많은 술집이 문을 연다. 무브 업Move Up, 굿 바Good Bar 등의 바에서는 병맥주의 경우 작은 병을 65바트부터, 태국 위스키인 생솜을 220바트부터 즐길 수 있다. 안주는 간단하다. 프렌치프라이, 어니언 링, 팝콘, 각종 견과류에 더해 스파게티나 팟타이가 요리의 전부이지만 늦은 시간까지 2차나 3차를 달리기에 좋은 곳! 중앙대로에서 소이 17 인근에는 현지 젊은이들이 선호하는 스폿이 자리하는데 특히 비어 랩Beer Lab과 웜 업 카페Warm Up Cafe에서는 밤 늦게까지 라이브 밴드의 공연도 만날 수 있어 새로운 분위기를 느껴볼 수 있다.

치앙마이 유일의 럭셔리 쇼핑몰
마야 라이프스타일 쇼핑센터 Maya Lifestyle Shopping Center

쇼핑만을 위한 공간을 넘어선 생활 밀착형 복합 쇼핑 콤플렉스로 다이닝, 나이트라이프까지 한번에 즐길 수 있다. 지하에 자리한 림빙 슈퍼마켓과 왓슨, 부츠 등 드럭스토어, 3층의 다이소, 1층부터 자리한 의류와 잡화, 태국 브랜드 나라야와 유명 속옷 와코루, 고급 스파 제품 판퓨리 등 입점 브랜드의 종류가 다양하다.

은행과 통신사도 위치해 여행자들이 유심을 구매하거나 환전을 하기도 수월하다. 저렴한 지하 푸드코트부터 체인 레스토랑, 옥상에 자리한 바와 전망 좋은 식당까지 선택의 폭이 넓어 여행자가 치앙마이에서 딱 한 곳의 쇼핑몰을 들러야 한다면 추천할 만하다. 마야 바로 옆 골목에 매일 밤 열리는 깟린캄 나이트 바자Kat Rin Kham Night Bazaar에서는 다채로운 수공예품이나 저렴한 수영복이나 슬리퍼, 에코백 등을 구입하기 좋다.

🚩 치앙마이 대학교 가기 전 님만해민 초입 큰 길가, 싱크 파크 맞은편 ♀ 55 Moo 5, Huay Kaew Rd, Chang Puak, Amphoe Muang, Chiang Mai 📞+66 052 081555 🕐 10:00~22:00 🌐 www.mayashoppingcenter.com 🗺 p.130-B

> **4** 님만해민에서 가장 화려한 곳, 마야 쇼핑몰 **5** 쇼핑몰 5층에는 24시간 운영하는 공동작업 공간이자 카페인 캠프가 있다 **6** 서점은 물론 슈퍼마켓, 레스토랑, 푸드코트, 각종 태국 브랜드 쇼핑이 가능하다 **7** 방콕 못지않은 규모와 라인업을 자랑하는 대형 쇼핑몰이다

종일 즐기고픈 매력이 한가득
싱크 파크 Think Park

싱크 파크를 만든 태국 유명 CEO 미스터 탄Tan Passakornnatee의 인형이 반겨주는, 님만해민과 가장 어울리는 복합 예술 공간이자 작은 쇼핑 빌리지다. 단순히 쇼핑을 위한 공간이 아닌 함께 즐기고 나눌 수 있는 예술적인 공간을 만들겠다는 오너의 의지에 따라 이스틴 탄Eastin Tan 호텔을 비롯해 작은 숍, 카페, 바, 레스토랑이 하나의 공원을 이룬다. 신진 디자이너들이 직접 상품을 만들어 판매할 수 있도록 대부분의 매장은 작은 크기다. 그래서 싱크 파크를 방문한 이들은 작은 숍 사이를 산책하며 세상에 단 하나뿐인 수공예 작품을 만날 수 있다.

🚩 님만해민 입구 초입, 마야 쇼핑몰 맞은편
📍 Think Park, Nimmanhaemin, Amphoe Muang, Chiang Mai 📞 +66 87 660 7706
🕐 10:00~00:00(매장별로 다름) 🌐 www.facebook.com/thinkparkChiang Mai
🗺️ p.130-B

1,2,3 로컬 브랜드 숍이 가득한 싱크 파크. 마야 라이프스타일 쇼핑센터와 함께 님만해민의 쇼핑 일번지다 4,5 까사마 셀라돈 팩토리 아웃렛에서는 작은 도자기 소품을 공략해보자

그릇 마니아 지갑이 활짝 열리는 곳
까사마 셀라돈 팩토리 아울렛
Kasama Celadon Factory Outlet

도자기 제품이 유명한 셀라돈의 아이템을 님만해민 한복판에서 쉽게 만날 수 있는 곳. 그릇 마니아들이 혹할 고운 빛깔의 컵과 그릇, 차 주전자 세트는 물론이고 고급 호텔에서 볼 수 있는 오일 버너, 욕실 디스펜서, 장식품 등이 가득하다.
직접 디자인한 도자기 제품을 선보이는 바이 마이Bai Mai 세라믹스의 제품도 판매한다. 작은 종지나 비누 받침은 30바트부터지만 장식품은 몇 천 바트를 호가한다. 매장 입구에 아웃렛 제품이 전시되어 있으니 살펴보자.

💰 오일 버너 100바트부터, 커피잔 세트 80바트부터 🚩 님만해민 중앙로 소이 4 맞은편, 아디다스 매장 옆 📍 8/1 Nimmanhaemin Suthep, Chiang Mai 📞 +66 53 400 442 🕐 10:00~20:00 🌐 www.kasama-kasama.com 🗺️ p.130-B

7

치앙마이의 매력을 일러스트 제품에 담다
플레이웍스 Playworks

치앙마이에서 딱 한 가지만 쇼핑리스트에 담아야 한다면 플레이웍스에 가보는 게 어떨까. 치앙마이를 대표하는 상징적인 브랜드인 플레이웍스는 태국 북부에 사는 고산족을 다양한 스토리와 캐릭터로 녹여낸 아이템을 판매한다. 다양한 고산족을 동물로 표현하거나 사원 벽화에 등장하는 전설 속 캐릭터의 얼굴을 그려 상품에 새기는 식이다. 그림은 사스라웃 린퐁Sasrawut Linfong과 수퐁 수타왓Supot Sutawat의 작품이다. 그들은 태국과 치앙마이의 문화, 역사, 라이프스타일을 위트 있고 감각적인 일러스트로 표현해낸다. 그리고 제품의 70%는 수작업으로 만든다고 한다.

그들의 일러스트는 원하는 아이템으로 구입이 가능하다. 아이템의 종류는 에코백, 티셔츠, 동전 지갑, 카메라 가방, 여권 케이스, 안경집, 각종 문구류와 손수건, 인테리어 용품까지 다양하다. 마음에 드는 그림을 먼저 고른 뒤 원하는 아이템을 선택하면 된다. 저렴한 가격도 매력적이다. 치앙마이 선데이 마켓이나 마야 라이프스타일 쇼핑센터에서 팝업 스토어로도 만날 수 있다.

🛍 에코백 180바트부터, 동전 지갑 40바트 |◀ 님만해민 입구 초입 📍 Think Park, Nimmanhemin, Amphoe Muang, Chiang Mai 📞+66 84 614 7226 🕐 11:00~22:00, 일요일 13:00~22:00 🌐 playworks.page365.net ᴍᴀᴘ p.130-B

> **6,8** 싱크 파크에 자리한 플레이웍스. 고산족 일러스트가 새겨진 아기자기한 소품들은 치앙마이 여행의 기념품으로도 그만이다 **7** 플레이웍스의 주인장

8

스타일리시한 금속 액세서리숍
메탈 스튜디오 Metal Studio

언뜻 보면 '치앙마이 색'이 크게 느껴지지 않는 지극히 스타일리시한 디자인의 주얼리 숍이지만 실제 이곳은 치앙마이 출신의 디자이너 시리락 사마나삭Sirilak Samanasak이 치앙마이 자연의 패턴과 모양에서 영감을 받아 제작하는 주얼리 공방이다. 처음에는 디자이너가 자신의 작품을 대중에게 보여주기 위한 갤러리로 사용했던 곳이 입소문을 탄 뒤 부티크로 성격이 바뀌었다. 금, 은, 동, 놋쇠, 도금 등 다양한 금속에 디자이너가 정성껏 선별해 구입한 보석 혹은 준보석을 결합한 주얼리는 치앙마이 젊은 커플들의 결혼반지나 예물로도 사랑받는다. 단순히 멋을 내기 위한 장신구로도, 행운을 가져다주는 일종의 부적으로도 활용할 만한 액세서리가 가득하며 숍의 2층에는 맞춤 주얼리의 상담 및 제작이 진행되는 디자이너의 작업실이 있다.

🎁 은으로 만든 귀걸이는 1,300바트부터, 원석이 들어간 은반지는 2,000바트부터 📍 님만해민 소이 11 📍 28/2 Soi 11 Nimmanhaemin Suthep, Chiang Mai 📞 +66 53 214 806 🕐 10:00~19:00(일요일 10:00~17:00) 🌐 www.metal-studio-thailand.com Map p.130-D

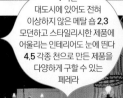

1 다른 대도시에 있어도 전혀 이상하지 않은 메탈 숍 2,3 모던하고 스타일리시한 제품에 어울리는 인테리어도 눈에 띈다 4,5 각종 천으로 만든 제품을 다양하게 구할 수 있는 페레라

실용적이고 아기자기한 소품 천국
페레라 Ferera

님만해민 한가운데에서 만나는 페레라는 태국 유명 브랜드 나라야Naraya와 비슷한 콘셉트를 가진 액세서리 숍으로 실용적인 패브릭 아이템을 주로 판다. 파타야를 중심으로 태국 전역에 매장이 있는데 치앙마이에서는 님만해민 소이 11과 마야 쇼핑몰에 있다. 따뜻한 느낌의 패턴과 디자인으로 실생활에서 바로 쓸 수 있는 제품이 많다. 주요 아이템은 가방과 파우치로 코끼리나 꽃무늬가 그려진 패브릭 가방이 인기다. 그 외에도 앞치마나 오븐장갑 같은 주방용품과 목욕 가운, 슬리퍼에 아기 옷과 모자까지 패브릭으로 만들 수 있는 모든 생활용품이 구비되어 있다.

📍 님만해민 소이 11 중심에 자리하며 마야 쇼핑몰 매장은 1층에 있다 📍 Nimmanhaemin Soi 11, Amphoe Muang, Chiang Mai 📞 +66 52 081 635 🕐 10:00~21:00 🌐 www.ferera.com Map p.130-D

밤낮이 모두 즐거운 테마 쇼핑 공간
원 님만 One Nimman

1층에는 카페와 맛집의 분점, 편집숍 등이 들어서 있는데 그중 단연 인기는 카페 그래프Graph와 타이 티Thai Tea 전문점 차트라무에Cha Tra Mue다. 면세점으로도 이어지는 2층 공간에는 치앙마이 로컬 브랜드 플레이웍스Playworks, 태국 스파 제품숍, 화장품 매장 등이 모여 있어 원스톱 쇼핑이 가능하다. 렛츠 릴렉스Let's Relax에서 마사지를 즐기고, 수제 맥주 전문 루프탑 바 파라렐 유니버스Parallel Universe Of Lunar 2 On The Hidden Moon로 이동해 저녁을 보내면 알찬 일정이 완성된다.

⚑ 님만해민 초입, 마야 라이프스타일 쇼핑센터 건너편 ♀ 50200 Chang Wat Chiang Mai, Amphoe Mueang, Chiang Mai
ⓒ 11:00~23:00(매장에 따라 다름)
⊕ www.onenimman.com 🗺 p.130-B

6,7 님만해민의 트렌디함에 정점을 찍을 쇼핑 공간 원 님만 8 로열 프로젝트를 통해 재배한 각종 채소, 커피, 차, 곡물류는 물론이고 다양한 잡화도 판매한다 9 신선한 로열 프로젝트의 유기농 채소가 치앙마이 사람들에게 가장 인기가 많다 10 상점 안팎으로 카페 공간도 마련됐다

태국 왕실이 보증하는 신선함!
로열 프로젝트 숍 Royal Project Shop

태국 왕실에서 운영하는 로열 프로젝트는 태국 전역의 농업 발전을 통한 경제 발전을 꾀하는 사업이다. 이전에 태국 북부에서는 농사로 마리화나와 같은 불법 작물을 재배했었는데 이를 대신해 커피나 딸기 같은 새로운 품종을 재배하는 것이다. 태국 전역 편의점에서 판매되는 도이 캄Doi Kham 주스가 대표적이다. 로열 프로젝트 숍은 정부 주도 하에 펼쳐지는 사업을 통해 생산된 채소와 과일 그리고 이를 첨가한 공산품 등을 모아서 판매하는 곳으로, 치앙마이 대학교 내부에 자리한다. 학생들과 주변 현지인들이 신선한 식재료를 구입하기 위해 주로 방문하는데 정부가 인증한 꿀이나 스파 용품도 판매해 여행자들 사이에서도 주목받는다. 바로 옆에는 이 사업을 통해 생산된 커피와 재료를 요리해 판매하는 카페도 있는데 통유리로 만들어진 쾌적한 카페로 치앙마이 대학교 학생들에게 인기다.

⚑ 치앙마이 대학교 후문에 위치 ♀ Royal Project Shop, CMU, Su Thep, Amphoe Muang, Chiang Mai 📞+66 53 211 613
ⓒ 08:00~18:00 🗺 p.130-C

님만 해민

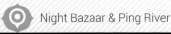
나이트 바자 & 삥강
낭만적인 강을 품은
치앙마이 중심지

치앙마이에서 시내 중심은 당연히 나이트 바자와 강변을 중심으로
하는 이 지역이다. 치앙마이의 젖줄이 되는 삥강을 중심으로 특급
호텔과 불야성을 이루는 야시장, 유서 깊은 사원과 강변 뷰를 갖춘
치앙마이 대표 레스토랑과 수많은 갤러리가 늘어선 이 동네는
여행자가 가장 머물고 싶어 하는 지역이기도 하다. 그 어느 지역보다
믹스 앤 매치의 묘미를 보여주는 낭만적이고 가장 치앙마이다운 시내
중심을 샅샅이 탐험해보자.

Night Bazaar & Ping River Access

공항에서 나이트 바자 & 삥강으로

치앙마이 중심에 위치하고 있어 어떤 교통수단을 이용해도 쉽게
접근할 수 있다. 치앙마이 공항에서는 차로 10~15분 내외,
기차역이나 버스터미널에서도 차로 20분 내외로 택시를 이용하는
것이 가장 편리하다. 삥강의 경우 나와랏Nawarat 다리를 기준으로
거리가 떨어진 호텔이라면 추가 요금이 나올 수 있으니 미리 숙소
위치를 확인 후 이동할 것.
공항 ↔ 시티센터 / 택시 200바트부터

송태우나 뚝뚝 타고 나이트 바자 & 삥강으로

치앙마이 어느 곳에서든지 나이트 바자를 외치면 쉽게 갈 수 있다.
르메르디앙 호텔을 기점으로 대부분의 편의시설이 자리하고 있다.
삥강 근처로 이동할 경우에는 나와랏Nawarat 다리나 굿 뷰Good
View 레스토랑을 기점으로 삼으면 편리하다.
나이트 바자 & 삥강 ↔ 님만해민 / 송태우 40바트, 뚝뚝 100
바트부터
나이트 바자 & 삥강 ↔ 타패 / 송태우 20~30바트, 뚝뚝 60~80바트

도보로 나이트 바자 & 삥강으로

일방통행 길이 많아 도보로 이동하는 것이 가장 편리하다. 타패
게이트부터 강가까지 이어지는 타패 로드까지 도보가 가능하다면
나머지 주요 스폿도 충분히 걸어갈 수 있다.
나이트 바자 ↔ 삥강 / 도보 10분
나이트 바자 & 삥강 ↔ 타패 게이트 / 도보 15~20분
나이트 바자 & 삥강 ↔ 와로롯 마켓 / 도보 10분

TCDC 치앙마이
TCDC Chiang Mai

Ratchawong Rd

Tai Wang Rd

호텔 데스 아티스트, 삥 실루엣
Hotel des Artists, Ping Silhouette

카페 데스 아티스트
Café des Artists

엘리펀트 퍼레이드 하우스
Elephant Parade House

타니타
Tanita

반삐엠숙
Baan Piemsuk

까우끄리압 빳몽
Kau Kriap Pad Mong

왓껫까람
Wat Ket Karam

레지나 가든
Regina Garden

비엥 줌 온 티하우스
Vieng Joom On Teahouse

갤러리 레스토랑
The Gallery Restaurant

와로롯 마켓
Warorot Market

똔람야이 마켓
Ton Lam Yai Market

굿 뷰
The Good View

호몽 마켓
Hmong Market

빠통꼬 꼬넹
Pathongko Ko Neng

와위 커피
Wawee Coffee

탑스 데일리 마켓
Tops Daily Market

라밍 티하우스
Raming Tea House

데크 원
Deck 1

와위 커피
Wawee Coffee

키요라 스파
Kiyora spa

Kaeo Nawarat Rd

Chang Mai Rd

Sithiwongse Rd

Mun Mueang Rd

Chaiyapoom Rd

Chang Moi Koo Rd

남응이아우 타패
Nam Ngiaw Thapae

Tha Phae Rd

Wat Chetawan

허브 베이식스
Herb Basics

스트리트 피자 앤 와인 하우즈
Street Pizza & The Wine Houz

게이트웨이 커피 로스터
Gateway Coffee Roaster

왓부파람
Wat Buppharam

뿔른루디
Ploen Ruedee

카오소이 이슬람
Khaosoi Islam

카오소이 푸엥파
Khaosoy Fueng Fah

Thapae Rd Soi 5

Thapae Rd Soi 4

Kampangdin Rd

록 미 버거
Rock Me Burger

나이트 바자
Night Bazaar

버스 바
Bus Bar

Loi Kroh Rd

Le Meridien Chiang Mai

렛츠 릴렉스
Let's Relax

리버 마켓
The River Market

Duangtawan

아누산 나이트 바자
Anusarn Night Bazaar

Chaiyapoom Rd

아난타라 치앙마이 리조트
Anantara Chiang Mai Resort

빅씨 슈퍼마켓
Big C Supermarket

서비스 1921
The Service 1921

샤부시
Shabushi

삥 나까라 부티크 호텔 앤 스파
Ping Nakara Boutique Hotel and Spa

통차이 뽀차나
Thong Chai Pochana

클래식 저니
Classic Journey

나까라 자딘
Nakara Jardin

Sridonchai Rd

아트 인 파라다이스
Art in Paradise

나 니란드 로맨틱 부티크 호텔
Na Nirand Romantic Boutique Resort

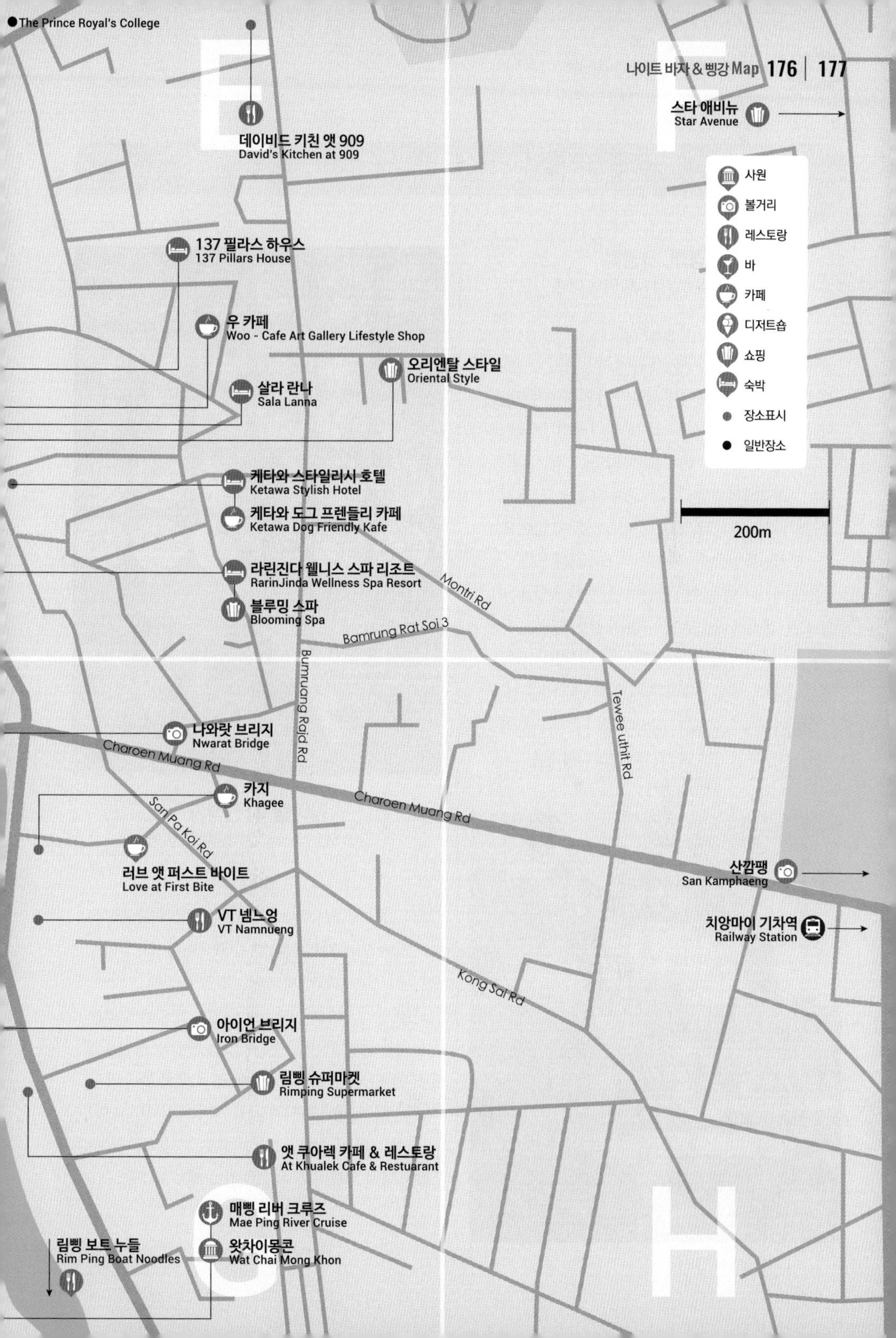

● The Prince Royal's College

스타 애비뉴
Star Avenue

데이비드 키친 앳 909
David's Kitchen at 909

🏛 사원
📷 볼거리
🍽 레스토랑
🍸 바
☕ 카페
🍮 디저트숍
🛍 쇼핑
🛏 숙박
● 장소표시
● 일반장소

137 필라스 하우스
137 Pillars House

우 카페
Woo - Cafe Art Gallery Lifestyle Shop

오리엔탈 스타일
Oriental Style

살라 란나
Sala Lanna

200m

케타와 스타일리시 호텔
Ketawa Stylish Hotel

케타와 도그 프렌들리 카페
Ketawa Dog Friendly Kafe

라린진다 웰니스 스파 리조트
RarinJinda Wellness Spa Resort

블루밍 스파
Blooming Spa

Montri Rd

Bamrung Rat Soi 3

Bumrung Rajd Rd

Tewee uthit Rd

나와랏 브리지
Nwarat Bridge

Charoen Muang Rd

카지
Khagee

San Pa Koi Rd

Charoen Muang Rd

산깜팽
San Kamphaeng

러브 앳 퍼스트 바이트
Love at First Bite

치앙마이 기차역
Railway Station

VT 넴느엉
VT Namnueng

Kong Sai Rd

아이언 브리지
Iron Bridge

림삥 슈퍼마켓
Rimping Supermarket

앳 쿠아렉 카페 & 레스토랑
At Khualek Cafe & Restuarant

매삥 리버 크루즈
Mae Ping River Cruise

림삥 보트 누들
Rim Ping Boat Noodles

왓차이몽콘
Wat Chai Mong Khon

실전여행 노하우

육경희, 자영업
2015년 8월 6일간 치앙마이 여행

"

태국 북부요리를 연구하기 위해 치앙마이 여행을
택했습니다. 차를 대여해 치앙마이 외곽에서 만난
치앙마이의 다양한 소시지는 우리나라의 순대와도
만드는 방식이나 맛이 흡사하더군요. 태국의
다른 지역에서 맛봤던 음식보다 더 진하고, 거친
느낌이 나는 란나 푸드의 그 맛도 잊을 수 없어요.
현지인들만 가는 진짜 북부요리 전문점을
올드 시티나 외곽에서 만난다면, 삥강 유역에는
데크 원, 갤러리 레스토랑, 굿 뷰와 같이 태국음식에
익숙지 않은 사람도 즐기기 좋은 레스토랑이 많아서
좋았습니다. 서울에서 바쁜 시간을 보낼 때면 삥강
주변 카페에 앉아 그저 멍하니 강가를 바라보며
여유를 즐겼던 그 시간이 그리워집니다.

"

김아람, 사진작가
2016년 7월 4일간 치앙마이 여행

"

"오직 쉬기 위해서 떠난 치앙마이 여행이었는데 내내
삥강에 머문 것이 신의 한 수였습니다. 특히 강가
전망이 있는 호텔에 머물렀는데 아침 조식을 맛보고
근처 갤러리를 둘러보거나 맛있는 커피를 맛보는
거 외엔 종일 보아도 질리지 않는 삥강 풍경과 함께
완벽한 휴식을 취할 수 있었어요. 호텔로 돌아와서도
라린진다 스파에서 지친 몸의 기력을 회복하고 와위
커피에 앉아 사색에 잠겼던 여유로운 시간을 잊을 수
없어 다시 치앙마이 여행을 간다 해도 꼭 삥강으로
향할 것입니다."

"

나이트 바자 & 빙강 Q&A

종일 시끌벅적한 시내 중심! 시각을 조금만 넓히면 어느 곳보다 풍성하게 여행할 수 있다. 알짜배기 여행을 만들기 위해 궁금한 이모저모.

Q 나이트 바자에서 파는 물건들이 비싸지 않나요?

A 판매되는 아이템에 따라 차이가 있지만 나이트 바자 중 가장 큰 규모를 자랑하는 아누산Anusan 마켓을 중심으로 대부분 주말 시장과 비슷한 금액대입니다. 대신 주된 고객이 여행자이기 때문에 판매 아이템이 대부분 기념품이나 액세서리 등으로 제한적입니다. 상설 마켓의 경우 요일에 구애받지 않고 쇼핑할 수 있어 특히 평일에 치앙마이를 여행한다면 필수 코스입니다. 단 야시장 인근 길가에 서는 노점의 경우 간혹 비싼 금액을 부르기도 하니 같은 아이템이라면 시장 안과 밖을 비교해 구입하세요!

Q 빙강 전망은 어떻게 즐기는 게 가장 좋을까요?

A 빙강의 유유자적한 매력은 강가를 따라 위치한 카페와 레스토랑에서 즐기는 것입니다. 나와랏 브리지 북쪽의 람푼 로드에는 대부분의 카페와 레스토랑이 강가 바로 앞에 있어 강변의 풍경을 감상하기 좋아 식사나 디저트를 위해 아무 때나 방문해도 됩니다. 특히 애프터눈 티를 즐길 수 있는 카페와 호텔들이 빙강 인근에 모여 있어 낭만적인 치앙마이 여행을 만들어 줄 거라 확신합니다. 매빙 크루즈를 타며 여유로운 뱃놀이도 즐겨보시길!

Q 시내 중심에 머물면 무엇이 좋나요?

A 당연히! 중심부에 위치해 어디든 이동이 편리합니다. 밤늦게까지 송태우가 많이 눈에 띄는 곳이라 종일 대중교통을 이용하기에도 편리하며 도보 이동과 쇼핑에도 좋은 곳입니다. 도보 10~20분 거리면 치앙마이 최대 재래시장 와로롯 시장부터 분위기 좋은 카페와 레스토랑이 많은 빙강 지역, 사원이 많은 타패 게이트까지도 갈 수 있고 인근 호텔에서 여러 야시장까지 쉽게 나들이 갈 수 있습니다. 아침마다 투어 버스를 타기에도 편하며 시내 외곽에 위치한 쇼핑몰에서 운영하는 무료 셔틀도 나이트 바자 인근에 정차하니 낮에 쇼핑을 즐기기에 도 좋습니다.

Q 볼거리가 부족하지는 않을까요?

A 숨은 볼거리를 찾는 재미가 쏠쏠합니다. 타패 게이트부터 빙강까지 개성 넘치는 사원들이 곳곳에 자리하고 있는데 특히 왓차이몽콘은 매빙 크루즈가 시작되는 곳으로 사원도 구경하고 크루즈도 즐길 수 있습니다. 현지인을 보다 가깝게 느낄 수 있는 시장도 많습니다. 와로롯과 똔람야이 시장은 치앙마이 사람들의 생활을 밤낮으로 느낄 수 있는 곳이며 인근 꽃시장과 청과시장도 종일 방문할 수 있습니다. 이슬람 거리에서는 치앙마이에서 최고로 꼽히는 카오소이 이슬람(p.050)의 메뉴도 맛볼 수 있고 빙강변에는 갤러리도 많습니다.

나이트 바자 & 삥강 여행 플랜

쇼핑, 스파, 볼거리에 로맨틱한 강가 전망까지 갖춘 완벽한 이곳! 365일 떠들썩한 치앙마이 중심부를 알차게 즐길 수 있는 4시간부터 반나절, 하루 혹은 꽉 찬 1박 2일 코스

4시간 오전 코스

09:00 호텔 조식

10min.

09:30 게이트웨이 커피 로스터에서 모닝 커피

3min.

10:00 왓부파람 사원 구경

5min.

10:30 와로롯시장 구경하며 쇼핑

5min.

11:30 렛츠 릴렉스에서 피로를 풀어주는 마사지

5min.

13:00 샤부시에서 태국식 샤부로 점심식사

*소요시간은 도보 이동 기준

반나절 오전 쇼핑 코스

09:00 호텔 조식 후 주변 산책

8min.

10:00 흐몽 마켓에서 고산족 아이템 찾기

3min.

10:30 와로롯 마켓에서 치앙마이 소시지 맛보기

10min.

11:30 와위 커피에서 잠시 휴식

3min.

12:30 블루밍 스파에서 스파 제품과 디퓨저 쇼핑

6min.

비엥 줌 온 티하우스에서 애프터눈 티 **13:00**

하루 코스

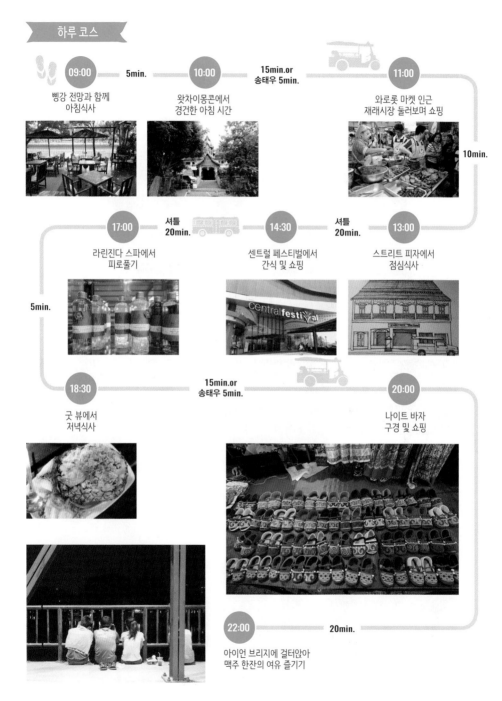

09:00 삥강 전망과 함께 아침식사

5min.

10:00 왓차이몽콘에서 경건한 아침 시간

15min.or 송태우 5min.

11:00 와로롯 마켓 인근 재래시장 둘러보며 쇼핑

10min.

17:00 라린진다 스파에서 피로풀기

셔틀 20min.

14:30 센트럴 페스티벌에서 간식 및 쇼핑

셔틀 20min.

13:00 스트리트 피자에서 점심식사

centralfestival

5min.

18:30 굿 뷰에서 저녁식사

15min.or 송태우 5min.

20:00 나이트 바자 구경 및 쇼핑

22:00 아이언 브리지에 걸터앉아 맥주 한잔의 여유 즐기기

20min.

1박 2일 코스 / Day 1

13:00
호텔에 체크인

5min.

14:00
카오소이 이슬람에서
점심식사

5min.

15:00
와로롯 마켓에서
쇼핑

15min.or
송태우 5min.

18:30
록 미 버거에서
아메리칸식 버거 맛보기

5min.

18:00
타패 게이트에서
포토타임

20min.or
송태우 5min.

16:30
나까라 자딘에서
유럽식 티타임

15min.or
송태우 5min.

20:00
나이트 바자에서
쇼핑 및 간식

5min.

21:00
인근 길가에서
저렴한 타이 마사지

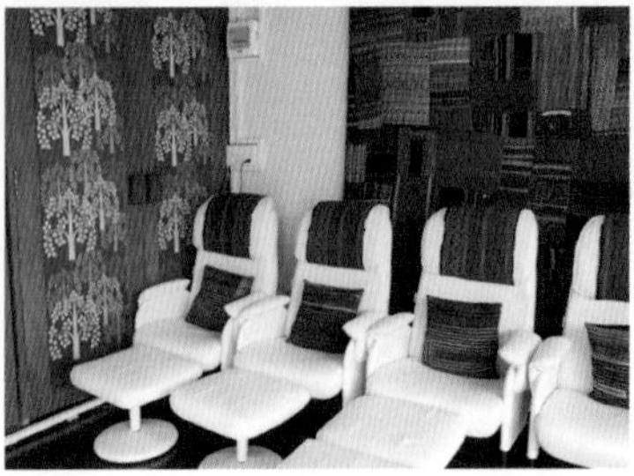

1박 2일 코스 / Day 2

07:00
호텔 조식 및
투어 미팅

차량 이동

14:30
데크 원에서
늦은 점심식사 겸 휴식

10min.

14:00
호텔로
귀환

차량 이동

09:00
데이투어 즐기기
→ p.249

15min.or
송태우 5min.

15:30
아난타라 스파에서
스파 후 애프터눈 티

15min.or
송태우 5min.

18:00
스트리트 피자에서
저녁식사

6min.

22:00
리버 마켓에서
아이언 브리지 보며 야식 즐기기

2min.

20:00
나이트 바자(주말이라면 선데이 마켓)
에서 쇼핑

개띠 불자를 위해 만든 사원
왓껫까람 Wat Ket Karam

1428년 프라자오 삼팡깬Phra Jao Sam Fang Kaen 시대에 지어졌다. 란나의 새해 첫날 왕가에서 머리를 감는 의식에 사용했던 건물의 이름을 따서 왓사껫Wat Saket이라고 불렸지만 남부에도 같은 이름을 쓰는 사원이 있어서 왓껫까람으로 이름을 바꿨다. 줄여서 왓껫이라고도 부르며 영어식으로 왓 게이트Wat Gate라고도 쓴다. 삥강 유역의 중국 상인 커뮤니티가 껫깨우 추라마니 탑 Ket Kaew Chura Manee Pagoda을 올렸다. 서쪽 치앙마이가 홍수 피해를 입을 때 왓껫 인근 주민들은 탑 근처에 수도원을 지었고 운 좋게 이 지역에 홍수 피해가 없었다. 그런 까닭에 탑은 태국 북부의 가장 신성한 10개의 탑 중 하나로 여겨진다. 란나 스타일 건축물에 중국 디자인이 가미된 탑과 건축 양식, 유럽풍의 건물에 태국 중부 건축 스타일까지 만날 수 있는 흥미로운 사원이다. 중국 달력으로 개의 해에 태어난 불자를 위해 만들어진 사원으로 내부 곳곳을 각양각색의 개 모형으로 장식했다. 기부금을 내면 입장 가능한 박물관이 있어 불교문화와 이 지역의 역사를 이해할 수 있다.

🎫 무료 🚩 타패 게이트에서 삥강 방면으로 도보 10분 📍 96, Ban Wat Ket, Charoen Rat Rd, Amphoe Muang, Chiang Mai 🕐 06:00~17:00(박물관 08:30~16:00) 🗺 p.176-B

버마와 란나 스타일의 조화
왓부파람 Wat Buppharam

타패 로드에 위치한 왓부파람은 타패 로드에서 가장 눈에 띄는 사원이다. 타패 게이트에서 멀지 않은 길가에 자리해 자칫 지나칠 정도로 평범해 보이지만 500년의 역사와 독특한 이야기를 지니고 있다. 왓부파람을 보는 2가지 포인트는 버마와 동물. 사원이 시작된 1490년대는 버마가 치앙마이를 점령한 시기로 다른 사원과는 차별화된 버마 모습이 존재한다. 대표적으로 불탑인 체디는 황금빛 불상과 함께 귀퉁이에 고대 동물 싱가가 지키고 있고 메인 사원의 목조 지붕이 란나 스타일과는 크게 다르다. 두 번째로 이곳에서는 여느 사원보다 다양한 동물 조각상과 실제 동물들이 자유롭게 거니는 모습을 만날 수 있다. 닭, 코끼리 등 다양한 동물 조각들이 사원 구석구석에 자리하고 실제 동물들이 그 사이를 뛰어노는 모습이 자주 연출되기도 한다. 사원 안쪽에 모신 불상과 그림 등도 수백 년의 세월과 경건한 분위기를 발하고 있으니 놓치지 말자. 타패 게이트나 나이트 바자 어디에서도 접근이 편하다.

🎫 무료 🚩 타패 게이트에서 삥강 방면으로 도보 5분 📍 Tha Phae Rd, Amphoe Muang, Chiang Mai 🕐 06:00~17:00 🗺 p.176-C

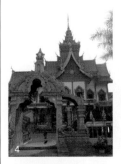

명절마다 모든 이가 모이는 사원
왓차이몽콘 Wat Chai Mong Khon

사원보다는 리버 크루즈의 시작점으로 여행자들 사이에서 더 잘 알려진 곳이지만 치앙마이에서 가장 오래된 사원 중 하나다. 약 600년의 세월을 담고 있는 사원은 당시에는 적이었던 버마와 라오스의 영향을 번성한 란나 스타일에 녹여내 포용의 의미가 담겨 있다. 곳곳에 귀한 유물과 유적이 보관되어 있지만 이곳이 더욱 특별한 것은 치앙마이 최대 행사인 송끄란, 로이끄라통, 석가탄신일에 현지인들이 가장 많이 방문하는 사원이기 때문. 강가에 접한 사원의 위치 때문에 행사마다 불교의 교리에 따라 물고기 등을 방생하거나 복을 기원하는 로이끄라통을 띄워 보내는 주요 거점이 된다. 행사가 없는 날에도 현지인들이 방생하는 모습을 쉽게 볼 수 있고 매빙 리버 크루즈의 선착장에서 강가 전망과 함께 커피도 즐길 수 있으니 크루즈를 위해 방문했더라도 왓차이몽콘의 매력을 놓치지 말자.

🚶 무료 📍 아난타라 호텔에서 남쪽 방향으로 도보 5분 📍 133 Charoenprathet Rd, Amphoe Muang, Chiang Mai 🕐 07:00~21:00 Map p.176-D

1,2,3 사원 곳곳에 개 모형이 가득하다 4,5,6 내부 사원은 개방되어 자유롭게 둘러볼 수 있다 7,8 왓차이몽콘에서는 사원도 둘러보고 리버 크루즈도 탈 수 있다 9,10 밤이면 현지 젊은이들이 삼삼오오 몰려든다

젊음이 넘치는 핫 스폿
아이언 브리지 Iron Bridge

밤마다 치앙마이 젊은이들이 저마다 손에 먹을 것과 마실 것, 핸드폰 카메라를 들고 삼삼오오 모이는 핫 플레이스. 아이언 브리지는 삥강을 건너는 작은 철교로 고작 100m가 넘는 길이의 다리지만 삥강을 이어주는 다리이자 젊은이들이 밤마다 하루 동안 쌓인 스트레스를 날려 보내는 나이트 스폿이기도 하다. 멀리서 다리를 바라보면 마치 콰이 강의 다리를 닮은 작은 철교인데 해가 지면 색색으로 조명이 바뀌면서 또 다른 모습으로 변신한다. 밤이 내려앉으면 젊은이들이 간식거리를 사 들고 다리에 걸터앉아 이야기를 나누는 모습이 사뭇 아찔해 보이면서도 따라 하고 싶을 만큼 친근한 분위기를 연출한다.
차량 통행이 많지 않은 일방통행 도로이기도 해서 차가 지나지 않을 때는 도로 위에서 기념사진을 남기는 치앙마이 젊은이들의 모습도 흥미롭다. 인근에는 편의점과 작은 노점도 있어 여행자라도 시원한 음료 하나 들고 이곳만의 분위기에 동참해볼 수 있다.

🚶 무료 📍 아난타라 호텔에서 북쪽으로 도보 8분, 리버 마켓 옆 📍 119 Loi Kroh Rd, Amphoe Muang, Chiang Mai 🕐 24시간 Map p.176-D

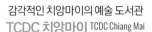

감각적인 치앙마이의 예술 도서관
TCDC 치앙마이 TCDC Chiang Mai

디자인 센터이자 도서관으로 방콕과 치앙마이에서만 만날 수 있는 멀티 센터이다. 디자인과 예술에 관심이 많은 현지인과 여행자들에게는 필수 코스로 네모난 컨테이너 모양의 건물은 외관부터 독특하다. 1층 카페, 세미나실, 전시관이 마련되어 있는데 디자인과 현대 예술 전시가 무료로 진행되니 입구에서 최근 이벤트가 있는지 확인해볼 것.
2층 도서관이 이곳의 하이라이트로 6,000여 권이 넘는 디자인 서적과 최신 잡지 등 '책 수집가'라면 두 눈이 휘둥그레질 만한 수많은 책이 있다. 여행자로 처음 방문한 경우 반드시 여권을 제시해야 하고 처음 등록 시 무료입장이 가능하다. 두 번째부터는 정식 등록이 필요하며 별도의 입장료가 부과된다. 장기 여행자의 경우 이곳을 꾸준히 즐기고 싶다면 1년 회원권을 구입하는 것이 경제적이다. 고가의 서적이 많은 관계로 대부분의 소지품은 입장 전 록커에 보관해야 한다. 치앙마이의 예술적인 기운을 또 다른 느낌으로 만날 수 있는 곳.

📷 도서관은 여권 지참 시 입장 가능 및 1회 무료 📍 와로롯 마켓에서 북쪽으로 도보 12분, 송태우를 이용하는 것이 좋다 📍 1/1 Muang Samut Rd, Chang Moi, Amphoe Muang, Chiang Mai 📞+66 52 080 500 🕐 10:30~18:00(월요일 휴무) 🌐 www.tcdc.or.th Ⓜ️ p.176-A

셔터를 연신 누르게 되는 착각의 세계
아트 인 파라다이스 Art in Paradise

한국에서 시작된 이 재미난 공간은 3D 일러스트 그림으로 꾸며진 작은 아트 뮤지엄이다. 방콕과 파타야에도 있는 아트 인 파라다이스는 진짜 갤러리도 박물관도 아니지만 재미난 사진을 남길 수 있는 포토 스폿으로 치앙마이 젊은이들에게 사랑받는다. 메인 콘셉트는 시각적인 착각을 불러일으키는 커다란 그림 속에 내가 직접 들어가보는 것. 언더워터 존, 와일드 존, 이스트 존 등 총 6가지 테마로 꾸며졌는데 어떤 그림에서는 내가 인어가 되기도 하고 나는 양탄자에 올라타기도 한다. 인기 높은 아트 존에서는 모나리자에게 눈썹을 선물해주기도 하는 등 기존 예술을 경험해보는 것을 넘어 직접 그림이 되고 더 나아가 예술에 대한 새로운 인식과 영감을 불러일으킨다. 작은 공간이지만 그림 하나하나를 배경으로 사진을 찍다 보면 한 바퀴 둘러보는 데만 한참이 걸린다. 1층에 마련된 카페와 푸드코트까지 함께 즐기면 반나절 이상 시간을 보내기 충분하다.

📷 성인 180바트, 120㎝ 미만 아동 120바트 📍 샹그릴라 호텔에서 남쪽으로 도보 5분 📍 199/9 Changklan Rd, Changklan Amphoe Muang, Chiang Mai 📞+66 53 274 100 🕐 09:00~19:00 🌐 www.chiangmai-artinparadise.com Ⓜ️ p.023-G

유유히 흐르는 삥강의 시간
매삥 리버 크루즈 Mae Ping River Cruise

삥강을 가장 가깝게 즐기기 위해서는 크루즈만 한 것이 없다. 크루즈라고 하지만 작은 롱테일 보트로 둘러보는 것. 잔잔한 물살을 가르며 유유히 치앙마이의 전망을 감상할 수 있어 외국 여행자들 사이에서 특히 인기다. 리버 크루즈를 위해서는 우선 왓차이몽콘을 찾아가야 한다. 강가에 큰 보트처럼 떠 있는 선착장에서 티켓을 구입할 수 있고 크루즈만 즐기거나 식사가 포함된 프로그램을 선택할 수도 있다. 보트 크루즈는 오전 9시부터 저녁 5시까지 매시 진행되며 중간 기착지인 농장에 잠시 머무는 시간까지 2시간 정도 소요된다. 카오소이가 나오는 런치 크루즈도 있으나 가장 인기 많은 프로그램은 태국음식 세트와 함께 석양을 감상할 수 있는 디너 크루즈로 1시간 30분가량 진행되며 저녁 출발 시간이 정해져 있으니 미리 예약하는 것이 좋다. 단 디너 크루즈는 많은 사람이 함께 조인하는 경우가 많으니 보다 조용히 삥강을 감상하고 싶다면 낮에 이용하는 것이 낫다.

🚤 보트 크루즈 2시간 550바트, 디너 크루즈 1시간 30분 690바트
🏁 아난타라 호텔에서 남쪽으로 도보 5분 왓차이몽콘 안에 위치 📍 133 Charoenprathet Rd, Amphoe Muang, Chiang Mai 📞 +66 18 844 621
🕐 09:00~18:30 🌐 www.maepingrivercruise.com 🗺️ p.176-D

> **1,2** TCDC의 메인 건물은 갤러리로 쓰인다 **3** 도서관 열람실 내부 **4,5** 아트 인 파라다이스의 내□외부에서 자유롭게 사진을 찍을 수 있다 **6** 강 위에 떠 있는 매표소, 카페도 겸한다 **7,8** 작은 배로 둘러보는 삥강 크루즈

자타공인 치앙마이 넘버원
굿 뷰 The Good View

치앙마이를 대표하는 대형 레스토랑이
자 나이트라이프의 중심으로 1996년 오
픈 이래 치앙마이 사람들은 물론이고 여
행자의 입맛에도 만족스러운 메뉴를 선
보인다. 나와랏 브리지에서 북쪽으로 갤
러리와 카페가 가득한 거리 한가운데에
위치한 굿 뷰 입구는 평범한 태국 가정집
을 보는 듯하다. 하지만 안으로 들어서면
100여 개의 테이블이 마련된 넓은 실내
외 좌석의 규모에 놀라는데 해진 이후부
터는 이마저 앉을 좌석이 없어 스탠딩으
로 즐기는 손님들을 쉽게 볼 수 있다.
굿 뷰의 인기 포인트는 태국부터 유럽, 일
식까지 종류를 세기 힘들 정도로 다양한
메뉴를 굿 뷰만의 아늑한 분위기와 삥강
의 아름다운 전망과 함께 만날 수 있다는
것. 시골벅적한 실내에는 에어컨도 없지
만 곳곳에 마련된 예스러운 소품과 이곳
만의 분위기는 어떤 이유로 방문해도 한
참 머무르고 싶은 매력임에 틀림이 없다.
밤마다 펼쳐지는 라이브 밴드의 공연은
이곳을 치앙마이 최고의 나이트 스폿으
로 만드는 일등공신이다. 치앙마이 삥강
에서의 인기에 힘입어 근교 항동에 굿 뷰
빌리지Good View Village를 비롯해 방콕,
파타야, 라오스의 비엔티안까지 프랜차
이즈가 속속 생겨나고 있다.

📷 1인당 500바트대, 웰컴 투 치앙마이 칵테일
Welcome To Chiang Mai 220바트, 레오
생맥주Leo Draught Beer 90바트 🍴 나와랏
브리지를 건너 북쪽으로 도보 5분, 라린진다
리조트 건너편 📍 13 Charoen Raj Rd, Wat
Ket, Amphoe Muang,
Chiang Mai 📞+66 53
302 764 🕐 10:00~
00:00 🌐 www.
goodview.co.th
🗺️ p.176-B

1 평일에도 넓은 내부
좌석이 가득 차는 굿 뷰 2 겉만
보면 작은 레스토랑이라고 착각할
수 있다 3,4,5 훌륭한 전망, 태국
맥주, 맛있는 태국요리, 라이브
공연까지 모두 즐길 수 있는
굿 뷰

역사와 예술, 맛의 조화
갤러리 레스토랑
The Gallery Restaurant

1800년대에 지어진 건물을 1900년대에 옛 모습을 복원해 레스토랑 겸 갤러리로 만들었는데 중국식과 태국식이 묘하게 결합된 건축 양식은 역사적인 가치까지 인정받아 태국 내 건축협회로부터 건축상을 수상했다. 레스토랑을 목적으로 이곳을 방문했다면 실내 갤러리를 지나 강가가 보이는 야외로 가야 한다. 여행자들도 시도하기 좋은 태국음식과 서양음식이 다채로운 것이 특징. 전통 태국음식부터 스테이크, 파스타, 퐁듀도 준비되며 와인 리스트와 디저트도 있다.

게 커리 볶음 380바트, 생선 바질 볶음 300바트, 와인(잔) 130바트부터 나와랏 브리지 건너 북쪽으로 도보 5분, B2 리버사이드 콜로니얼 호텔 옆 25-27-29 Charoen Raj Rd, Amphoe Muang, Chiang Mai +66 053 248 601 17:00~22:00 www.thegallery-restaurant.com p.176-B

삥강의 모던 레스토랑
데크 원 Deck 1

스파로 유명한 라린진다 웰니스 스파 앤 리조트RarinJinda Wellness Spa & Resort의 레스토랑으로 호텔 자체의 명성을 넘어서는 레스토랑으로도 유명하다. 스파 리조트의 레스토랑인 만큼 각종 건강식과 채식을 메뉴에 올려 이곳만의 특징을 빛낸다. 데크 원에는 강가 레스토랑이 가질 수 있는 여러 가지 장점이 적절히 조화되어 있다. 무엇보다 식사를 하며 강이 유유히 흐르는 풍경을 즐길 수 있다. 세련된 인테리어도 빼놓을 수 없다. 인근 강가 레스토랑이 태국식 전통 가옥을 개조한 데 반해 데크 원은 모던하고 세련된 인테리어로 고급스러운 느낌을 강조했다. 아침부터 저녁까지 오픈하는 시간의 편리함과 다양한 메뉴도 장점이다. 아침식사부터 가벼운 점심, 애프터눈 티에 밤이면 칵테일 한잔까지 언제든 방문해도 편히 즐길 수 있다. 주말에는 재즈 밴드의 라이브 공연도 펼쳐진다.

조식 350바트, 런치 99바트 나와랏 브리지에서 북쪽으로 도보 5분 1, 14 Charoen Raj Rd, Amphoe Muang, Chiang Mai +66 053 302 788 07:00~22:00 www.thedeck1.com p.176-B

6,7 다채로운 요리를 맛볼 수 있는 갤러리 레스토랑은 미국의 전 대통령 클린턴이 방문했던 곳이기도 하다 8 태국 전통 가옥과 모던한 장식을 조화롭게 사용해 레스토랑을 꾸몄다 9 밤이 되면 더욱 낭만적으로 변신하는 삥강 10 날씨 좋은 날에는 낮에도 그 광경이 황홀하다

예술적인 공간, 예술적인 다이닝
카페 데스 아티스트 Café des Artists

2015년 9월, 빙강변에 문을 연 호텔 데스 아티스트 빙 실루엣Hotel des Artists Ping Silhouette의 부속 레스토랑이다. 예술과 더불어 요리에도 관심이 지대한 이곳의 건축, 인테리어까지 모두 도맡은 주인장 빙 씨의 작품인 만큼 호텔 자체의 아름다움은 물론이고 아침부터 저녁까지 서빙되는 음식과 차, 각종 디저트 등의 수준이 훌륭하다. 오래전 이 지역의 상인들이 이뤘던 옛날 시장을 테마로 중국, 유럽, 태국 스타일이 모두 섞인 카페 내부의 인테리어와 소소한 장식물들이 호기심을 자극한다. 거리를 오가는 사람들을 바라보며 커피나 맥주 한잔 즐기기 좋은 라운지에서 좀 더 안으로 들어가면 호텔의 정원이 보이는 조용하고 아늑함이 돋보이는 넓은 다이닝 공간이 나타난다.

🍴 맥주 120바트, 커피 80바트부터
🚩 나와랏 브리지에서 북쪽으로 도보 5분
📍 11 Charoen Raj Rd, Amphoe Muang, Chiang Mai 📞 +66 53 249 999 🕐 07:00 ~22:00 🌐 www.hotelartists.com/pingsilhouette ᴹᴬᴾ p.176-B

1 호텔처럼 카페 데스 아티스트도 곳곳이 근사하게 꾸며진 레스토랑이다 2 모든 음식이 예쁘게 차려져 나온다. 투숙객이 아니라도 이곳의 아침식사나 애프터눈 티 세트를 즐겨보자 3 공간 곳곳이 아름답기로 유명해 화보 촬영지로도 이름이 높다 4,5 아이언 브리지 전망이 보이는 앳 쿠아렉의 야외 좌석이 인기다

빙강 전망의 재발견
앳 쿠아렉 카페 & 레스토랑
At Khualek Cafe & Restuarant

낮에는 고즈넉한 빙강 풍경을, 밤이 되면 알록달록한 조명을 밝히는 아이언 브리지를 감상할 수 있는 레스토랑이다. 눈에 띄는 노란색 작은 건물에 자리한 이곳에서는 아침부터 저녁 늦은 시간까지 종일 빙강 전망과 함께 다채로운 음식을 즐길 수 있다. 이곳이 더욱 매력적인 이유는 전망과 분위기 대비 저렴한 가격. 커피는 평균 50바트, 음식도 평균 100바트 선이라 시원한 실내 좌석이나 강가 전망이 펼쳐진 야외에서 분위기를 내기 좋다.

🍴 시그니처 커피 50바트, 로스트 포크 쿠아렉 인 스파이시 라임 95바트, 치킨 인 피시 소스 앤 칠리 소스 95바트 🚩 치앙마이 나이트 바자 방향에서 아이언 브리지를 건너 오른편 📍 28 Chiang Mai-Lamphun Rd, Soi 1, Wat Ket Amphoe Muang, Chiang Mai 📞 +66 99 269 2623 🕐 08:00~23:00 🌐 www.facebook.com/AtKhuaLek ᴹᴬᴾ p.177-G

맛과 재미, 전망의 삼박자
림삥 보트 누들
Rim Ping Boat Noodles

다양한 태국 국수와 요리를 삥강 전망과
함께 즐길 수 있는 로컬 음식점. 보트 누
들이란 작은 그릇에 태국식 국수를 내오
는 것을 칭하는데 이곳에서는 사이즈와
토핑, 육수에 따라 수십 가지 조합이 가
능하다. 15바트부터 시작하는 저렴한 가
격 외에도 강가의 야외석이 또 다른 매력
포인트. 테이블 위에 놓여 있는 태블릿 피
시를 이용해 주문하는데 영어로도 선택
가능하다. 현금 결제만 가능.

🍴 카오소이 카이 25바트, 누들 위드 스페셜
비프 40바트, 포크 커리 50바트 |📍 왓 아이언
브릿지에서 남쪽으로 도보 5분 📍 68/3
Chiang Mai-Lamphun Rd, Tambon Wat
Ket, Amphoe Mueang, Chiang Mai
📞 +66 53 244 405 🕐 09:00~18:00 🌐
www.facebook.com/RimpingBoatNoodle
M🗺️ p.177-G

6,7 삥강 풍경과 함께
즐기는 태국 국수와 란나
푸드 8 리버 마켓의 다양한
메뉴 9,10 태국 전통 건축
양식으로 꾸며져
있다

세계의 맛을 한자리에서!
리버 마켓 The River Market

태국을 여행하다 보면 큰 규모와 멋진 전
망을 가진 대형 레스토랑을 종종 발견할
수 있는데 치앙마이에서는 리버 마켓이 그
런 곳이다. 입구에는 큰 야외 주차장이, 안
으로 들어서면 족히 100석이 넘어 보이는
넓은 실내외 공간이 펼쳐지고 삥강의 낮과
밤을 감상할 수 있는 전망까지 근사하다.
두툼한 메뉴판을 살펴보면 왜 이곳이 마켓
으로 불리는지 알 수 있다. 수십 가지 태국
요리부터 피자, 스테이크, 시푸드에 치앙
마이식 패밀리 레스토랑 듀크Duke도 이곳
에 입점해 맛볼 수 있으니 커다란 푸드 마
켓인 셈이다. 입구의 쿠킹 스쿨에서 태국
요리를 배워볼 수도 있고, 레스토랑에만
들러 떠들썩한 분위기에서 음식을 맛보기
도 좋다. 단 금액대가 비싼 편이고 현지인
의 모임이나 회식, 결혼식 피로연으로도
인기가 많아 간혹 외부 손님 이용이 불가
할 수 있다는 것을 참고할 것.

🍴 새우 볶음 245바트, 솜땀뿌 195바트, 태국
BBQ 햄버거BBQ Thai Burger 225바트,
해산물 핫팟 345바트 |📍 아이언 브리지 바로 옆
강가 📍 33-12 Charoenprathet Rd, T. Chan
Klan Amphoe Muang, Chiang Mai
📞 +66 53 234 493 🕐 10:30~23:30
🌐 www.therivermarket.com
M🗺️ p.176-D

치앙마이 다이닝의 새로운 얼굴
서비스 1921 The Service 1921

럭셔리 호텔 아난타라에 자리하고 있지만 호텔과는 또 다른 분위기의 레스토랑으로 태국의 각종 매체에서도 주목하는 곳이다. 2층짜리의 고풍스러운 레스토랑 건물은 원래 태국 가옥 안에 영국 정부 기관이 들어섰던 역사적인 가치를 인정받아 1989년에는 마하 차끄리 시린드혼 공주Maha Chakri Sirindhorn로부터 훌륭한 건축 보존물Outstanding Architectural Conservation상을 수상했다.

옛 모습을 고스란히 보존하고 공간마다 '1921년 영국 군대'라는 독특한 스토리를 더해 태국에서는 보기 드문 콘셉추얼한 바와 레스토랑이 완성됐다. 커다란 다이닝 룸의 벽을 장식한 영국 군인들의 흑백 사진과 양복, 모자, 우산, 구두와 액세서리, 여권은 영화 〈킹스맨〉을 떠오르게 한다. 또 다른 다이닝 공간은 유럽의 서재처럼 웅장하게 꾸몄다. 거울이 달린 벽으로만 보이는 문을 힘차게 밀고 들어가야 나오는 프라이빗 다이닝도 '시크릿 레스토랑'이라는 이곳만의 콘셉트를 제대로 살렸다. 1920년대 영국 군인들의 유니폼을 재창조한 직원들의 의상은 물론 첩보 문서처럼 꽁꽁 싸맨 메뉴판도 코드블루, 코드레드라는 이름으로 레스토랑의 성격을 온전히 표현해낸다. 중국 쓰촨, 인도에서 온 셰프를 영입해 태국, 인도, 중국요리를 넘나들며 플레이팅부터 맛까지 섬세하게 표현했다. 건물의 역사와 치앙마이라는 지역의 특징을 반영한 브리티시 컨설리트 British Consulate, 메이드 인 치앙마이Made In Chiang Mai와 같은 칵테일도 이곳을 더욱 오래 기억하게 만드는 영리한 메뉴다.

🍴 카오팟부 299바트, 얌느아양 270바트, 칵테일 299바트 🚩 나와랏 브리지에서 송태우 3분 거리 📍 123-123/1 Charoen Prathet Rd, Changklan, Amphoe Muang, Chiang Mai 📞 +66 53 253 333 🕐 11:30~14:30, 18:00~23:00 🌐 www.chiang-mai. anantara.com MAP p.176-D

1 태국의 건축 보존물이기도 한 아난타라 치앙마이 호텔의 서비스 1921 2 영화 〈킹스맨〉처럼 곳곳을 비밀스럽게 장식했다 3 직원들의 유니폼도 1920년대 영국 군인의 군복에서 착안해 제작했다 4 태국식, 중국식, 인도식 등이 가미된 요리 5 마치 비밀 문서처럼 꽁꽁 포장된 메뉴판도 재밌다

치앙마이 터치의 프렌치
데이비드 키친 앳 909
David's Kitchen at 909

다라 데비Dhara Dhevi 출신 셰프가 주방을 책임져 고급스러운 코스 요리를 즐길 수 있는 곳. 정통 프렌치 요리라기보다는 태국 스타일의 재료나 요리법이 가미된 메뉴를 선보이는데 수프나 샐러드, 메인 코스와 디저트가 포함된 3코스 디너 메뉴가 가장 합리적이다. 분위기와 서비스도 인기에 한몫한다. 낭만적인 분위기와 정중한 서비스 덕에 치앙마이의 젊은 커플들의 프러포즈 장소로 애용된다. 예약은 필수이며 사전 요청 시 유료로 픽업 서비스도 가능하다.

📷 트러플 크림 페투치니 790바트, 비프 부루기뇽 790바트, 3코스 디너 1,250바트 ▐ 픽업 서비스나 송태우 이용 📍 113 Bamrungrad Rd, Wat Ket, Amphoe Muang, Chiang Mai 📞 +66 91 068 1744 🕐 17:00~22:00(일요일 휴무) 🌐 www.davidskitchen.co.th 🗺 p.177-E

독특한 베트남 쌈을 맛보자
VT 넴느엉 VT Namnueng

넴느엉이란 돼지고기로 만든 베트남 소시지로, 그릴에 구워낸다. 이곳은 넴느엉 전문점으로, 태국 우돈타니, 방콕에도 지점이 있는 베트남 식당이다. 2층 규모의 식당은 별채까지 갖췄을 정도로 넓은데, 점심과 저녁 시간에는 현지인과 관광객으로 가득 찬다.

넴느엉을 먹는 법은 간단하다. 상추와 라이스페이퍼를 편 다음, 넴느엉과 각종 채소를 넣고 잘 싸서 소스에 찍어 먹는다. 우리나라 쌈 요리와도 비슷해 한국 사람 입맛에 잘 맞는다. 이곳에선 베트남식 롤과 바비큐, 샐러드, 국수 등도 파는데 쾌적하고 고급스러운 분위기에 비해 가격은 저렴한 편이다. 에어컨 시설을 갖춘 좌석에 앉을 경우 테이블 크기에 따라 20~30바트의 추가 요금이 붙는다.

📷 넴느엉 140바트부터, 요리 60바트부터 ▐ 나이트 바자에서 아이언 브리지를 건너 북쪽으로 도보 3분 📍 49/9 Lamphun Road, Wat Ket, Amphoe Muang, Chiang Mai 📞 +66 87 433 7111 🕐 08:30~21:00 🌐 www.vtnamnueng.net 🗺 p.177-G

7,8 다라 데비 호텔 출신 주방장이 문을 연 데이비드 키친은 치앙마이에서 낭만적인 밤을 보내기 좋은 곳이다 **9** VT 넴느엉에선 쾌적하게 베트남 음식을 즐길 수 있다 **10** 베트남식 롤 **11** 베트남 소시지 넴느엉

음악과 낭만이 어우러진 곳
스트리트 피자 앤 와인
하우즈 Street Pizza & The Wine Houzz

스트리트 피자 앤 와인 하우즈는 2008년 카오야이Khao Yai 지역의 축제 때 작은 노점으로 시작해 방콕을 거쳐 지금은 치앙마이에 자리 잡았다. 변함없는 맛과 저렴한 가격은 그대로 지키고 100년이 넘는 건물 2층 테라스의 로맨틱함과 낭만적인 분위기까지 더해져 인기가 많다. 20여 종류의 피자는 대부분 300바트 미만으로 부담이 없다. 이탈리아 전통 피자는 물론이고 아스파라거스와 치앙마이 소시지를 올린 치앙마이 스타일의 피자, 치즈 버거 재료를 올린 피자, 달달한 디저트 피자 등 어느 것을 맛보아도 만족스럽다. 저녁 시간, 라이브 밴드 공연이 진행된다면 테라스 자리를 선점하자. 감미로운 음악을 들으며 내려다보는 분주한 타패 거리에서 로맨틱한 열대의 낭만을 느낄 수 있다.

오리엔탈 샐러드 89바트, 비프 러버 피자 219바트, 치앙마이 스타일 피자 209바트 ┃ 타패 로드에 위치, 타패 게이트에서 삥강 방향으로 도보 15분, 나이트 바자에서 북쪽으로 타패 로드 방면 ⏺ 7~15 Tha Phae Rd, Amphoe Muang, Chiang Mai 📞+66 85 735 746 ⏰11:30~23:00(월요일 휴무) 🌐 www. facebook.com/streetpizza&thewinehouzz
Ⓜ🅱Ⓓ p.176-D

1 갓 구운 피자와 신선한 샐러드 2,3 입구와 야외 테라스까지 분위기가 다르다 4 록 미 버거의 야외 바좌석, 실내에 더 많은 테이블이 있다 5 버거와 웡, 밀크셰이크

정통 미국식 햄버거를 만나려면!
록 미 버거 Rock Me Burger

2014년 문을 연 이곳은 정통 미국 스타일 햄버거로 큰 사랑을 받는 레스토랑. 재료에 따라 다양한 버거를 선보이는데 오리지널 버거부터 포크 버거, 피시 버거, 핫도그까지 어떤 메뉴를 선택해도 먹음직스럽게 나온다. 모든 버거는 한입에 넣기 버거운 사이즈라 버거 위에 작은 칼이 꽂혀 나오는데 그 비주얼부터 기대감을 높인다. 버팔로 윙이나 어니언 링, 프렌치프라이 등 사이드 메뉴에 콜라 대신 달콤한 밀크셰이크까지 주문하면 진짜 미국 사람 부럽지 않게 햄버거를 즐길 수 있다.

록 미 오리지널 160바트, 청키 치즈 독150바트, 창 비어 60바트 ┃ 타패 게이트에서 남쪽 로이크로 로드 안쪽까지 도보 5분 혹은 두앙타완 호텔 정문을 등지고 왼쪽으로 도보 8분 ⏺ Raminglodge Hotel 17~19 Loikroh st Changklarn, Amphoe Muang, Chiang Mai 📞+66 89 852 8801 ⏰11:30~00:00 🌐 www.facebook.com/Rockmeburger
Ⓜ🅱Ⓓ p.176-C

트렌디한 푸드코트!
쁠른루디 Ploen Ruedee

단순히 설명하면 야외 푸드코트지만 치앙마이의 감성과 젊은 분위기로 가득해 나이트라이프의 핫 스폿으로도 떠오르는 푸드코트다. 넓은 공터 가운데에는 마치 목장처럼 지푸라기 의자와 드럼통 테이블이 놓였고 그 주변으로 다양한 음식을 판매하는 부스가 둘러선 형태. 푸드코트라고 칭하는 만큼 다양한 음식은 기본이고 음식 부스들이 저마다의 개성으로 디자인되어 하나하나 구경하는 것만으로도 즐겁다. 메뉴도 다양해 20여 개의 부스에서 팟타이부터 카오소이, 미국 스디일 비비큐, 일본 키레까지 다국적 음식을 평균 100바트 선에 선보인다. 이곳이 나이트 스폿으로 사랑받는 이유는 밤마다 펼쳐지는 야외 공연이 한몫한다. 특히 금요일과 토요일 밤이면 흥에 겨운 분위기가 극대화된다. 나이트 바자에서 쇼핑 후 혹은 식사만을 위해서라도 꼭 들러봐야 할 곳으로 추천한다.

두짓D2 호텔에서 타패 로드 방면 도보 3분 ♥ Chang Klan Rd, Amphoe Muang, Chiang Mai ☎ +66 52 001 575 ⏰ 16:00~00:00(일요일 휴무) ⊕ www.facebook.com/ploenrudeenightmarket Ⓜ️ p.176-D

태국요리가 지루할 땐, 일식 뷔페
샤부시 Shabushi

샤부시는 태국 오이시Oishi 그룹의 체인 레스토랑으로 샤브샤브와 스시, 각종 애피타이저와 디저트를 무제한 맛볼 수 있는 태국 특유의 뷔페 식당이다. 샤브샤브와 스시 같은 일식이 기본인데 취향에 따라 똠얌 육수를 선택하고 레일 위를 도는 재료 중 새우와 조개 등을 골라 넣어 나만의 똠얌꿍도 맛볼 수 있다. 현지인에게 더욱 사랑받는 스시는 연어와 게맛살이다. 튀김, 과일, 음료까지 무제한으로 맛볼 수 있다. 치앙마이의 전자 상가 빤팁 플라자 Panthip Plaza 1층에 자리하니 쇼핑몰 구경과 함께 더위를 피해 점심시간에 방문하는 것이 좋다.

1인 375바트 (1시간 20분 시간 제한) 르메르디앙 호텔에서 남쪽 창끌란Chang Klan로드 빤팁 플라자 1층 ♥ Pantip Plaza 1F. Chang Khlan, Amphoe Muang, Chiang Mai ☎ +66 53 288 331 ⏰ 11:00~22:00 ⊕ www.shabushibuffet.com Ⓜ️ p.176-D

6,7 샤부시에서는 원하는 재료를 골라 먹는다 8,9,10 부스에서 음식을 구입한 후 야외에서 자유롭게 즐기는 쁠른루디

100년 역사를 자랑하는 카놈찐
남응이아우 타패 Nam Ngiaw Thapae

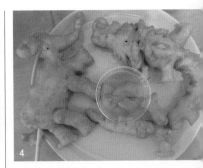

치앙마이에서 '100년의 역사'를 간직한 것은 사원이나 오래된 건물만이 아니다. 타패 게이트에서 도보 5분 거리인 창모이 Chang Moi 소이 2에 자리한 남응이아우 타패는 100년이라는 긴 시간 동안 가장 대중적인 태국음식인 카놈찐을 선보여왔다. 20바트라는 가격에 먼저 놀라고 오래된 식당의 내공이 느껴지는 화덕에 또 한번, 그리고 적은 양이지만 부드럽게 넘어가는 카놈찐 맛에 끝까지 감동하게 된다. 이곳의 메뉴는 단출하다. 북부 스타일 카놈찐 두 종류와 밥과 사테까지 4가지가 전부. 화덕에서 은은하게 데워진 태국 카레를 쌀국수에 얹어 한입 후루룩 맛보면 다른 식당에서는 찾아볼 수 없는 백년의 시간이 오롯이 느껴지는 듯하다. 뛰어난 맛보다 한 세기를 지켜온 한 도시의 맛에 대한 호기심과 전통 북부 카놈찐을 저렴한 가격에 맛볼 수 있다는 것에 의의를 두고 방문하면 좋겠다.

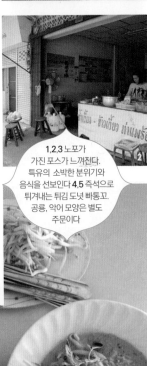

1, 2, 3 노포가 가진 포스가 느껴진다. 특유의 소박한 분위기와 음식을 선보인다 4, 5 즉석으로 튀겨내는 튀김 도넛 빠통꼬. 공룡, 악어 모양은 별도 주문이다

🍴 카놈찐 남야Khanom Jin Nam Ya 20바트, 카놈찐 남응이아우Khanom Jin Nam Ngiaw 20바트, 사테Pork Stay 30바트 ┃➤ 타패 게이트에서 와로롯 시장 쪽으로 도보 5분, 창모이 Soi 2 골목 📍 Chang Moi Rd, Soi 2, T.Chang Moi, Amphoe Muang, Chiang Mai ⏰ 08:00~15:00(일요일 휴무) 🗺 p.176-C

공룡 빠통꼬를 아시나요?
빠통꼬 꼬넹 Pathongko Ko Neng

빠통꼬는 중국식에 가까운 아침식사 메뉴로 태국에서는 따끈하고 달콤한 두유와 곁들여 주로 아침에 맛보는 튀김 도넛이다. 와로롯 시장과 똔람야이 시장 근처 골목에 아침마다 사람들이 줄을 서서 맛보는 빠통꼬 매장이 눈에 띄는데 공룡, 악어 등 재미난 모양으로 태국 전역은 물론 여행자 사이에서도 인기다. 인기를 증명하듯 빠통꼬를 집에서 직접 만들어 먹을 수 있는 비법 가루도 판매한다. 최근엔 태국식 볶음 국수, 죽, 덮밥 등 다양한 식사 메뉴도 제공해 아침 식사나 가벼운 점심 식사에도 제격이다.

🍴 악어 빠통꼬 30바트, 공룡 빠통꼬 20바트, 일반 빠통꼬 5바트부터 ┃➤ 똔람야이 마켓 뒷편 골목, Thanachart Bank 사이 골목 📍 90 Wichayanon Rd, Tambon Chang Moi, Amphoe Mueang Chiang Mai 📞 +66 94 637 6333 ⏰ 06:00~11:30, 16:00~20:00 🌐 restaurant-12620.business.site 🗺 p.176-B

치앙마이에서 제일 유명한 간식집
까우끄리압 빳몽
Kau Kriap Pad Mong

여행자는 모른다! 오직 치앙마이 사람들만 긴 줄을 서서 몇 상자씩 포장해 가는 이 간식은 사꾸Saku. 맵쌀을 수증기에 쪄서 각종 견과류를 달콤 짭짤하게 졸이고 이곳만의 특제 소를 올려 네모난 만두처럼 빚어낸다. 이것을 태국 쥐똥고추와 곁들여 먹는 것도 이색적이다. 주인장 케이존Kajon은 약 20년 전에 빙강에서 가족과 함께 이 사업을 시작했다. 예전과 다름없이 20바트라는 저렴한 가격으로 사꾸와 노란 콩을 달달하게 졸여 만든 디저트 2가지만을 포장으로만 판매하는데 문을 열면 금세 긴 줄이 생기고 매일 품절되기 일쑤. 아주 특별한 맛은 아니지만 치앙마이 사람들에게 향수를 불러일으키는 컴포트 푸드Comfort Food인 만큼, 빙강 주변에 머무른다면 시도해볼 것.

🍴 사꾸 20바트 🏨 갤러리 레스토랑 옆 📍 25-29 Charoenraj Rd, T.Wat Ket, Chiang Mai ⏰ 09:00~14:00 〈지도〉 p.176-B

치앙마이 사람처럼 즐기는 한끼
통차이 뽀차나 Thong Chai Pochana

30년이 넘는 세월 동안 가장 대중적이고 서민적인 맛과 분위기를 지켜온 식당이다. 치앙마이에서 가장 국제적인 동네에 위치했지만 흔한 영어 간판 하나 없이 태국 본연의 맛을 지켜온 곳으로 아침부터 늦은 오후까지 현지인들이 자주 찾는 밥집이다. 대표 메뉴는 오리를 고아 만든 진한 육수의 쌀국수와 돼지족발 덮밥인 카오카무 등 소박한 태국음식이다. 실내외 좌석에는 에어컨이 없고 작은 푸드코트 같은 인상이다. 이곳만의 특제 육수에 요리한 국수와 덮밥은 진하고 다양한 향신료의 향과 맛이 배어 있어, 태국음식 마니아라면 한번쯤 도전해볼 만하다.

🍴 오리고기 국수 35바트, 오리고기 덮밥 45바트, 사테 40바트부터 🏨 임페리얼 매빙 정문 앞 📍 Sri Donchai Rd, Chang Khlan, Amphoe Muang, Chiang Mai 📞 +66 53 449 365 ⏰ 07:00~16:00 〈지도〉 p.176-C

> 6,7 덮밥과 국수가 통차이 뽀차나의 주메뉴다
> 8,9 태국 사람들에게 인기 있는 디저트를 맛보고 싶다면 치앙마이 사람들의 긴 줄에 동참해보자
> 10 문을 연 내내 사꾸를 만드는 주인장 케이존

모로칸 스타일의 핑크빛 카페
비엥 줌 온 티하우스
Vieng Joom On Teahouse

비엥 줌 온 티하우스에서는 커피가 아니라 차의 세계에 빠져보자. 어릴 때부터 차를 삶의 일부로 접해온 주인장의 차에 대한 애정이 듬북 담긴 핑크빛 티하우스 비엥 줌 온은 '차'로 치앙마이를 대표하는 카페다. 핑크빛 티하우스에 발을 들이면 50여 가지가 넘는 다양한 종류의 티를 만나볼 수 있다. 티백이나 예쁜 틴 케이스에 담긴 차는 기본이 되는 홍차와 녹차부터 우롱차나 허브티까지 망라되어 있고 대부분 시향 후에 구입이 가능하다. 차 이름도 치앙마이, 파라다이스 나이트 등 지역의 특징을 담아낸 것이 많아 치앙마이 여행기념품이나 선물용으로도 그만이다. 내부에는 모로코 스타일로 꾸민 넓은 카페가 마련되어 있는데 차는 물론이고 함께 곁들이는 디저트나 음식도 수준급이다. 비엥 줌 온 최고의 인기메뉴인 애프터눈 티는 스콘이 곁들여진 클래식 메뉴와 과일과 푸딩이 어우러진 세트가 모두 인기다. 치앙마이 인근에 생긴 센트럴 페스티벌 쇼핑몰 1층에도 분점을 낼 정도니 치앙마이에서만 가능한 우아한 티타임을 계획해봐도 좋겠다.

🍴 VJO 하이티VJO High Tea 550바트, 스콘 세트Scorn Set 320바트, 블랜디드 티 스몰 팟 Blended Tea Small Pot 70바트 📍 나와랏 브리지에서 북쪽으로 도보 7분, 살라 란나 호텔 가기 전 📍 53 Charoenraj Rd, T.Wat Ket, Chiang Mai 📞 +66 53 303 113 ⏰ 10:00~19:00 www.vjoteahouse.com 🗺 p.176-B

1 모로코 스타일의 인테리어가 특색 있는 비엥 줌 온 2,3 애프터눈 티 세트를 비롯해 각종 디저트와 차가 준비된다 4 입구에는 티 부티크가 있어 티타임을 가진 후 원하는 차를 구입하기에도 그만이다 5 어느 좌석에 앉아도 빛이 좋아 '사진발'이 잘 받는다

비밀의 정원에서 즐기는 티타임
나까라 자딘 Nakara Jardin

꽃과 나무, 예쁜 집과 빙강의 여유로움이 어우러져 마치 동화 같은 느낌을 자아낸다. 클래식한 작은 소품과 테이블까지 더해져 영국 카페를 그대로 옮겨온 듯한 이곳은 메뉴도 유럽 스타일이다. 메인으로 파스타, 콩피Confit, 브루기뇽Bourguignon, 푸아그라를 선택할 수 있고 달콤한 케이크를 비롯해 크로크 뮤슈, 크레페, 포카치아 등 유럽 스타일의 베이커리도 다양하다. 3단 트레이에 제공되는 클래식한 애프터눈 티는 이곳의 추천 메뉴다. 어느 곳에서도 카메라 셔터를 절로 누르게 만드는 아름다운 정원의 경치를 만끽하고 유유자적한 빙강을 넋 놓고 바라만 보아도 저절로 기운이 충전되는 듯한 비밀의 정원에서 한때를 즐겨보자.

애프터눈 티 세트(2인) 890바트, 커피 70바트부터 왓차이몽콘에서 남쪽으로 도보 5분 빙 나까라 호텔 안쪽 Changklan, Amphoe Muang, Chiang Mai +66 53 818 977 11:00~19:00(수요일 휴무) www.pingnakara.com/nakara_jardin p.023-G

6,7 치앙마이 곳곳에서 만날 수 있는 와위 커피 8,9,10 강가 전망과 함께 티타임을 즐기기 좋다

강변에서 즐기는 태국 북부 커피
와위 커피 Wawee Coffee

와위 커피는 치앙마이에서 꼭 한번은 맛봐야 하는 커피다. 님만해민과 쇼핑몰에도 입점한 카페지만 치앙마이의 낭만을 고스란히 느끼려면 빙강 지점만 한 곳이 없다. 커피는 입맛에 따라 에스프레소 메뉴부터 드립까지 다양한데 대표 커피인 와위 커피는 태국커피 특유의 달달하고 쌉싸래한 맛과 향이 특징이다. 도이루앙, 도이인타논 등은 태국 북부의 유명한 산 이름이며 원두의 산지다. 강가 맞은편 똔람야이 시장 근처에도 강을 마주한 또 하나의 와위 커피가 자리하니 동선에 맞는 지점을 방문해볼 것.

와위 커피 50바트, 카페 라테 65바트, 도이루앙Doi Luang 60바트 나와랏 로드에서 북쪽으로 도보 3분 29-30 Lumphun Rd, T.Wat Ket, Chiang Mai +66 53 247 713 07:00~20:00 www.waweecoffee.com p.176-B

한입에 반해버리는 디저트!
러브 앳 퍼스트 바이트
Love at First Bite

1999년부터 빙강 앞 골목에서 조용히 자리를 지켜온 치앙마이에서 가장 오래된 카페 중 하나인 러브 앳 퍼스트 바이트. 입구에 들어서면 한쪽에는 실내 좌석을 갖춘 베이커리, 카페, 아이스크림 가게가 옹기종기 모여 있고 한쪽엔 잔디와 작은 연못이 보이는 야외 공간이 나타나 나무와 꽃에 둘러싸인 작은 마을 같다. 가장 오래된 카페라는 사실뿐 아니라 모든 메뉴가 홈메이드라 퀄리티가 훌륭하다는 것도 인기의 비결. 특히 치즈 케이크는 미국식 레시피를 그대로 가져왔고 직접 만드는 아이스크림도 치앙마이의 가장 신선한 재료를 사용해 이곳만의 특별한 맛을 자랑한다. 그밖에도 파이와 라자냐 등 식사나 커피까지 모두 만족스럽다. 잘 관리된 정원에 놓인 투박한 플라스틱 의자에 앉아 몇 시간이고 시간을 보내고픈 정겨움이 가득하다.

블루베리 치즈케이크 70바트, 망고 아이스크림 70바트, 타이 티 밀크셰이크 100 바트┃▪ 나와랏 브리지에서 남쪽으로 도보 3분. 람푼 소이 1 안쪽에 위치 ⊙ 28 Lamphun Rd, Soi 1, T.Wat Ket, Amphoe Muang, Chiang Mai ☎ +66 53 242 731 ⊙ 09:00~17:00 ⊕ www.loveatfirstbite-cm.com MAP p.177-G

1,2 주택을 개조해 만든 러브 앳 퍼스트 바이트 안쪽으로 넓은 정원이 있다 3 한입에 반해버리게 되는 홈메이드 아이스크림 4 반삐엠숙의 판단 케이크와 몽키 커피 5 옛날 가옥 그대로를 카페로 쓴다

치앙마이 케이크의 새로운 강자
반삐엠숙 Baan Piemsuk

오래된 집을 개조한 이곳은 신선한 크림을 듬뿍 올린 케이크 맛이 입소문을 타 지금은 치앙마이를 대표하는 케이크로도 명성이 자자하다. 베스트셀러는 코코넛이 든 케이크와 파이 그리고 딸기 케이크. 이 밖에 계절별 재료에 맞춰 새로운 케이크를 제공한다. 반삐엠숙의 자체 원두를 판매할 정도로 커피도 훌륭하다. 특히 몽키 커피는 우유에 가깝지만 달콤한 코코넛과 바나나의 맛이 어우러져 태국만의 달콤함을 맛보는 기분이다. 오후에는 케이크가 동이 나기도 하니 참고할 것.

모카 라테 65바트, 리치 소다 55바트, 코코넛 크림빠이 80바트, 판단 코코넛 케이크 80바트┃▪ 살라 치앙마이 호텔에서 북쪽으로 도보 3분 ⊙ 28 Chiang Mai-Lamphun Rd, Soi 1, T.Wat Ket, Amphoe Muang, Chiang Mai ☎ +66 85 708 8988 ⊙ 09:30~18:30 ⊕ www.facebook.com/Baanpiemsuk MAP p.176-B

빵 만드는 여자, 커피 내리는 남자
카지 Khagee

일본인 파티셰인 미키 우에다Miki Ueda와 태국인 바리스타 빠누뽕 아피냐꿀Panupong Apinyakul의 합작품인 카지는 치앙마이가 아니라 일본의 작은 동네에 있어도 딱 어울릴 만한, 일본 감성이 가득한 카페다. 삥강 대로변에 위치한 2층짜리 주택 1층에 자리한 이곳은 작정하고 찾아가지 않는 이상 지나쳐버릴 정도로 겉모습이 수수하다. 심플하고 모던한 젠 스타일로 단아하게 꾸며진 카페에서는 영업시간 내내 태국인 남편이 만들어내는 깊은 맛의 치앙마이 커피와 일본인 아내가 직접 구워내는 다양한 빵을 먹기 위해 사람들이 줄을 선다. 카지의 빵은 천연 이스트와 좋은 재료로 정성스럽게 만들다 보니 가격이 높은 편이지만 쇼케이스에 빵이 나오면 오래 지나지 않아 품절되기 일쑤. 일본 스타일로 만드는 메론빵과 정통 프랑스 스타일의 까늘레가 가장 인기가 많고 베이글, 당근 케이크, 스콘, 바게트 등 이곳에서 구워내는 빵 하나하나가 치앙마이의 보통 제과점에서 만날 수 없는 수준을 자랑한다.

🍴 카페 라테 75바트, 아이스 아메리카노 70바트, 메론빵Melon Bun 40바트, 당근 케이크Carrot Cake 80바트 🚶 나와랏 브리지에서 남쪽으로 도보 3분, 람푼 소이 1에 위치 📍 29-30 Lumphun Rd, T.Wat Ket, Chiang Mai 📞 +66 82 975 7774 🕐 09:30~17:00(월, 화 휴무) 🌐 www.facebook.com/khageecafe 🗺 p.177-G

> **6** 그냥 지나치기 쉬운 카지의 심플한 외관 **7** 바로 구워 쇼케이스에 채우는 빵은 나오자마자 품절되기 일쑤 **8,9** 몇 개의 좌석과 커피 바가 전부인 작은 카페지만 자리를 잡기 어려울 정도로 인기다 **10** 훌륭한 맛을 자랑하는 커피와 빵을 함께 즐기며 여유로움을 만끽할 것

여기에서는 고양이가 왕!
레지나 가든 Regina Garden

주인장의 이름을 딴 게스트하우스인 레지나는 다양한 목적으로 활용되는 목조 건물이다. 주인장의 수집품을 한데 모아둔 갤러리, 각종 기념품과 고양이와 관련된 수집품을 판매하는 부티크, 100% 아라비카 원두를 쓰는 카페이자 다양한 태국음식과 서양음식까지 파는 레스토랑, 밤이 되면 강변 바로 변신하기까지, 딱 한 단어로는 설명하기 어려운 곳이다.

다른 곳과 확연히 차별화되는 특징은 약 30마리의 고양이가 한데 모여 사는 고양이들의 천국이라는 것. 고양이를 유독 사랑하는 태국에서 고양이는 마치 개처럼 사람에게 안기고, 애교를 부리고, 먹을 것을 달라고 조른다. 레지나 곳곳에서 사색하는 고양이, 물을 홀짝이는 고양이, 강변을 바라보는 고양이, 파리를 따라다니는 고양이, 손님들이 떨어뜨린 음식을 주워 먹는 고양이 등 개성만점의 고양이를 만나게 된다. 따라서 고양이를 사랑하는 사람들에게는 분명 흥미로운 곳이지만 동물을 좋아하지 않는다면 추천하지 않는다. 테이블 위로 뛰어 올라오거나 발 밑에 자리를 잡고 몸을 비벼대기도 하고 저희들끼리 폴짝폴짝 뛰어다니는 고양이들의 모습을 삥강의 경치보다 더 흐뭇하게 바라보는 것이 레지나에서 즐기는 최고의 액티비티이니 말이다.

🍴 수박 주스 70바트, 태국 맥주 70바트부터
🚶 나와랏 브리지에서 북쪽으로 도보 6분
📍 69~73 Charoenrat Rd, Wat Ket, Amphoe Muang, Chiang Mai 📞 +66 53 262 882
🕐 10:30~22:30 🌐 www.reginagarden.com MAP p.176-B

1 강가에 바로 접해있는 레지나 가든 2 셀 수 없이 많은 고양이가 가득하다 3 호스텔이자 식당으로 활용되는 2층의 목조 건물 4,6 레지나에서는 다양한 고양이 관련 소품을 구입할 수 있다 5 태국요리와 서양 요리도 팔지만 고양이에게 정신을 뺏겨 음식에 집중하기는 어렵다

앤티크한 커피하우스
타니타 Tanita

빙강에 자리한 수많은 갤러리 숍을 겸하는 카페 중에서 가장 앤티크한 분위기의 타니타 커피 하우스는 특히나 서양인들에게 많은 사랑을 받는다. 그것을 증명하듯 여행 사이트 트립어드바이저에서 늘 높은 순위를 차지한다. 고가구를 파는 갤러리 숍이자 작은 게스트하우스로 운영되지만 합리적인 가격에 풍부한 향과 맛의 커피를 내는 카페로도 잘 알려졌다. 입구부터 예사롭지 않은 예스러운 태국 건물과 그림, 조각, 장식이 놓여 있어 갤러리를 감상하듯 찬찬히 구경하며 걷게 된다. 안쪽에서 만나는 태국 전통 스타일의 2층 집은 세월을 가늠할 수 없을 만큼 고풍스러운 매력이 가득하다. 내부에서는 자연스럽게 태국 고가구를 전시, 판매한다. 또 다른 작은 건물 안에 커피하우스가 자리하는데 오래된 목조건물 특유의 아늑함이 느껴진다. 햇살이 가득 들어오는 커피하우스에서 커피, 디저트와 함께 태국만의 매력을 느껴보자.

🍴 아몬드 커피 80바트, 타이 티 50바트, 망고 찰밥 85 바트, 패낭 카레 85바트 🚶 나와랏 브리지에서 북쪽으로 도보 15분, 맞은편에 빙 실루엣 호텔 📍 152 Charoenrat Rd, Wat Ket, Amphoe Muang, Chiang Mai 📞 +66 84 484 8979 🕐 08:00~18:30(화요일 휴무) 🌐 www.facebook.com/TanitaCoffeeHouse Ⓜ️ p.176-B

7 애견인의 필수 코스인 케타와 도그 프렌들리 카페 **8** 감각적으로 꾸민 카페 **9,10** 고풍스러운 분위기가 좋은 타니타 **11** 커다란 창가에 앉아 빙강에서의 조용한 시간을 즐겨보자

개를 사랑하는 사람들의 아지트
케타와 도그 프렌들리 카페
Ketawa Dog Friendly Kafe

2015년 새롭게 문을 연 케타와 스타일리시 호텔의 카페이자 펫숍이다. 애견 카페라기보다는 인근 주민들이 반려견과 함께 방문해서 커피와 간식을 맛보고 애견용품을 쇼핑하는 공간으로 유명하다. 커피부터 타이 티, 시그니처 핫 초콜릿 등의 음료를 선보이며 반려견을 위한 간식도 판다. 카페 및 케타와 스토어에서 판매되는 반려견 간식은 '유기농 프리미엄 도그 베이커리'라는 이름에서 알 수 있듯 질 좋은 재료를 사용해 인기가 많다.

🍴 케타와 핫 초콜릿 110바트, 프루티 콜드 드립Fluty Cold Drip 95바트, 반려견용 맥 앤 시크Mac and Chic 120바트 🚶 라린진다 리조트 뒤, 살라 란나 호텔 가기 전 골목에서 우측 안쪽 📍 121/1 Bumrungrat Soi 2, Tambon Wat Ket, Amphoe Muang, Chiang Mai 📞 +66 53 302 248 🕐 07:00~18:00 🌐 www.ketawahotel.com Ⓜ️ p.177-E

치앙마이 커피 트렌드의 정점
게이트웨이 커피 로스터
Gateway Coffee Roaster

타페 게이트부터 나이트 바자까지 이어진 도로를 타페 로드라고 하는데 이 길에는 오래된 단층 건물들이 줄지어 남아 있다. 최근 이 건물들에 감각적인 숍이 속속 들어서고 있는데 게이트웨이 커피 로스터도 그중 하나다. 카페 그래프Graph의 오너가 새로 선보이는 카페로 야외 테라스, 나무 바닥 등 건물의 옛 모습을 살린 인테리어가 멋스럽다. 커피 로스터도 겸하고 있는 이곳에서는 니트로, 콜드브루, 필터 커피 등 다양한 추천 방식으로 커피를 즐길 수 있으며 원두도 별도로 구매할 수 있다. 또한 커피에 오렌지, 탄산 등을 섞은 실험적인 메뉴도 있다. 커피 이외에도 타르트, 쿠키, 케이크, 홈메이드 아이스크림을 넣은 아포가토 등이 인기 메뉴이다.

📷 로스트 스타 145바트, 콜드 화이트 커피 110바트, 더스티 보이 145바트 ▮ 타페 게이트에서 나이트바자 방면 도보 5분 📍 50300 Chang Moi Rd Soi 2, Amphoe Mueang, Chiang Mai 🕐 09:00~18:00 🌐 www.facebook.com/gatewaycoffeeroasters 🗺️ p.176-C

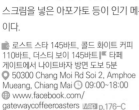

1,2,3
커피 맛도 일품,
오래된 공간이 선물하는
분위기도 일품! 4,5 클래식한
라밍 티하우스 모습. 숍을
지나면 안쪽에 카페가
자리한다

쇼핑까지 즐길 수 있는 티타임
라밍 티하우스 Raming Tea House

치앙마이 시내 한복판에 1900년대 영국의 시골집을 옮겨놓은 것 같은 라밍 티하우스. 입구에는 셀라돈 제품을 판매하는 숍이, 안쪽엔 차를 비롯한 커피와 디저트를 파는 클래식한 분위기의 카페가 있다. 특히 라밍의 애프터눈 티는 여느 호텔보다 합리적인 가격을 자랑한다. 티타임 후 쇼핑의 즐거움까지 맛볼 수 있는데 기념품과 차는 물론 치앙마이 특산품으로 꼽히는 셀라돈 제품도 전시 중이다. 실내에 라밍 티하우스의 모형과 역사도 설명되어 있으니 스토리가 있는 티하우스에서 휴식과 쇼핑을 한꺼번에 즐겨보자.

📷 애프터눈 티 세트 1인용 190바트, 아시안 세트Asian Set 2인용 450바트 ▮ 나이트 바자에서 타페 게이트 방면, 타패 로드에 위치 📍 158 Tha Pae Rd, Chang Moi, Amphoe Muang, Chiang Mai 📞 +66 53 234 518 🕐 08:30~17:30 🌐 www.ramingtea.com 🗺️ p.176-D

모던 갤러리를 방불케 하는 카페!
우 카페 Woo - Cafe Art Gallery Lifestyle Shop

화려하지는 않지만 평화롭고 소담한 풍경이 서정성을 자극하는 삥강변 명당에는 카페보다 뷰와 함께 저녁식사를 즐기기 좋은 레스토랑이 많다. 단지 삥강가에만 있을 뿐 대단한 뷰는 찾아볼 수 없는 우 카페는 카페 안에 볼거리를 가득 품었다. 세 채의 태국 전통 가옥으로 이뤄진 우 카페는 그 이름대로 카페, 라이프스타일 숍, 갤러리로 이뤄진 꽤나 큰 공간이다. 이상적인(?) 모던 타이 디자인Modern Thai Design의 모든 것을 보여주는 듯한 인테리어와 데코를 구경하는 것만으로도 시간이 금세 가버린다. 특히 카페 위층에 마련된 갤러리는 놓치지 않기를 당부한다. 치앙마이 아티스트의 작품을 기본으로 그림, 조각, 비주얼 아트 등 태국 예술가의 작품을 감상할 수 있다.

모든 공간에 예술 작품이 가득하고 스타일리시한 소품 하나하나까지 독특해 사진 찍기 좋아하는 태국 전역에서 온 여행자들은 물론이고 태국 유명스타들의 화보 촬영지로도 사랑받는 공간. 쇼케이스에 먹음직스럽게 진열된 각종 케이크와 커피, 음료 등이 인기 메뉴지만 간단한 샐러드와 음식 주문도 가능하다.

🍽 음료 100바트부터, 샐러드 120바트부터
📍 80 Charoen Raj Rd, Wat Ket, Amphoe Muang,
Chiang Mai 📞+66 52 003 717 🕙 10:00~22:00
🌐 www.facebook.com/WooChiangMai
Map p.176-B

1 갤러리, 숍, 카페를 겸하고 있어 큰 규모를 자랑하는 우 카페 **2** 외지 여행자보다 치앙마이를 여행하는 태국 여행자들에게 인기인 카페 **3** 2층에서 펼쳐지는 전시를 천천히 감상해볼 것

현지인들이 즐겨 찾는 강변 바
버스 바 Bus Bar

치앙마이 나이트 바자 인근이 전 세계 여행자들이 밤마다 즐겨 찾는 곳이라면 중심지에서 도보로 채 10분도 되지 않는 강가에는 현지 젊은이들이 모이는 로컬 나이트 스폿이 자리한다. 그중에서 가장 눈에 띄는 야외 공간이 바로 아이언 브리지 앞 공터에 자리한 버스 바다. 이름에서 짐작할 수 있듯이 강가 바로 앞 공터에 자리한 빨간 구형 버스는 라이브 밴드가 연주하는 무대가 되기도 하며 버스의 지붕은 빙강 전망을 한눈에 바라볼 수 있는 전망대 겸 명당이다. 또 다른 매력은 치앙마이 야경 명소로 꼽히는 아이언 브리지를 바로 마주하고 있어 일대에서 가장 전망이 좋다는 것. 손님들이 자리하는 곳은 모두 야외 좌석으로 커다란 나무가 그늘을 드리우고 있고 밤이면 조명이 불을 밝히는 다리 전망을 가까이 감상할 수 있다. 음료는 물론 어느 레스토랑에도 뒤지지 않는 다양한 식사 메뉴까지 갖춰 가볍게 식사를 즐기기에도 좋다.

🍴 창 생맥주 Chang Draft Beer 70바트, 그릴드 포크 스파이시 샐러드 Grilled Pork Spicy Salad 120바트, 매콤한 새우 볶음 Stir Fried Shrimp with Chilli Sauce 150바트 📍 아이언 브리지 인근, 리버 마켓 레스토랑 건너편 📍 Charoen Prathet Rd, Amphoe Muang, Chiang Mai 📞 +66 84 173 3113 ⏰ 17:00~01:00 🌐 www.facebook.com/busbar.ChiangMai 🗺️ p.176-D

1,2,3 작은 야외 광장처럼 꾸며져 있는 버스 바 2층 자리가 가장 인기다 4 굿 뷰 레스토랑 5 아이언 브리지

삥강에서 나이트라이프를 즐기는 방법

tip

삥강에서 밤에 논다면 당연히 '강변 바' 혹은 '강변 레스토랑'을 즐기는 것이 정답. 라이브 밴드의 신나는 음악과 함께 가장 떠들썩하고 흥겹게 나이트라이프를 즐기려면 굿 뷰를, 낭만적으로 조용한 강변 풍경을 즐기려면 데크 원이나 갤러리 레스토랑을 방문하도록. 그게 아니면 편의점에서 맥주 한캔 사서 치앙마이 젊은이들처럼 아이언 브리지 근처에 자리를 잡고 강바람을 맞으며 잠 못 이루는 치앙마이의 밤을 만끽해보는 것도 좋은 방법이다.

매일 즐거운 치앙마이의 밤
아누산 나이트 바자
Anusarn Night Bazaar

치앙마이에서 가장 큰 규모를 자랑하는 상설 야시장. 시내 쪽 입구에 들어서면 말린 과일과 태국산 인기 쥐포인 벤토를 한 묶음씩 파는 가게가 있고 'I love Chiang Mai'가 적힌 모자, 티셔츠, 액세서리, 생활용품까지 여행자가 원하는 아이템이 다채롭다. 먹을거리도 다양해 태국, 인도, 중국 레스토랑도 다양하게 포진해 있다. 예쁜 아이스 바를 파는 아네트 아이 팀 뚝뚝Annette I Tim Tuk Tuk과 즉석에서 아이스크림을 돌돌 말아주는 아이스마니아Ice Mania는 태국의 다른 도시에서도 줄서서 맛봐야 하는 디저트 노점이다.

▌ 르메르디앙 호텔에서 남쪽으로 도보 3분
♀ 149/24, 149/27-28 Chang Khlan Rd, Amphoe Muang, Chiang Mai ☏+66 53 818 340 ⏱ 17:00~00:00 ⏬ www.facebook.com/anusarnmarket Ⓜⓐⓟ p.176-D

날마다 변신하는 시장
제이제이 마켓 JJ Market

징자이Jingjai 마켓을 줄여 JJ마켓이라 칭하는데 주중에는 골동품과 중고물품, 수공예품을 판매하는 상점이 모인 작은 쇼핑 단지다. 여러 숍과 카페, 식당, 림삥 슈퍼마켓까지 있어 효율적인 쇼핑 코스를 만들기 좋다. 주말에는 더욱 활기를 띤다. 토요일은 하비 마켓Hobby Market으로 솜씨 좋은 사람들이 모여 핸드메이드 제품을 전시 판매하고 일요일은 파머스 마켓 Farmer's Market으로 인근 농장에서 생산한 신선한 채소와 과일, 먹을거리가 거래된다. 특히 파머스 마켓은 치앙마이의 재료를 저렴하게 구하고 구경하는 장이 되어 이른 아침부터 많은 사람으로 붐빈다. 넓은 공터에는 꽃이나 작은 수공예 제품, 커피 노점도 들어서 아침부터 나들이를 나온 치앙마이 사람도 많고 신선한 과일과 음식도 맛볼 수 있어 좋다. 입구 근처에는 치앙마이 젊은이들이 밤마다 모이는 바가 밀집되어 대도시 못지않은 젊고 활기찬 나이트라이프를 체험할 수 있다.

▌ 송태우를 이용해야 한다. 시내 중심에서 송태우로 10~15분 거리 ♀ 45 Assadathon Rd, T.Patun Amphoe Muang, Chiang Mai ☏+66 53 231 520 ⏱ 11:00~20:00 ⏬ www.facebook.com/anusarnmarket Ⓜⓐⓟ p.023-E

6 아누산 나이트 바자는 커다란 천막 안에 조성돼 비가 와도 걱정이 없다 **7** 쇼핑과 함께 빼놓을 수 없는 간식 가게와 식당도 가득하다 **8,9** 식재료, 각종 그릇, 공산품도 다양하게 갖춘 제이제이 마켓 **10,11** 선데이 마켓과는 또다른 재미가 있다

치앙마이 대표 재래시장
와로롯 마켓 Warorot Market

치앙마이를 대표하는 재래시장으로 오
랜 역사와 큰 규모를 자랑한다. 우리나라
로 치면 남대문 시장과 닮은 와로롯 마켓
은 3층 규모의 실내 시장으로 계절이나
날씨에 관계없이 둘러보기 좋은 곳이며
특히 다양한 음식을 사랑하는 여행자에
게 필수 코스다. 지하에 위치한 푸드코트
에서 현지인들과 함께 태국음식을 맛볼
수 있고 1층에서는 치앙마이 특산품을
비롯해 먹을거리를 쉽게 찾아볼 수 있다.
1층에 수십 개의 음식 판매점이 있지만
유독 긴 줄을 자랑하는 두 집이 눈에 띄
는데 돼지 껍질 튀김인 깝무부터 치앙마
이 소시지인 사이우아를 파는 곳으로 항
상 치앙마이 사람들이나 태국의 다른 지
역에서 여행 온 사람들로 가득하다. 2, 3
층은 옷과 신발, 각종 생활용품을 판매하
는 전형적인 재래시장으로 치앙마이와
와로롯의 역사를 알려주는 흑백사진도
전시 중이다. 시장이 가장 활기를 띄는 시
간은 오전 7시부터 오후까지이지만 밤 늦
게까지 문을 여는 상점도 있고 밖에서는
매일 야시장도 열리므로 언제 들러도 크
게 상관이 없다.

🚩 치앙마이 나이트 바자에서 북쪽으로 타패
로드를 지나 **위치** Wichayanon Rd, Chang
Moi, Amphoe Muang, Chiang Mai
📞 +66 53 232 592 ⏰ 05:00~18:00(상점별로
다름), 17:00~23:00(야시장) 🌐 www.
warorosmarket.com **지도** p.176-B

1 중국색이
짙게 느껴지는 와로롯
마켓은 치앙마이 최대 규모의
도매시장이다 **2,3** 치앙마이 소시지와
돼지 껍질 튀김 등의 식품이 불티나게
팔린다 **4** 거리에서는 쉽게 볼 수 없는
각양각색의 먹을거리 구경도 재미나다
5 의류와 잡화는 질이 떨어지므로
식재료나 그릇 혹은 인테리어 소품
등을 구입하는 게 좋다

7

8

9

10

에스닉한 아이템이 가득!
흐몽 마켓 Hmong Market

고산족을 대표하는 흐몽족이 솜씨를 발휘해 만든 다양한 수공예품을 파는 작은 시장이다. 시장이라 하기에는 몇몇 집만이 모인 작은 규모지만 여행 내내 만나는 화려한 색감의 고산족 아이템을 시중보다 훨씬 저렴하게 판매한다. 골목 안쪽으로 들어서면 완제품을 만드는 패브릭이나 장신구도 파는데 시장 주변으로 핸드메이드 인형이나 액세서리를 파는 가게도 있어 고산족 아이템을 선호하거나 치앙마이 특유의 기념품을 찾는다면 방문해볼 만하다. 도매 시장이지만 여행자도 꾸준히 찾기 때문에 쇼핑을 하는 데 문제없다. 대부분 가격이 적혀 있지 않으니 구입 전 가격을 확인하도록!

📍 타페로드 탑스 데일리 마켓에서 북쪽 골목으로 도보 3분, 와로롯 마켓 인근
📍 Wichayanon Rd, Chang Moi, Amphoe Muang, Chiang Mai
🕐 07:00~18:00
MAP p.176-B

> 7,8 와로롯보다는 보다 현지인 대상인 똔람야이 마켓, 그런 만큼 가격도 와로롯에 비해 약간 저렴하다 9,10 흐몽족의 의류와 잡화를 구입할 수 있는 흐몽 마켓 11 개성 강하고 귀여운 핸드메이드 인형이 추천 아이템 12,13 흐몽족의 복식과 시장의 먹을거리를 즐기며 시장놀이에 나서자

와로롯과 함께 들러 보세요!
똔람야이 마켓 Ton Lam Yai Market

치앙마이 최대 재래시장 와로롯과 마주한 또 하나의 커다란 실내 시장이다. 와로롯 마켓처럼 1층에는 다양한 상점이 있고 주로 의류와 생활용품을 판매하는데 학기가 시작되면 교복을 팔아 치앙마이 사람들에게 중요한 시장이다. 와로롯 마켓이 실생활 위주의 품목을 취급한다면 똔람야이 마켓에는 신선 식품과 종교 용품, 먹을거리까지 더 다양한 구경거리가 있다. 여행자들은 현지 시장 분위기를 느껴보고 고산족 인형, 기념품, 그릇, 옷 등 현지인의 생활에 가까운 아이템을 쇼핑할 수 있다. 시장 입구를 찾기 힘들 만큼 바깥에도 노점이 가득 서므로 언제 방문해도 구경하는 재미가 쏠쏠하다.

📍 와로롯 시장에서 삥강 방면 맞은편 건물에 위치 📍 Wichayanon Rd, Chang Moi, Amphoe Muang, Chiang Mai 🕐 05:00~18:00(상점별로 다름), 17:00~23:00(야시장) MAP p.176-B

12

13

좋은 뜻이 담긴 코끼리를 만나보자
엘리펀트 퍼레이드 하우스
Elephant Parade House

매년 전 세계에서 실물 크기 코끼리 조각을 전시해 알려진 사회적 기업 '엘리펀트 퍼레이드'는 2006년 태국을 여행하던 네덜란드 가족에 의해 설립됐다. 여행 중 한쪽 다리가 없는 아기 코끼리 모샤Mosha를 만난 것을 계기로 모샤는 물론이고 코끼리를 보다 전문적으로 후원할 수 있는 방법을 강구해낸 것이 바로 엘리펀트 퍼레이드. 실제 아기 코끼리만 한 사이즈의 조각은 유명 아티스트와 유명인사들의 손을 거쳐 각기 다른 개성을 가진 예술 작품이 되어 전시된다.

네덜란드의 로테르담을 시작으로 지금은 전 세계를 무대로 활발한 전시와 합작품을 선보이며 코끼리 보호에 앞장선다. 전시 외에도 태국과 유럽 등에 숍을 운영해 갖가지 크기의 코끼리 인형과 기념품을 판매하는데 태국에서는 주로 고급 백화점과 호텔 부티크에서 구입이 가능하다. 싱가포르와 암스테르담에 이어 치앙마이 삥강 유역에서 만날 수 있는 하우스 숍에서는 코끼리 인형을 구입할 수도 있지만 직접 코끼리에 색칠하는 공방의 역할도 겸한다. 셀프 키트를 구입해 그 자리에서 색을 칠해 간직할 수도 있고 더 나아가 SNS를 통해 내 작품을 자랑해 온라인으로 열리는 콘테스트에 참여할 수도 있다. 이 참가를 통해 발생한 수익의 20%는 코끼리 보호에 쓰인다. 다양한 테마의 7cm 크기의 코끼리 3종 세트도 기념품으로 좋다. 엘리펀트 퍼레이드 이그조틱 Elephant Parade Exotic은 1,495바트.

🏳 삥강가 호텔 데스 아티스트, 삥 실루엣 맞은편 📍 154-156 Chareonraj Rd, Wat Ket, Amphoe Muang, Chiang Mai 📞 +66 86 364 4838 🕙 10:00~21:00 🌐 www. elephantparade.com 🗺 p.176-B

1,2 코끼리 보호에 앞장서는 엘리펀트 퍼레이드는 코끼리 색칠 공방이자, 여러 작가와 인터내셔널 브랜드, 세계의 이름 없는 아티스트가 만든 개성만점의 코끼리를 전시하는 갤러리다 3 셀프 키트를 구입해 나만의 코끼리를 장식할 수도 있다 4 홍콩의 유명 아티스트인 캐리 차우Carrie Chau의 코끼리 작품 5 코끼리 소품

한가득 담아오고 싶은 태국의 향
블루밍 스파 Blooming Spa

라린진다 스파에 입점한 블루밍 스파 숍으로 천연 재료를 기본으로 한 다양한 스파 제품을 판매한다. 라벤더나 장미, 레몬 같은 향부터 태국 여행에서 자주 접하는 레몬그라스나 프란지파니 꽃향기를 비누나 스크럽, 바디 제품으로 만들어 여행자들에게 인기다. 라린진다 스파나 자매 브랜드인 렛츠 릴렉스 스파를 경험한 사람이라면 더욱 관심이 가는 쇼핑 아이템이 가득하다. 베스트셀러는 구아바 향이 나는 스크럽과 재스민 샤워 제품. 작은 사이즈의 여행용 세트는 홈 스파로 사용하거나 선물로도 좋다. 시중 드럭스토어보다 비싸지 않으면서 흔하지 않은 스파 제품을 판다. 아로마 비누 120바트, 에센셜 오일 450바트, 알로에베라 젤 450바트.

📍 나와랏 브리지에서 북쪽으로 도보 3분, 라린진다 리조트 1층 📍 14 Chareonraj Rd, Wat Ket, Amphoe Muang, Chiang Mai 📞 +66 53 247 000 🕐 10:00~22:00 🌐 www.siamwellnesslab.com
M&D p.176-B

> 6,7 치앙마이 여행의 기념품과 선물은 빅 씨 슈퍼마켓에서! 8,9,10 대부분 직접 시향 및 테스트해볼 수 있는 블루밍 스파 11 라린진다 리조트 입구에 있다

태국을 대표하는 대형 마트
빅 씨 슈퍼마켓 Big C Supermarket

다른 대형 마트들이 시내 외곽에 자리한 반면 판팁 플라자 쇼핑몰 1층에 위치한 빅 씨 슈퍼마켓은 호텔이 밀집한 나이트 바자 인근에 있어 접근성이 좋다. 새벽 1시까지 영업한다는 것 또한 장점이다. 주로 식료품, 공산품을 중심으로 상품이 구성되어 있고 먹기 편하게 자른 과일과 바로 맛볼 수 있는 간편 식품 등도 있어 장기 체류자나 현지인들도 자주 찾는다. 집에서 만들어 먹을 수 있도록 구성된 태국 요리 세트, 말린 과일, 치약 등 태국 여행의 필수 쇼핑 아이템도 구매 가능하다. 신용카드 사용 가능.

📍 르메르디앙 호텔에서 남쪽으로 도보 5분, 판팁 플라자 쇼핑몰 1층 📍 152/1 Changklan Rd, Amphoe Mueang, Chiang Mai 🕐 09:00~01:00 🌐 www.bigc.co.th
M&D p.176-D

치앙마이 대표 의류 & 잡화 브랜드
오리엔탈 스타일 Oriental Style

방콕에 짐 톰슨이 있다면 치앙마이에는 오리엔탈 스타일이 있다. '치앙마이를 대표하는 럭셔리 브랜드'를 표방하며 가구에서, 생활 소품, 의류, 잡화, 문구류까지 폭넓게 취급한다. 짐 톰슨이 실크와 면을 각양각색의 패턴을 활용해 디자인한다면, 오리엔탈 스타일은 독특한 면과 질좋은 나무를 기본 재료로 심플한 디자인에 원색 컬러 제품이 다채롭다는 차이가 있다.

가격이나 디자인에 있어 현지인보다는 여행자를 상대로 하는 브랜드이기 때문에 빙강변과 센트럴 플라자 치앙마이 2층에 매장이 있다. 아쉽게도 여행자로서 부피가 큰 가구나 화려한 조명을 구입할 수는 없지만 모자, 가방, 의류에서부터 침대용 간이 테이블이나 방석 혹은 쿠션, 크기가 작은 조명은 만족스럽게 '치앙마이 쇼핑 리스트'를 채워줄 훌륭한 기념품이 될 것이다. 이곳에서만 구할 수 있는 판다 조명은 약 990바트.

📍 36 Chareonraj Rd, Wat Ket, Amphoe Muang, Chiang Mai 📞+66 53 245 724 🕐 08:30~22:30 🌐 www.orientalstyle. co.th 🗺 p.176-B

한번 들어가면 나오기 힘든 별천지
클래식 저니 Classic Journey

상그릴라 호텔 쪽 큰길에는 클래식 저니라는 이름의 커다란 아웃렛이 있다. 매장 안에는 각종 빈티지 가구, 생활용품, 주방용품, 의류와 잡화가 빼곡하게 진열돼 있어 가게 안을 구경하는 재미가 쏠쏠하다. 각종 의류와 잡화는 새 제품이 다수지만 가구나 상들리에는 중고품도 많다. 시즌이 지난 제품은 20~70% 할인도 진행한다.

태국색이 짙은 쿠션 커버나 인테리어에 포인트를 주기 좋은 타일 제품을 추천하며 원피스나 스카프의 경우 잘만 고르면 여행지에서만이 아니라 여행 후에도 활용할 수 있다. 원피스는 600바트부터. 자수가 들어간 디자인은 1,100바트 선.

📍170~180 Chang Khlan, Amphoe Muang, Chiang Mai 📞+66 53 281 900 🕐 11:00~ 20:00 🗺 p.023-G

1 치앙마이를 대표하는 브랜드, 오리엔탈 스타일 2,3 인테리어 소품을 비롯해 의류, 잡화, 문구류까지 다양하게 취급한다. 판다 조명은 약 990바트 4 면이 톡톡한 남성용 티셔츠도 추천 아이템, 2,000바트 선

친근한 로컬 쇼핑몰
스타 애비뉴 Star Avenue

치앙마이 버스터미널 맞은편에 자리한 쇼핑몰로 버스로 치앙마이에 도착하면 처음 만나게 되는 복합 쇼핑몰이다. 시내 중심에서 송태우로 약 20~30분 거리에 있어 쇼핑몰만을 위해 방문하기보다는 버스를 이용해 타 도시로 이동할 때 필요한 물품을 구입하거나 간단히 요기를 하기에 좋다. 3층 건물에 규모는 작지만 1층에 림빙 식료품점, 부츠, 맥도널드와 함께 한국음식점도 있고 2층에는 다이소와 와위 커피, 3층에는 루프탑이 자리해 알찬 구성을 자랑한다. 밤이면 쇼핑몰 주변으로 작은 야시장이 열리고 루프탑에 맥주 광장이 펼쳐져 현지인의 데이트 장소로도 사랑받는다.

▐ 치앙바이 버스터미널 근처, 송태우로 이동해야 한다 ♦ 10 Lampang Rd, Amphoe Muang, Chiang Mai ☎ +66 53 307 080 ⏱ 24시간 ⊕ www.star-avenue.com Ⓜ p.023-F

치앙마이 대표 슈퍼마켓의 본점
림빙 슈퍼마켓 Rimping Supermarket

림빙 슈퍼마켓이 없는 치앙마이는 상상하기 어렵다. 치앙마이 내 8곳에 매장을 가진 림빙 슈퍼마켓은 대형 마트가 없는 시내 중심에서 마트의 편리한 시스템과 로컬 아이템을 고루 갖춰 치앙마이 주민은 물론 여행자에게도 쇼핑 필수 코스가 된 지 오래다. 삥강에 자리한 림빙 슈퍼마켓 본점은 시내에서 가장 크고 가장 편리하다. 이곳에서는 과일, 채소, 정육, 생선부터 각종 식료품, 생활용품까지 마트에서 기대할 수 있는 모든 아이템이 판매된다. 기념품이 될 수 있는 말린 과일과 과자, 커피 코너로 아카아마Akha Ama부터 도이뚱Doi Tung, 와위Wawee 커피까지 치앙마이 대표 커피 브랜드의 원두도 한곳에 모여 있다.

▐ 아이언 브리지에서 남쪽으로 도보 1분 ♦ 129 Lamphun Rd, Wat Ket, Amphoe Muang, Chiang Mai ☎ +66 53 246 333 ⏱ 08:00~21:00 ⊕ www.rimping.com Ⓜ p.177-G

5,6 큰 규모의 아웃렛인 클래식 저니에는 빈티지 아이템 및 의류 잡화가 풍성하다 7,8 림빙 슈퍼마켓의 본점은 삥강에 있다 9,10,11 와위 커피, 슈퍼마켓, 각종 식당이 들어섰다 12 치앙마이 버스터미널에 인접해 치앙라이나 빠이로 향할 때 이용하면 좋은 스타 애비뉴

치앙마이 외곽 플러스 01

○ 치앙마이 시내
차량 20~30분
○ 산깜팽 수공예 마을
차량 10분
○ 미나 라이스 베이스드 퀴진
차량 20분
○ MAIIAM 컨템포러리 아트 뮤지엄
차량 16분
○ 다라 데비 케이크 숍
차량 15분
○ 센트럴 페스티벌
차량 15분
○ 치앙마이 시내

치앙마이 시내를 약간만 벗어나도 소박한 시골 분위기를 만날 수 있다. 개별 이동 수단이 확보되어야 하는 수고마저도 아깝지 않은 알찬 매림 지역 여행 코스.

매림 지역 1 Day 투어

볼거리 가득한 알록달록 우산마을
산깜팽 San Kamphaeng

산깜팽은 치앙마이 시내 중심에서 동쪽에 자리한 지역이다. 대부분의 여행자들은 산깜팽을 보상Bo Sang 우산 마을 혹은 온천을 주된 목적으로 방문하게 되는데 이외에도 실크와 텍스타일, 은 공예품, 목공예, 셀라돈 도자기, 건강 식품 등 다양한 수공예품을 선보여 수공예Handcraft 마을로도 유명하다. 치앙마이 시내에서는 차로 20~30분 거리로 고속도로를 사이에 두고 각종 숍과 체험장이 넓게 분포하고 있어 일반 고객들은 주로 개별 렌트나 데이투어를 통해 방문한다. 가장 유명한 우산 마을에서는 우산을 만드는 종이부터 색을 더하는 것까지 현장에서 직접 살펴볼 수 있고 우산 이외에 핸드폰 케이스나 작은 소품 등에 원하는 그림을 그려주기도 한다. 단 산깜팽에 자리한 대부분의 스

폿은 단순히 물건만 판매하는 상점이 많으니 큰 볼거리를 기대하는 것은 금물. 소소한 쇼핑 거리와 매림 지역에 자리한 경치 좋은 카페, 레스토랑과 연계하면 만족도를 높일 수 있다.

📍 Bo Sang, San Kamphaeng, Chiang Mai 📞+66 (0)53 248 604
MAP p.023-H 지도 밖

🎀 Editor´s Tip⁺ 🎀

01 매림 지역은 송태우 이용이 어려운 지역이므로 미리 차량을 수배해서 움직이는 것이 편하다. 차량 렌트보다는 기사를 고용하는 것이 편하다. 차량별로 시간당 100~300바트 선으로 시내 여행사를 통해 현장에서 예약할 수 있다
02 산깜팽은 보상 우산 마을을 중심으로 실버, 패브릭 등 숍이 길가에 드문드문 분포하고 있다. 원하는 곳만 효율적으로 둘러보는 것이 좋다
03 산깜팽 온천을 즐기려면 투어나 와로롯 시장에서 송태우를 이용하는 것이 좋다. 시내에서 온천까지는 차로 1시간 정도이며 돌아오는 송태우 시간을 반드시 확인해야 한다
04 센트럴 페스티벌에서 운행하는 시내 무료 셔틀을 활용해서 움직이는 것도 방법. 쇼핑을 할 예정이라면 마지막 코스로 둘러보는 것이 좋다

예쁘고 맛까지 좋은 쌀요리
미나 라이스 베이스드 퀴진
Meena Rice Baised Cusine

감각적인 플레이팅을 뽐내며 매림 지역을 넘어 치앙마이에서도 예쁜 음식으로 주목을 받는 레스토랑이다. 연못이 보이는 소박한 분위기의 오두막과 야외 마당에 테이블을 놓아 평범한 치앙마이 시골집의 모습을 한 이곳은 레스토랑 이름과 같이 쌀을 기본으로 한 음식을 주메뉴로 선보인다. 이곳을 가장 유명하게 만든 일등공신은 알록달록한 밥. 하얀색 재스민 라이스와 갈색 빛의 브라운 라이스, 짙은 붉은 빛이 나는 라이스베리Riceberry 그리고 노란 샤프론 플라워와 푸른 버터플라이 피Butterfly Pea의 색을 입힌 총 5가지 천연 색의 밥을 원하는 조합으로 선택할 수 있다. 밥과 함께 곁들이는 다양한 메인 메뉴도 재료가 가진 색감과 모양을 충분히 살려 보기만 해도 감탄

이 나온다. 분위기와 맛, 가격도 모두 합격점을 받고 있고 산깜팽 초입에서 멀지않아 하루 나들이 코스로 그만이다.

🍴 라이스베리 라이스Riceberry Rice 25바트, 그릴드 포크 샐러드Grilled Pork Salad 80바트, 딥 프라이드 프라운Deep Fried Prawn 120바트, 음료 30바트부터 📍 Baan Mon Mu2, Soi 11, San Kamphaeng, Chiang Mai 📞+66 087 177 0523 🕐 10:00~17:00 Ⓜ️ p.023-H 지도 밖

태국 현대 미술의 지금
MAIIAM 컨템포러리 아트 뮤지엄
MAIIAM Contemporary Art Museum

2016년 문을 연 현대 미술 박물관. 오래된 창고를 개조해 전시공간으로 활용했다. 거울 조각을 모자이크해 만든 외관은 하나의 작품이다. 태국 아티스트를 중심으로 시즌별 전시를 오픈한다.

🍴 성인 150바트, 12세 미만 무료 | * 시내 중심에서 차로 20분, 대중교통 이용이 어려우니 그랩, 우버를 이용하거나 송태우를 대절하는 것이 편리하다 📍 122, Moo 7 Tonpao Amphoe San Kamphaeng, Chang Wat, Chiang Mai 📞+66 52 081 737 🕐 금~수 10:00~18:00 🌐 www.maiiam. com Ⓜ️ p.022-B 지도 밖

유럽풍의 카페
다라 데비 케이크 숍
Dhara Dhevi Cake Shop

치앙마이 최고급 호텔 다라 데비 리조트에서 운영하는 베이커리 카페. 이곳의 자랑은 뭐니뭐니해도 마카롱으로 가격도 하나에 25바트로 저렴하다. 애프터눈 티는 정오부터 오후 6시까지 맛볼 수 있다.

🍴 애프터눈티 세트 2인 1,200바트(세금 별도), 마카롱 25바트, 조각 케이크 135바트부터 📍 51/4 Moo 1, San Kamphaeng Rd, T. Tasala, Mae Rim, Chiang Mai 📞+66 53 888 888 🕐 10:00~20:00 🌐 www.dharadhevi.com Ⓜ️ p.023-H

예술적인 도자기의 세계
반 셀라돈
Baan Celadon

태국 전통 도자기, 셀라돈을 전시·판매하는 곳으로 찻잔, 아로마 버너 같은 생활용품부터 장식품까지 다양한 제품을 판매한다. 내부 공간은 작은 갤러리로 운영하고 있으며 셀라돈 제작 과정도 직접 볼 수 있다.

📍 7 Moo 3 Sankamphaeng Rd, Sanklang, Sankamphaeng, Chiang Mai 📞+66 53 338 288 🕐 10:00~17:00 🌐 baanceladon.co.th Ⓜ️ p.023-H 지도 밖

치앙마이 외곽
플러스 02

- 치앙마이 시내
- 차량 30분
- 호시하나 빌리지
- 도보 10분
- 그랜드 캐년
- 차량 20분
- 브랜드뉴 필드 굿
- 차량 20분
- 프리미엄 아웃렛 깟 파랑 빌리지
- 차량 15분
- 올드 치앙마이 컬처 센터

항동을 둘러보기로 했다면 반나절 혹은 하루 정도는 넉넉히 남겨두자. 나이트 사파리와 그랜드 캐년, 로열 파크 랏차프룩 등 반나절을 알차게 보낼 주요 스폿이 가득하며 쇼핑거리까지 충분하다.

항동 반나절 혹은 하루 코스

힐링 가득 컨트리 팜 카페
브랜드뉴 필드 굿 BrandNew Field Good

멀리서 보면 산과 논으로 둘러싸인 농장 헛간, 오두막뿐이지만 현지 젊은이들 사이에서는 힐링 스폿으로 통한다. 태국 셀럽 커플의 결혼식 장소로 만들어졌으나 지금은 카페 겸 레스토랑 겸 홈스테이 장소로 운영한다. 이곳의 매력은 푸른 자연과 레트로 스타일의 건물이 어우러져 어디든 포토 스폿이 된다는 것. 방문객들은 넓은 논을 가로지르는 나무다리 위를 거닐고 곳곳에 놓인 소품과 함께 사진 찍기에 여념 없다. 입구에 자리한 카페에서는 커피, 스무디 같은 음료나 식사를 즐길 수 있다. 단, 영문으로 된 음식 주문지가 없으니 주문할 시에는 메뉴판 사진을 활용하자. 또한 대중교통이 전무한 곳이니 미리 오가는 교통편을 마련해 두는 것이 좋다.

🍴 핑그 라테 95바트, 망고 스무디 125바트, 팟타이 125바트, 까르보나라 155바트 🚩 시내 중심에서 차로 30분 이상 이동, 베란다 하이 리조트에서 차로 6분 거리 📍 2 Tambon Ban Pong, Amphoe Hang Dong, Chiang Mai 📞 +66 97 978 8456 🕐 수~월 10:00~19:00 🌐 www.facebook.com/brandnewfieldgood 🗺 p.023-C 지도 밖

✚ Editor's Tip ✚

01 시내에서부터 항동 지역의 유명 관광지, 그랜드 캐년, 나이트 사파리까지만 방문한다면 송태우를 대절하는 것도 좋다 단 돌아오는 편을 고려해 왕복으로 미리 협상해서 이용하자
02 나이트 사파리나 올드 치앙마이 칸똑 디너를 밤시간 스케줄로 계획하면 종일 항동에서 알찬 시간을 보낼 수 있다
03 산깜팽과 비슷한 반타와이|Baan Tawai 수공예 마을도 항동에 자리한다

자연 속 힐링과 착한 마음이 모여
호시하나 빌리지 Hoshihana Village

호텔이지만 호텔로만 부르기에는 아쉬운, 홈페이지 주소조차 com이 아닌 org로 쓰는 보기 드문 숙소이자 단체이다. 일본 영화 〈수영장〉에 등장하면서 일본인은 물론 한국 여행자들 사이에서 치앙마이 인기 숙소로 떠올랐다. 10,000㎡가 넘는 자연 속에 작은 리조트를 운영하고 있는데 수익금의 일부를 HIV 아동들에게 기부한다.

좋은 뜻과 함께 투숙객에게는 불편함 없는 서비스와 시설을 제공한다. 수영장 주변에서는 풀 바Pool Bar처럼 음료도 주문이 가능하고 수익금을 사회에 환원하는 부티크숍 반롬사이Ban Rom Sai, 총 7채의 코티지Cottage가 있다. 코티지는 평범한 오두막 같지만 넓은 내부는 심플하면서 편안한 분위기다. 특이한 점은 충분한 휴식을 위해 TV 대신 책과 이야기를 나눌 수 있는 야외 공간 그리고 부엌 시설이 마련되어 있다. 음식 재료는 매일 운행되는 무료 셔틀 트럭을 타고 외부 시장에서 사올 수 있다. 레스토랑처럼 이용되는 게스트하우스는 모든 음식을 반드시 하루 전에 주문해야 한다. 가장 신선한 재료를 제공하고자 하는 이곳만의 방침이다. 반드시 호시하나 빌리지 홈페이지를 통해서 미리 예약을 해야 투숙이 가능하며 외부인은 출입이 불가하다. 도보 10분 거리에 그랜드 캐년이 자리하는 등 항동 지역을 충분히 즐길 수 있다.

🛏 클레이 코티지 2,000바트부터(2박 이상 투숙 시 가격 조정됨) 📍 211 Moo 3 T.Namprae.A. Hang Dong, Chiang Mai 📞+66 063 158 4126 🕐 투숙 24시간, 오피스 09:00~17:00 🌐 www.hoshihana-village.org 🗺 p.022-C 지도 밖

> 1,2 태국의 시골이란 이런 것!
> 치앙마이 시내와는 다른 매력
> 3,4,5 호시하나 빌리지 내부에 자리한
> 부티크 숍 6 올드 치앙마이 컬처
> 센터에서 선보이는 고산족 전통
> 공연 7 칸똑 디너 한 상 차림

하루 저녁은 칸똑디너 한 상
올드 치앙마이 컬처 센터
Old Chiang Mai Cultural Center

항동이 정확한 주소는 아니지만 항동 일정을 끝마치면서 전통 칸똑 디너를 위해 방문하면 좋은 곳이다. 칸Khan은 쟁반, 똑Toke은 오목한 그릇이란 뜻으로 작은 상에 태국 북부 대표 요리들이 담겨져 나오는 것을 칸똑이라고 한다. 여기에 태국 전통 음악과 무용이 식사 중에 펼쳐져 치앙마이만의 디너쇼를 경험하려는 여행자들이 많이 찾는다. 스케줄에 따라 고산족들의 춤이나 놀이를 선보이기도 하며 태국 전통 무술인 무예타이도 경험할 수 있다. 디너 후에는 마당에서 작은 야시장처럼 수공예품을 판매하기도 하여 식사와 소소한 볼거리에 쇼핑하는 재미까지 더했다.

종일 오픈되나 칸똑 디너는 저녁 6시 이후에 시작되니 밤 코스로 계획해보면 좋다. 홈페이지를 통해 직접 예약할 경우 추가 요금을 내면 투숙하고 있는 호텔에서 픽업 서비스를 받을 수 있다.

🚩 치앙마이 시내에서 항동 방면 차로 15분 이상 📍 185/3 Wualai Rd, Haiya, Chiang Mai 🕐 10:00~22:00 🕐 10:00~22:00 📞+66 053 202 993 🌐 www. oldchiangmai.com 🗺 p.022-D

치앙라이
숨겨진 매력을 발산하는
란나의 옛 수도

치앙마이와 함께 태국 북부 대표 도시로 손꼽히는 치앙라이. 지금까지
이 도시를 골든 트라이앵글의 관문으로만 생각하거나 치앙마이에서
반나절 투어로 훑어보는 곳으로만 생각했다면 이제는 치앙라이의
다양한 매력에 눈을 돌려야 할 때다. 치앙마이와는 다른 투박하고
친근한 매력을 가졌고 커피 원산지로서 가장 신선한 커피를 즐길 수
있는 치앙라이는 하루 이상을 투자해야만 그 진면목이 보인다.

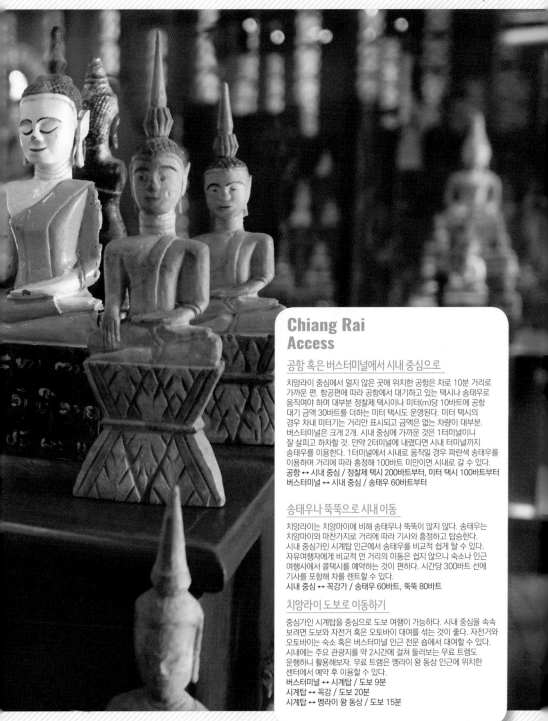

Chiang Rai
Access

공항 혹은 버스터미널에서 시내 중심으로

치앙라이 중심에서 멀지 않은 곳에 위치한 공항은 차로 10분 거리로 가까운 편. 항공편에 따라 공항에서 대기하고 있는 택시나 송태우로 움직여야 하며 대부분 정찰제 택시이나 미터(m)당 10바트에 공항 대기 금액 30바트를 더하는 미터 택시도 운영된다. 미터 택시의 경우 차내 미터기는 거리만 표시되고 금액은 없는 차량이 대부분. 버스터미널은 크게 2개. 시내 중심에 가까운 것은 1터미널이니 잘 살피고 하차할 것. 만약 2터미널에 내렸다면 시내 터미널까지 송태우를 이용한다. 1터미널에서 시내로 움직일 경우 파란색 송태우를 이용하며 거리에 따라 흥정해 100바트 미만이면 시내로 갈 수 있다.
공항 ↔ 시내 중심 / 정찰제 택시 200바트부터, 미터 택시 100바트부터
버스터미널 ↔ 시내 중심 / 송태우 60바트부터

송태우나 뚝뚝으로 시내 이동

치앙라이는 치앙마이에 비해 송태우나 뚝뚝이 많지 않다. 송태우는 치앙마이와 마찬가지로 거리에 따라 기사와 흥정하고 탑승한다. 시내 중심인 시계탑 인근에서 송태우를 비교적 쉽게 탈 수 있다. 자유여행자에게 비교적 먼 거리의 이동은 쉽지 않으니 숙소나 인근 여행사에서 콜택시를 예약하는 것이 편하다. 시간당 300바트 선에 기사를 포함해 차를 렌트할 수 있다.
시내 중심 ↔ 꼭강가 / 송태우 60바트, 뚝뚝 80바트

치앙라이 도보로 이동하기

중심인 시계탑을 중심으로 도보 여행이 가능하다. 시내 중심을 속속 보려면 도보와 자전거 혹은 오토바이 대여를 섞는 것이 좋다. 자전거와 오토바이는 숙소 혹은 버스터미널 인근 전문 숍에서 대여할 수 있다. 시내에는 주요 관광지를 약 2시간에 걸쳐 둘러보는 무료 트램도 운영하니 활용해보자. 무료 트램은 멩라이 왕 동상 인근에 위치한 센터에서 예약 후 이용할 수 있다.
버스터미널 ↔ 시계탑 / 도보 9분
시계탑 ↔ 꼭강 / 도보 20분
시계탑 ↔ 멩라이 왕 동상 / 도보 15분

Chiang Rai

범례
- 사원
- 볼거리
- 레스토랑
- 바
- 카페
- 디저트숍
- 쇼핑
- 숙박
- 스파
- 장소표시
- 일반장소

200m

Kok River

Kok River

Kraisorasit

Kiang Wiang Rd

Singhaclai Rd

Rattanakheat Rd

Uttarakit

멜트 인 유어 마우스
Melt In Your Mouth

Sang-Kaew Rd

Rajdejdamrong Rd

Ngam Muang Rd

Trairat Rd

왓프라깨우
Wat Phrakaew

왓프라싱
Wat Phra Singh

토요 마켓
Saturday Market

Vichaikul Rd

Pratu Chiangmai Rd

Ratyotha Rd

Rajyotha Soi

Thanalai

홈 호스텔 스튜디오 앤 베드
Hohm Hostel Studio & Bed

폴라 블랑제리 앤 파티셰리
Polar Boulangerie And Patisserie

요도이 커피 앤 티
Yoddoi Coffee & Tea

시계탑
Chiang Rai Clock Tower

Phaholyothin

캣 앤 어 컵
Cat 'n' A Cup

싱하 파크
Singha Park

심플 나이트
Simple Night

자 자런차이
Ja Jarounchai

도이창 커피 앳 아트
Doi Chaang Coffee At Art

Rajyotha Soi 2/6

Sanambin Rd

Jetyod Rd

나이트 바자
Night Bazaar

위앙 인
Wiang Inn

Sanpan

Sankhongnoi Rd

꿍뚱
Koong Tung

Satharn Payabarn Rd

몬므엉 란나 마사지
Monmueng Lanna Massage

Jetyod Rd

사분나 칸똑
Sabun-Nga Khantoke

로스트
The Roast

해피네스트
Happynest

Sankhang Rd Soi 6

Kongchang Rd

Sanambin Rd

Phaholyothin Rd

왓롱수아텐
Wat Rong Sua Ten

마노롬 커피
Manorom Coffee

Kok River

치빗 탐마다 커피 하우스
Chivit Thamma Da Coffee House

치빗 탐마다 스파
Chivit Thamma Da Spa

레전드 치앙라이
The Legend Chiang Rai

반담
Baan Dam

치앙마이 공항
Chiang Rai Airport

아난타라 골든 트라이앵글 리조트
Anantara Golden Triangle Elephant Camp & Resort

포시즌스 텐티드 캠프
Four Seasons Tented Camp

잇 슬립 카페 앤 베드
Eat Sleep Cafe & Bed

Koktong Soi 11

르메르디앙 치앙라이 리조트
Le Meridien Chiang Rai Resort

Kaoloi Rd

Kaoloi Soi 2

Siboonuang Soi 1

Ratjlek Soi 4

Sahamit

Baan Rai

Baan Rai

시티 투어 바이 트램
City Tour by Tram

1

Robkao

Kaothong

Robkao

멩라이 왕 동상
The King Mengrai The Great Monument

Uttarakit

푸래
Phu Lae

1232

Sikerai Rd

Phaholyothin

Watpranorn Rd

치앙라이 버스 정류장
Chiang Rai Bus Station

Chao Chay Rd

Soi Kangbokfai

1

Prasanmit Alley

Soi Ratchalean

Rajchalean Soi 2

그랜드 비스타 치앙라이
Grand Vista Chiang Rai

센트럴 플라자
Central Plaza

왓롱쿤
Wat Rong Khun

도이창 커피 팩토리
Doi Chaang Coffee Factory

커피 뷰
Coffee View

새터데이 카페
Saturday Cafe

Sam Klang Soi 5

1233

실전여행 노하우

한영미, 회사원
2015년 4월 4일간 치앙라이 여행

66

여유로운 여행을 즐기신다면 꼭강 근처를 꼭
들러보세요. 골든 트라이앵글 투어 후 치앙라이라는
도시를 좀 더 여유롭게 즐기고 싶었는데 현지인들이
입을 모아 꼭강 근처 카페를 추천하더군요.
시내에서 차를 타고 움직여야 하는 불편함이
있지만 도착해보니 강가 전망과 함께 예쁘게 꾸며진
카페에서 여유롭게 식사와 디저트를 즐길 수 있어
좋은 추억이 되었습니다. 현지인에게 특히 인기가
많은 치빗 탐마다가 대표적으로 카페와 레스토랑,
스파까지 겸하고 있어 식사와 스파까지 즐기며 종일
휴식하기에는 최고의 장소랍니다

99

김민정, 회사원
2015년 4월 10일간 치앙마이-치앙라이 여행

66

치앙라이를 둘러보기엔 자전거 여행이 적격이에요.
골든 트라이앵글만 둘러보고 가려고 했는데
도시가 가진 매력을 발견하는 재미에 결국
치앙라이에만 일주일을 머물게 됐어요. 큰길을
제외하면 대도시만큼 차가 많지 않아 자전거 타기
좋고 송태우보다 저렴하게 시내를 자유롭게 탐험할
수 있답니다. 더위는 각오해야 하지만 곳곳에
자리한 공원에서 더위를 피해 쉬었다 가는 것도
즐거운 추억이 됐어요

99

치앙라이 Q&A

자유여행자는 치앙마이보다 이동이 좀 더 불편한 치앙라이에서 하루 정도는 택시나 송태우를 대여하거나 데이투어를 신청하는 것이 편하다. 치앙라이 여행에 대한 궁금증을 풀어보자.

Q 치앙라이를 간다면 일정을 어떻게 잡는 게 좋을까요?

A 태국 북부에서 빼놓을 수 없는 골든 트라이앵글과 함께 여유롭게 둘러보기 위해서는 최소 1박이나 2박으로 여행을 계획하는 것이 좋습니다. 물론 치앙마이에서 치앙라이로 당일치기 여행도 가능하나 왕복 4~7시간의 소요 시간(이동 수단에 따라)을 고려했을 때 치앙라이의 진면목을 발견하기는 부족합니다. 1~2박 일정일 경우 하루는 골든 트라이앵글과 왓롱쿤을 방문하고 하루는 시내 주변을 둘러보면 좋습니다. 만약 토요일을 끼워 여행할 수 있다면 치앙마이보다 소박한 주말 야시장도 만나볼 수 있습니.

Q 치앙라이에서 나이트라이프를 즐길 만한 곳이 있나요?

A 대도시인 방콕이나 치앙마이와 같이 화려하지는 않지만 소소한 나이트라이프를 즐길 수 있습니다. 시계탑 근처 공터에 심플 나이트Simple Night라는 곳이 있는데 치앙라이 젊은이들이 찾는 식당과 바가 모여 작은 광장을 형성합니다. 또 토요일을 제외하면 나이트 바자, 버스터미널 근처, 꼭깡 인근 르메르디앙 호텔 주변으로 괜찮은 분위기의 레스토랑들이 밀집해 있어 나이트라이프를 즐기기에 좋습니다.

Q 치앙라이에는 어떤 이동 수단이 있나요?

A 아직은 소도시인 치앙라이는 대중교통이 크게 발달하지 않았습니다. 공항이나 버스터미널에 도착하면 목적지까지는 송태우나 뚝뚝으로 움직일 수 있으나 이동 후에는 숙소에서 개인 승용차나 택시를 콜택시처럼 개별적으로 불러 이용하는데 대부분 미터택시가 아닌 거리별 흥정제이니 미리 확인 후 이용하세요! 자동차, 오토바이, 자전거 렌탈 숍도 버스터미널을 중심으로 이용 가능합니다.

Q 치앙라이의 시내 중심은 어디인가요?

A 시계탑과 버스터미널, 게스트하우스가 다양한 파홀요틴Phaholyothin 로드를 시내 중심으로 보면 됩니다. 버스터미널 앞에는 매일 상설 야시장이 열리고 도보 10분 정도면 거의 갈 수 있는 레스토랑과 카페, 숙소, 여행사가 많습니다. 시계탑 주변으로 사원과 박물관, 공원, 토요 야시장까지 열리니 참고하시길.

치앙라이 여행 플랜

치앙마이에서 차로
3시간 30분이 걸려
치앙라이까지 왔다면
골든 트라이앵글
데이투어는 물론
시내까지 배놓지 말고
둘러보자.

주말을 낀 1박 2일 코스 / Day 1

14:00 골든 트라이앵글 투어 후 호텔 체크인

송태우 5min.

16:00 멩라이 왕 동상

10min.

17:00 태국의 주요 도시마다 있는 왓프라싱 관람

7min.

18:00 푸래에서 북부요리로 성대한 저녁식사

6min.

19:00 치앙라이 시계탑 앞에서 조명과 음악 감상

5min.

20:00 나이트 바자에서 소박한 야시장 쇼핑

5min.

21:00 몬응 란나 마사지에서 피로 풀기

5min.

23:00 호텔 귀환

* 소요시간은 도보 이동 기준

주말을 낀 1박 2일 코스 / Day 2

08:00
호텔 조식 및
휴식

송태우 20min.

10:00
치앙라이 대표 사원
왓롱쿤 투어

17:00
시내 곳곳
둘러보기

송태우 5min.

14:30
시내로 돌아와
점심식사

송태우 20min.

송태우
5min.

18:30
강가로 이동해 스파 및
치빗 탐마다에서 저녁식사

송태우 7min.

20:00
토요 야시장
구경 및 쇼핑

하루 코스

08:00 차량 1h. **09:00** 차량 1h. **17:00**
호텔 조식　골든 트라이앵글 및 도이매사롱 투어　호텔 귀환 후 마사지

10min.

18:30 1min. **18:00** 6min. **16:30**
요도이 커피에서 디저트 및 원두 쇼핑　치앙라이 시계탑 앞에서 조명과 음악 감상　매일 밤 북적이는 로컬 식당 자 자런차이에서 저녁식사

8min.

20:00 6min. **22:00**
상설 나이트 바자에서 쇼핑 및 간식 타임　심플 나이트 노천 바에서 맥주 한잔

휴양을 위주로 2박3일 / Day 1

09:00 ━━ 차량 3h 30min.
치앙마이에서 치앙라이
골든 트라이앵글로 이동

13:00 ━━ 차량 40min.
화이트 템플로 잘 알려진
왓롱쿤 방문

14:00
블랙 하우스
반담 방문

차량 1h.

08:00 ━━ Day 2
셰프와 함께 골든 트라이앵글과
치앙샌 주요 스폿 둘러보기

18:30 ━━ 차량 20min.
반딜라 레스토랑에서
저녁식사

15:00
아난타라 골든 트라이앵글
체크인, 휴식

리조트 차량
15min.

10:00
쿠킹 클래스

12:00
점심식사

13:30 ━━ 리조트 차량 5min.
휴식 및 수영 즐기기

14:00
코끼리 캠프 방문 및 코
끼리와 함께 걷기

10:00
체크아웃 및
치앙라이 시내로 이동

08:30
아침식사

Day 3

18:00
태국 레스토랑에서 저녁 즐기기

'치앙라이의 가우디'가 만든 특별한 불교 예술
왓롱쿤 Wat Rong Khun

'치앙라이' 하면 떠오르는 대표적인 예술작품은 화이트 템플The White Temple이라고도 불리는 왓롱쿤이다. 태국의 유명한 건축가이자 불교 화가인 찰름차이 코싯삐빳Chalermchai Khositpipat 교수가 100% 자비로 만든 사원으로 두 눈을 의심할 정도로 흰색으로 뒤덮였다. 거울까지 활용해 사원은 하얗다 못해 눈이 부신다. 이곳에서 흰색은 부처의 지혜와 순수, 나아가 열반의 세계를 상징한다. 왓롱쿤은 불교의 3계인 지옥계, 현생계, 극락계로 나뉜다. 사원 밖 현생계를 지나면 사원으로 가는 다리 아래로 처절하고도 절실하게 뻗치는 수많은 손 조각이 있다. 지옥 불에서 살아남기 위해 무엇이든 잡으려 애쓰는 인간의 모습, 아비규환을 표현했다. 다리를 지나면 극락계에 닿는다. 극락으로 향하는 다리는 되돌아 나갈 수 없는 일방통행이다. 지옥에서 벗어나 극락으로 온 길을 되돌아가지 말라는 의미.

왓롱쿤은 태국 불교 예술을 현대 미술과 접목한 특별한 불교 예술이다. 개인의 작품이지만 전 세계 여행자들이 태국의 불교문화를 만나길 바라며 입장료는 물론이고 시주를 강요하지도 않는다. 게다가 사회 환원적인 가치도 돋보인다. 어린 시절부터 소년원을 들락거릴 정도로 말썽꾸러기였던 코싯삐빳은 그 죄를 갚기 위해 고향인 치앙라이에 왓롱쿤을 지었다. 소년원 출신의 청소년이나 비행청소년들을 모아 직접 건축과 미술을 가르치고, 사원을 짓는 일자리를 제공해 재활의 기회를 주고 있다. 8년 완공을 목표로 1997년 건축을 시작한 사원은 지금도 건축이 진행 중이며 자신이 죽기 전 완공을 목표로 철저히 설계했다.

📷 입장료 50바트 🚌 치앙라이 구 버스터미널 7 혹은 8 플랫폼에서 로컬 버스 이용(20바트, 버스기사에게 왓롱쿤에서 내려달라고 해야 한다) 도시로 돌아올 때는 경찰서 앞에 대부분의 송태우와 버스가 몰려 있다 📍 San Sai, Amphoe Muang, Chiang Rai 🕐 06:30~12:00, 13:00~18:00 (아트 갤러리 월~금 08:00~12:00, 13:00~17:30, 토, 일, 공휴일 08:00~12:00, 13:00~18:00) 📞+66 81 897 6621 🌐 www.watrongkhun.org MAP p.223-G 지도 밖

1 현생계를 지나 사원으로 가는 다리 아래 수많은 손의 표현이 사실적이라 섬뜩하다 **2** 현생계를 지나 지옥 그리고 극락으로 향하는 길은 일방통행이다 **3,4** 커다란 열대 나무에 주렁주렁 매달린 다양한 머리도 그 사실적인 묘사에 소름이 끼친다 **5,6** 지혜와 순수, 열반을 상징하는 왓롱쿤의 하얀색

괴짜 예술가의 드넓은 전시장
반담 Baan Dam

블랙 하우스Black House라고도 불리는 반담도 치앙라이에서 빼놓을 수 없는 볼거리다. 타완 두차니Thawan Duchanee(1939~2014)의 작업실이자 집이었고, 수많은 볼거리가 가득한 박물관이다. 블랙 하우스에는 약 30년에 걸쳐 타완 두차니가 직접 만든 갖가지 예술작품을 비롯한 그의 수집품이 전시, 진열돼 있다. 넓은 부지 안에는 40채 이상의 각기 다른 형태의 건물이 점점이 위치해, 단순 박물관이라기보다 테마파크라고 해도 될 정도다. 왓롱쿤과는 다르게 블랙 하우스는 종교적인 의미가 없으며 수많은 동물의 뼈와 가죽을 이용해 가구를 만들거나 그대로 전시한 탓에 모두에게 좋은 관람 장소는 아니다. 거대한 코끼리의 뼈, 물소의 머리뼈만 모아둔 전시장, 악어나 각종 대형 파충류의 가죽을 활용한 가구 장식 등은 기괴한 느낌까지 풍긴다. 40여 채의 건물 대부분이 검은색의 태국 전통 가옥이지만 실제 예술가가 침실로 썼던 커다란 고래 모양을 한 건물, 왕족이 명상을 위해 사용했던 이글루 모양의 세 채의 건물까지 더해져 타완 두차니만의 예술 세계와 엉뚱함을 만날 수 있다.

🎫 80바트 🚌 치앙라이 공항에서 차로 15분, 시내에서 송태우나 콜택시를 이용해 25분 거리이며 흥정 후 왕복으로 예약해 이동하는 것이 좋다
📍 414 Moo 13 Baandam Museum, Nang Lae, Amphoe Muang, Chiang Rai ⏰ 09:00~12:00, 13:00~17:00 📞 +66 53 776 333
🌐 www.thawan-duchanee.com 🗺 p.223-F 지도 밖

> 1 반담의 본당에는 각종 희귀한 목각 작품과 가죽 공예품이 가득하다 2,3,4 종 모양이나 고래 모양을 한 반담의 건물들 5 반담이라는 독특한 예술 테마파크를 이뤄낸 타완 두차니의 흉상 6,7 동물의 뼈와 가죽을 이용해 만든 오브젝트가 많아 동물 애호가에게는 추천하지 않는다

태국의 문화유산을 해치지 맙시다!

tip 영화 〈로스트 인 타일랜드〉의 대성공으로 태국 북부에는 중국 관광객이 폭발적으로 늘었다. 경제적으로는 대성공을 거뒀지만 일부 몰지각한 관광객의 행태에 유명 사원, 유적지 등은 몸살을 앓는다. 온통 하얀 왓롱쿤에 노상방뇨를 한다거나 낙서를 하는 경우가 적잖게 발견됐고, 크고 작은 예술작품을 전시한 반담에서 조각 작품을 망치거나 훔쳐가는 사례가 발생해 여행자의 매너가 태국에서 큰 이슈가 되기도 했다. 그래서 왓롱쿤과 반담은 12:00~13:00에는 문을 닫고 재점검 시간을 갖는다. 눈살을 찌푸리게 하는 행위를 삼가고 타국의 소중한 문화유산을 해치지않도록 주의하자.

5

4

6

7

태국 사람들이 사랑하는 나들이 명소
싱하 파크 Singha Park

'지속 가능한 치앙라이의 관광산업'에 초점을 맞춘 농업 테마파크로 태국의 유명 식품 기업인 싱하가 '사회 환원'의 일환으로 운영, 관리한다. 해발 450m, 비옥한 토양에 자리 잡은 이곳은 연중 아름다운 꽃과 농작물이 자라는 드넓은 밭이자 넓은 부지 안에 콘셉트가 분명한 어트랙션을 충실히 갖춘 태국 사람들의 신나는 놀이터다.

싱하 파크는 농업과 체험이라는 대주제 안에서 즐길거리가 다양하다. 싱하 파크 팜 투어Singha Park Farm Tour(입장료 50바트, 09:30~17:00)에서는 관람객이 태국 고산 지역의 꽃, 과일을 만나고 허용된 구역에서 채소와 과일 따기 체험까지 할 수 있다. 50마리 이상의 백조가 노니는 호수를 끼고 코스모스와 유기농 채소가 자라는 코스모스 필드 & 스완 레이크Cosmos Field & Swan Lake도 주요 포인트. 숙마, 양마라고도 불리는 노란색 야생화인 선햄프 밭과 하트 모양의 나무가 인증샷을 부르는 하트 모양 나무 밭 Sunn Hemp and Heart Shaped Tree도 필수 코스다. 싱하 파크에서 할 수 있는 일이 식물 관찰만은 아니다. 싱하 파크의 최고 인기 어트랙션은 천혜의 자연 속에서 건강하고 행복하게 자라는 기린, 얼룩말, 커다란 뿔을 가진 와투시 소Watusi Cow 등을 만날 수 있는 동물 체험관Animal Attraction이다. 뿐만 아니라 자전거 대여나 짚라인 체험까지 가능하다. 싱하가 직접 디자인하고 제작한 스포츠 관련 용품 구입도 할 수 있는 스포츠 레크리에이션 센터Sports & Recreation Center는 신나는 테마파크의 역할까지 톡톡히 한다.

🎞 무료 📍 시내 중심에서 남쪽으로 차로 25분, 왓롱쿤에서 7분 거리로 대중교통이 없으니 송태우나 콜택시를 왕복으로 섭외하는 것이 좋다. 📍 99 Moo 1, Mae Korn, Amphoe Muang, Chiang Rai ⏰ 09:00~18:00 📞 +66 53 172 870 🌐 www.singhapark.com 📖 p.222-C 지도 밖

1 싱하 파크의 드넓은 밭은 자전거나 트램을 타고 둘러볼 수 있다 2 드넓은 초원 위 금빛 싱하가 싱하 파크의 상징이다

치앙라이의 밤을 화려하게 수놓다
시계탑 Chiang Rai Clock Tower

치앙라이 시내 중심, 반빠쁘라간Baanpa Pragarn 사거리 한복판에 황금빛으로 반짝이는 시계탑이 있다. 시내의 중심 역할을 하는 시계탑은 화려한 장식으로 휘황찬란한 아름다움을 빛내 여행자도 일부러 방문하는 장소다. 시계탑을 보면 치앙라이 대표 사원인 왓롱쿤이 자연스럽게 떠오르는데 이 시계탑을 만든 예술가 역시도 찰름차이 코싯삐빳이기 때문. 태국을 대표하는 예술가의 솜씨가 태국 전통 예술과 만나 시계탑마저도 예술품으로 완성했다. 낮에도 아름답지만 저녁에 그 아름다움의 절정을 만날 수 있다. 하루 3번, 저녁 7시부터 9시까지 정시마다 약 10분 동안 화려한 조명이 밝혀지고 〈메모러블 치앙라이Memorable Chiang Rai〉라는 클래식 음악이 거리 가득 울려 퍼진다. 작은 조명 쇼를 보는 듯 거리는 음악과 조명으로 가득하고 왜 이 시계탑이 예술품으로, 여행 필수 코스로 손꼽히는지를 느낄 수 있다. 시계탑 주변으로 식당과 카페, 상점 등이 많고 토요일이면 성대한 야시장이 열리니 연계해 방문해보자.

🎫 무료 |🚌 버스터미널에서 서쪽으로 도보 10분, 반빠쁘라간 로드와 젯욧Jetyod 로드 교차로에 위치 📍Jet Yod and Baanpapragarn Rd, Amphoe Muang, Chiang Rai ⏱24시간(19~21시 정시마다 조명 쇼) 🗺️p.222-D

여행자를 위한 특별한 배려
시티 투어 바이 트램 City Tour by Tram

치앙라이 시에서 운영하는 무료 트램 투어다. 멩라이 왕 동상 뒤편 작은 센터에서 시작되는 투어는 계절에 따라 하루 한번 이상의 프로그램을 운영한다. 이름과 연락처를 적고 신청하면 참가할 수 있으며 당일 아침부터 오후까지 접수 가능하다.

트램 투어는 문화 센터와 왓프라싱Wat Phra Singh, 왓도이응암무앙Wat Doi Ngam Muang, 시계탑 등 시내에 위치한 주요 사원들과 볼거리 등 총 9가지 코스를 소개한다. 주요 기점마다 가이드와 함께 잠시 둘러보는 시간도 있는데 태국어로 설명이 진행된다. 주로 사원을 방문하기 때문에 민소매나 짧은 반바지 차림은 삼갈 것. 대중교통이 발달하지 않는 지역 특성상 도보로 둘러보기에 어려운 코스를 한번에 볼 수 있으며 무료이기 때문에 태국인은 물론 외국인 여행자도 많이 찾는다. 2시간 정도 투어가 진행되며 당일 참가자가 6명 미만이거나 우천 등 날씨에 따라 취소도 되니 미리 확인하는 것이 좋다.

🎫 무료(현장에서 예약 필요) |🚌 시계탑에서 도보 15분 거리 멩라이 왕 동상 뒤편 📍Singhaclai Rd, Amphoe Muang, Chiang Rai ⏱09:30, 13:30 (계절에 따라 운행 횟수 다름) 📞+66 53 600 570 🗺️p.223-E

> **3,4,5** 치앙라이 시내의 중심인 시계탑은 밤에 그 색이 시시각각 변한다 **6,7** 무료로 치앙라이의 주요 관광지를 돌 수 있는 시티 투어 바이 트램

전설 속의 싱하를 모시는 사원
왓프라싱 Wat Phra Singh

왓프라깨우와 마주 보는 곳에 위치한 사원으로, 1345~1400년 마하프롬Maha Proma 왕 시대에 지어졌다. 왓프라싱이란 '신성한 사자의 사원'이라는 뜻으로 전통 란나의 건축 양식을 가장 잘 볼 수 있는 사원 중 하나다. 싱하Singha는 태국어로 '전설의 숲의 왕'이라는 뜻으로 힌두교에 나오는 사자 형상을 한 전설의 동물이다. 치앙마이에도 왓프라싱이 있는 데 치앙라이의 프라싱 불상을 치앙마이로 옮겨놓은 것. 현재 사원에는 다시 만든 프라싱 불상이 안치되었고 스리랑카에 영향을 받은 목조 건축물 우보솟과 놋쇠 종이 달린 종탑, 인도에서 공수한 커다란 보리수, 멩라이 왕 재임 기간에 만들어졌다는 고대 크메르 글이 적힌 부처님 발바닥 석조 등을 함께 만날 수 있다. 특히 우보솟의 문은 위대한 영성에 대한 미스터리 The Mystery of Higher Spirituality라는 이름으로 반담을 만든 치앙라이 출신의 목조 아티스트 타완 두차나가 1987년에 완성한 작품이다. 코끼리는 지구, 코끼리 모양의 가루다는 바람, 뱀은 물, 사자는 불을 의미한다.

📷 무료 Ⅰ▮ 시계탑에서 북쪽으로 도보 7분, 싱하클라이 거리와 루앙 로드 교차점에 위치
📍 Thanon Singhaclai, Amphoe Muang, Chiang Rai ⏱ 06:00~17:00 📞 +66 53 600 570 🗺 p.222-B

에메랄드 부다의 긴 여행
왓프라깨우 Wat Phrakaew

방콕 왕궁의 에메랄드 부다는 원래 1434년 란나 왕국, 치앙라이의 왓빠비아Wat Pa Via 사원에서 발견된 것이다. 사원의 체디(탑)가 번개를 맞았는데 벽토 밑에서 에메랄드 부다가 발견됐다. 그 후 란나 왕국의 왕은 수도를 치앙마이로 옮기려 했지만 왕을 태운 코끼리가 람팡으로 갔고, 이를 성스러운 징후로 여겨 에메랄드 부다는 람팡 왓프라깨우 돈 타오로 옮겨졌다. 1468년 치앙마이의 왓체디루앙에 보관됐다 1552년 라오스의 루앙프라방으로, 그리고 1564년 비엔티엔으로 옮겨졌다. 1779년에는 톤부리의 새벽사원, 왓 아룬으로 또다시 긴 여행을 했고 1784년 현재의 왕궁으로 옮겨 안치하고 있다. 현재는 모조품만 전시돼 있지만 이곳의 백미는 사원 안 불교 미술 박물관이다. 이 박물관을 둘러보면 태국 불교에 대해 보다 깊은 지식을 얻게 될 것이다.

📷 무료 Ⅰ▮ 시계탑에서 북서쪽으로 도보 12분
📍 19 Moo 1, Tambol Wiang, Amphoe Muang, Chiang Rai ⏱ 08:00~18:30 (박물관 09:00~17:00) 📞 +66 94 608 2354 🗺 p.222-B

성스러운 에메랄드 부다

기원전 2세기 인도의 고승인 나선이 '불상이 머무는 곳에 번영을 가져다줄 것이다'란 예언을 한 뒤로 에메랄드 부다는 태국에서 가장 성스러운 부처상으로 여겨진다. 현재 에메랄드 부다는 세 벌의 금장 의복이 있는데 매년 계절이 바뀌는 3월, 7월, 11월마다 방콕의 왓프라깨우에서 국왕이 옷을 갈아입힌다.

동상 그 이상의 신성함이 깃들다
멩라이 왕 동상 The King Mengrai The Great Monument

태국 북부 치앙라이와 치앙마이를 여행하면서 가장 많이 듣게 되는 이름 중 하나는 멩라이 왕일 것이다. 1296년 란나 왕국을 건설했고 화려한 문화와 번성을 꽃 피웠던 멩라이 왕은 태국인들에게 왕을 넘어 경배의 대상이기도 한데 치앙라이에서는 시내 한복판에 동상을 세워둠으로써 존경심을 표시하고 있다. 동상 주변에는 마치 사원처럼 각종 제물을 바치고 기도하는 치앙라이 시민을 쉽게 볼 수 있는데 그 모습을 보는 것만으로도 왜 멩라이 왕 이름 뒤에 대왕The Great이란 수식어가 붙는지 짐작이 가능하다. 동상 주변으로 도보 10~15분 거리에 시내 중심지와 사원, 꼭강이 자리하며 뒤편에는 시내 주요 관광지를 둘러보는 무료 트램이 출발하므로 여행자들은 멩라이 왕 동상을 중심으로 시내 투어를 계획해도 좋다.

🚌 버스정류장에서 송태우로 5분 거리로 파홀요틴 Phaholyothin Rd로드 교차로 ♀ Mae Chan Rd, Wiang, Rd, Amphoe Muang, Chiang Rai 지도 p.223-E

인도 불교가 떠오르는 파란색의 사원
왓롱수아텐 Wat Rong Sua Ten

온통 하얀색의 백색 사원 왓롱쿤, 블랙 하우스라 불리는 반담에 이어 파란색의 사원이 최근 치앙라이에서 화제다. 이곳은 2005년부터 착공돼 2016년 1월 대중에 개방됐다. 일부 시설은 아직 완공되지 않아 외국인 여행자보다는 태국 여행자에게 인기가 많은 사원이다.

사원 안팎은 모두 파란색이다. 본전 안으로 들어가면 환상적인 분위기는 극에 달한다. 내부를 빼곡하게 채운 불교 신화 벽화와 파란색 조각품이 새하얀 부처상과 극명한 대조를 이룬다. 이 사원에서 파란색은 인도 불교에서 법을 가르키는 다르마Dharma를 나타내는 색이다. 왓롱수아텐을 가득 채운 다양한 현대 불교 예술 작품을 보는 재미까지 갖췄으니, 인근의 꼭강 Mae Kok, 마노롬 커피와 치빗 탐마다 카페와 일정을 엮어 방문해 보자.

🚌 무료 🚌 시계탑에서 북쪽 강가 방향으로 송태우 10분(도보 3분 거리에 마노롬 커피가 있다) ♀ 306 Moo 2, Rim Kok, Amphoe Muang, Chiang Rai ◷ 06:30~17:00 지도 p.223-E 지도 밖

1 왓프라싱은 치앙라이의 대표적인 사원으로 현지인도 불공을 드리기 위해 찾는다 2 현재 방콕에 안치된 에메랄드 부다의 기나긴 여정을 알 수 있는 왓프라깨우 3 멩라이 왕은 여전히 태국 북부 사람들이 존경하고 숭배하는 대상이다 4 사원 전체가 온통 파란색인 왓롱수아텐

치앙라이 플러스 01

○ 치앙라이 버스터미널

미니밴 1시간

○ 골든 트라이앵글

도보 3분

○ 빅 부다

도보 10분

○ 골든 트라이앵글 전망대

도보 10분

○ 골든 트라이앵글 보트 투어

송태우 10분

○ 치앙샌 시내투어

치앙라이를 여행하는 사람들의 상당수는 골든 트라이앵글을 방문할 목적을 가진다. 세계 최대 아편 생산지로 악명이 높았던 이곳이 어떻게 변모했는지를 느껴보며 란나 왕국의 옛 도시였던 치앙샌을 함께 둘러보자.

골든 트라이앵글과 치앙샌 올드 시티 1 Day 투어

태국, 미얀마, 라오스를 한번에 만나는 곳
골든 트라이앵글 Golden Triangle

태국 여권으로 닿을 수 있는 최대한의 미얀마 국경선, 라오스 국경선에서 가이드의 설명을 듣는다. 골든 트라이앵글은 과거에는 세계에 공급되는 헤로인 대부분을 생산하며 황금의 삼각지대라고 불렸다. 태국의 경우 왕실이 적극 나서 대체 농업인 커피나 차 재배를 유치해 다른 생계 수단을 제공하며 마약 퇴치에 가장 적극적으로 나서고 있다. 하지만 농촌의 절대 빈곤 탓에 아직도 미얀마와 라오스에서는 여전히 아편 생산이 계속되고 있다. 미얀마 아편을 정제한 헤로인의 최대 소비국은 중국이다. 중국이 미얀마 아편 소비율의 70%를 차지해 아편 생산 확대를 촉발하고 있다는 설명을 중국인을 위한 카지노 앞에서 듣고있자니 씁쓸하다.

Editor's Tip+

01 치앙라이 버스터미널에 골든 트라이앵글을 오고 가는 미니 밴이 있다 가격은 50바트
02 버스 시간은 오전 6시 20분이 첫차로 매시 20분에 출발한다(1시간에 1회)
03 당일여행이라면 반드시 골든 트라이앵글에서 치앙라이 시내로 돌아오는 버스 시간을 숙지할 것

란나 왕국의 고도
치앙샌 Chiang Saen

파란색 송태우를 타고 뚝뚝으로 갈아타며 치앙샌의 사원 호핑 투어Hopping Tour를 즐겨보자. 치앙라이, 치앙샌, 치앙마이의 문화와 역사를 상징하는 란나 왕국. 란나 왕국은 높은 산, 티크 나무 숲, 아름다운 강과 비옥한 토양으로 둘러싸여 농업에 최적화된 풍요로운 지역에 자리 잡았다. 수차례 외세의 침략과 자연 재해 등으로 란나 왕국은 수도를 치앙샌에서 팡으로 그리고 치앙라이로, 또 람푼에서 위앙꿈깜으로 옮겼다. 1296년 멩라이왕은 새로운 도시의 이름을 치앙마이로 지었다. 치앙샌에는 여러 사원이 있지만 하이라이트는 란나 왕국의 가장 오래된 수도인 치앙샌의 왓체디루앙Wat Chedi Luang. 왕조가 천도를 할 때마다 주요한 사원까지 함께 옮기기 때문에 치앙마이에도 같은 이름의 사원이 존재한다.

치앙마이와 비교하면 잦은 침략과 세월의 흐름으로 풍화되고 중앙의 흙탑은 보수 중이지만 오래된 사찰 특유의 영험한 기운이 느껴진다.

골든 트라이앵글 투어, 더 쉽게 즐기기

tip 치앙라이와 치앙마이 자유여행의 가장 큰 애로사항은 교통수단이다. 미터택시가 있다 하더라도 유명무실하고 현지인도 애용하는 송태우도 늘 흥정을 요한다. 최고의 선택은 일부 일정만 투어 프로그램을 신청하는 것. 태국 자유여행 전문 여행사에서 치앙라이와 치앙마이 투어, 차량, 스파, 쿠킹 클래스 등 여러 종류의 액티비티를 선택해 원하는 날짜에 예약할 수 있다. 현지 여행사를 이용할 경우, 치앙마이의 타패 게이트 인근이나 치앙라이의 나이트 바자 인근에서 예약하면 된다.

🛥 골든 트라이앵글과 왓쏭쿤을 도는 기본 일정은 900바트, 라오스 보트 투어를 선택할 경우 1,400바트 (치앙마이 시내 호텔 출발) → p.249

1 골든 트라이앵글 전망대에서 바라본 모습 2 치앙샌 지역에서는 파란색 송태우를 탄다 3,4,5 치앙샌에서 오래된 사원 투어를 개별적으로 하기엔 무리다. 사전에 치앙마이나 치앙라이 시내에서 하루 투어 프로그램을 예약하는 것이 현명하다 6 스님에게 공을 드리는 신자 7 치앙샌에 딱 한 곳만 있는 시장도 방문해보자

질리지 않는 치앙라이 대표 밥집
자 자런차이 Ja Jarounchai

30년 동안 치앙라이 사람들의 식사를 책임져온 편안한 식당이다. 시내 중심에서 멀지 않은 곳에 자리한 이곳은 오후 4시부터 문을 여는 태국식과 중식이 가미된 식당인데 오후 6시 이후면 식사하러 나온 현지인으로 꽉 찰 정도로 문전성시를 이룬다.

닭과 돼지고기를 얹은 덮밥과 카오톰이라 부르는 태국 죽이 대표적인데 각종 채소나 고기, 해산물 볶음도 놓치기 아쉽다. 모닝글로리나 가지를 스위트 바질과 굴 소스로 볶아낸 채소 요리는 우리 입맛에도 딱 맞아 밥과 함께 한그릇을 뚝딱 해치우게 된다. 여기에 특제 양념에 요리한 돼지고기나 백숙처럼 푹 곤 닭고기까지 곁들이면 밥, 채소, 고기까지 완벽한 '태국 집밥'이 차려진다. 인기 많은 메뉴는 양에 따라 선택할 수도 있고 대부분 100바트 미만이라 가격도 매력적이다.

양념에 재운 오리고기Stewed Duck 60바트, 삶은 닭고기Boiled Sliced Chicken 60바트, 모닝글로리 볶음Fried Morning Glory 80바트, 마늘과 함께 튀긴 도미Deep Fried Snapper with Garlic 200바트┃ 시계탑에서 서쪽으로 도보 4분, 사남빈 로드 안쪽에 위치 ♀ 400/11 Sanambin Rd, Wiang, Amphoe Muang, Chiang Rai ⏰ 16:00~23:00 ☎ +66 53 712 731 Map p.222-D

1,2,3 파란 간판이 인상적인 자 자런차이, 실내 좌석이 더 많다
4 캐주얼한 태국음식을 파는 푸래 5 푸래의 편안한 분위기와 '좋아요' 전광판이 이색적이다

'좋아요'를 꾹 눌러주고픈
푸래 Phu Lae

식당이 자리한 타나라이 거리Thanalai Rd는 토요 야시장이 열리는 시내 중심부로 치앙라이 시내 여행과 함께 동선을 잡기 좋다. 식당 안의 방문자들 사진과 함께 커다란 전광판에 표시된 '좋아요' 표시가 눈길을 끈다. 식사를 마친 손님들이 벨을 눌러 평가를 내리는데 벌써 1만 8,000여 건의 호의적인 리뷰가 쌓였다. 주메뉴는 태국 북부음식인데 중국 요리법에 영향을 받아 전체적인 맛과 향이 태국요리 초심자도 즐기기 좋다. 분위기 좋은 식당을 원한다면 같은 주인이 운영하는 강변 레스토랑, 타남 풀레Thanam Phulae를 찾을 것.

타이 소시지 란나(사이우아) 120바트, 란나 스타일 카레(깽항래) 120바트┃ 시계탑에서 치앙라이 파크 방면 도보 10분 ♀ 673-1 Thanalai Wiang Rd, Amphoe Muang, Chiang Rai ⏰ 11:30~15:00, 17:00~23:00 ☎ +66 53 600 500 🌐 www.phulaerestaurant.com Map p.223-G

전통 칸똑 디너 맛보기
사분나 칸똑 Sabun-Nga Khantoke

전통 태국 북부요리를 선보이는 대형 레스토랑으로 호스텔을 겸하며 칸똑 디너와 공연을 제공한다. 50여 가지가 넘는 다양한 메뉴를 100바트 선에 선보이면서도 전통의 맛을 유지해 만족도가 높다. 공연이 없는 날이라도 칸똑 그릇에 한상 차림으로 나오는 메뉴 주문이 가능하다. 재료나 매운 정도 선택할 수 있으며 음식마다 1회 리필이 되는 장점도 있으니 2인 이상이라면 칸똑 세트 메뉴를 눈여겨보자. 북부 음식 샘플러인 오르되브르나 깽항래, 솜땀도 단품으로 주문할 수 있다.

🍴 란나 오르되브르Lanna Hors D'oeuvre 199바트, 깽항래Kaeng Hung Lae 89바트 🚩 시계탑에서 남서쪽으로 송태우 5분, 도보 20분 거리, 산콩노이 로드Sankhongnoi Rd에 위치 📍 226/50 Sankhong Rd, Amphoe Muang, Chiang Rai ⏰ 17:00~23:00 📞 +66 53 712 290 🌐 www.sabun-nga.com Map p.222-C

재미난 시푸드 파티
꿍뚱 Koong Tung

'심플 나이트'라는 야외 광장에는 야키니쿠를 선보이는 마오양Maoyang, 시크한 매력이 넘치는 옐로 블랙 바Yellow Black, 햄버거와 맥주를 파는 샌프란Sanfran 등이 젊고 활기찬 분위기를 만든다. 심플 나이트 건너편에 자리한 꿍뚱은 해산물 전문점으로 접시 없이 테이블 한가득 음식을 펼쳐놓고 손으로 맛보는 모양새부터가 호기심과 흥미를 자극한다. 새우나 조개 혹은 믹스된 재료를 고른 후 사이즈와 원하는 소스를 선택한다. 가격 대비 적은 양이 아쉽지만 활기찬 분위기와 색다른 재미로 치앙라이의 젊은 사람들이 즐겨찾는다.

🍴 새우 S사이즈 189바트, 믹스시푸드 M사이즈 389바트 🚩 시계탑에서 터미널 방향 도보 2분, 왕컴 호텔 뒷편 📍 Phisit Sa Nguan Alley, Amphoe Muang, Chiang Rai ⏰ 17:00~23:00 📞 +66 97 063 9464 Map p.222-D

치앙라이에서 나이트라이프를 즐기려면?

정적인 치앙라이를 밤마다 젊고 활기찬 분위기로 탈바꿈시키는 곳은 심플 나이트. 치앙라이 시계탑에서 도보 3분 거리에 자리한 작은 야외 공간으로 4개의 작은 식당과 카페가 모여 있다. 저녁 6시부터 문을 열어 인근 젊은이들이 밤마다 식사와 휴식을 위해 즐겨 찾는다. 여기에 외국인까지 합세해 조용한 치앙라이를 들썩이게 만드는 심플 나이트에서의 맥주 한잔과 식사를 잊지 말 것.

🚩 시계탑에서 동쪽으로 도보 2분, 왕컴 Wangcome 호텔 가기 전 📍 Thanon Baanpa Pragarn Rd, Amphoe Muang, Chiang Rai ⏰ 18:00~23:00(매장별로 다름)

6,7 맨손으로 맛보는 꿍뚱의 시푸드 8 단체 여행객에게 오픈되는 사분나의 칸똑 디너 장소 9 북부 음식 샘플러를 주문하면 한번에 맛볼 수 있다 10 길가에 자리한 입구

인기 절정의 유럽 스타일 카페
치빗 탐마다 커피 하우스
Chivit Thamma Da Coffee House

꼭강 주변은 치앙마이로 치면 삥강변처럼 전망 좋고 예쁜 인테리어를 가진 카페와 레스토랑, 호텔이 늘어선 치앙라이의 핫 플레이스다. 그중 가장 스포트라이트를 많이 받는 곳이 태국말로 '단순한 삶 Simple Life'을 뜻하는 치빗 탐마다이다. 실제로 카페이자 레스토랑이면서 고급 스파에 작은 소품 숍도 함께 있어 복합적인 기능을 한다.

치빗 탐마다는 태국인 부인과 스웨덴인 남편의 합작품으로 태국에서 잠시 유럽의 카페에 온 듯 이국적인 분위기가 사람들을 끌어들인다. 음식 역시 국적을 초월한다. 스웨덴 스타일의 미트볼부터 태국식 파인애플 볶음밥, 심지어 한국 비빔밥까지 동서양을 막론한 메뉴를 만날 수 있다. 신선한 재료로 직접 만드는 수준급의 음식과 커피에 강가를 바라보는 전망과 분수대가 놓인 야외 정원, 세련된 인테리어까지 어우러져 커플들의 데이트 코스로, 가족들의 주말 나들이 장소로도 사랑받는다. 감각적이고 세련된 치앙라이를 만나고 싶다면 치빗 탐마다는 필수 코스다.

🍴 스웨덴 미트볼Swedish Meatballs 300바트, 파인애플 프라이드 라이스Pineapple Fried Rice 150바트, 비빔밥Bi Bim Bap 220바트, 커피Coffee 80바트부터 🚩 시계탑에서 송태우 10분 📍 179 Moo 2, Rim Kok, Amphoe Muang, Chiang Rai 📞+66 81 984 2925 🕐 08:00~20:00 🌐 www.chivittthammada.com 🗺 p.223-E

1 유럽 스타일로 꾸며진 내부 2,3 강가를 바라보며 수준급의 커피와 디저트를 즐길 수 있다 4 스파와 부티크숍도 겸한다

너른 앞마당에서 낭만적인 티타임
마노롬 커피 Manorom Coffee

치앙라이에 부는 유럽 스타일 카페 붐을 가장 잘 보여주는 강가 카페. 화이트 톤의 유럽식 목조 주택과 강가 전망은 여느 카페와 비슷한 콘셉트지만 마노롬 커피의 차별점은 넓은 앞마당에 있다. 나무 그늘 아래 리조트 분위기가 물씬 풍기는 선베드와 테이블을 놓아 해질 무렵이면 석양 감상의 명당으로 변신한다. 이곳에서는 간판에 적힌 커피 그 이상을 기대해도 좋다. 마노롬 시그니처 커피Manorom Signature Coffee를 포함한 커피와 라 뒤레La Duree나 TWG 같은 고급 브랜드의 홍차를 비롯해 스무디나 과일 주스도 다양하다. 케이크나 프렌치토스트, 벨기에 와플, 크레페 같은 메뉴도 가득해 브런치를 즐기기도 좋다. 식사는 마노롬 커피 옆에 자리한 로맨스 레스토랑Romance Restaurant에서 할 수 있다. 파스타 등의 이탈리아 음식과 태국요리도 판다.

마노롬 시그니처 106바트, 아포가토 Affogato 146바트, 코코넛 롤Coconut Roll 106바트, 마노롬 선데Manorom's Sundae 86바트 시계탑에서 송태우 10분 499/2 Moo.2 Rimkok, Amphoe Muang, Chiang Rai 09:00~20:00 +66 92 373 7666 www.facebook.com/manoromcoffee MAP p.223-E

5,6 갤러리 같은 분위기에서 맛보는 북부 최고의 커피 중 하나인 도이창 커피 7,8 마노롬 커피의 실내 좌석은 유리 온실처럼 꾸며져 있다 9 야외 캐노피는 해질 무렵이 가장 인기 있다

최초의 도이창 카페를 찾아라!
도이창 커피 앳 아트
Doi Chaang Coffee At Art

도이창 커피는 '커피 리뷰Coffee Review'에서 90점 이상을 받으며, 미국과 유럽의 스페셜티 인증을 받았다. 공정무역 커피라는 것도 놓칠 수 없는 포인트. 현재는 태국 전역에서 여러 카페가 운영되지만 2002년 문을 연 첫 번째 카페로 소박하고 아날로그 감성을 자극하는 매력이 있다. 테라스와 작은 연못, 나무로 만든 메뉴판, 태국 북부의 특산품인 라탄과 티크 나무로 만든 가구들, 일회용 잔이 아닌 유리잔에 담겨 나오는 커피까지…. '치앙라이 커피', '치앙라이 카페'를 논하려면 꼭 한번은 들러볼 만하다.

라테 70바트, 도이창 프라페 110바트, 스무디 85바트, 애플파이 70바트 시계탑에서 큰길가 따라 동쪽으로 도보 3분 542/2, Rattanakhet Rd, Amphoe Muang, Chiang Rai 07:00~20:00 +66 53 752 918 MAP p.222-D

치앙라이 대표 로컬 커피
요도이 커피 앤 티 Yoddoi Coffee & Tea

치앙라이 북부에서 생산되는 품질 좋은 아라비카 커피를 일컫는 '요도이 커피'는 지역을 대표하는 곳으로 단순한 카페가 아니라 커피를 직접 재배하고 단계별로 로스팅해 선보이는 곳이다. 해발 1,200m 이상에서 생산된 원두는 뛰어난 품질과 향을 자랑한다. 따라서 요도이는 분위기보다는 맛에 중점을 두고 방문할 것. 특별한 장식 없는 투박한 인테리어로 요즘 카페 트렌드와는 거리가 멀지만 신선한 원두로 내린 커피를 저렴하고 넉넉한 크기로 제공해 가격 대비 만족도가 높다.

시계탑 바로 앞에 자리하고 있어 저녁에 펼쳐지는 시계탑 조명 쇼를 감상하기 좋은 장소라는 것은 보너스. 커피 이외에도 고산지대에서 생산된 꿀과 차, 원두와 차를 다양하게 판매한다. 맞은편에 2호점도 자리한다.

🍴 에스프레소 50바트, 아메리카노50바트, 카페 라테60바트, 요도이허니Yoddoi Honey 60바트 🥄 치앙라이 시계탑 앞 📍 428-7 Thanon Baanpa Pragarn Rd, Tambon Wiang, Amphoe Muang, Chiang Rai 📞 +66 97 969 0954 🕐 07:00~00:00 🌐 www.yoddoimountaincoffee.com 🗺 p.222-D

1 시계탑 전망이 요도이 커피의 포인트 2 투박한 인테리어는 이곳의 진중한 커피 맛과 닮아 있다 3,4 맛있는 빵과 케이크를 즐길 수 있기 때문에 외국인들에게 큰 사랑을 받는 폴라 블랑제리

서양인도 인정한 베이커리 카페
폴라 블랑제리 앤 파티셰리
Polar Boulangerie And Patisserie

서양 디저트를 선보이는 작은 베이커리다. 시계탑과 토요 마켓이 열리는 트라이랏 로드 한쪽에 자리한다. 크게 꾸미지 않은 실내는 몇 개의 좌석만 갖췄고 커피 머신과 작은 케이크 쇼케이스가 전부. 하지만 주말이면 케이크와 디저트를 맛보려는 사람들로 문전성시를 이룰 정도다. 크림이 듬뿍 든 롤케이크와 슈크림은 디저트에 까다로운 서양 여행자들도 인정한다. 간단한 빵과 홈메이드 잼, 쿠키도 판매하며 샌드위치와 에그 베네딕트, 샐러드로 아침식사를 대신할 수도 있다.

🍴 슈크림 40바트, 버터 스콘 55바트, 딸기 롤케이크 95바트, 커피 60바트부터 🥄 시계탑에서 북서쪽 방면 도보 5분 📍 366~366/1, Trairat Rd, Viang, Amphoe Muang, Chiang Rai 📞 +66 87 366 9366 🕐 08:00~18:00(토요일 휴무) 🌐 www.facebook.com/polarchiangrai 🗺 p.222-D

치앙라이 커피의 현주소
새터데이 카페 Saturday Cafe

시내에서 조금 떨어진 주택가에 위치해 일부러 찾아와야 하지만 현지 젊은이들에게 열렬한 사랑을 받는 카페다. 주택을 개조해 만들어 테이블이 몇 개 되지 않지만 로스터를 겸하고 있어 부드러운 커피의 풍미를 즐길 수 있다. 이곳만의 비결은 신선한 로스팅, 주문과 동시에 조금씩 갈아서 뽑아내는 진한 에스프레소다. 메뉴는 심플하게 블랙, 화이트, 아이스로 나뉜다. 블랙은 에스프레소와 더 진한 롱블랙 두 종류, 화이트는 우유를 넣은 라테를 농도에 따라 플랫 화이트, 피콜로로 나눈다. 한편에는 드립 커피와 같이 낯익은 메뉴와 함께 프렌치프레스, 사이폰 등의 커피 추출 방식에 따라 시간이 걸리지만 독특한 커피를 맛볼 수 있는 슬로 바 Slow Bar도 마련됐다. 치앙라이의 커피 수준을 가늠할 수 있는 실력파 카페로 커피 맛을 음미하기 위해 찾게 만든다.

🍴 에스프레소 45바트, 라테 55바트, 드립 커피 90바트부터 ┃🚌 버스터미널에서 차로 5분 왓시사이문Wat Si Sai Moon에서 남쪽으로 도보 3분, 좁은 골목 안에 있어 구글맵을 활용하면 좋다 ♀ Sri Sai Moon Rd, Amphoe Muang, Chiang Rai 📞 +66 85 865 1029 ⏰ 08:00~17:00 🌐 www.facebook.com/cafesaturday 🗺️ p.223-G

입안에서 사르르 녹는 달콤함
멜트 인 유어 마우스
Melt In Your Mouth

주인 남매는 작은 강둑에 자리한 이곳만의 아늑한 분위기를 나누고 싶어 카페를 시작했는데 이제는 치앙라이의 인기 스폿이 되었다. 시내 중심에서 멀지 않은 한적한 주택가에 자리했으며 운치 있는 정원, 강가 전망의 야외 테라스, 고급스럽게 꾸며진 인테리어가 큰 사랑을 받는 이유다. 탁 트인 실내가 인상적이며 아기자기한 소품과 가구가 로맨틱한 느낌을 연출한다. 이곳에서 선보이는 음료와 음식도 센스 넘치는 플레이팅과 넓은 선택의 폭을 자랑한다.

🍴 에그 베네딕트 260바트, 멜트 스파이시 딥스 퀸진 세트 330바트, 캐러멜 바나나 팬케익 185바트 ┃🚌 시계탑에서 송태우 5분 거리, 코로이공원 근처 ♀ 268 Moo 21 Kho Loi, Robvieng, Amphoe Muang, Chiang Rai 📞 +66 53 711 199 ⏰ 08:30~20:30 🌐 www.facebook.com/meltinyourmouthchiangrai 🗺️ p.222-B

5,6 강가를 감상할 수 있는 멜트 인 유어 마우스의 야외 테라스와 멋진 메뉴 **7,8** 한 잔 한 잔 정성을 다해 만들어주는 라테 **9,10** 새터데이 카페는 조용한 주택가에 자리한다

시계탑을 감상하기 좋은 캣카페
캣 앤 어 컵 Cat 'n' A Cup

고양이, 치앙라이, 커피의 조합은 언뜻 어울리지 않지만 치앙라이 시내, 시계탑 인근에서 가장 눈에 띄는 카페인 캣 인 어 컵은 현지 젊은이와 고양이를 사랑하는 이들 사이에서 큰 인기를 누린다. 시계탑 바로 앞에 자리해 시계탑을 구경나온 여행자도 주위를 둘러보다 유리창 너머 사랑스러운 고양이들의 모습에 이끌려 자연스럽게 들어오게 만드는 매력을 가졌다. 입구에 신발을 벗어놓고 카운터에서 원하는 음료를 주문하고 좌식 테이블에 자리를 잡으면 된다. 커피와 태국차, 와플 등 메뉴의 구성과 맛은 평범한 편이다. 대신 자리에 앉으면 10여 마리의 고양이들과 자연스럽게 합석하게 되는데 주문한 음식에 따라 고양이들의 열렬한 러브콜을 받거나 무관심의 대상이 될지 모를 일이다. 사랑스러운 고양이분 아니라 에어컨이 빵빵하게 나오는 실내에서 시계탑을 감상하기에도 훌륭한 카페다.

📇 커피 60바트부터, 스무디 70바트, 와플타워 Waffle Tower 90바트부터, 고양이 스낵Cat Snack 40바트 🏳 치앙라이 시계탑 앞 📍 428-9 Thanon Baanpa Pragarn Rd, Tambon Wiang, Amphoe Muang, Chiang Rai 🕐 08:00~22:00 📞 +66 88 251 3706 🌐 www.facebook.com/catnacup 🗺 p.222-D

1 시계탑 주변에 있어 찾기 쉽다 2,3 이곳의 주인은 고양이 4,5 내부의 드립 바를 꼭 둘러볼 것 6,7 저녁 6시 이후부터 활기를 띤다 8,9 먹거리, 살거리 넘치는 토요 마켓 10,11 지하에서 치앙라이에서만 판매하는 특산물을 노려보자

우리 동네 카페였음 좋겠다!
로스트 The Roast

시내 중심에서 도보 10분, 관공서와 치앙라이 병원이 자리한 산콩루앙 거리 Sankhongluang Rd에는 주변 직장인들과 학생들이 분주히 오가는 카페 겸 로스터가 자리한다. 평범한 카페처럼 보이지만 내부에 들어서면 한쪽에 가득한 커피 생두 자루와 커다란 로스터기, 여러 드립 커피를 내리는 드립 바Drip Bar 등 다양한 장치에 놀라게 된다. 매장에서 직접 로스팅한 원두도 판매하며 비정기적으로 커피 세미나를 개최하는 등 커피에 대한 열정을 나눌 수도 있다. 이런 커피를 일상적으로 맛볼 수 있는 인근 주민들이 부러울 따름이다.

📇 에스프레소 40바트, 카페 라테 50바트 🏳 시계탑에서 남서쪽으로 도보 12분, 치앙라이 병원을 지나 왓치앙유엔Wat Chiang Yuen가기 전 📍 Sankhongluang Rd, Amphoe Muang, Chiang Rai 📞 +66 88 700 0762 🕐 07:30~17:00(월요일 휴무) 🌐 www.facebook.com/TheRoastChiangRai 🗺 p.222-D

치앙라이를 밝히는 상설 야시장
나이트 바자 Night Bazaar

토요일을 제외하고 특별한 밤나들이 공간이 없는 치앙라이에서 더욱 돋보이는 곳. 규모는 작지만 쇼핑과 먹을거리, 휴식 공간까지 야시장으로 부족함이 없다. 판매되는 물건은 옷, 장신구, 기념품 등이며 고산족이 만든 수공예품도 쉽게 만나볼 수 있다. 야외 푸드코트는 작은 무대를 마주하고 있는데 주말에는 태국 전통 공연이 펼쳐져 흥을 돋운다. 푸드코트에서 판매되는 다양한 음식은 10바트부터로 저렴한 가격대를 자랑해 여러 종류의 음식을 부담 없이 맛보기에 좋다. 저녁 6시부터 본격적으로 영업이 시작되며 판매되는 물건은 대부분 정찰제이지만 약간의 흥정은 시도해볼 만하다.

🚩 치앙라이 버스터미널에서 도보 1분
📍 Phaholyothin Rd, Amphoe Muang, Chiang Rai 🕐 18:00~23:00
MAP p.222-D

두말할 필요 없이 토요일엔 여기!
토요 마켓 Saturday Market

평소엔 정적이고 소박한 치앙라이도 토요일에는 신명나는 장이 펼쳐진다. 매주 토요일 시내 중심 타나라이Thanalai 거리는 오후 4시부터 차량이 통제되며 토요 마켓이 열린다. 약 1km의 거리는 평상시 도보 15분이면 주파할 만큼 짧지만 토요일에는 길을 빼곡하게 메운 노점으로 슬쩍 둘러보는 데에만 1시간이 넘는다. 직접 기른 농작물, 핸드메이드 소품, 옷가지, 신발, 그릇까지 여행자보다 현지인을 위한 품목이 많다. 토요 마켓의 하이라이트는 저녁 8시, 무앙 치앙라이 공원Muang Chiang Rai Park 옆 공터에서 펼쳐지는 공연이다. 넓은 광장에 흥겨운 음악이 흐르고 남녀노소 불문하고 한바탕 댄스파티가 펼쳐진다.

🚩 치앙라이 시계탑에서 북쪽으로 도보 2분, 타나라이Thanalai 거리 일대 📍 Thanalai Rd, Amphoe Muang Chiang Rai 🕐 16:00~22:00 MAP p.222-D

치앙라이 쇼핑의 오아시스
센트럴 플라자 Central Plaza

치앙라이에서는 유일한 대규모 쇼핑몰이다. 로빈슨 백화점과 대형 슈퍼마켓, 은행, 전자상가, 극장이 4층 건물에 가득해 원스톱 쇼핑을 즐기기에 그만이다. 레스토랑 후지, MK 수키와 스타벅스, 아이스 몬스터, 프루츄어데이Fruitruday 분점까지 레스토랑과 카페도 다양하게 입점해 있다. G층에는 푸드코트가 있고 치앙라이의 지역 특산물 쇼핑도 가능하다. 이곳에 들르면 우선 인포메이션 센터에 들러보자. 60분 무료 와이파이를 제공받거나 사용 가능한 쇼핑 혜택, 시내 중심까지 무료로 제공되는 셔틀버스 정보도 확인할 수 있다.

🚩 버스터미널에서 남쪽으로 차로 7분 거리
📍 99/9 Moo 13, Robwiang, Amphoe Muang, Chiang Rai 🕐 11:00~21:00(월~금), 10:00~21:00(토~일) 📞 +66 52 020 999
🌐 www.CentralPlaza.co.th
MAP p.223-G 지도 밖

강을 바라보며 즐기는 부티크 스파
치빗 탐마다 스파
Chivit Thamma Da Spa

온전한 평온함을 경험할 수 있는 고급 스파로 치앙라이 최고의 인기 카페에서 운영한다. 태국인 주인의 노하우로 2009년부터 근방에서 보기 드문 고급스러운 스파 서비스를 제공하는데 총 4개의 트리트먼트 룸은 고가구의 컬렉션이라 할 정도로 독특한 가구와 소품으로 곳곳을 장식했고 방마다 각기 다른 콘셉트로 꾸몄다. 모든 스파 룸에는 베란다가 있는데 꼭강 전망과 함께 휴식을 취하기 좋은 욕조와 의자가 마련돼 평온한 분위기를 만끽할 수 있다. 충분한 힐링을 위해서는 120분 이상의 긴 프로그램을 경험해볼 것. 란나 스타일의 스파 기법이 들어간 프로그램이나 허브 마사지도 인기가 많다. 숙련된 테라피스트의 실력과 스파에서 사용하는 자연친화적인 제품까지 섬세해 자신을 위한 조금 화려한 선물로 경험해보아도 좋겠다.

🧖 쿤 부 차이|Khun Pu Chai 120분 3,900바트, 란나 웜 허벌 마사지|Lanna Warm Herbal Massage 90분 1,800바트, 로얄 치빗 탐마 마사지|Royal Chivit Thamma Massage 90분 2,400바트 ▮ 멩라이 왕 동상에서 북쪽으로 차로 7분, 치앙라이 다리 옆 ♥ Chivit Thamma Da Co. Ltd 179 Moo 2, Rim Kok Amphoe Muang, Chiang Rai 📞 +66 81 984 2925 🕙 10:00~20:00 ᴹᴬᴾ p.223-E

1,2 치빗 탐마다의 스파로 유럽풍의 분위기 속에서 솜씨 좋은 스파 트리트먼트를 즐길 수 있다 3,4 방콕의 여느 부티크 스파 못지않게 아름답게 꾸민 내부 5,6 치앙라이 시내 인근에는 저렴한 마사지 가게가 많다

가격 대비 만족스러운 마사지
몬믕 란나 마사지
Monmueng Lanna Massage

시내 버스터미널과 상설 나이트 바자에는 저렴한 마사지 숍이 즐비하다. 몬믕 란나 마사지는 저렴한 가격대이지만 새로 지어진 까닭에 깔끔한 시설로 주목받는다. 입구부터 스파룸까지 꾸민 태국 전통 분위기의 인테리어는 저렴한 마사지 숍이라는 걸 잊게 만들 정도. 개별 룸은 아니지만 타이 마사지를 위한 넓은 공간과 발마사지 의자가 마련되어 있고 안쪽엔 개별 샤워 시설도 갖추어져 가볍게 타이 마사지와 발 마사지로 피로를 풀기 좋다.

🧖 타이 마사지 60분 250바트, 발 마사지 60분 250바트 ▮ 치앙라이 버스터미널과 상설 나이트 바자가 자리한 파홀요틴 로드에 위치 ♥ 879/7-8 Phaholyothin Rd, Amphoe Muang, Chiang Rai 📞 +66 53 711 611 🕙 10:00~00:00 🖥 www.facebook.com/Monmuanglanna ᴹᴬᴾ p.222-D

추천! 치앙마이 데이투어

전 세계 여행지마다 대부분의 여행자들이 꼭 한번 들르고 싶어 하는 코스가 있다. 교통편이 다소 불편한 치앙마이에서는 투어를 활용하면 보다 저렴한 가격에 효율적으로 여행할 수 있다. 치앙마이의 데이투어 Best 3.

치앙마이 여행 필수 코스
도이수텝과 도이뿌이 반나절 투어 Doi Suthep and Doi Pui Day Tour

치앙마이를 대표하는 사원으로 시내 중심에서 차로 약 30~40분가량 떨어져 있어 투어로 둘러보면 편하다. 픽업과 영어 가이드가 포함된 낮 투어와 야경까지 볼 수 있는 저녁 투어로 나뉘는데 대부분 여행자들은 낮 투어를 선택한다. 개별적으로 흥정해서 움직이는 것보다 편하고 이른 아침부터 일정이 시작돼 하루를 알차게 보낼 수 있다. 각 호텔에서 개별적으로 픽업을 제공하며 투어 종료 호텔까지 데려다주므로 이동에 대한 부담이 없다. 도이수텝에서 오랜 시간을 보내고 싶다면 기사를 포함한 단독 투어를 고려해볼 것. 📷500바트 선(식사 불포함)

알록달록 수공예 마을 구경
산깜팽과 우산 마을 San Kampaeng and Umbrella Village

보상Bo Sang 우산 마을로 대표되는 산깜팽을 투어로 둘러보는 코스로 반나절 일정으로 진행된다. 치앙마이 시내에서 산깜팽까지는 차로 20~30분가량 소요되는데 우산, 은, 실크, 셀라돈 도자기 등 종류별 상점과 체험장이 마을에 도착해서도 다시 차량으로 5분 이상 이동하는 까닭에 투어를 이용하는 것이 편리하다. 호텔까지 개별 픽업이 포함된 투어는 승합차를 사용해 다른 여행자와 함께 마을과 주변지역을 둘러본다. 가장 많은 시간 동안 머무는 우산 마을에서 우산을 제작하는 기초과정부터 배울 수 있다. 우산 이외에도 옷이나 핸드폰 케이스 등을 구입하면 즉석에서 원하는 그림을 그려주기도 한다. 📷400~500바트

하루에 세 나라를 만나기!
골든 트라이앵글 Golden Triangel

치앙마이에서 골든 트라이앵글까지는 약 4~5시간 거리. 왕복 8시간 정도의 이동 시간을 감안하면 투어 프로그램만큼 좋은 방법이 없을 정도다. 투어는 대형 버스로 진행되며 이른 아침 치앙마이 호텔에서 픽업을 시작해 밤 늦은 시간에 시내로 돌아오는 종일 일정으로 진행된다. 골든 트라이앵글이 주된 목적이지만 가는 길목에 자리한 치앙라이 대표 사원 화이트 탬플, 왓롱쿤도 방문한다. 골든 트라이앵글에 도착한 후에는 원하는 사람에 한해 옵션으로 미얀마 국경 인근까지 다녀올 수 있으므로 반드시 여권을 지참해야 한다. 골든 트라이앵글 인근 매싸이 마을 방문 옵션도 있다. 📷400~500바트

🖋 Editor's Tip⁺ 데이투어 예약하기

치앙마이에서는 올드시티의 왓프라싱을 중심으로 현지여행사에서 예약이 가능하다. 온라인에서 사전 예약을 진행할 경우 하나투어(www.thaipopcorntour.co.kr), 몽키 트래블(www.monkeytravel.com), 내일스토어(www.naeilstore.com)를 통해 예약할 수 있다. 가격과 제공 서비스, 일정 등은 엇비슷하다.

 Chiang Rai

자유여행자만 만날 수 있는 특별한 카페

향긋한 커피가 근사한 뷰를 만났을 때
커피 뷰 Coffee View

치앙마이에서 치앙라이로 향하는 118번 도로 위, 곁에서 볼 때는 얼마나 대단한 뷰를 품고 있는지를 가늠하기 어려운 카페가 서 있다. 계단을 내려가 카페에 닿으면 그림처럼 펼쳐지는 북부 태국의 산 밑으로 펼쳐진 밭과 호수의 뷰가 탄성을 자아낸다. 태국식 목조 가옥 안에 마련된 모든 나무 가구들은 오직 뷰에 집중할 수 있도록 제작되었고 배치되었다. 이곳에 들어서면 다른 손님들과 마찬가지로 가만히 앉아 뷰만 멍하니 바라보며 커피를 홀짝이고 싶어진다. 커피 뷰는 여느 태국의 레스토랑과 마찬가지로 태국음식과 서양음식을 비롯해 베이커리까지 모두 낸다. 하지만 이곳에서는 달달한 커피로 당을 충전하고 숨 막히는 뷰를 보며 배를 채우길. 아무것도 첨가하지 않은 커피를 제외하고 다른 음료나 음식은 특별할 것이 없다. 특히 이곳만의 장치를 이용해 호수의 물고기에게 밥을 주거나 호수 아래에 내려가 토끼에게 먹이를 주는 공간 등이 마련돼 소소한 재미까지 놓치지 않은 점이 태국 사람들에게 인기를 끄는 이유다.

🍴 에스프레소리치Espressorich 45바트, 피베리 커피Peaberry Coffee 60바트, 레몬 티Lemon Tea 40바트 🚩 치앙라이에서 차로 2시간, 치앙마이에서는 1시간 15분 소요되며 118번 도로를 통해 접근 한다. 푸파타라 리조트Phufatara Resort 바로 옆이다 📍 112/1 Moo 6 Maejaydee, Viengpapao, Chiangrai 🕐 07:00~18:00 📞 +66 81 318 2334 🌐 www.facebook.com/CoffeeView MAP p.223-G 지도 밖

🖋 Editor's Tip+
01 치앙마이에서 치앙라이로 가는 길은 산이 40여 개 등장하는 다소 험난한 코스다. 렌트를 하든 오토바이를 이용하든 가장 중요한 것은 안전 운전!
02 치앙마이에서 치앙라이로 이동 시 차로는 3시간 30분, 오토바이로는 6시간 정도가 소요된다

1 오직 태국 사람만 찾아올 수 있는 카페라고 장담할 수 있는 곳. 끝내주는 뷰와 싸고 맛있는 커피를 맛볼 수 있다 2 도이창 커피 팩토리에 딸린 카페로 가장 신선한 원두와 차, 버섯 등을 구입할 수 있다 3,4,5 커피뿐 아니라 고속도로의 휴게소 역할도 겸한다. 간단한 식사 주문도 가능하다

가장 신선한 태국 커피를 즐기려면!
도이창 커피 팩토리 Doi Chaang Coffee Factory

도이창은 태국어로 '코끼리 산'이라는 의미가 있는 험준하지만 천혜의 환경을 지닌 곳. 도이창 마을은 한때 전 세계 마약의 60%를 공급했던 골든 트라이앵글의 중심지였다. 1983년 태국 국왕은 도이창 마을에 마약 대신 커피 경작을 권고했고 고산족은 커피 경작을 시작했다. 도이창 마을에는 총 1만여 명의 아카족과 소수의 이수족이 산다. 그들 중 약 45%가 2008년 SCAE유럽스페셜티협회 컨퍼런스에서 유기농 피베리로 93점이라는 높은 점수를 얻으며 커피의 퀄리티를 입증했다. 그 후 8년간 지속적으로 90점 이상의 스페셜티 스코어를 획득하며 확고부동한 월드클래스 커피로 자리매김한 '피코 사에두'의 협력집단이 도이창 그룹이다. 도이창 그룹은 정신적 지도자인 피코 사에두의 얼굴을 브랜드 로고로 만들어 그 전통과 정신을 계승할 뿐 아니라 현대적 시설을 갖춰 세계 커피협회의 각종 인증을 보유했다. 치앙라이 고속도로에 위치한 이곳은 커피 팩토리와 함께 큰 규모의 카페, 레스토랑, 숍이 한데 모여 있어 치앙마이와 치앙라이를 오가는 여행자에게 좋은 쉼터가 되어준다. 특히 시내에서는 쉽게 구하기 어려운 제품도 다양하다. 원두의 경우 프리미엄 오가닉Premium Organic 250바트, AA 등급Dark Roast 250바트, 피베리 오가닉Peaberry Organic 250바트이며 루왁 커피Wild Civet Coffee 50g은 1,150바트다.

🍴 식사는 65바트부터, 커피는 60바트부터 ▐ 치앙라이에서 치앙마이 방면 차로 1시간 20분, 118번 도로에서 다시 국도를 타고 산길을 오르기 때문에 GPS를 이용하는 것이 좋다 📍 Wa Wi, Mae Suai, Chiang Rai 🕐 08:00~18:00 📞 +66 89 967 6746 🌐 www.doichaangcoffee.com
MAP p.223-G 지도 밖

치앙라이

© 김선화

빠이
762개의 커브를 지나
여행자 마을로!

태국 북부의 작은 시골 마을인 빠이는 오래전부터 배낭여행자들의
입에서 입으로 전해져온 여행자의 성지다. 하지만 빠이를 만나는
길은 그리 녹록지만은 않다. 치앙마이에서 소형 밴을 타고 3시간 동안
762개의 산길을 돌고 돌아야만 도달할 수 있기 때문. 하지만 빠이는
이런 어려움을 감수하고라도 갈 만큼 매력이 차고 넘친다. 아무것도
안 할 자유와 전 세계에서 몰려든 여행자끼리의 묘한 연대 등
빠이 여행의 진가는 직접 겪어봐야만 알 수 있다.

Pai
Access

치앙마이에서 빠이로

빠이에 가는 법은 크게 2가지. 버스와 개별 이동으로 약 3시간이 소요된다. 가장 일반적으로는 미니밴을 이용한다. 치앙마이 호텔까지 직접 픽업을 오는 아야Aya 여행사 버스와 치앙마이 버스터미널에서 출발하는 쁘렘쁘라차Prempracha가 대표적. 빠이 시내에 위치한 각각의 터미널에 내려주며 두 터미널은 도보 2분 거리이다.

치앙마이 ↔ 아야 / 편도 인당 150바트 (홈페이지 예약 시)
치앙마이 ↔ 쁘렘쁘라차 / 편도 1인당 150바트

빠이 버스터미널에서 호텔로

버스터미널은 빠이 중심가 워킹 스트리트에 자리하고 있어 인근 호텔까지 도보 이동이 가능하다. 다른 지역과는 달리 미터 택시는커녕 송태우도 없고 터미널 가까이 오토바이 택시가 있지만 대부분의 여행자는 예약한 호텔의 무료 픽업 서비스를 이용한다.

버스터미널 ↔ 시내 중심 / 도보 접근 가능, 호텔 픽업 서비스 이용

도보로 빠이 다니기

워킹 스트리트를 중심으로 시내 중심은 모두 도보 이동이 가능한 작은 마을이다. 워킹 스트리트의 시작인 공항에서 시내로 들어서는 사거리에 자리한 마담 주Madam Ju 카페부터 동쪽 강가 인근 림빠이 코티지Rim Pai Cottage 호텔까지 도보 10분 거리이다. 이 안에는 버스 터미널은 물론 호텔과 상점, 바, 레스토랑, 매일 저녁 열리는 작은 야시장까지 대부분의 편의 시설이 몰려 있다. 두 번째로 붐비는 곳은 림빠이 코티지 호텔에서 남쪽으로 향하는 약 300m 길인데 바와 카페가 밀집해 있다.

워킹 스트리트 ↔ 강가 / 도보 5분

오토바이로 빠이 여행하기

빠이의 외곽도 놓쳐서는 안 되는 볼거리로 시내에서 차로 20~30분 거리다. 따라서 대부분의 여행자가 빠이에서 이용하는 이동 수단은 오토바이. 시내에는 오토바이 대여숍이 많다. 대여 시에는 여권을 맡겨야 하는 경우가 대부분이니 지참 후 방문해야 하고 파손, 고장 시 보상해야 하니 주의가 필요하다.

오토바이 대여 / 24시간 100바트부터
자전거 대여 / 24시간 100바트부터

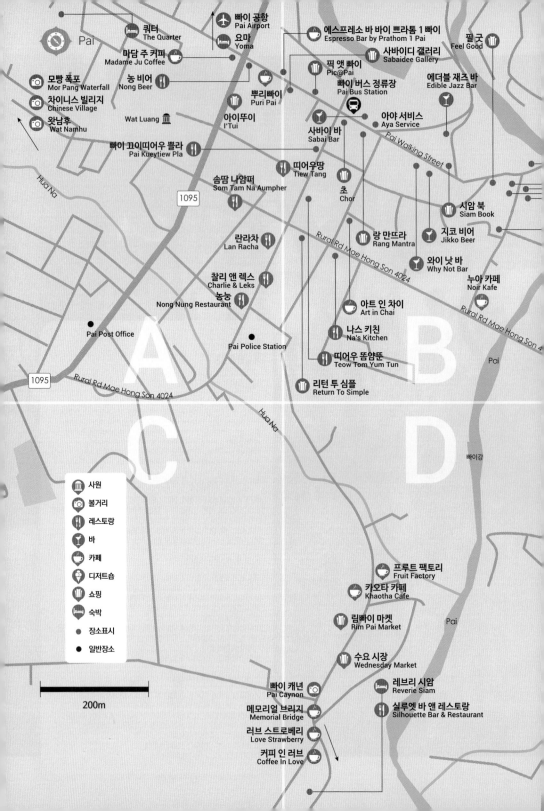

Pai

쿼터
The Quarter

마담 주 커피
Madame Ju Coffee

농 비어
Nong Beer

모빵 폭포
Mor Pang Waterfall

차이니스 빌리지
Chinese Village

왓남후
Wat Namhu

Wat Luang

빠이 공항
Pai Airport

요마
Yoma

뿌리빠이
Puri Pai

아이뚜이
I'Tui

빠이 꾸이띠어우 쁠라
Pai Kueytiew Pla

에스프레소 바 바이 쁘라톰 1 빠이
Espresso Bar by Prathom 1 Pai

픽 앳 빠이
Pic@Pai

빠이 버스 정류장
Pai Bus Station

사바이 바
Sabai Bar

야야 서비스
Aya Service

사바이디 갤러리
Sabaidee Gallery

필굿
Feel Good

에더블 재즈 바
Edible Jazz Bar

Pai Walking Street

띠어우땅
Tiew Tang

초
Chor

솜땀 나암퍼
Som Tam Na Aumpher

란라차
Lan Racha

찰리 앤 렉스
Charlie & Leks

농눙
Nong Nung Restaurant

Pai Post Office

랑 만뜨라
Rang Mantra

시암 북
Siam Book

지코 비어
Jikko Beer

와이 낫 바
Why Not Bar

누아 카페
Noir Kafe

Rural Rd Mae Hong Son 4024

Rural Rd Mae Hong Son 4

Pai

아트 인 차이
Art in Chai

나스 키친
Na's Kitchen

띠어우 똠얌뚠
Teow Tom Yum Tun

리턴 투 심플
Return To Simple

Pai Police Station

1095

Rural Rd Mae Hong Son 4024

Hua Na

Hua Na

A

B

C

D

빠이강

사원

볼거리

레스토랑

바

카페

디저트숍

쇼핑

숙박

장소표시

일반장소

200m

프루트 팩토리
Fruit Factory

카오타 카페
Khaotha Cafe

림빠이 마켓
Rim Pai Market

Pai

수요 시장
Wednesday Market

레브리 시암
Reverie Siam

빠이 캐년
Pai Caynon

메모리얼 브리지
Memorial Bridge

러브 스트로베리
Love Strawberry

커피 인 러브
Coffee In Love

실루엣 바 앤 레스토랑
Silhouette Bar & Restaurant

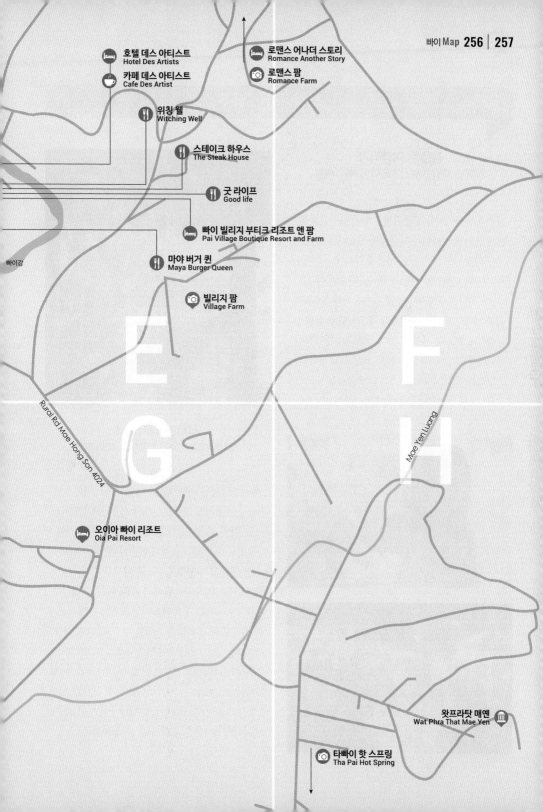

호텔 데스 아티스트
Hotel Des Artists

카페 데스 아티스트
Cafe Des Artist

위칭 웰
Witching Well

스테이크 하우스
The Steak House

굿 라이프
Good life

빠이 빌리지 부티크 리조트 앤 팜
Pai Village Boutique Resort and Farm

마야 버거 퀸
Maya Burger Queen

빌리지 팜
Village Farm

로맨스 어나더 스토리
Romance Another Story

로맨스 팜
Romance Farm

빠이강

E

F

G

H

Rural Rd Mae Hong Son 4024

Mae Yen Luang

오이아 빠이 리조트
Oia Pai Resort

왓프라탓 매옌
Wat Phra That Mae Yen

타빠이 핫 스프링
Tha Pai Hot Spring

실전여행 노하우

정은주, 여행작가
2016년 12월 20일간 치앙마이-빠이 여행

❝

남편과 동남아시아 배낭여행을 하며 들렀던 빠이, 저는 첫 만남에 빠이와 사랑에 빠졌습니다. 낮에는 스쿠터를 타고 작은 산골 마을을 누비고, 밤에는 야시장이 벌어지는 여행자 거리를 다니며 며칠을 보내도 전혀 지루하지가 않았습니다. 아무것도 하기 싫은 날에는 방갈로 해먹에 누워 그야말로 꿀잠을 청하기도 했고요. 세상 모든 자유로운 영혼이 모인 이곳에서 일상의 시름과 걱정은 저멀리 빠이 빠이! 스쿠터는 꼭 대여하시길. 그리고 구불구불 비포장 도로가 많으니 주의해서 운전하세요!

❞

서지연, 디자이너
2016년 3월 10일간 치앙마이-빠이 여행

❝

빠이에서 만난 여행객들은 모두 해피 바이러스에 취한듯 근심걱정 없이 노는데만 집중하고 있었어요. 느지막히 일어나 동네를 어슬렁거리고 마사지와 요가도 하고 낮잠을 자며 한없이 게을러지기도 합니다. 그러다 해가 질즈음 야시장이 서는데 이때부터는 조용하던 동네가 파티처럼 들썩입니다. 거리에는 다양한 음식을 파는 노점이 들어서고 예쁜 수공예 물건들을 쇼핑할 수 있죠. 그 복잡한 거리 사이사이에 음악이 연주되고 자유로이 춤을 추면서 지나가는 히피같은 여행객들로 거리는 더욱 북적입니다. 빠이는 그야말로 '천국이 이럴까?' 싶게 먹고 자고 늘어지는 곳이에요. 기회가 되면 한 일주일 푹 쉬다가 오고 싶어요. 살 좀 찌겠죠?

❞

빠이 Q&A

빠이에서 북적거리는 시내에만 머문다면 지루할 수 있다. 오토바이를 타고 외곽으로 나가거나 여행사의 1일 투어를 신청해 더욱 재미난 빠이 여행을 즐겨보자.

Q 빠이에서 오토바이 대여는 필수 인가요?

A 만약 대여를 하지 않는다면 데이투어를 통해 시내 외곽 지역의 주요 여행지를 둘러볼 수 있어 필수 사항은 아닙니다. 하지만 시내를 이동하는 대중교통이 거의 전무한 곳이라 많은 여행자들이 대여를 합니다. 워킹 스트리트에서 다양한 종류의 오토바이를 쉽게 빌릴 수 있고 몇몇 업체는 여권 없이도 대여해주나 보험 유무, 파손 시 보상 내역 등을 꼼꼼히 확인하는 업체를 선택하는 것이 좋습니다. 24시간 기준으로 대여하는 경우가 대부분이니 이른 시간에 가면 원하는 종류를 선택하기 쉽고 작동이 간단한 스쿠터의 경우 이용법을 직원에게 안내받을 수 있습니다.

Q 빠이 숙소는 어디에 잡는 게 좋을까요?

A 여행 스타일 혹은 예산에 따라 선택하는 것이 좋습니다. 나이트라이프가 중요하다면 림빠이 코티지 호텔이 자리한 인근 숙소를 잡으세요. 도보로 인근 레스토랑, 카페, 바를 즐길 수 있습니다. 휴식을 원한다면 워킹 스트리트에서 차로 5~10분 거리의

호텔도 좋습니다. 거리가 있는 경우 수영장이나 좋은 전망을 갖춘 경우가 많고 대부분 호텔에서 무료 셔틀을 운영합니다.

Q 어떤 액티비티나 투어가 있나요?

A 워킹 스트리트 인근에 자리한 현지 여행사를 통해 다양한 액티비티나 투어를 예약할 수 있습니다. 가장 인기 있는 투어는 반나절 동안 주요 사원과 빠이 캐년 등을 둘러보는 데이투어로 편리하게 주요 스폿을 둘러볼 수 있습니다. 빠이를 기점으로 매홍손까지 당일에 둘러보거나 긴 목이 인상적인

카렌족 마을, 인근 천연 로드 동굴Lod Cave을 둘러보는 투어도 가능하며 시기에 따라 딸기 농장 체험, 강가에서 뗏목 래프팅도 가능합니다.

빠이
여행 플랜

빠이는 아무것도 하지
않아도 좋고 바쁘게 주변
도시를 여행해도 좋다.
원하는 대로 즐겨도
아무도 탓하지 않는다.
여기는 빠이니까!

하루 코스

11:00 ──── 셔틀 5min. ──── **12:00**

빠이 도착 및
호텔 체크인

농 비어에서 가볍게 점심식사
및 오토바이 대여

오토바이
20~30min.

14:00 ──── 오토바이 20~30min. ──── **13:00**

메모리얼 브리지 위에서
기념사진

빠이 풍경
구경

오토바이
15min.

15:00 ──── 오토바이 5min. ──── **16:00**

커피 인 러브에서
풍경과 함께 디저트 타임

빠이 캐년에서
해질 무렵 감상에 젖어보기

오토바이
20min.

19:00 ──── 5min. ──── **18:00**

워킹 스트리트
야시장 구경하며 쇼핑

나스 키친에서
태국식 집밥으로 저녁식사

5min.

23:00 에더블 재즈 바에서
라이브 음악과 함께 밤 즐기기

1박 2일 코스

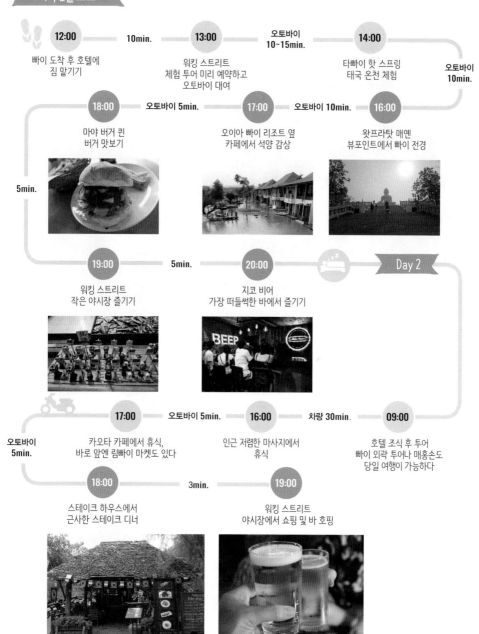

12:00
빠이 도착 후 호텔에
짐 맡기기

10min.

13:00
워킹 스트리트
체험 투어 미리 예약하고
오토바이 대여

오토바이
10~15min.

14:00
타빠이 핫 스프링
태국 온천 체험

오토바이
10min.

18:00
마야 버거 퀸
버거 맛보기

오토바이 5min.

17:00
오이아 빠이 리조트 옆
카페에서 석양 감상

오토바이 10min.

16:00
왓프라탓 매옌
뷰포인트에서 빠이 전경

5min.

19:00
워킹 스트리트
작은 야시장 즐기기

5min.

20:00
지코 비어
가장 떠들썩한 바에서 즐기기

Day 2

17:00
카오타 카페에서 휴식,
바로 앞엔 림빠이 마켓도 있다

오토바이 5min.

16:00
인근 저렴한 마사지에서
휴식

차량 30min.

09:00
호텔 조식 후 투어
빠이 외곽 투어나 매홍손도
당일 여행이 가능하다

오토바이
5min.

18:00
스테이크 하우스에서
근사한 스테이크 디너

3min.

19:00
워킹 스트리트
야시장에서 쇼핑 및 바 호핑

1 현지인, 여행자 모두에게 사랑받는 온천 2 위로 올라갈수록 온도가 높아진다 3 온천을 즐기는 다양한 자세 4 보기만 해도 아찔한 빠이 캐년 5 캐년에서는 빠이 전경을 내려다볼 수 있다 6 물이 차기를 기다리며 워터 슬라이드를 준비한다 7 폭포 주변에선 트레킹도 즐길 수 있다

열대지방에서 온천을 즐기는 법
타빠이 핫 스프링 Tha Pai Hot Spring

빠이 시내에서 남쪽으로 약 4km 정도 떨어진 후아이남당Huai Nam Dang 국립공원에 위치한 핫 스프링은 태국 천연 온천을 경험할 수 있는 곳. 여행자는 물론이고 빠이 주민을 비롯해 태국 사람들에게도 사랑받는다. 매표소가 자리한 입구까지는 차량이나 오토바이로도 접근이 가능하며 입장 후에는 도보로만 둘러볼 수 있는 곳으로 자연 그대로의 순수함이 잘 느껴진다. 입구에서 5분 정도를 오르면 작은 휴게소가 나오는데 이곳에서 달걀을 비롯해 간단한 간식 구입이 가능하다. 치앙마이의 여느 온천과 마찬가지로 뜨거운 온천수에 날달걀을 넣어 익혀 먹는 모습이 친숙하면서도 흥미롭다. 작은 계곡을 따라 산을 조금 더 오르면 수증기의 열기가 후끈하게 느껴지며 천연 온천이 나타난다. 언뜻 일반 계곡처럼 보이지만 산의 높이에 따라 36℃에서 80℃까지 온도가 다양하다. 상류의 경우 멀리서부터 연기가 자욱하고 유황 냄새가 가득한 80℃에 달하는 간헐천이 자리한다. 입욕은 불가하지만 주위에 자리를 잡고 긴 대나무 막대로 달걀을 삶아 맛보며 온천의 또 다른 재미를 즐기는 사람들의 풍경이 재미나다. 특히 산 중턱 30℃ 정도를 유지하는 온천수에는 미네랄 성분이 가득하니 미리 수영복을 준비해 세계의 여행자들 사이에 자리를 잡고 한가롭게 온천을 즐겨보는 것도 좋겠다. 4월부터 9월 사이에는 푸르른 자연 속에서 삼림욕을 즐겨보자.

성인 300바트, 아동 150바트(외국인 기준) 빠이 시내에서 차로 25분, 왓프라탓 매옌에서 차로 5분 거리 Tha Pai Hot Spring, Mae Hi, Pai, Mae Hong Son 07:00~18:00
p.257-H 지도 밖

사진으로도 표현되지 않는
빠이 캐년 Pai Caynon

모험심 강한 여행자들이 일순위로 꼽는 빠이의 명소다. 시내에서 차로 약 10분 거리에 위치한 빠이 캐년은 크고 작은 산등성이가 마치 작은 협곡 같아 붙여진 이름이다. 하지만 거대한 규모를 기대하면 실망하기 십상이다. 캐년에 오르면 주변 산등성이와 시내를 한눈에 조망할 수 있지만 아이러니하게도 이곳을 더욱 유명하게 만든 것은 탁 트인 전망이 아닌 좁은 캐년 위로 난 오솔길이다. 한두 사람이 겨우 지나갈 정도로 좁고 양옆으로는 끝이 보이지 않는 낭떠러지로 제대로 된 보호 레일조차 없다. 자칫 발을 헛딛는다면 큰 사고로 이어질 만큼 위험한 길이지만 혈기 왕성한 여행자들이 스릴 넘치는 모습을 사진으로 남기려고 골몰하는 모습이 눈에 띈다. 길 끝에 걸터앉거나 재미난 포즈를 취하는데 그걸 구경하는 것만으로도 웃음이 절로 나온다. 하지만 지나치게 과감한 도전의식을 발휘해 무모한 사진 남기기에 골몰하는 것은 금물. 그보다는 이른 아침이나 해질 무렵 가벼운 트레킹 코스로 방문하거나 정상에서 아름다운 빠이 전경을 안전하게 즐길 것.

🚩 빠이 시내에서 차로 20분 거리, 러브 스트로베리에서 차로 2분 거리 📍 Tambon Thung Yao, Pai, Mae Hong Son 🕐 07:00~18:00 🗺️ p.256-D 지도 밖

드라이브 길에 잠시 들러 시원한 휴식을!
모빵 폭포 Mor Pang Waterfall

빠이에 숨은 또 하나의 물놀이 장소다. 중국인 마을이 자리한 시내 외곽, 그것도 첩첩산중에 비밀스럽게 자리한 모빵 폭포는 물놀이를 즐기려는 여행자들로 가득하다. 폭포 근처에는 중국인 마을이나 왓남후 등 빠이의 주요 볼거리가 위치해 함께 여정을 꾸려 찾는 것이 좋다.
굽이진 산비탈 길을 20분 이상 차로 오른 후 입구에 차를 세워두고 작은 오솔길로 들어간다. 그 안에서는 때 묻지 않은 자연 속에서 간편하게 트레킹을 즐길 수 있다. 이곳 역시 웅장한 폭포를 기대할 수는 없다. 산등성이에 커다란 바위 위로 자연스럽게 떨어지는 작은 물줄기가 전부. 건기에는 그 물줄기마저 줄어들어 시냇물 수준이다. 우기에 여행자들은 한적한 산 속 폭포에서 바위를 미끄럼틀 삼아 소소한 물놀이를 즐기거나 산 아래 풍경을 바라보며 휴식을 취한다. 따라서 물놀이로 하루 종일 놀 생각보다는 간편한 트레킹과 주변 관광을 연계해 일정을 잡자.

🚩 빠이 시내에서 서쪽 중국인 마을 방향, 차로 25분 📍 Tambon Mae Na Toeng, Wiang Tai, Pai, Mae Hong Son 🕐 아침부터 해질 무렵까지(해진 이후에는 접근하기 힘들다) 🗺️ p.256-A 지도 밖

©김도형

신성한 석양 명당
왓프라탓 매옌 Wat Phra That Mae Yen

빠이의 대표 사원 중 하나로 거대한 불상이 자리한 신성한 사원이다. 현지인들은 주로 불공을 드리기 위해 방문하지만 여행자들은 빠이 시내 전망과 석양을 즐기기 좋아 찾는다. 전망을 감상하려면 산을 오르는 수고로움을 감수해야 한다. 가파른 산길은 차량이나 오토바이로도 오를 수 있지만 사원 입구에 도착하면 하얀 불상이 자리한 꼭대기까지 300여 개의 계단을 올라야 한다. 전망도 전망이지만 5층 건물 높이의 거대한 불상의 장엄한 모습을 보면 수고를 무릅쓰고서라도 오를 가치가 충분하다는 생각이 든다. 사원의 꼭대기에 도착하면 불상 뒤로 빠이 시내가 한눈에 들어온다. 좀 더 편히 전망을 보려면 계단 아래 자리한 사원으로 향해보자. 작은 불상과 불탑이 모셔진 사원의 한쪽에는 시내 방향으로 조망하기 좋은 벤치가 마련되어 있다. 해가 뜨고 지는 시간의 전망이 훌륭하고 사원으로 향하는 산길 곳곳에 작은 기념품 가게와 카페가 자리해 쉬었다 가기에도 좋다.

🚩 빠이 시내에서 차로 20분 거리, 빠이 시내에서 남동쪽으로 약 2km 거리, 데이투어나 렌트를 이용해 이동 📍 Tambon Mae Hi, Wiang Tai, Pai, Mae Hong Son ⏱ 07:00~18:00 MAP p.257-H

옛날 옛적 빠이를 추억하다
메모리얼 브리지 Memorial Bridge

762개의 구불구불한 커브 길을 돌아 만나는 빠이에서 가장 먼저 눈에 띄는 것은 메모리얼 브리지일 것이다. 이 옛 철교는 빠이 강과 함께 그림 엽서 같은 풍경을 만들며 여행자들의 필수 코스가 되었다. 다리는 1942년 세계 2차 대전 당시 일본군에 의해 지어졌으며 입구에는 지어질 당시 현장과 옛날 빠이의 사진을 전시해놓았다. 다리 곳곳에 '1930 United Stated'라고 써진 부품들이 있어 호기심을 자아낸다. 이는 명확하게 밝혀지지 않았으나 대홍수 이후 치앙마이의 나와랏Nawarat 철교의 부품을 가져와 다리를 보수한 거라 알려졌다. 하지만 대부분의 여행자들은 역사적인 배경보다는 삐그덕거리는 철교 위를 걸으며 재미난 기념사진을 남기기에 여념이 없다.

🚩 빠이 시내에서 차로 20분 거리, 빠이 캐년에서 차로 3분 거리 📍 Mae Malai-Pai Rd, Wiang Tai, Pai, Mae Hong Son ⏱ 24시간 MAP p.256-D 지도 밖

1 300개가 넘는 계단을 오르면 거대한 불상을 만날 수 있다 2 빠이 시내를 바라볼 수 있는 전망대 3,4 메모리얼 브리지의 역사 5 철교를 걸으며 기념사진을 찍어보자

태국속중국마을
차이니스 빌리지 Chinese Village

빠이에서 손꼽히는 뷰 포인트이자 대도시의 차이나타운과는 또 다른 매력이 느껴지는 빠이의 중국인 마을. 산티촌Santichon이 라는 이름을 가진 이 작은 마을은 실제 중국인들이 거주하는 곳 이자 여행자를 위한 식당과 각종 상점이 가득한 흥미로운 스폿 이다. 실제 빠이가 위치한 태국 북부는 거리가 가까워 중국의 영 향을 받은 곳이 많다. 빠이 중국인 마을도 여느 차이나타운과 유 사하게 작은 마을 안에는 중국만의 색채가 분명한 소품과 의류, 기념품 가게와 운남성 식당까지 자리해 작은 중국 속에 들어온 느낌이다.

여행자가 많이 방문하는 6~8월이 되면 더욱 활기를 띠며 공터 에 작은 놀이기구도 들이고 먹을거리를 파는 노점과 기념품 상 점이 즐비해 마치 작은 테마파크 같다. 비수기에는 언덕 끝 뷰 포 인트를 눈여겨보자. 날씨 좋은 날에는 빠이 시내가 한눈에 들어 오는 장관을 볼 수 있어 입장료가 아깝지 않다.

📛 20바트 |⇤ 시내에서 서쪽으로 차량 이동 시 15분 거리
📍 Tambon Wiang Tai, Pai, Mae Hong Son ⏱ 09:00~18:00
Ⓜⓐⓟ p.256-A 지도 밖

신성한 물의 전설이 어린 사원
왓남후 Wat Namhu

여행자들에게는 중국인 마을과 모빵 폭포를 연계해 여행하는 평범한 사원이지만 사원 안쪽에 모셔진 작은 청동 불상의 신비 한 전설 때문에 빠이에서 가장 유명한 사원이다.

1500년대 나레수안Naresuan 왕이 지은 사원 안쪽에는 원므앙 One Mueang이라 불리는 불상이 모셔져 있는데 그 불상의 머리 안, 작은 홈에 마르지 않는 성수가 담겼다고 한다. 빠이 사람들 은 이를 매우 신성하게 여기며 이 성수가 치료의 효능이 있다고 믿어왔다. 사원 이름도 '물의 사원'이란 의미로 사원 한쪽에는 작은 연못이 마련되어 있으며 나레수안 왕과 공주들의 동상을 작은 사당에 모셨다. 태국 사람들은 왕이 살았던 시암 왕국의 영 광을 기리고 왕족에 대한 존경을 표 하며 기도를 올린다.

|⇤ 차이니스 빌리지에서 도보 15분, 빠이 시내에서 차로 15분 거리 📍 Moo 5 Wat Namhu Tambon Wiang Tai, Pai, Mae Hong Son ⏱ 07:00~18:00
Ⓜⓐⓟ p.256-A 지도 밖

> 6 한눈에 봐도 중국의 싹이 느껴지는 중국인 마을 7 기념품과 함께 괜찮은 중국차를 판다 8 왓남후 주위엔 작은 연못이 자리하고 있다 9 전설을 간직하고 있는 사원 내부

1 자연 속에 자리한 로맨스팜 2 양, 토끼, 소, 말등 다양한 동물 체험을 할 수 있다 3 빠이에서 유일하게 볼 수 있는 알파카 4,5 아기자기하게 잘 꾸며놓은 농장의 마지막은 호숫가에서의 티타임

태국의 사계를 느낄 수 있는
로맨스 팜 Romance Farm

이름 그대로 로맨틱함이 가득한 농장에서 색다른 빠이를 만날 수 있다. 시내에서 차로 8분 정도 떨어진 한적한 마을에 위치한 이곳은 넓은 부지에 자리한 호텔이자 농장이며 또 체험장으로 빠이의 새로운 즐길거리로 주목받는다. 우리와는 달리 사계절이 다이내믹한 변화가 없는 태국이지만 로맨스 팜에서는 계절에 따라 변하는 빠이의 자연이 느껴진다. 가을에는 코스모스 물결을 이루고 수확철에는 황금빛 논으로, 여름에는 한없이 푸른 들판으로 계절마다 변신한다. 로맨스 팜을 더 가까이 느끼기 위해서는 이곳에서 운영하는 호텔에 투숙하는 것이 가장 좋은 방법. 하지만 아침부터 여는 카페나 양과 말을 만날 수 있는 체험장은 해질 무렵까지 투숙객이 아니더라도 이용이 가능하다. 50바트의 농장 입장료를 지불하면 양들이 모여 있는 우리에서 먹이를 주거나 초원을 뛰노는 말을 보다 가까이에서 만날 수 있다.

🐑 양 농장 체험 50바트 🚩 빠이 시내에서 차로 15분 거리 왓반딴쳇똔 Wat Ban Tan Chet Ton 방향 📍 134 Moo 8 Wiang Tai, Pai, Mae Hong Son ⏱ 10:00~16:00 📞 +66 53 699 809 🌐 홈페이지 www. romance-pai.com 〽️ p.257-E 지도 밖

아기자기한 농장 산책 코스
빌리지 팜 Village Farm

빠이 빌리지 부티크 호텔에서 운영하는 빌리지 팜은 빠이 시내에서 도보로 20분, 차로 5분 거리에 위치한 곳으로 작은 체험학습장과도 같다. 입장료를 내고 빌리지 팜으로 들어서면 커다란 연못 주변을 한바퀴 산책하는 것이 전부이지만 자세히 살펴보면 곳곳이 소소한 매력으로 가득하다. 산책길 양옆으로 꽃과 나무 정원을 아름답게 가꾸었으며 입구에서 무료로 대여해주는 컬러풀한 종이 우산을 들고 꽃밭에서 기념사진을 남기기에도 좋다. 빌리지 팜의 하이라이트인 작은 동물원에는 토끼, 알파카, 염소, 양 등 수는 적지만 농장에 동물이 있어 먹이를 주거나 만져볼 수도 있다. 산책로 끝에는 연못의 뷰가 운치 있는 카페도 마련되어 농장의 평화로운 분위기를 여유롭게 즐기기에 그만이다. 빠이 빌리지 호텔 투숙객에게는 무료 개방되며 호텔과 농장을 오가는 셔틀 트럭도 운행된다.

🐑 성인 50바트 🚩 빠이 고등학교에서 돈크라이 바가 있는 다리를 지나 반매옌에 위치, 시내에서 도보 20분 📍 205 Moo 1, Wiang Tai, Pai, Mae Hong Son ⏱ 10:00~16:00 📞 +66 53 698 152 🌐 www. paivillage.com 〽️ p.257-E

빠이 유일의 파인 다이닝
실루엣 바 앤 레스토랑
Silhouette Bar & Restaurant

빠이에서 드물게 고급스러운 다이닝을 경험할 수 있는 곳이다. 상당수의 테이블과 의자를 유럽풍의 가옥과 산, 논, 수영장의 전망을 보다 잘 즐길 수 있도록 배치한 것이 인상적이다. 빈티지 소품과 함께 유럽 스타일의 가구를 조화롭게 배치한 센스도 예사롭지가 않다. 아침부터 저녁까지 태국음식은 물론이고 서양음식까지 다양하게 선보인다. 호텔의 품격이나 분위기를 따져봤을 때 비교적 저렴한 가격대라 빠이에서 이곳에 묵지않아도 일부러 찾아올 만하다. 15가지 이상의 타파스와 함께 치즈, 각종 햄 등이 가득 나오는 보드Board 메뉴나 피자 종류가 인기다. 인테리어인 동시에 이 식당의 퀄리티를 보여주는 와인 셀러와 다양한 맥주가 매력적이며, 라이브 공연이 펼쳐지는 늦은 밤 조용하고 낭만적인 분위기를 즐기러 방문하기에도 더없이 좋은 곳.

6 빠이에서도 파인 다이닝을 즐길 수 있다 7 빠이 시내에서 리조트로 전화를 걸면 셔틀 뚝뚝이 픽업을 온다 8,9 아침, 점심, 저녁까지 훌륭하게 구성된 메뉴가 다양하다 10 모든 좌석은 뷰를 만끽하기 좋게 배열되었고 저녁에는 라이브 연주도 어우러진다

🍴 타파스 미트 보드Meat Board 350바트, 디럭스 피자 195바트, 포크립Pork Ribs 165바트 🚩 빠이 워킹 스트리트에서 남쪽 림빠이 마켓 방향으로 도보 20분, 차량 5분 📍476 Moo 8, Wiang Tai, Pai, Mae Hong Son ⏰10:00~22:00 📞+66 53 699 870 🌐 www.reveriesiam.com 🗺 p.256-D

10

정성이 가득 느껴지는 수제 햄버거
마야 버거 퀸 Maya Burger Queen

'버거 킹'을 패러디한 듯한 간판이 눈에 띄는 이 식당은 인터내셔널한 빠이와 잘 어울린다. 인테리어라고는 빠이의 옛모습을 담은 흑백 사진과 온 벽을 가득 채운 여행자들의 낙서가 전부. 버거 퀸의 갓 구운 빵과 도톰한 패티에 채소와 각종 소스를 아낌없이 넣어 만든 버거 하나로 오랜 시간 여행자들의 사랑을 독차지했다. 버거는 90~100바트 선으로 소고기, 닭고기 등을 선택해 주문할 수 있는데 푸짐한 식사로 손색이 없다. 빼놓을 수 없는 프렌치프라이는 버거만큼 유명한 사이드 메뉴. 10바트를 추가해 홈메이드 마요네즈를 곁들이면 더 좋다.

이곳에서 프리미엄 버거의 수준을 기대하는 것은 무리다. 색다른 한끼 식사로 즐겨볼 것. 이곳의 인기나 버거의 맛은 이제 빠이를 넘어서 치앙마이 올드 시티 분점에서도 확인이 가능하다.

🍴 클래식 비프 90바트, 치즈 비프 앤 베이컨 109바트, 홈메이드 감자 칩Homemade Chips 40바트부터 🍴 빠이 워킹 스트리트 림빠이 코티지 호텔에서 남쪽 골목으로 도보 2분 ♀ 61/2 Moo 1, Wiang Tai, Pai, Mae Hong Son ⏱ 13:00~22:00 📞+66 53 086 951 5280 🌐 www.facebook.com/MayaBurgerQueen Map p.256-B

1 치앙마이에도 진출한 빠이 스타일 버거 2,3 수많은 여행자들의 낙서가 이곳의 인기를 증명한다 4,5 호텔에 투숙하지 않더라도 카페 데스 아티스트를 이용할 수 있다

평온한 풍경을 품은 브런치 명소
카페 데스 아티스트 Cafe Des Artist

호텔 데스 아티스트 그룹의 레스토랑 브랜드다. 빠이 숙소치고는 가격이 높은 편으로 레스토랑 역시 가격대는 높다. 하지만 태국 전통 가옥 안에 태국 정취가 가득 느껴지는 식당은 비주얼에서부터 맛까지 훌륭한 메뉴를 두루 갖춰 호텔에 투숙하지 않는 여행자에게도 인기. 빠이에서 가장 번화한 워킹 스트리트의 끝자락에 위치해 있으며 나지막한 산과 작은 강이 어우러진 평온한 빠이 풍경을 품었다. 팬케이크, 프렌치토스트 등의 브런치 메뉴를 맛보거나 밤마다 여행자들이 만드는 떠들썩한 분위기에 섞여 맥주 한잔을 즐기기에 그만이다.

🍴 카푸치노 45바트, 스트로베리 바나나 스무디 55바트 🍴 빠이 워킹 스트리트에서 강가 방면 끝에 위치 ♀ 99 Moo 3, Chaisongkhram Rd, Wiang Tai, Pai, Mae Hong Son ⏱ 07:00~22:00 📞+66 53 699 539 🌐 www.hotelartists.com/pai Map p.256-B

건강과 맛을 동시에 챙긴다!
찰리 앤 렉스 Charlie & Leks

빠이의 느릿한 분위기와 자연 친화적인 철학이 음식에서도 느껴진다. 태국 음식점인 동시에 쿠킹 스쿨이기도 한 이곳은 간판 밑에 '헬시 레스토랑Healthy Restaurant'이라고 표시해둔 것에서도 알 수 있듯 건강한 재료와 맛을 추구한다. 그린 카레, 똠얌꿍, 팟타이 등 익숙한 메뉴도 주문가능하며 브라운 라이스와 스위트 바질을 넣은 태국 스타일의 오믈렛, 표고버섯 볶음 등 건강식이 다채롭다. 그 외에도 홈메이드 소스로 튀긴 돼지고기나 허브와 채소를 곁들인 생선 등의 육류와 해산물 요리도 맛있다.

🍴 팟타이 45바트, 태국 스타일 오믈렛 55바트, 돼지고기 튀김 85바트, 채소 볶음 70바트 🚩 빠이 경찰서 인근, 빠이 인 타운 호텔에서 도보 2분 ♥ Charlie& Lek, Wiang Tai, Pai, Mae Hong Son ⏰ 11:30~21:30 📞+66 081 733 9055 🌐 www.facebook.com/pages/Charlie-Lek 🗺 p.256-A

'마녀' 테마의 패밀리 레스토랑
위칭 웰 Witching Well

'마녀'를 테마로 꾸민 인테리어 때문에 멀리서도 눈에 띄는 레스토랑. 태국 잡지에 자주 소개될 만큼 독특한 콘셉트가 특징이다. '전 세계에서 온 여행자들에게 신선한 아침식사를 제공하겠다'는 모토에 따라 아침식사 종류만 메뉴판 두 페이지를 채운다.

아침에는 신선한 과일과 팬케이크, 오후 늦게는 이곳의 대표메뉴인 케이크와 커피로 브런치를 즐기거나 저녁에는 든든하게 버거나 파스타를 맛볼 수 있어 어느 시간에 방문해도 좋다. 러브Love, 드림Dream, 비전Vision이라는 이름을 가진 이곳만의 스페셜 티도 인기. 낮에는 커피와 음료, 케이크 등 디저트까지 판매해 카페로도 사랑받는데 한참을 머물며 책을 보거나 이야기를 나누기에도 손색이 없다.

🍴 위칭 웰 아침 메뉴 130바트, 망고 패션 롤 90바트, 치킨 필렛 버거 140바트, 카르보나라 165바트 🚩 워킹 스트리트 인근, 빠이 빌리지 호텔 맞은편 ♥ 97 M.3 Wiang Tai, Pai, Mae Hong Son ⏰ 08:00~22:00 📞+66 8 4366 4269 🌐 www.witchingwellrestaurant.com 🗺 p.256-B

> **6,7** 채식주의자를 위한 메뉴가 다양한 찰리 앤 렉스 **8,9** 기괴하거나 귀여운 마녀들이 가득한 위칭 웰 **10** 버거나 파스타도 주문가능해, 태국음식이 지겨워질 때 찾아볼 것 **11** 위칭 웰은 내부에 마녀 장식이 다양하니 취향에 맞는 좌석을 선택하자

근사한 스테이크 디너
스테이크 하우스 The Steak House

어느 도시에서든 흔한 와인과 스테이크의 조합이지만 빠이에서 만나면 어쩐지 더 특별하다. 빠이 빌리지 호텔에서 운영하는 스테이크 하우스는 투숙객보다 여행자들에게 더 인기 많은 분위기 좋은 레스토랑이다. 매일 밤 호텔 앞마당에서 스테이크 굽는 냄새가 거리를 가득 채우는데 한쪽에는 무제한 샐러드 바까지 마련되어 만족도가 더욱 높다. 스테이크 주문 후 샐러드 바를 추가하면 호텔이 소유한 유기농 농장에서 직접 재배한 신선한 채소와 솜땀을 무제한으로 맛볼 수 있다. 스테이크는 부위별 선택이 가능하며 블랙페퍼, 와인, 바비큐 소스 등 3가지 소스가 맛을 더해준다. 여기에 흘러나오는 라이브 음악이 분위기를 한층 돋운다. 빠이에서 가장 다양한 와인 리스트를 보유한 바도 안쪽에 있어서 식사 후 바로 옮겨 분위기를 전환하기에도 좋다.

🍴 립아이 스테이크Rip Eye Steak 330바트, 바비큐 포크립 260바트, 풍기 포르치니 파스타Funghi Porcini Pasta 180바트, 하우스와인 70바트부터 ▮▀ 빠이 워킹 스트리트에서 빠이 빌리지 호텔 입구에 위치 📍 88 Moo 3 Wiang Tai, Pai, Mae Hong Son ⏰ 08:00~22:00 📞 +66 53 698 152 🌐 www.paivillage.com/pai-breakfast-steak-house 지도 p.256-B

> 1 스테이크에 샐러드 바까지 동시에 즐길 수 있다 2,3 빠이 빌리지에서 운영하는 스테이크 하우스 4 레스토랑의 나무에 매달린 등과 스테이크 불판의 불까지 더해져 밤에 더욱 활기를 띤다 5,6 맛있는 태국 식사를 원한다면 나스 키친으로

빠이에서 '집밥'이 그리울 때
나스 키친 Na's Kitchen

한적한 길가에 자리하지만 다양한 태국 음식을 부담 없는 가격에 선보여 매일 밤 어느 식당보다 문전성시를 이루는 나스 키친의 인기 비결은 '맛'. 솜씨 좋은 주인장이 각종 태국요리를 맛깔스럽게 만든다. 보통 태국 식당에서 제공되는 1인분보다 양도 많고 가격도 저렴해 꾸준히 빠이 인기 식당으로 손꼽힌다. 오후 7시 이후에 방문하면 음식이 늦게 나오는 경우도 많으니 문을 여는 시간에 맞춰 가거나 저녁 8시 이후에 방문하는 것도 방법이다. 맛이 중심인 만큼 서비스는 복불복이고 예고 없이 문을 닫는 경우도 많다.

🍴 똠얌꿍 100바트, 깽펫Kaeng Phed 70바트, 얌느아Yam Nua 60바트, 카오팟 Khao Phad 60바트 ▮▀ 빠이 워킹 스트리트에서 빠이 고등학교가 자리한 라차담는 로드에 위치 📍 Wiang Tai, Pai, Mae Hong Son ⏰ 18:00~22:00 📞 +66 0813 870 234 지도 p.256-B

감칠맛 풍부한 국수 한그릇
빠이 끄이띠어우 쁠라
Pai Kueytiew Pla

'국수'라고 써 있는 익숙한 한국어가 눈에 띄는 식당으로 여행자들 사이에는 '어묵 국숫집'으로 유명하다. 오후까지만 문을 여는 로컬 식당으로 우리 입맛에도 잘 맞는 각종 태국 국수를 저렴한 가격에 맛볼 수 있다. 육수와 고명에 따라 크게 8가지 메뉴로 나뉘는데 국수의 굵기까지 선택하면 40가지 이상의 조합도 가능하다. 오리지널 육수는 맑은 고기 국물로 면을 제외하고 국물만 판매할 정도로 인기. 매콤하고 새콤한 육수는 똠얌꿍과 비슷한 맛이며 이 밖에 태국 사람들이 즐겨 먹는 핑크 국수인 옌타포와 북부 베트남 국수인 끄이잡유언Kuey Jab Yuen도 감칠맛이 제대로 난다. 어떤 것을 주문해도 쫄깃쫄깃한 태국 스타일의 어묵이 곁들여 나오며 어묵만 따로 모은 메뉴도 있다. 포장할 경우 25바트가 추가된다.

🍜 어묵 국수 40바트, 곱빼기 50바트, 옌타포 40바트 🏳 워킹 스트리트에서 빠이 경찰서 방향 남쪽 골목으로 도보 3분, CP Fresh 옆 📍 Rungsiyanon Rd, Wiang Tai, Pai, Mae Hong Son 🕐 10:30~16:30 📞 +66 8 4366 4269 🗺 p.256-B

사랑스러운 부부의 국숫집
띠어우땅 Tiew Tang

골목 안쪽에 있지만 우연히 가게 앞을 지나치더라도 식당 안 벽을 채운 주인 부부의 그림이 눈에 띄는 국숫집이다. 여행자들에게는 일명 '부부국수 가게'로 불린다. 저렴한 가격에 로컬 음식을 선보이는데 한그릇에 50바트면 큼직한 고기 혹은 어묵이 듬뿍 들어간 국수나 아침 메뉴로 인기인 죽, 스프링 롤, 태국식 굴전인 호이텃 등을 맛볼 수 있다. 주목할 메뉴는 다양한 국수 종류. 아침부터 오후 3시까지만 영업하고 평일에도 문을 닫는 경우가 많아 공식 페이스북을 통해 오픈 여부를 확인해보는 것이 좋다.

🍜 마마 사디스트Mama Sadist 50바트, 비프 누들수프Beef Noodle Soup 40바트 🏳 버스터미널에서 남쪽으로 도보 3분 📍 69/9 Khet Khelang Soi 2, Wiang Tai, Pai, Mae Hong Son 🕐 10:00~ 15:00(금요일, 비정기 휴무) 📞 +66 95 450 9354 🌐 www. facebook.com/Tiewtangi 🗺 p.256-B

7 원하는 스타일의 국수를 주문할 수 있는 띠어우땅 **8** 부부의 일러스트로 장식한 독특한 국숫집의 인테리어 **9** 우리 입맛에 딱 맞는 국수 한그릇을 원한다면 빠이 끄이띠어우 쁠라 **10,11** 단출하게 마련된 내부 좌석에서 끄이잡유언 등 맛있는 동남아 스타일 국수를 두루 판다

3가지 반찬 덮밥이 30바트!
농눙 Nong Nung Restaurant

빠이 경찰서 정문을 마주하고 있는 곳으로 낮부터 늦은 밤까지 조용한 골목을 밝히는 식당이다. 입구에는 노점처럼 카트가 놓여 있는데 빈 그릇이 수북하게 쌓여 있고 영어로 'Thai Food'라고만 크게 쓰여 있다. 내부에는 테이블이 5개뿐이지만 취급하는 음식 가짓수만 30개 이상. 재료와 조리 방법에 따라 분류해놓았는데 밥, 국수, 단품 요리까지 다양한 태국 음식이 준비된다. 무엇보다 대부분의 음식이 30바트대로 저렴하게 맛볼 수 있고 늦은 저녁에도 문을 열어 현지인은 물론 여행자들이 가벼운 야식을 즐기기 좋다. 볶음 요리를 다채롭게 선보이는데 해산물이나 고기를 태국 카레와 함께 볶아낸 단품 요리와 볶음밥이 인기다. 영어 메뉴가 있어 주문이 어렵지 않고 다양한 음료도 함께 주문할 수 있다.

🍴 바질 치킨 볶음 Spicy Sirt Fried Chicken with Basil 30바트, 새우 볶음밥 40바트
📍 빠이 경찰서 정문 맞은편 🗺 Nong Nung Restaurant, Rural Rd, Wiang Tai, Pai, Mae Hong Son
🕐 08:30~20:00 🗺 p.256-A

1 농눙에서 밥 하나에 반찬 3가지는 기본 2,3 포장해갈 수도 있다 4 농 비어의 내부에 자리가 많이 마련되어 있다 5 인기메뉴 카오소이 6 다양한 솜땀 리스트를 자랑하는 솜땀 나암퍼 7 신발을 벗고 들어가야 하는 식당 내부 8,9 역시 태국에서는 똠얌 국수, 현지인들이 더 좋아한다 10,11 노란 벽이 인상적인 국숫집 란라차, 국물에 각종 양념을 더해준다

언제 찾아도 좋은 밥집
농 비어 Nong Beer

대부분 빠이 식당들이 일찍 문을 닫는 반면, 농 비어는 아침부터 저녁까지 운영하고 찾기 쉽다는 것이 장점. 아침식사로 토스트나 스크램블드 에그도 판매하며 가장 인기 있는 메뉴는 당연히 태국음식! 태국 북부 대표 요리인 카오소이는 물론이고 뿌팟퐁 카레, 똠얌꿍 같은 음식도 주문이 가능하다. 새우나 생선 등의 해산물 요리도 100~200바트 선에 푸짐하게 맛볼 수 있다. 볶음밥이나 국수도 4~60바트대로 부담 없는 가격이다. 망고찰밥과 같은 디저트도 맛보자.

🍴 카오소이Khaosoi 40바트, 마사만 카레 Massaman Curry 70바트, 똠얌꿍 180바트
📍 빠이 워킹 스트리트 시작점 사거리에 위치
📍 39/1 Moo 1, Wiang Tai, Pai, Mae Hong Son 🕐 08:00~20:00 📞 +66 053 699 103
🗺 p.256-A

빠이의 필수 코스, 완탕 국숫집
란라차 Lan Racha

완탕 국숫집으로 알려진 곳으로 노란 간판에 태국어로만 이름이 쓰여 있다. 맛좋은 음식이 저렴하기까지 해서 태국 여행자 사이에서 더 유명하다. 태국식 카레도 팔지만 대부분의 사람들에게는 국수가 우선이다. 맑은 고기 국물은 감칠맛이 느껴지고 고명으로 올리는 완탕은 부드럽고 맛도 좋아 사람들은 식당 자체를 '완탕 국수 가게'로 부르곤 한다. 35바트라는 저렴한 가격에 푸짐한 인심까지 느낄 수 있어 식사나 해장을 위한 식당으로 딱 좋다. 태국 국수 일색인 빠이에서 보기 드문 완탕 국수를 파는 집이므로 한번쯤 시도해볼 만하다.

🍜 완탕 수프Wontons Soup 35바트 🏃 워킹 스트리트에서 도보 3분 📍 4 Moo 4, Wiang Tai, Pai, Mae Hong Son 🕐 10:30~16:00 📞 +66 53 699 152i 🗺 p.256-A

빠이에서 즐기는 이산 음식
솜땀 나암퍼 Som Tam Na Aumpher

빠이에서 태국 동북부요리인 이산 음식을 맛보고 싶다면 빠이 디스트릭스 오피스Pai District Office 앞에 자리한 솜땀 나암퍼가 제격이다.

솜땀을 위주로 다양한 이산 음식을 내는데 여행자보다 태국 사람들이 가득해 더 믿음직스럽다. 솜땀은 30~40바트. 잘 알려진 그린파파야로 만든 솜땀 타이 이외에 오이, 콩, 포멜로와 같은 다채로운 채소와 과일로 만든 20여 가지의 솜땀을 선보인다. 솜땀과 함께 즐겨 먹는 닭 구이 까이 양이나 이산 소시지, 남똑무 같은 고기와 10바트짜리 찰밥을 곁들이면 금상첨화.

🍜 솜땀 30바트, 포멜로 샐러드Pomelo Salad 40바트, 이산 소시지 60바트, 찰밥 10바트, 음료 15바트 🏃 빠이 디스트릭 오피스 맞은편 📍 1095 Wiang Tai, Pai, Mae Hong Son 🕐 10:00~17:00 📞 +66 053 698 087 🗺 p.256-A

매콤새콤 마약 똠얌 국수!
띠어우 똠얌뚠 Teow Tom Yum Tun

태국음식의 대명사로 알려진 똠얌을 국수로 만나볼 수 있는 저렴한 로컬 식당이다. 이곳은 똠얌을 기본 육수로 내는 국수를 판다. 주문은 굵기에 따라 3가지 쌀국수나 달걀이 들어간 바미, 인스턴트 라면 중에 원하는 면을 선택할 수 있다. 육수는 2가지로 매콤한 똠얌 혹은 새콤한 맛이 더 강조된 핫 앤 사워Hot and Sour 중 하나를 선택하고 토핑으로 삶은 달걀, 오징어, 새우 등을 고르면 나만의 똠얌 국수가 완성된다. 한번 맛보면 그 칼칼하고 매력적인 국물 맛을 잊지 못해 다시 이곳을 찾게 될 정도로 매력적이다.

🍜 국수는 40바트부터 🏃 빠이 버스터미널에서 도보 4분 📍 4 Moo 4, Wiang Tai, Pai, Mae Hong Son 🕐 10:30~16:00 📞 +66 53 699 152 🗺 p.256-B

모든 사람이 예술가가 되는 곳
아트 인 차이 | Art in Chai

빠이 한복판에서 만나는 작은 인도다. 겉은 그저 평범한 태국 가옥이지만 이곳에서 퍼져나오는 진한 인도 향이 골목 전체를 채운다. 이 특이한 분위기를 가진 카페의 진짜 정체는 '문화 사랑방'. 빠이에 장기 체류하는 여행자들에게는 도서관이자 다양한 아마추어 예술을 접할 수 있는 문화 공간이다. 매주 토요일에는 정기 공연이 진행되며, 매일 밤 라이브 연주도 마련된다. 그 외에도 시 낭독회나 연주회, 춤 시연, 사진 전시회 등 예술과 관련된 경계 없는 이벤트가 다채롭게 벌어진다. 독특한 향이 가득한 차이Chai를 대표 메뉴로 인도산 차는 물론 라오스 커피 등 빠이의 다른 카페에는 없는 메뉴가 많다. 오픈 시간이 늦어지거나 비정기적으로 쉬는 날이 많으니 미리 확인 후 방문할 것을 권한다.

🍵 차이 티Chai Tea 45바트, 아몬드 케이크 65바트 🚏 빠이 버스터미널 인근 왓끄랑Wat Klang 맞은편 골목으로 도보 3분 ● Moo 4, Wiang Tai, Pai, Mae Hong Son ⏰ 09:00~22:00(화요일 휴무) 📞 +66 87 178 7742 🌐 www.facebook.com/Art-in-chai-174000465975671 ▥ p.256-B

1 인도의 정취가 물씬 풍기는 아트 인 차이
2,3 여행자를 비롯해 빠이 장기 체류자들의 사랑방과도 같은 곳이다
4 탈탈 돌아가는 선풍기 아래에서 아이스 차이티를 마시며 독서를 즐기기 좋은 분위기다

모던한 감성이 느껴지는 카페
누아 카페 Noir Kafe

빠이에서 보기 드문 것은? '모던한 카페' 그리고 '에어컨 시설을 갖춘 카페나 레스토랑'이다. 하얀 문틀과 스트라이프 차양이 드리워진 입구는 유럽 카페 분위기가 물씬 난다. 반면에 실내는 어두운 색을 사용해 차분한 느낌이다. 한쪽 벽에 전 세계 도시의 시간을 알려주는 시계 중 빠이의 시계에만 바늘이 빠져 있는데 마치 시간을 잊고 빠이의 시간 속에 머물라는 메시지가 담긴 것만 같다.

서양식 아침식사부터 햄버거, 피자, 샌드위치 등을 시원한 실내에서 맛볼 수 있는데 한여름이면 40℃를 육박하는 빠이에서 더위를 피해 식사나 티타임을 즐기기에 좋다. 추천 메뉴는 버거와 아보카도가 들어간 샐러드로 가격도 100~200바트 미만에 맛도 좋다. 카페 누아의 또 하나의 반전은 저녁 시간. 밤이 되면 와인과 맥주, 보드카, 태국 위스키 쌩쏨이 펼쳐지는 바로 변신한다는 것. 주변에는 시끌벅적한 야외 바가 대부분이기 때문에 보다 조용하고 낭만적인 분위기를 원하는 이들에게 오아시스 역할을 한다.

🍴 스페인 오믈렛Spanish Omelette 90바트, 프렌치토스트80바트, 아이스 커피 셰이크 50바트, 커피50바트부터, 맥주Beer 60바트부터 📍 반빠이 빌리지 호텔에서 빠이 고등학교 방향 골목 끝자락에 위치 📍 139/7 Wiang Tai, Pai, Mae Hong Son ⏰ 08:00~22:00 📞 +66 92 029 2967 Map p.256-B

빠이의 No.1 커피
카오타 카페 Khaotha Cafe

카오타 카페는 주택을 카페로 개조했는데 안으로 들어서면 자연 채광이 좋은 탁 트인 실내를 만날 수 있다. 곳곳을 빈티지한 소품으로 꾸며 여느 대도시의 감각적인 카페가 부럽지 않다. 카페 안에는 로스팅 기계와 커피 자루가 가득한데 이곳에서 직접 생두를 볶기 때문에 신선한 커피의 맛과 향을 자랑한다. 에스프레소를 기본으로 아메리카노, 라테, 카푸치노, 모카 5가지가 주 메뉴다. 레몬티와 소다 등의 시원한 음료도 있지만 대부분의 손님이 커피 맛 때문에 찾아오므로 커피를 주문할 것. 로스터리를 겸하는 만큼 원두도 별도로 판다.

🍴 아메리카노 40바트, 라테 45바트, 모카 45바트 📍 빠이 워킹 스트리트에서 남쪽으로 도보 20분, 림빠이 마켓 인근 📍 414 Moo 8, Wiang Tai, Pai, Mae Hong Son ⏰ 09:00~17:00 📞 +66 80 892 1921 🌐 www.khaotha.com Map p.256-D

5,6 커피 맛 자체를 중히 여기는 커피 마니아라면 카오타 카페를 들러볼 것 7,8,9 프랑스어로 검은색을 뜻하는 누아라는 이름답게 외관과 인테리어, 메뉴까지도 모두 까맣다

건강한 삶이 느껴진다!
굿 라이프 Good life

굿 라이프는 빠이가 지금처럼 대중적인 여행지가 되기 전부터 빠이를 지켜온 터줏대감이다. 빠이의 최신 소식과 지도를 무료로 배포하는 주인의 정성이 잘 알려진 곳이지만 요즘에는 건강에 민감한 여행자들 사이에서 '디톡스 메뉴'로 명성이 높다. 굿 라이프만의 차와 주문 즉시 착즙해주는 밀싹 주스인 위트 그래스Wheat Grass, 방목해 키운 소에게서 짠 신선한 우유와 꼼부차Kompucha라 불리는 홍차 버섯 발효 음료가 특색이 있다. 꼼부차는 최근 유럽과 미국은 물론 아시아에서도 주목받는 건강 음료다. 찻잎을 설탕과 함께 발효해 우리나라의 홍초와 비슷한 맛이 난다. 버섯이 주재료는 아니지만 발효될 때 버섯 모양의 균이 생기기 때문에 홍차버섯 음료라고 불린다. 식사 메뉴도 마련되었으며 80바트면 태국 전통 카레나 일본 카레를 건강에 좋은 차와 함께 맛볼 수 있다.

📷 밀싹 주스 50바트, 꼼부차 100바트, 팬케이크 100바트, 파인애플 볶음밥 90바트, 카레 80바트부터 🍴 빠이 워킹 스트리트에서 반 빠이 빌리지 가기 전 📍 Rural Rd, Wiang Tai, Pai, Mae Hong Son ⏰ 08:00~23:00 📞 +66 81 031 3171 🌐 www.facebook.com/pages/Good-Life-Pai 🗺 p.256-B

1,2,3 굿 라이프에서 주문 즉시 만들어주는 밀싹 주스와 팬케이크 4 아침 잠이 없는 여행자들을 위해 일찍 문을 연다 5,6 워킹 스트리트를 걷다 보면 한눈에 알아볼 수 있는 마담 주 커피

커피와 젤라토, 식사까지!
마담 주 커피 Madame Ju Coffee

워킹 스트리트 교차로에서 만남의 장소 역할을 하는 카페로 1970년부터 빠이를 지켜왔다. 태국 목조 건물의 2층 발코니에 색색의 커다란 일러스트를 그려놓아 워킹 스트리트의 이정표로도 활용된다. 꽃무늬 장식품으로 꾸며진 내부는 화사한 유럽 카페 같다. 마담 주를 특별하게 만드는 아이템은 매장에서 직접 만드는 아이스크림. 빠이에서 찾아보기 어려운 신선한 젤라또 아이스크림을 맛볼 수 있는데 빠이에서 재배한 딸기와 망고 맛이 가장 인기다. 이 밖에 바나나 스프링롤 같은 태국 디저트나 식사용 볶음밥도 소박하지만 정성스럽다. 치앙마이 님만해민에도 분점이 있다.

📷 바나나 스프링롤 60바트, 아이스 라테 55바트 🍴 빠이 워킹 스트리트가 시작되는 사거리 📍 Pai Nao Intersection, Wiang Tai, Pai, Mae Hong Son ⏰ 11:00~21:00 📞 +66 053 9473 🗺 p.256-A

예술가를 위한 카페
뿌리 빠이 Puri Pai

빠이의 자유로운 분위기에 예술적 감각을 더해 탄생한 뿌리 빠이 카페는 워킹 스트리트에는 드문 모던한 감성이 가득하다. 벽을 가득 채운 커다란 미술 작품과 화려한 조명, 장식품이 어우러진 인테리어가 포인트. 카페 한편에는 잡지 대신 컬러링 북과 색연필이 놓여 있어 손님들이 잠시 머리를 비우며 컬러링에 몰입하는 모습도 재미나다.

커피와 티, 가벼운 디저트를 파는데 아이스크림과 함께 나오는 허니 토스트와 라바 케이크, 태국 커피, 아이스 라테가 인기 메뉴로 꼽힌다. 맛보다는 편안히 쉬었다 갈 수 있는 분위기 때문에 찾는 이가 많다. '작가의 밤'과 같은 예술 이벤트도 벌여 다양한 사람들이 모여 만남의 장을 갖고 이야기꽃을 피우는 공간으로 가치를 더한다.

🍴 아이스 커피 타이 스타일 70바트, 카페 라테 70바트, 레드 소다 40바트, 망고 스무디 60바트, 허니 토스트 위드 아이스크림Honey Toast with Icecream 90바트 ┡ 빠이 워킹 스트리트에서 사거리 방향 ♥ Chai Songkhram Rd, Wiang Tai, Pai, Mae Hong Son ⏰ 11:00~20:00 ☎ +66 90 738 7889 Map p.256-A

> 7,8 이전엔 올 어바웃 커피로 알려져 있던 에스프레소 바 9 음료 색상도 이곳 특유의 색을 녹여내었다 10,11 화려한 그림, 조명, 색상이 묘하게 조화로운 뿌리 빠이

추억에 잠기는 다락방
에스프레소 바 바이 쁘라톰 1
빠이 Espresso Bar by Prathom 1 Pai

기존의 올 어바웃 커피All About Coffee를 새롭게 단장한 곳으로 태국 전통 가옥 그대로를 살려 아늑하다. 특히 워킹 스트리트를 바라보는 야외 좌석에서는 거리를 오가는 사람들을 바라보며 쉬기 좋고, 마치 다락 같은 내부에서는 편안하게 다리를 뻗고 이야기를 나누기 좋다. 카페 곳곳에는 국적을 막론하고 80~90년대를 추억하는 아이템이 가득하다. 장난감과 종이 인형 그리고 빠이 여행을 기억할 수 있는 작은 기념품은 장식인 동시에 판매하는 아이템이다.

🍴 카페 라테 60바트, 이탈리안 소다 50바트, 태국 스타일 아이스 커피 60바트 ┡ 빠이 워킹 스트리트에서 사거리 방향 ♥ 100/1 Chai Songkhram Rd, Wiang Tai, Pai, Mae Hong Son ⏰ 11:00~21:00 ☎ +66 813165609 Map p.256-B

빠이 최고의 포토존
커피 인 러브 Coffee In Love

단순히 카페라기보다는 하나의 포토 스 폿, 혹은 꼭 방문해야 하는 전망대로 사 랑받는 이곳은 빠이에서 가장 유명한 카 페 중 하나다. 빠이 시내에서 차로 10분 이상 떨어진 언덕에 위치해 이동이 쉽지 않지만 카페에서 바라보는 빠이의 산과 들이 어우러진 전망은 일부러 찾아온 정 성이 아깝지 않을 만큼 매력적이다. 특히 커피 인 러브Coffee In Love의 커다란 글자 앞에서 기념사진을 남기는 것은 이제는 빠이 여행의 필수 코스가 되었다.

카페 내부에는 음료와 간단한 요깃거리와 엽서, 가방 등 기념품을 판매한다. 음료와 음식 맛은 평범하지만 분위기와 주변 풍 경 때문에 멀리서 찾아온 수고가 아깝지 않다. 인근에 빠이 캐년과 메모리얼 브리 지가 있어 연계해 방문하기에도 좋다.

🍽 카페 라테, 카푸치노 50바트, 바나나 커피 프라페Banana Coffee Frappe 70바트, 포크 버거Pork Burger 79바트, 피시 앤 칩스Fish and Chips 69바트 🚩 빠이 시내에서 차로 10 분 거리 📍 92 Moo.11, Thung Yao, Pai, Mae Hong Son 58130 Thailand 🕐 06:00~18:00 📞 +66 53 698 251 🌐 www.facebook.com/pages/Coffee-in-Love-Pai 🗺 p.256-D 지도 밖

1,2,3 곳곳이 포토존인 커피 인 러브, 빠이 시내에서 다소 먼 편이다 4 커피 인 러브는 커피의 맛 자체보다는 빠이의 자연 경관을 감상하기 위한 전망 좋은 카페로 들러보자 5,6 딸기를 테마로 꾸민 러브 스트로베리

딸기를 테마로 하는 놀이동산
러브 스트로베리 Love Strawberry

서늘한 기후에서 잘 자라는 딸기는 태국 북부 지방, 빠이에서 재배되는 특산품이 다. 커다란 딸기 모형이 멀리서부터 눈에 띄는 러브 스트로베리는 빼어난 전망과 함께 커피를 즐길 수 있는 빠이 여행의 필 수 코스. 여행자들을 위한 포토존을 따로 마련해두었고 기념품 숍에서는 딸기를 넣은 간식거리와 인근 지역 특산품을 판 매한다. 실제로 카페 바깥으로 딸기 농장 이 자리하고 있어 수확 시기에 맞춰 액티 비티 프로그램을 운영한다. 카페 옆으로 는 언덕을 가로지르는 짚라인도 있어 단 순한 카페가 아닌 작은 테마파크로 사랑 받는다.

🍽 딸기 세이크 75바트, 말린 딸기 100바트 🚩 빠이 시내 중심에서 차로 15분 📍 80 Moo 10, Tambon Thung Yao, Wiang Tai, Pai, Mae Hong Son 🕐 07:00~18:00 📞 +66 081 765 3629 🌐 www.facebook.com/ Lovestrawberrypai 🗺 p.256-D 지도 밖

빠이에서 제일 신나는 바
지코 비어 Jikko Beer

실제 주인장의 이름을 따서 만든 지코 바Jikko Bar의 성공에 힘입어 2015년 빠이의 분위기와는 다소 동떨어진, 마치 방콕으로 순간 이동한 느낌이 드는 세련된 분위기의 맥주 바를 열었다. 이곳의 직원들은 모두 지코의 친구들로 방콕, 치앙마이 등지에서 빠이로 왔다. 그리고 그들은 함께 모여 그저 신나게 놀면서 동시에 일을 한다.

길가 바인데다 빠이에서 가장 시끄럽게 노는 지코와 친구들이기에 빠이에 장기 체류하는 여행자와도 허물없이 지낸다. 그러다 보니 이곳에서는 각기 테이블에 앉아 맥주를 마시다가도 어느 순간부터는 마치 모두가 십년지기 친구들처럼 화기애애한 분위기다. 그러다 축제 같은 분위기로 급변한다. 그것도 매일 밤.

'좋은 맥주는 친구와 함께!'라는 모토로 메뉴는 달랑 맥주뿐이다. 싱하, 창, 레오 같은 태국 맥주부터 라오스나 일본, 유럽 맥주까지 수입 맥주도 다양하다. 안쪽에 위치한 지코 바에서 태국음식으로 든든히 식사를 한 뒤 2차를 지코 비어에서 즐기며 전 세계 여행자들과 친구가 되어보자.

📛 맥주 70바트부터 🏁 빠이 버스터미널에서 강가 방면으로 도보 3분 📍 65/1 Wiang Tai, Pai, Mae Hong Son 🕐 18:00~00:00 📞 +66 81 938 8244 🌐 www.facebook.com/JikkoBeer
MAP p.256-B

7 라오 비어를 비롯해 태국 맥주, 수입 맥주를 비교적 저렴하게 파는 빠이 스타일의 선술집 **8.9** 삼삼오오 사람들이 몰려들면 주인장, 직원, 손님의 경계 없이 모두 친구가 되는 신기한 바

재즈 선율에 취하는 밤
에더블 재즈 바 Edible Jazz Bar

수준급의 라이브 재즈와 블루스를 접할 수 있어 유명세를 탔다. 넓은 정원을 가진 주택을 통째로 레스토랑으로 쓰는데 나무와 정원 풍경이 어우러져 소풍 나온 기분이다. 음식의 맛이나 가성비가 그리 훌륭하진 않으니 연주가 없는 낮보다는 8시 이후에 음악과 함께 시원한 맥주 한 잔 하러 들르는 것이 좋다. 매주 일요일은 '오픈 마이크'로 누구나 가수가 된다.

🍴 맥주 100바트, 칵테일 150바트 ▐◀ 빠이 버스정류장에서 강가 방면 도보 2분 📍 24 1 Viengtai Soi Pakam Temple, Wiang Tai, Pai, Mae Hong Son 📞 +66 89 532 6486 ⊕ www.facebook.com/ediblejazz 🗺 p.256-B

빠이 캐주얼 바의 전형
와이 낫 바 Why Not Bar

워킹 스트리트에 자리한 인기 바로 태국 목조 건물 한 채를 통째로 활용하는 카페인 동시에 밤이면 여행자들이 삼삼오오 모이는 바. 심플한 겉모습과는 달리 다양한 주류 리스트를 보유했다. 맥주는 기본. 모히토, 롱 아일랜드 아이스티, 마이타이 같은 익숙한 칵테일에 여러 주류와 음료를 섞어 나눠 마실 수 있는 버킷Bucket까지 종류만 30여 가지에 이른다.

🍴 보드카 버킷Vodkha Bucket 350바트, 와이 낫 타운Why Not Town 140바트 ▐◀ 빠이 버스터미널에서 동쪽으로 도보 3분 📍 Wiang Tai, Pai, Mae Hong Son 🕐 18:00~00:00 ⊕ www.facebook.com/WhyNotBarPai 🗺 p.256-B

낮도 밤도 즐겁다
사바이 바 Sabai Bar

매일 라이브 음악을 즐길 수 있는 곳으로 빠이 버스터미널 바로 옆에 있다. 좁은 입구로 들어서면 대나무로 꾸민 내부가 편안한 인상을 준다. 아침부터 문을 열어 낮에는 분위기 좋은 로컬 식당으로, 밤이면 음악과 함께하는 나이트 스폿이 된다. 하지만 사바이 바는 밤이 하이라이트. 차분한 분위기에서 감미로운 음악과 함께 나이트라이프를 즐길 수 있다.

🍴 맥주 100바트부터, 사바이 사바이 세트 119바트 ▐◀ 빠이 버스터미널 옆 📍 Walking Street, Wiang Tai, Pai, Mae Hong Son 🕐 10:00~00:00 📞 +66 850 794 846 ⊕ www.facebook.com/pages/Sabai-Bar 🗺 p.256-B

8

9

이국적이고 화려한 색감의 극치
랑 만뜨라 Rang Mantra

'색의 마법'이라는 뜻을 가진 가게 이름처럼 화려하고 알록달록한 옷과 가방, 장신구가 주요 품목으로 자유롭고 예술적인 빠이 여행 분위기에 어울리는 옷, 장신구 등이 가득하다. 대부분의 제품은 주인이 태국은 물론, 네팔, 인도 등지를 여행하면서 모은 것들로 대부분 섬세한 디테일과 장식을 가진 작품과도 같다. 정성과 예술적인 감각이 더해져 대부분의 제품은 1,000~3,000바트대로 가격은 높은 편이다. 하지만 이곳의 화려하고 정교한 감각을 잊지 못하는 이들이 여행 후에도 온라인으로 개별 주문을 할 정도로 희소성이 있다.

🛍 원피스 300바트부터, 액세서리 100바트부터
🚩 버스터미널에서 도보 3분 📍 Rang mantra, Chai Songkhram Rd, Wiang Tai, Pai, Mae Hong Son 🕐 18:30~23:00(시즌에 따라 다름)
📞+66 81 439 4989 🌐 www.facebook.com/rangmantra2013 Map p.256-B

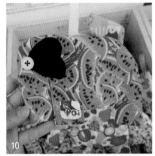

10

11

12

빠이를 기억하는 아이템이 가득
초 Chor

알록달록한 모든 제품에 빠이의 특징이 고스란히 담긴 사랑스러운 분위기의 기념품 숍이다. 간판에 'Since 1980'라고 쓰인 것처럼 오랫동안 빠이 워킹 스트리트 한가운데에서 다양한 액세서리를 판매했다. 빠이에서 시작되어 '초가 곧 빠이'라고 자부심을 갖고 말할 정도로 빠이에서는 상징적인 상점이다. 주로 핸드메이드 패브릭 아이템을 선보이는데 이곳에서 판매하는 지갑, 파우치, 인형 등 대부분의 제품에 'PAI'라고 쓰여 있어 빠이만의 기념품으로 제격이다. 가격도 10바트대의 냉장고 자석부터 600바트대의 커다란 인형까지 다양하며 간편한 홈웨어나 나무 코끼리 조각, 노트류도 판다.

🛍 엽서 20바트부터, 액세서리 20바트부터
🚩 빠이 워킹 스트리트 버스터미널에서 도보 3분 📍 Chai Songkhram Rd, Wiang Tai, Pai, Mae Hong Son 🕐 18:00~22:00
Map p.256-B

1,2 에더블 재즈 바에서는 라이브 음악을 즐길 수 있다 3,4 낮에도 밤에도 한껏 늘어져 시간을 보낼 수 있는 자유로운 분위기의 와이 낮 바 5,6,7 빠이 시내에 위치한 사바이 바. 밀짚모자, 병, 닭장 등으로 조명을 장식한 것이 이채롭다 8,9 랑 만뜨라의 가게, 아이템, 주인 모두가 예술이고 작품이다 10,11,12,13 빠이를 추억할 수 있는 각종 아이템이 가득한 초

13

'빠이 패션'의 완성
필 굿 Feel Good

빠이는 방콕에 위치한 또 다른 여행자들의 천국, 카오산 로드와 자주 비교되는데 온갖 옷가지와 여행에 필요한 물품을 손쉽게 구할 수 있는 카오산 로드와는 달리 빠이에서는 집집마다 한 품목만을 집중적으로 파는 경우가 많다. 그중 필 굿은 빠이의 분위기와 어울리는 디자인의 샌들과 로퍼를 취급한다. 빠이 워킹 스트리트 끝자락에 있으며 그저 평범한 오두막 같지만 저녁이 되면 문을 열고 다양한 샌들과 액세서리를 판매하는 숍으로 활기를 띤다. 비록 공장에서 만든 기성품이긴 하지만 여러 디자인의 샌들이 가격대별로 진열되어 있고 편안한 로퍼도 판매해 빠이와 어울리는 새신을 장만하고 싶은 욕구가 솟구칠지 모른다.

📷 샌들 120바트부터, 로퍼 450바트부터, 액세서리 40바트부터 📍 버스터미널에서 강가 방향으로 도보 7분 📍 126 Chai Songkhram Rd, Wiang Tai, Pai, Mae Hong Son 🕐 18:00~22:00 MAP p.256-B

1,2 신발과 액세서리는 필 굿에서 3 벽에 각종 스폿으로 가는 방향도 안내되어 있다 4,5 전통 가옥을 그대로 살린 시암 북의 책방 2층은 신발을 벗고 올라간다 6,7 매장 안쪽에 공방이 있는 리턴 투 심플

책 읽기 좋은 빠이
시암 북 Siam Book

빠이의 여유로운 모습에 반해 오랜 기간 이곳에 머무는 여행자들에게 단골 책방 역할을 한다. 태국 전통 가옥을 그대로 살린 겉모습만으로도 내부를 구경하고 싶은 생각이 절로 든다. 내부에는 중고 서적과 신간, 오래된 LP판이 빼곡히 들어서 있어 더욱 아늑하다. 신을 벗고 서점 2층에도 올라가볼 수 있는데 위층에 오르면 워킹 스트리트가 내려다보인다. 판매되는 대부분의 서적은 영어가 주를 이루고 독어, 프랑스어 등 빠이를 다녀간 여행자들이 판 책도 많아 전 세계의 다양한 언어의 서적을 만나볼 수 있다. 태국요리 책과 여행책도 구입 가능하다.

📷 중고서적 20바트부터 📍 빠이 버스터미널에서 강가 방향으로 도보 5분 📍 Chai Songkhram Rd, Wiang Tai, Pai, Mae Hong Son 🕐 11:00~22:00 📞+66 5369 9075 MAP p.256-B

6

7

멋진 가죽 제품이 가득
리턴 투 심플 Return To Simple

빠이와 어울리는 심플한 액세서리와 가죽 제품을 판매하는 작은 공방이다. 라차담는 로드에 자리하는데 핸드메이드 아이템이 가득한 빠이에서도 눈에 띄는 가죽 제품과 액세서리가 많다. 매장 안쪽 공방에서는 가죽을 다듬어 솜씨 좋은 제품을 만들어낸다. 주로 팔찌나 여권 커버, 가방, 벨트 등으로 가죽 소재라는 것을 감안하면 금액도 저렴한 편이다. 귀걸이와 목걸이, 팔찌 등 메탈 소재의 액세서리도 진열돼 있다. 특히 서양 여행자들은 불상이 새겨진 작은 부적 제품을 선호한다.

팔찌 50바트부터, 귀걸이 100바트부터, 가죽 제품 100바트부터 | 빠이 고등학교에서 경찰서 방향 ♀ Ratchadamnoen Rd, Wiang Tai, Pai, Mae Hong Son ⏰ 18:00~22:00 ☎ +66 080 063 7519 ⊕ www.etsy.com/shop/ReturntoSimple ⅯⅯ p.256-B

8

9

익살스러운 캐릭터 숍
아이뚜이 I'Tui

헐벗은 커다란 인형이 가게 앞을 지키고 있어 절로 눈길이 가는 사랑스러운 기프트 숍이다. 이 인형은 주인장이 자기 자신을 캐릭터로 만든 것. 매장에서 직접 만나게 되는 그의 머리 스타일, 수염, 표정까지 꼭 닮아 있어 보기만 해도 웃음이 난다. 당연히 이 캐릭터는 아이뚜이의 캐릭터로 다른 상점에서 찾아볼 수 없는 개성 만점의 아이템으로 재탄생했다. 스티커, 파우치, 노트, 인형, 열쇠고리를 파는데 귀엽고도 조금은 민망한 캐릭터가 그려져 있다. 이 밖에도 가방이나 인형 등 수공예 제품도 취급한다.

🛍 스티커 29바트, 파우치 59바트부터, 인형 100바트부터 | 워킹 스트리트가 시작되는 사거리에서 왓루앙 방면 ♀ 230 Khet Khe Lang Rd, Wiang Tai, Pai, Mae Hong Son ⏰ 18:00~22:00 ⅯⅯ p.256-A

8 주인장 스스로 만든 익살스러운 캐릭터를 인테리어와 판매 아이템에 접목했다 **9,10** 문을 닫았을 때와 영업할 때의 차이를 발견해보자!

10

빠이에서는 엽서를 보내세요!
사바이디 갤러리 Sabaidee Gallery

숍을 운영하는 아마추어 아티스트가 직접 그린 작품으로 전시와 판매를 동시에 하며 20바트 엽서부터 2,000~3,000바트면 세상에 단 하나뿐인 예술 작품을 여행 기념품으로 간직할 수 있다.

손으로 만든 독특한 인형과 파스텔 톤으로 칠한 나무 우편함도 이곳을 상징하는 아이템. 하지만 다른 아이템보다 여행자들은 이곳의 예쁜 엽서와 카드에 폭 빠지게 된다. 이곳에서 마음에 드는 그림엽서를 사서 가게 한편에 앉아 예쁘게 꾸며 소중한 사람들에게 보내는 것도 좋은 추억이 될 것이다.

📷 그림엽서 20바트부터, 사진엽서 10바트부터, 목각 우편함 500바트, 인형 85바트부터 ▐ 빠이 버스터미널에서 사거리 쪽으로 도보 5분 워킹 스트리트에 위치 ♥ Chai Songkhram Rd, Wiang Tai, Pai, Mae Hong Son ⏰ 17:30~22:30 ⊕ www.facebook.com/pages/Sabai-dee-Gallery 𝗠𝗮𝗽 p.256-B

빠이의 새로운 마스코트
픽 앳 빠이 Pic@Pai

워킹 스트리트에 밤마다 문을 여는 노점 기념품 가게로 온통 '빠이' 글자가 새겨진 기념품이 가득해 지나는 이들의 발길이 절로 멈춘다.

판매하는 아이템이 매우 다양해 작은 노트부터 자석, 인형, 동전지갑, 벽 장식품과 캔버스 가방, 티셔츠까지 웬만한 부티크 숍이 부럽지 않다. 이 모든 아이템에는 코끼리와 함께 핑크 돼지 그림이 그려졌는데 새로운 빠이의 마스코트로 손색이 없다. 노점 앞에는 빠이 여행 사진을 더욱 재밌게 꾸며줄 다양한 팻말도 준비되어 있어 포토존으로도 인기다.

📷 자석 20바트부터, 노트 20바트부터, 인형 79바트, 티셔츠 100바트 ▐ 빠이 사거리와 워킹 스트리트 사이, 이슬람 사원 인근(시즌별로 위치 다름) ♥ Thanon Chai Songkhram, Wiang Tai Subdistrict, Pai, Thailand ⏰ 18:00~22:00 ⊕ www.facebook.com/meltinyourmouthchiangrai 𝗠𝗮𝗽 p.256-B

하루쯤은 시장 탐험
림빠이 마켓 Rim Pai Market

빠이 중심 워킹 스트리트에서 강줄기를 따라 남쪽으로 약 1km 떨어진 큰 공터에 열리는 마켓. 이른 아침부터 빠이 시내와 인근 마을에서 필요한 물품을 사고팔려는 사람들이 몰려든다. 2016년 처음 문을 연 림빠이 마켓은 신선한 채소를 취급하는 구역과 고기나 생선을 취급하는 미트 숍Meat Shop으로 분류되어 보다 현대적이고 깔끔하다. 규모는 크지 않지만 인근 농장에서 생산된 신선한 채소와 과일을 구할 수 있고 슈퍼와 잡화점도 겸해 더욱 반갑다. 여행자로서 방문한다면 다양한 식료품을 구경하고 시장에서 빼놓을 수 없는 먹을거리 탐험을 즐겨보자.

▐ 워킹 스트리트에서 도보 20분, 레브리시암 호텔 가는 길목 공터 ♥ Wiang Tai Subdistrict, Pai, Thailand ⏰ 07:00~17:00 𝗠𝗮𝗽 p.256-D

1,2 빠이를 여행하다 보면 이곳의 필수 쇼핑물품이 엽서가 아닐까 할 정도로 다양한 디자인과 일러스트의 엽서를 판다 3,4 귀여운 핑크 돼지가 마스코트인 픽 앳 빠이 5,6 현지인들의 생활상을 가장 가까이서 볼 수 있는 정겨운 림빠이 마켓

빠이 플러스

그 자체가 하나의 브랜드인 빠이. 자유를 갈구하는 여행자들이 이루는 빠이만의 감성은 분명 매력적이지만 '여행자의 천국'이라는 말만 듣고 무턱대고 빠이로 향한다면 실망할 여지도 많은 곳. 빠이를 방문하기 앞서, 알아둬야 할 몇 가지를 정리했다. 빠이에서 해도 되는 것, 그리고 조심해야 할 것!

Yes or No in Pai

옷차림

치앙마이나 방콕의 카오산 로드에서도 코끼리가 그려진 지나치다 싶을 정도로 편한 냉장고바지와 민소매 티셔츠를 고급 레스토랑이나 카페에서 보면 눈쌀이 찌푸려진다. 하지만 빠이에서 이런 옷차림은 OK. 마치 예수님을 연상시키는 히피 패션도 전혀 이질감이 없다. 하지만 이곳은 태국 북부의 군사 시설도 인근에 자리하는 곳이다. 지나치게 야한 옷차림은 That's No No!

 불친절

실제 빠이에 장기 체류하다 보면, 빠이 토박이보다 외지인이 무척 많다는 것을 금세 알 수 있다. 그래서 뜨내기 여행자를 대상으로 하는 바, 레스토랑, 상점 등은 불쾌할 정도로 불친절한 곳도 많다. 그러니 그런 '불친절=빠이'라는 공식을 섣불리 만들 필요는 없다.

 빨리빨리

도시의 빠르고 합리적이고 효율적인 시스템은 빠이에서는 잠시 잊어도 좋다. 이곳에서의 시간은 느리고 가끔은 비효율적이라 짜증을 유발하기도 한다. '빨리빨리'에 지나치게 민감한 여행자라면 빠이가 아닌, 대도시인 방콕이나 치앙마이 여행만 하길 권한다.

 싸움

'여행자의 천국'이란 말은 이중적이다. 여행자들은 그저 자유롭고 조용하게만 이곳에 머무는 것이 아니기 때문이다. 밤마다 전 세계 여행자들이 모여드는 워킹 스트리트의 유명 바에서는 하룻밤만에 친구가 되기도 하지만 격한 싸움이 벌어지기도 한다. 위험한 행동, 지나친 음주는 금물.

 빠이 한 달 살기

저렴한 숙소, 먹을거리, 술, 거기에 빠이를 천국이라 여기고 눌러앉은 전 세계의 여행자들과 '잉여로운 한 달'을 보내기에는, 아무리 생각해도 빠이만 한 곳이 없다. 빠이 외곽에도 근사한 곳이 많다. 그리고 그 생활이 지겨워지면 언제든 태국 북부의 다른 도시나 마을로 옮기면 된다.

빠이

© 김도형

© 김도형

Hotels & Resorts

호텔 & 리조트

치앙마이를 비롯해 치앙라이에는 가성비 훌륭한 숙소부터, 마치
왕이 된 듯 호사를 누릴 수 있는 많은 호텔이 여행자의 선택을
기다린다. 지역 자체만도 즐길거리가 풍성한데 호텔만의 특별한
액티비티가 가득해 호텔 자체가 여행의 이유가 되는 호텔들. 사전에
꼼꼼히 골라 여행의 만족도를 더 높여보자. 태국 북부에서는
아무데서나 먹어도 다 만족스럽지만, 잠은 아무데서나 자지 말 것!

아름다움이 깃든 럭셔리 부티크
라차만카 호텔
Rachamankha Hotel Chiang Mai

총 25개의 객실만을 운영하는 부티크 호텔이다. 아시아의 소규모 부티크 호텔 연합인 시크릿 리트리츠Secret Retreats의 유일한 치앙마이 호텔이기도 하다. 시크릿 리트리츠는 예술품 컬렉션, 오너의 특별한 접객 철학, 다이닝 시설의 수준 등을 엄격하게 평가해 호텔 연합을 구성한다. 그런 만큼 라차만카에서도 주인장의 방대한 예술품 갤러리 같은 호텔 곳곳에서 다채로운 장식품을 구경하는 재미가 쏠쏠하다. 25개 객실을 갖춘 작은 규모지만 레스토랑, 도서관, 수영장, 스파 파빌리온 등의 시설이 훌륭한 것도 강점이다. 영국 스파 제품인 몰튼 브라운Molton Brown을 비롯해 모기 퇴치제, 용도별 슬리퍼 등 각종 어메니티 구성도 특급 호텔이 부럽지 않다. 라차만카의 또 다른 자랑은 태국 사람들에게 인기 많은 레스토랑. 투숙객은 이곳에서 웰컴 드링크를 원하는 메뉴로 주문할 수 있다. 간단한 뷔페와 함께 나오는 10가지의 단품 메뉴도 숙박의 만족도를 높이는 요소다.

📷 코트야드 수페리어Courtyard Superior 7,800 바트부터 🚶 왓프라싱 인근 오아시스 스파에서 서쪽으로 도보 5분 📍 6 Rachamankha 9, Phra Singh, Amphoe Muang, Chiang Mai 📞+66 53 904 111 🌐 www.rachamankha.com Map p.092-D

1 널찍하고 편안한 라차만카의 디럭스룸 2,3 훌륭한 조식과 라차만카에 딸린 레스토랑의 수준이 숙박의 만족도를 높인다 4 다른 치앙마이 호텔에서는 드문 근사한 도서관. 옛날 영화의 한 장면으로 들어간 듯하다

날마다 즐거운 타마린드 마을
타마린드 빌리지 Tamarind Village

타패 게이트 중심부에 자리한 타마린드 빌리지는 호텔 주변에 치앙마이의 주요 사원이 위치해 올드 시티의 매력을 다채롭게 즐길 수 있다. 키 큰 대나무들이 아치 모양의 숲을 이루는 입구부터 호텔 안뜰에 자리한 200년 된 타마린드 나무, 옹기종기 모인 란나 스타일의 객실 건물까지. 어느 곳을 사진에 담아도 엽서의 한 장면이 될 것 같은 풍경을 자랑한다. 총 42개의 고전미 넘치는 객실은 작지만 편의 시설이 알차게 마련됐고 부대시설로 스파, 야외 수영장, 레스토랑, 기념품 숍도 있다. 투숙객을 위해 매일 다양하게 제공되는 액티비티를 활용하면 보다 알찬 여행이 가능하다. 매일 아침, 치앙마이의 전문 가이드와 함께 주변 탐험에 나서거나 타마린드 나무 아래에서 태국 전통 우산에 색칠하는 프로그램도 무료로 즐길 수 있다. 단 일요일에는 호텔 바로 앞에 선데이 마켓이 열려 호텔 앞 도로가 4시부터 통제되니 이동시에 참고하자.

🛏 란나룸Lanna Room 5,200바트부터 |🏨 타패 게이트에서 도보 5분, 라차담능 로드 중간 와위 커피 맞은편 📍 50/1 Rajdamnoen Rd, Tambon Sri Pum, Amphoe Muang, Chiang Mai 📞+66 53 418 896 🌐 www.tamarindvillage.com MAP p.093-G

5,6,7 란나 스타일의 건물만큼 고전미 넘치는 타마린드 빌리지 8 공용 수영장

무료 액티비티 가득한 신상 리조트
프라싱 빌리지 Phra Singh Village

좁고 복잡한 골목으로 이뤄진 올드 시티에 새로 들어선 프라싱 빌리지는 란나 아트의 중심지라고 해도 과언이 아닌 라차만카 거리와도 이웃해 있다. 특이한 점은 태국 북부 특유의 란나 양식이 아닌 라오스 문화에 더 가까운 란창Lan Chang 양식으로 리조트를 꾸몄다는 점. 화려한 란나 문화와 비교하면 란창은 소담스러운 정겨움이 느껴진다. 2018년 11월에 문을 연 직후부터 인기를 누리는 가장 큰 이유는 무료로 제공되는 다양한 액티비티 덕. 객실 내 미니바, 애프터눈티, 날마다 각기 다르게 진행되는 문화 체험 프로그램, 수영장에서 10분 어깨 마사지, 자전거 대여 등 다양한 '무료 프로그램'을 이용할 수 있다. 뿐만 아니라 3박 이상 투숙객은 호텔의 마카 스파Makkha Spa에서 사용 가능한 바우처(700바트)가 제공된다.

🛏 수페리어Superior 3,500바트부터 🍴 왓 프라싱 인근 오아시스 스파에서 서쪽으로 도보 5분 📍 5 Ratchamankha Soi 8, Phra Singh, Amphoe Muang, Chiang Mai 📞+66 53 272 480 🌐 www.phrasingvillage.com Ⓜ p.092-D

집 같은 편안함
원스 [어폰 어 타임] 부티크 홈
Once [Upon A Time] Boutique Home

치앙마이의 매력인 '예스러움'을 곳곳에 살린 공간이다. 주택 하나를 작은 카페와 6개의 객실을 갖춘 아늑한 호텔로 만들었다. 객실은 단층으로 된 수페리어룸과 복층 구조의 디럭스룸으로 나뉜다. 디럭스룸 1층에는 휴식공간, 2층에는 침실이 자리한다. 이곳의 카페는 호텔 주인의 여행에 대한 관심과 음식에 대한 철학을 담은 공간이다. 투숙객을 위한 아침식사에도 건강에 이로운 재료를 담으려 노력한다. 별다른 부대시설은 없지만 주요 사원까지 도보로 이동하기 편하고 수많은 카페와 레스토랑이 있어 불편함이 없다.

🛏 수페리어Superior 3,200바트부터 🍴 왓프라싱에서 남쪽으로 도보 7분, 삼란 소이 6 중간에 위치 📍 1 Samlarn Rd, Soi 6, Amphoe Muang, Chiang Mai 📞+66 53 326 045 🌐 www.onceuponatimeChiang Mai.com Ⓜ p.092-D

감각의 절정을 보여주는 호스텔
옥소텔 호스텔 Oxotel Hostel

버려진 건물을 리모델링해 만든 호스텔. 1층은 카페고 2층부터 12실의 객실을 갖췄다. 고급스러운 분위기와 감각적인 인테리어로 차별화했다.

1층 카페는 아티산Artisan 카페의 분점이다. 본점보다 넓고 세련된 인테리어로 카페를 일부러 찾는 손님이 있을 정도다. 2층 침대가 놓인 4인 혹은 6인용 호스텔 객실과 1인 혹은 2인이 사용할 수 있는 프라이빗룸이 있다. 모든 객실은 공용 욕실과 공용 부엌을 쓴다. 넓은 마당의 휴식공간과 차고에 있는 클래식 카까지 감각적인 분위기에 중요한 역할을 한다.

📷 6인실 400바트부터, 프라이빗룸 1,190바트부터 |🚶 치앙마이 게이트 시장에서 우아라이 로드 남쪽으로 도보 15분 📍 149~153 Wua lai Rd, Amphoe Muang, Chiang Mai 📞+66 52 085 334 🌐 www. oxotelChiangMai.com Map p.022-D

심플함은 최고의 미덕!
심플리룸 치앙마이 빈티지 호텔
The Simply Room Chiang Mai Vintage Hotel

왓체디루앙 인근에는 유독 소규모 호텔과 호스텔이 많다. 그중에서 빈티지한 매력이 돋보이는 심플리 룸은 세심하게 꾸며진 인테리어와 편안한 분위기, 여행하기 좋은 위치를 자랑한다. 4층 규모의 작은 건물 하나를 호텔로 사용하는데 각 객실은 크기와 개별 욕실의 유무에 따라 가격이 다르다.

층마다 마련된 공용 공간에는 커다란 냉장고와 식탁이 있어 함께 머무는 이들과 교류가 가능해 호스텔의 성격도 있다. 대부분의 객실은 심플하다기보다는 장식이나 개성이 다른 부티크 호텔에 비해 인상적이지 않다. 건물에 엘리베이터가 없어 큰 짐이 있다면 직접 들고 객실까지 옮겨야 한다는 것도 단점이 될 수 있다. 하지만 올드 시티의 중심에 위치해 여행하기 편한 것은 분명 큰 장점이다. 일부 테라스가 딸린 객실에서는 바로 맞은편 사원인 왓쳇린Wat Chedlin을 한눈에 바라보며 숙박할 수 있다.

📷 수페리어Superior 800바트부터 |🚶 왓체디루앙에서 남쪽으로 도보 5분 📍 88/2-3 Phra Pok Kloa Rd, Amphoe Muang, Chiang Mai 📞+66 53 278 489 Map p.093-G

1 객실이 다양해 가족여행자에게 특히 좋은 선택지 2,3 란창 양식으로 꾸며 소박한 아름다움이 있다 4 투숙객 공용 공간 5 로비 겸 카페 6,7 앞마당에 서 있는 클래식 카가 분위기를 더해준다 8 카페와 연결된 1층 공간 9, 10 객실은 단출하게 꾸며져 있다

1 란나 스타일의 화려한 건축물 사이에 평화롭게 위치한 수영장 **2** 11개의 객실은 모두 각기 다른 콘셉트와 디자인으로 꾸몄다 **3** 11개의 객실 수에 비해 로비와 전체 부지는 큰 편이다

나만을 위한 맞춤 럭셔리
시리암빤 부티크 리조트 & 스파 Sireeampan Boutique Resort & Spa

그 흔한 블로그 후기 하나 없을 정도로 시리암빤 부티크 리조트는 한국인에게는 낯선 호텔이다. 하지만 이곳은 스몰 럭셔리 호텔Small Luxury Hotel의 멤버이자 여행자 리뷰 사이트인 트립어드바이저 상위권에 랭크된 것은 물론, 각종 수상경력에 빛나는 치앙마이 호텔로 서양 여행자가 특히 선호한다. 태국어로 시리Siree는 '굉장한'이라는 뜻, 암빤Ampan은 보석의 일종인 '호박Amber'을 의미한다. 그 이름처럼 이곳은 치앙마이의 매력을 보다 깊숙이 들여다보고 싶은 사람에게는 그야말로 숨은 보석이다. 리조트는 란나 건축 양식으로 치앙마이만의 고풍스럽고 우아한 분위기를 재현했다. 건축과 분위기는 전통적이지만 객실 내부의 조명, 에어컨, 온도 등을 전자동으로 조절하는 등, 편리한 숙박을 위해 첨단 기술을 도입했다. 호텔의 메인 콘셉트는 '당신만의 맞춤형 럭셔리Your Own Bespoke Luxury'로 호텔 투숙 중인 고객 한 사람 한 사람을 위한 극진한 서비스와 맞춤형 일정을 제공한다. 이를 실현하기 위해 객실은 딱 11개뿐. 11개의 객실은 각기 다른 보석을 뜻하는 태국어로 이름 붙였다.

🏠 스튜디오Studio 1만 8,000바트부터 |🚩 마야 쇼핑몰에서 북서쪽 방면으로 차로 8분 📍88/8 Moo 1, Tambon Changpuak, Amphoe Muang, Chiang Mai 📞+66 53 327 777 🌐 www. sireeampan.com **MAP** p.022-A

시리암빤의 특별한 액티비티

스파를 비롯해 쿠킹 클래스, 칵테일 클래스까지 호텔 안의 액티비티가 훌륭하고 다양해 호텔 안에만 머물러도 지루할 틈이 없다. 특히 호텔의 총주방장인 셰프 꽁Chef Kong과 함께 하는 쿠킹 클래스는 셰프의 가이드로 재래시장에서 장보기, 왕실의 로열 프로젝트 숍에서 장보기, 3가지 원하는 요리 강습, 식사 즐기기까지 완벽한 반나절의 일정으로 완성된다. 가격도 1,800바트로 5스타 호텔의 액티비티라는 사실이 놀랍다.

님만해민의 주목할 만한 루키
유 님만 치앙마이
U Nimman Chiang Mai

체크인과 동시에 24시간 객실을 사용할 수 있는 독특한 콘셉트의 체인 호텔. 태국 전역에 체인 호텔을 운영 중인 유U 호텔이 올드 시티에 자리한 유 치앙마이U Chiang Mai에 이어 두 번째로 님만해민 초입에 문을 열었다.

유 호텔 투숙객은 웰컴 드링크로 객실 내 미니바에서 원하는 음료를 하나 무료로 선택할 수 있고, 체크인 시 원하는 비누 향을 고를 수 있다. 또한 자전거도 대여 가능하다. 이밖에 옥상에 마련된 인피니티 풀과 24시간 운영하는 피트니스 센터, 사우나 시설, 타이 레스토랑 등 부대시설도 충실하다. 이 모든 장점 중에서도 단연 돋보이는 것은 위치적 이점. 호텔 맞은편에는 마야 라이프스타일 쇼핑센터가 자리하고, 뒤편으로는 상점과 레스토랑이 즐비하다. 2017년 말에는 호텔과 마주한 쇼핑 단지도 오픈 예정이다.

🏨 수페리어룸 2000바트부터 |🎫 님만해민 초입, 마야 쇼핑몰 맞은편 📍 1 Nimmanhaemin Rd, Tambon Suthep, Amphoe Mueang, Chiang Mai 📞+66 52 005 111 🌐 www.uhotelsresorts.com/unimmanchiangmai 🗺️ p.130-B

4,5,6 24시간 숙박, 무료 웰컴 드링크, 자전거 대여 등 세심한 서비스로 인기몰이 중인 유 님만 치앙마이 **7** 님만해민의 풍경을 즐길 수 있는 옥상의 인피니티 풀

예술로 충만한 디자인 호텔
아트 마이 갤러리 호텔
Art Mai Gallery Hotel

'님만해민' 하면 떠오르는 자유로움과 예술적인 분위기를 원한다면 호텔 선택에 있어 아트 마이 갤러리를 우선순위에 두고 살펴보자. 태국과 말레이시아 등에 4~5성급 호텔을 운영하는 콤파스 호스피탈리티Compass Hospitality에서 선보이는 디자인 호텔로 님만해민의 예술적인 분위기와 잘 어울리는 요소가 가득하다. 입구에 들어서면 작은 갤러리가 있는데 연중 무료로 아티스트들의 작품이 전시되는 것은 물론 갤러리 숍도 있어 특별한 기념품을 구입할 수 있다. 객실은 2층부터 8층까지 태국 아티스트와의 협업으로 만들어졌다. 각 층마다 팝아트, 초현실주의, 인상파 등 7개의 테마로 객실마다 소품과 디자인이 다르다. 대부분의 객실에는 이젤과 커다란 도화지, 연필이 마련돼 예술적 활동에 동참할 수도 있다. 옥상에는 님만해민 전망이 시원하게 내려다보이는 인피니티 풀이 자리하며 레스토랑과 피트니스 센터 등 부대시설도 충실하다.

🏠 갤러리룸Gallery Room 2,800바트부터
📍 님만해민 소이 3 중간에 위치 📍 21 Soi 3, Nimmanhaemin Rd, Suthep, Amphoe Muang, Chiang Mai 📞 +66 53 894 8889 🌐 www.artmaigalleryhotel.com
MAP p.130-B

1 감각적으로 완성한 아트 마이 2 호텔의 외관까지도 예술이라는 콘셉트에 잘 맞는다 3 조식이 제공되는 메인 레스토랑 4.5 로맨틱한 분위기가 인상적인 호텔 야이

'사랑과 낭만'이 호텔의 테마
호텔 야이 Hotel Yayee

태국의 유명 배우 아난다 에버링이 운영하는 로맨틱한 호텔로 '야이Yayee'는 태국 말로 '달링Darling'을 뜻한다. 객실은 스몰 룸Small Room과 빅 룸Big Room으로 2가지 타입. 빅 룸에는 발코니가 딸려 있다. 치앙마이의 감성에 보헤미안적인 터치가 더해져 이국적인 분위기가 물씬 난다. 14개의 객실만 가진 소규모 호텔이지만 미니바가 무료이며 2층에는 투숙객을 위한 공동 휴식공간도 있다. 호텔을 더욱 사랑받게 만드는 1층 카페와 루프탑 바도 눈여겨보자. 도이수텝의 실루엣과 석양을 동시에 조망할 수 있어 치앙마이 젊은이들에게 각광받는 데이트 코스이기도 하다.

🏠 스몰룸Small Room 3,000바트부터
📍 님만해민 소이 17 중간 지점 사거리에서 남쪽 방향으로 도보 1분 📍 17/5 Sainamphueng Rd, Suthep Amphoe Muang, Chiang Mai 📞 +66 099 269 5885
🌐 www.hotelyayee.com MAP p.130-D

'빈티지'와 '에스닉'의 부티크 호텔
차이요 호텔 Chaiyo Hotel

2014년 오픈한 차이요 호텔은 빈티지 카페 느낌이 물씬하다. 요란할 것 없이 소박한 외관은 '이곳이 호텔이 맞나' 하는 의문이 들 정도다. 로비와 리셉션은 호텔의 첫인상이다. 빈티지 가구, 태국 고산족의 패브릭, 국왕 일가의 그림 액자로 장식한 차이요는 태국 친구 집에 놀러온 것처럼 따뜻하고 정겨운 느낌이다. 나무와 금속 소재를 기본으로 회색 벽에 페인트로 그려 넣은 에스닉한 문양과 빈티지 가구로 장식한 객실도 디자인 부티크 호텔로서의 정체성을 잘 보여준다. 다이닝 공간도 환한 자연 채광과 함께 인근 카페 못지않은 포근한 느낌이 가득하다. 조식도 제공하는데 간단한 뷔페와 메인 메뉴를 1가지 선택할 수 있다. 객실 내부에 미니바가 없어 각 층에 마련된 공용 냉장고를 사용하며 엘리베이터가 없다는 점마저도 쉽게 이해가 되는 호텔이다.

🏨 스탠다드Standard 850바트부터
🗺 님만해민 소이 5 입구에서 도보 4분 📍 17-17/1-4 Nimmanhaemin Lane 5, Amphoe Muang, Chiang Mai 📞+66 95 889 5050
🌐 www.Chiangmaichaiyohotel.com
Map p.130-B

6,7,8 빈티지한 동시에
에스닉한 천과 패턴을 두루
사용해 만든 차이요 호텔 9
국왕 일가의 각종 그림으로
장식한 로비

'모던 & 심플' 부티크 호텔
사만탄 호텔 Samantan Hotel

'부티크 호텔을 디자인한다면 사만탄 호텔처럼!'이라고 말하고 싶을 정도로 입구부터 로비, 카페와 객실까지 모든 공간이 세련됐다. 4층짜리 작은 건물 전체를 호텔로 사용하며 객실은 총 8개다. 검은색의 철제 재료와 붉은 벽돌, 회색의 바닥 등 기본 자재가 고급스럽고 포인트를 주는 각종 소품과 가구까지 감각적이다. 커다란 창문을 통해 들어오는 햇빛이 어두운 호텔 인테리어와 어우러져 묘한 대조를 이룬다. 동급의 님만해민 호텔과 비교하면 에어컨과 미니바 등 객실 내 편의시설도 잘 갖춰졌고 숙박에 포함된 아침식사까지 일반 카페나 전문 레스토랑 부럽지 않게 나오는 것도 큰 장점이다. 하지만 엘리베이터가 없으며 님만해민 길가에 위치해 다소 시끄럽다는 것은 사전에 인지하고 예약하는 것이 좋다.

🏨 수페리어Superior 1,250바트부터
🎏 님만해민 소이 11과 13 사이 중간에 위치
📍 28/4 Soi 11 Nimmanhaemin, Amphoe Muang, Chiang Mai 📞+66 94 759 9619
🌐 www.facebook.com/samantanhohel
Ⓜ️ p.130-D

1,2,3 사만탄 호텔은 어두운 톤의 나무, 금속을 사용해 스타일리시한 느낌이 강하게 든다 4 아키라 매너의 모든 객실은 침실과 거실 공간이 분리된 스위트룸 구조 5 로비에 자리한 아키라 매너의 메인 레스토랑

모든 객실이 스위트룸!
아키라 매너 Akyra Manor Chiang Mai

물결치듯 건물을 감싸고 있는 조형물이 인상적인 이곳은 태국 전역에 고급 리조트와 풀빌라를 운영하는 아키라Akyra 그룹의 최신작이다. 호텔 구석구석 미술 작품이 인테리어 소품으로 전시되었다. 모든 객실은 침실과 거실이 분리된 스위트룸. 반은 야외, 반은 실내에 위치했다고 표현할 만한 욕조가 침실과 거실 사이에 있고 에스프레소 머신, IPTV, 도킹 스테이션 등 최첨단 기기도 비치됐다. 레스토랑과 루프탑 바, 한쪽 벽면이 유리로 된 인피니티 풀, 24시간 오픈되는 피트니스 센터 등 부대시설도 다양하다. 특히 수영장에서 바라보는 도이수텝의 풍경이 인상적이다.

🏨 아키라 디럭스 스위트Akyra Deluxe Suite 5,333바트부 🎏 님만해민 소이 9 끝자락
📍 22/2 Soi 9 Nimmanhaemin Rd, Suthep Amphoe Muang, Chiang Mai 📞+66 5 321 6219 🌐 www.theakyra.com/chiang-mai
Ⓜ️ p.130-D

머무는 순간순간이 '동심'
아르텔 님만 The Artel Nimman

님만해민에 위치한 아르텔 호텔은 혼자만 알고 싶지만, 그러기에는 유독 튀는 아름다움을 지녔다. 우아한 자태가 돋보이는 새하얀 건물을 키 큰 열대 나무 두 그루가 지키고 있으며 2층에서 1층으로 연결된 미끄럼틀과 알록달록한 도자기로 장식한 벽이 행인들의 발걸음을 멈추게 한다. 이름도 다르고 장식도 제각각인 13개의 객실도 개성만점이다. 마치 우주선처럼 커다란 원형의 창문, 공간의 이음새까지도 세세하게 신경 쓴 장식과 하얀 객실과 대비되는 알록달록한 욕실 등 공간마다의 인테리어 감각에 연신 감탄하게 된다. 발코니가 딸린 객실은 단 하나로 아르텔 님만에서는 스위트룸 급이다. 호텔을 설명하는 또 하나의 단어는 '업사이클Upcycle'. 곳곳에 재활용이라고 믿기지 않는 아이템을 배치한 센스는 단 한 번의 숙박만으로도 이 호텔을 지은 톨라프 한의 팬이 되게 만든다.

🏨 미니 스튜디오Mini Studio 850바트부터
📍 님만해민 13 사이 중간에 위치 📍 40 Nimmanhaemin Soi 13, Amphoe Muang, Chiang Mai 📞 +66 894 329 853
🌐 www.facebook.com/TheArtelNimman
Map p.130-D

6 우주선처럼 동그란 창들이 아르텔 님만 호텔 인테리어의 포인트다 7,8 호텔을 꾸민 모든 요소가 섬세해 발견할 때마다 감탄을 금치 못한다 9 곁에서 보면 호텔인지 모를 법한 작은 규모의 부티크 호텔이다

진정한 스몰 럭셔리 부티크
자리트 님만 Jaritt Nymmanh

편집숍으로 사용하던 건물을 앤틱 가구와 장식품이 가득한 객실 3개짜리 소규모 호텔로 탈바꿈시켰다. 호텔 1층으로 들어서면 아늑한 마당과 연못이 맞이하고, 2층에는 정자가 거대한 장식품처럼 자리한다. 객실은 천장이 높아 쾌적하면서 아늑하며 객실 곳곳에 자리한 오너의 수집품을 구경하는 재미도 있다. 욕실에는 고급 스파 브랜드 한Harnn의 제품이 구비되어 있다. 호텔 입구에 자리한 카페 공간에서는 호텔의 마스코트인 오드 아이Odd Eye 고양이 마니를 만날 수 있는데 이곳에서 체크인 수속을 하고 조식도 먹을 수 있다. 조식은 작은 규모의 서양식 뷔페와 함께 치앙마이 전통 음식이 가득한 칸똑 디너가 1인 상차림으로 준비된다.

수페리어Superior 2,900바트부터, 디럭스 Deluxe 3,600바트부터 | 님만해민 소이 17 ♥ 16/1 Nimmanhemin Soi 17 Outer Ring Rd, Amphoe Mueang, Chiang Mai ☎ +66 89 700 6969 ⊕ www.jarittnymmanh.com Map p.130-D

1,2,3
작은 갤러리를 연상시키는 부티크 호텔 자리트 님만 4,5 투 겔스 앤 더 픽 부티크 호스텔의 도미토리 객실과 입구

호스텔 이상의 존재감
투 겔스 앤 더 픽 부티크 호스텔
Two Gals And The Pig Boutique Hostel

독특한 이름부터 호기심이 인다. 호스텔처럼 도미토리형 객실과 공동욕실을 사용하고 그 외에 개별 침실을 갖춘 프라이빗룸, 가족이 머물 수 있는 패밀리룸도 갖췄다. 외국인보다는 태국인 여행자의 방문 비율이 높다. 1층은 공용 공간이자 카페로 아침식사가 제공되고 투숙객을 위해 종일 가벼운 커피와 차, 간식이 준비된다. 주변 카페에 견주어도 뒤지지 않는 세련되고 아늑한 분위기가 이곳의 정체성을 말해준다. 여행자들의 재방문도 많아 카페처럼 쿠폰제를 실시하며 10번 방문 시 무료 프라이빗룸을 제공한다.

도미토리Dormitory 350바트부터 | 님만해민 소이 15 끝자락 망고 탱고에서 도보 1분 ♥ 25/9 Soi 15 Nimmanhaemin Rd, T.Suthep, Amphoe Muang, Chiang Mai ☎ +66 097 001 2369 Map p.130-D

6

시내 중심에 위치한 완벽한 휴양 리조트
아난타라 치앙마이 리조트 Anantara Chiang Mai Resort

치앙마이에 위치한 럭셔리 호텔 중에 아난타라 치앙마이 리조트는 경쟁 호텔에 비해 성수기와 비수기의 객실점유율 차이가 크지 않다. 그 이유는 바로 시내의 가장 중심지인 나이트 바자에 위치했다는 것. 시끌벅적한 시장으로 밤낮없이 붐비지만 길 하나를 건너 리조트 안에 들어서면 주변 환경이 무색할 정도로 평화롭고 조용한 분위기다. 넓은 부지에는 4층의 야트막한 건물에 테라스가 딸린 52개의 디럭스 룸과 32개의 스위트룸이 고급스러움을 뽐내며 빙강을 마주하는 34m의 야외 수영장은 해변의 특급 리조트가 부럽지 않은 운치와 전망을 자랑한다. 거기에 스파, 식당, 카페, 바, 수영장 등 각종 시설의 수준이 일반적인 치앙마이의 수준을 뛰어넘는다는 생각이 절로 든다. 스파로 명성이 자자한 호텔답게 누구나 즐길 수 있는 만족도 높은 스파와 투숙객이 아니라도 많은 여행자가 일부러 찾아와 즐기는 아난타라 치앙마이의 애프터눈 티 세트도 여행 중 놓치기 아까운 호사다.

7

📷 디럭스룸Deluxe Room 9,500바트부터
🚶 아눗산 마켓 강가 출구에서 남쪽으로 도보 3분 📍 123-123/1 Charoen Prathet Rd, Changklan, Amphoe Muang, Chiang Mai 📞+66 53 253 333 🌐 chiang-mai.anantara. com 🗺️ p.176-D

6 번잡한 나이트 바자의 소음이 느껴지지 않을 정도로 아난타라 리조트 내부는 평화롭다 못해 고요하다 7 모던하게 꾸민 넓고 아늑한 객실 8 태국 전통적인 느낌을 강조한 소품

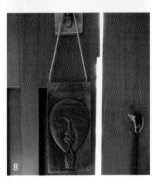

8

작지만 충분히 매력적인
살라 란나 Sala Lanna

살라 호텔은 방콕, 꼬사무이, 푸껫 등 태국 전역에 소규모 호텔과 리조트를 운영하는 태국 고급 호텔 체인으로 오픈하는 곳마다 지역의 특성과 아름다움을 십분 살리기로도 유명하다. 치앙마이에서는 역사 깊은 란나 스타일을 모던하고 말끔한 인테리어로 풀어냈다. 총 15개의 객실은 소품을 적재적소에 활용하면서도 차분한 색으로 군더더기 없이 꾸몄다. 특히 강가를 마주한 객실이 인기를 끄는데 넓은 야외 테라스에서 삥강과 치앙마이 시내가 어우러진 한 폭의 그림 같은 풍경을 감상할 수 있다. 강가 전망 객실에 머물지 않더라도 옥상에 위치한 인피니티 풀에서 탁 트인 전망을 누릴 수 있다. 오후에는 3단 애프터눈 티, 저녁에는 로맨틱한 이탈리안 레스토랑으로 주목받는 1층 레스토랑도 살라 란나의 자랑거리. 호텔 주변으로 갤러리와 카페, 레스토랑이 많아 종일 호텔 주변에만 있어도 심심할 겨를이 없다.

📷 스텐다드Standard 3,000바트부터
🏮 치앙마이 나이트 바자에서 나와랏 브리지 건너 북쪽, 굿 뷰 레스토랑에서 도보 5분 📍 49 Charoenrat Rd, Wat Ket, Amphoe Muang, Chiang Mai 📞+66 53 242 588 🌐 www.salaresorts.com/lanna 🗺️ p.176-B

1,2,3 부티크 호텔답게 꾸며져 있다 4 객실은 편안한 느낌이다 5 수영장을 둘러싼 객실 6,7 객실 종류도 다양하다 8,9,10 고급 호텔의 시설, 서비스 그대로 느낄 수 있다

클래식한 멋으로 가득한
삥 나까라 부티크 호텔 앤 스파
Ping Nakara Boutique Hotel and Spa

1900년대 태국에서 티크 우드 산업이 번성했던 시절을 떠올리며 옛날 건물처럼 만들었다. 화려한 외관과 인테리어가 돋보이고 소규모 호텔이지만 편의시설도 부족함 없다. 1층에는 고급 스파와 바, 레스토랑 그리고 야외 수영장이 있다. 특히 수영장이 바라보이는 테라스에서는 매일 오후 태국 스타일의 애프터눈 티가 인기다. 태국 전통 디저트를 선보여서 외부 손님도 많다. 객실은 총 19개밖에 없지만 삥 나까라의 클래식한 매력을 가장 잘 보여주는 공간이다.

📷 디럭스룸Deluxe Room 7,500바트부터 🏮 아누산 마켓 강가 출구에서 남쪽, 왓차이몽콘 옆 📍 135/9 Charoen Prathet Rd, Changklan, Amphoe Muang, Chiang Mai 📞+66 53 252 999 🌐 www.pingnakara.com 🗺️ p.023-G

공주님도 묵어간 스파 리조트
라린진다 웰니스 스파 리조트
RarinJinda Wellness Spa Resort

라린진다는 태국의 국왕 못지않게 사랑받는 시린톤 공주가 치앙마이에 방문했을 때 2번이나 묵은 '성지'로 통한다. 스파로 유명한 시암 웰니스Siam Wellness 그룹에서 운영하는 스파 리조트로 삥강변에 위치하는데 스파 리조트라는 타이틀답게 전반적으로 평온한 분위기다. 수영장을 중심에 두고 호텔 건물이 둘러싸여 휴양지 리조트 느낌을 제대로 즐길 수 있다. 총 35개의 객실 중에서도 개별 발코니를 통해 수영장과 연결되는 풀 엑세스룸Pool Access Room이 가장 인기가 많다. 리조트보다 더 유명한 레스토랑 데크원Deck1에서 매일 아침 강가를 바라보며 식사를 즐기는 것도 빼놓을 수 없는 장점. 리조트 바로 옆 대형 스파 시설인 라린진다 스파 이용 역시 편리하다.

🛏 디럭스룸Deluxe Room 3,900바트부터
🍴 나이트 바자에서 다리 건너 북쪽으로 도보 10분 📍 1, 14 Chareonraj Rd, Wat Ket, Amphoe Muang, Chiang Mai
📞+66 53 247 000 🌐 www.rarinjinda.com
〔Map〕 p.176-B

스몰 럭셔리 호텔의 진수
137 필라스 하우스
137 Pillars House

넓은 정원 안에 유럽식 건물과 태국 전통 가옥들이 작은 마을을 이룬다. 단층 건물은 호텔의 객실이거나 부대시설이다. 총 30개의 객실 모두 스위트룸 형태로 한 건물 안에 단 4개의 객실만 있다. 모든 객실은 야외 테라스가 있고 최상위 객실은 개별 수영장이 딸렸다. 레스토랑과 라운지로 활용되는 태국 가옥 밑에는 옛 기둥의 흔적이 나타나는데 작은 박물관처럼 건물과 치앙마이의 역사를 함께 설명해두었다. 4층 건물 높이의 드높은 넝쿨 벽을 마주하는 야외 수영장, 피트니스 센터, 스파 등 부대시설도 충분하다.

🛏 라자 브루크 스위트Rajah Brooke Suite 1만 5,000바트부터 🍴 삥강 굿 뷰 레스토랑에서 북쪽으로 도보 5분 📍 2 Soi 1, Nawatgate Rd, Tambon Wat Ket, Amphoe Muang, Chiang Mai 📞+66 53 247 788 🌐 www.snhcollection.com/137pillarshouse 〔Map〕 p.176-B

이곳에서는 매순간이 화보

호텔 데스 아티스트, 삥 실루엣 Hotel des Artists, Ping Silhouette

까오야이Kao Yai, 빠이Pai에 이어 2015년 6월에 문을 연 호텔 데스 아티스트의 3번째 작품이다. 밖에서는 일견 단출해 보이지만 실제 안으로 들어가면 카페와 널찍한 정원, 로비와 리셉션, 3가지 타입의 디자인으로 구성된 19개의 방, 그리고 야외 수영장까지 구성이 튼실하다. 호텔을 꾸민 콘셉트는 '시누아즈리Chinoiserie'로 17세기의 후반부터 18세기 말까지 유럽에서 유행했던 미술품을 총칭하며 후기 바로크와 로코코 양식의 미술에 중국풍이 가미된 것을 말한다. 호텔 데스 아티스트, 삥 실루엣은 짙은 파랑과 흰색을 메인 컬러로, 빨강색을 포인트로 해서 중국풍의 도자기, 소품, 패브릭을 비롯해 중앙의 정원을 둘러싸고 건물을 짓는 등 시누아즈리 기법을 곳곳에서 찾아볼 수 있다. 일반 부티크 호텔보다 더욱 고급스럽게 마감한 객실도 아티스트의 호텔에 딱 맞는 아름다움으로 빛난다. 호텔의 어느 자리에 있더라도 카메라를 들 수밖에 없는 이곳에서는 '호텔도 작품이 될 수 있다'는 인테리어 디자이너이자 세 호텔 주인장의 말에 고개가 끄덕여진다.

세린룸Serene Room 2,800바트부터
나이트 바자에서 차로 5분, 나와랏 브리지 건너 북쪽으로 도보 10분 ♀ 181 Chareonraj Rd, T.Wat Ket, Amphoe Muang, Chiang Mai ☎ +66 53 249 999 ⊕ www.hotelartists. com/pingsilhouette MAP p.176-B

1 삥강 유역 중국인 문화권을 디자인의 요소로 채택한 호텔 데스 아티스트, 삥 실루엣 2 객실은 총 3가지 타입으로 단독 빌라 타입의 객실도 이용 가능하다 3 아담한 수영장과 투숙객의 만족도가 높다 4,5 반 실내 수영장과 공용 공간 6,7,8 평온하면서도 세련된 분위기 때문인지 결혼식이나 프라이빗 이벤트도 종종 열린다

100년 나무와 삥강 전망을 더하다
나 니란드 로맨틱 부티크 호텔
Na Nirand Romantic Boutique Resort

치앙마이 중심부로의 접근성이 좋고 휴식을 누릴 수 있는 호텔을 찾는다면 이곳이 제격이다. 나 니란드 로맨틱 부티크 호텔은 삥강 전망의 리조트 스타일 호텔로 수영장을 갖추고 있으며 수영장 양 옆에는 2층짜리 태국 전통 가옥 스타일의 객실이 자리한다. 전 객실에는 야외 테라스가 있어 호텔 중앙에 자리한 100년 된 레인 트리를 감상할 수 있다. 스위트 객실은 별도 건물에 위치한다. 스위트 객실에는 강가를 마주한 개별 수영장이 있고 객실마다 각기 다른 테마로 꾸며져 있다. 스파와 헬스장, 레스토랑, 루프탑 바, 자전거 렌탈 서비스 등 부대시설과 서비스에 부족함이 없고 직원들도 친절한 이곳에서 휴가를 즐겨보면 어떨까.

🛏 란나 디럭스 바트 5,700부터, 란나 그랜드 디럭스 6,200바트 부터 🚉 아누산 나이트 바자에서 도보 7분, 왓 차이몽콘 정문 옆 골목 📍 1/1 Soi 9, Charoenprathet Road, Tambon Changklan, Amphoe Mueang, Chiang Mai 📞+66 53 280 988 🌐 www.nanirand.com MAP p.176-D

반려견과 함께 머무는 기쁨
케타와 스타일리시 호텔
Ketawa Stylish Hotel

태국에서는 드물게 반려견이나 반려묘와 함께 투숙이 가능해 태국의 다른 지방에서 치앙마이로 여행 온 사람들에게 사랑받는다. 1층 로비와 휴식공간, 작지만 한낮의 더위를 식히기에 충분한 야외 수영장과 총 13개의 개성 넘치는 객실을 보유했다. 각 객실은 빨강, 오렌지, 초록 등 13가지 다른 색으로 꾸며졌고, 해당 컬러와 어울리는 아로마 향을 매칭한 세심한 서비스가 눈에 띈다. 투숙객을 위한 다양한 액티비티도 마련됐다. 예약할 경우 태국 전통 염색이나 직조 테크닉 워크숍, 쿠킹 클래스 등에 참여할 수 있다.

🛏 로즈 핑크룸Rose Pink Room 1,500 바트부터 🚉 삥강 굿 뷰 레스토랑에서 북쪽으로 도보 📍 121/1 Bumrungrat Soi 2, Tambon Wat Ket, Amphoe Muang, Chiang Mai 📞+66 53 302 248 🌐 www.ketawahotel.com MAP p.177-E

품격과 가성비를 모두 갖췄다!
베란다 치앙마이 – 하이 리조트 Veranda Chiang Mai - The High Resort

'자연 속 치앙마이'를 고스란히 느끼기에 더할 나위 없는 리조트다. 치앙마이 시내에서 차로 30분 거리인 항동 지역에 자리한 베란다 하이 리조트는 시내에서 먼 위치적 불리함을 제외하면 가격 대비 만족스러운 숙박이 가능하다. 모든 것을 웅장하게 꾸민 로비를 지나 만나게 되는 객실은 널찍한 실내 공간을 자랑한다. 또 모든 객실에는 테라스가 있어 넓은 논과 들판이 시원하게 펼쳐진다. 리조트 깊숙이 자리한 프라이빗한 풀빌라는 신혼여행객들이 사랑하는 타입의 객실이다. 리조트를 제대로 느끼고 싶다면 밸리 디럭스Valley Deluxe 이상의 객실을 이용하는 것이 좋다.

크기 면에서 압도적인 인피니티 풀은 시간에 따라 하늘의 빛을 고스란히 담으며 단순한 수영장 그 이상의 아름다운 풍경을 만든다. 레스토랑, 바, 피트니스 센터, 도서관, 키즈 클럽, 스파, 액티비티 센터까지 부대시설의 종류도 다채롭다. 매일 시내 중심까지 무료 셔틀도 운영해 위치적인 단점을 보완한다. 이런 리조트를 비수기 기준 10만 원 초반으로 누릴 수 있는데 이 호텔이 아코르Accor 호텔 체인의 엠갤러리 컬렉션M Gallery Collection이라는 것을 감안하면 더 매력적이다.

1 압도적인 규모를 자랑하는 로비
2 산책로가 잘 조성돼 있다
3 널찍한 객실과 수영장도 베란다 치앙마이의 매력 포인트다

📱 밸리 디럭스 4,000바트부터 🏁 치앙마이 시내에서 차로 20~30분 거리 힝동에 위치 📍 192 Moo2 Banpong Hangdong, Amphoe Muang, Chiang Mai 📞 +66 53 365 007 🌐 www.verandaresortandspa.com/verandaChiang Mai Map p.022-C 지도 밖

4

> **4** 매일 오후에 진행되는 농부들의 행진 **5** 셰프의 정원을 방문해 태국 식재료를 알아보는 가든 투어는 꼭 신청해볼 것 **6** 치앙마이의 개성을 느낄 수 있는 객실에서는 넓은 논이 한눈에 펼쳐진다

체험형 리조트가 나아갈 길
포시즌스 리조트 치앙마이 Four Seasons Resort Chiang Mai

지역의 역사와 문화까지도 완벽히 이해하고, 지역 문화까지 두루 체험할 기회를 주며 나아가 숙박의 경험이 사회공헌으로 이어지는 포시즌스 리조트 치앙마이에서의 머무름은 단순한 투숙 이상의 의미를 갖는다. 리조트는 실제 농부들이 일구고 정원사가 가꾸는 논과 정원이 중심이 된다. 단지는 아름다운 논을 둘러싼 파빌리온Pavilion 객실, 정원에 위치한 풀빌라와 레지던스 구역으로 나뉜다. 매림 지역의 거대한 부지에 자리하고 있지만 객실은 98개로 직원들의 친밀한 맞춤형 서비스를 누릴 수 있다. 시내에서 약 40~50분의 먼 거리라는 단점을 리조트 안의 훌륭한 다이닝 시설과 다른 숙박시설은 흉내 내지 못하는 재미있고 의미 있는 체험 프로그램으로 보완했다. 그중에서 2가지의 무료 액티비티는 빼먹지 말 것. 리조트의 셰프가 투숙객과 정원을 돌며 치앙마이에서 나는 허브, 향신료에서부터 태국요리나 문화에 이르기까지 친절히 설명해주는 리조트 가든 투어Resort Garden Tour, 그리고 다른 하나는 모내기 체험Rice Planting이다. 치앙마이만의 독특한 농사법을 농부의 설명과 시범을 통해 배우고 쌀을 심는다. 농부가, 그리고 투숙객들이 지은 쌀은 다시 사회에 기부하는 방식으로 사회공헌을 실천하니 그 어떤 체험보다도 뜻깊다. 무엇보다 즐거운 포시즌스 리조트 치앙마이의 액티비티는 구석구석 아름답게 가꿔진 리조트를 산책하는 것. 한 폭의 그림처럼 아름다운 논밭의 풍경, 정원의 조경이 훌륭한 것은 당연지사.

5

6

🏨 가든 파빌리온Garden Pavilion 24,000바트부터 |🏃 치앙마이 시내에서 차로 20분 매림에 위치 📍 502 Moo 1, Mae Rim-Samoeng Old Rd, Chiang Mai 📞 +66 53 298 181 🌐 www.fourseasons.com/Chiang Mai 🗺 p.022-B 지도 밖

평생 잊지 못할 정글에서의 글램핑
포시즌스 텐티드 캠프 Four Seasons Tented Camp

캠프의 텐트는 오직 15채. 정직원으로 분류되는 6마리의 코끼리와 6명의 코끼리 몰이꾼을 포함해 리조트를 관리하는 직원만 84명이다. 따라서 모든 객실이 예약됐다는 가정 하에 손님 한 명당 2.8명의 직원이 늘 고객의 필요에 기민하게 반응한다. 캠프 1박의 오리지널 가격은 85,000바트, 우리 돈으로는 약 280만 원. 한 사람 한 사람에게 '밀착 서비스'를 제공하는 전담 직원과 이토록 너른 부지 안에 오직 15채의 텐트만이 존재하며, 모든 식사와 와인, 일부 액티비티가 무료로 제공되는 만큼 총체적인 경험에 비추어보면 그 가치에 고개를 끄덕이게 된다. 골든 트라이앵글에서 해 지는 광경이 가장 아름다운 포인트를 잡아 세운 버마 바Burma Bar, 매일 아침, 점심, 저녁마다 새롭게 바뀌는 메뉴를 갖춘 농야오 레스토랑Nong Yao Restaurant, 나만의 와인을 골라 어느 때라도 즐길 수 있는 와인 셀러Wine Cellar, 차로는 닿지 않는 아주 깊은 대나무 정글 한가운데에 위치한 스파Spa, 포시즌스 텐티드 캠프에서의 머무름을 오래 기억하게 해줄 부티크 숍Trading Post Boutique, 1개의 레스토랑과 2개의 바, 1개의 숍까지. 그 자체로 하나의 커다란 마을이라 해도 손색이 없다.

당연한 말이지만 텐트를 칠 필요도, 텐트라는 불편한 공간에서 며칠 동안을 인내하며 지낼 필요도 없다. 포시즌스 텐티드 캠프의 각기 다른 콘셉트와 이름을 가진 15채의 텐트는 26개국에 100개 이상의 럭셔리 리조트를 탄생시킨 세계적인 건축가이자 인테리어 디자이너인 빌 벤슬리Bill Bensley의 작품.

객실 이외에도 골든 트라이앵글의 매력과 문화를 100% 즐기면서 동시에 유명 셰프와 바텐더, 수준급 스파 테라피스트의 손맛을 동시에 누릴 수 있는 농야오 레스토랑, 버마바, 스파는 글램핑의 신세계다.

수페리어 텐트Superior Tent 8만 2,000바트부터(최소 2박 이상) 치앙라이 시내에서 차로 1시간 30분 P.O. Box 18, Chiang Saen Post Office, Chiang Rai +66 53 910 200 www.fourseasons.com/goldentriangle p.223-F 지도 밖

1 태국, 라오스, 미얀마가 접한 골든 트라이앵글에 위치한 포시즌스 텐티드 캠프 2 리조트 안에 정글 산책로를 조성했다 3 코끼리와 함께하는 다양한 프로그램이 마련된다 4 정글 한 가운데에 위치한 스파 5 규모는 작지만 강변에서 노니는 버팔로와 정글의 동물을 관찰하며 쉴 수 있는 수영장 6,7 코끼리는 이곳의 상징이다 8,9 아침, 점심, 저녁, 해질녘의 선다우너까지 포함된 숙박비인 만큼 가격대는 만만치 않다 10 15개의 텐트는 그 이름과 콘셉트가 모두 다르다

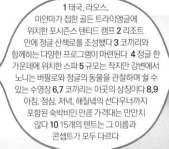

코끼리와 함께 보내는 며칠
아난타라 골든 트라이앵글 리조트
Anantara Golden Triangle Elephant Camp & Resort

아난타라 골든 트라이앵글 리조트를 관통하는 3개의 키워드는 무엇보다 '코끼리', '골든 트라이앵글' 그리고 '올인 클루시브 리조트'다. 코끼리 캠프라는 리조트의 성격답게 코끼리는 리조트의 상징. 인테리어와 리조트 시설 곳곳에, 아주 세심한 디테일에서도 코끼리를 찾는 재미가 가득하다. 무엇보다 이곳에서는 '진짜 코끼리'를 하루 종일 친근하게 만나볼 수 있다.

골든 트라이앵글이라는 낯설어서 더욱 신비로운 지역인 동시에 태국, 미얀마, 라오스에 접한 이국적인 지역의 특징도 빼놓을 수 없다. 아난타라 골든 트라이앵글의 가이드를 따라 아편 박물관을 방문하거나 롱테일 보트를 타고 매꽁강Mae Kong과 루왁강Luwak River을 따라 라오스, 미얀마, 태국을 한번에 만날 수도 있다. 특별한 체험거리와 함께 아난타라 골든 트라이앵글이 리조트로서 각광받는 것은 숙박하는 동안 모든 음식, 음료, 주류까지 무료라는 것. 아침 뷔페와 점심, 저녁이 제공되는 태국 레스토랑 살라매남Sala Mae Nam, 저녁식사만 제공하는 이탈리아 레스토랑인 반다힐라Baan Dahlia, 코끼리 장식으로 온 바를 꾸민 엘리펀트 바Elephant Bar and Opium Terrace까지 다 먹고 잘 마시기에 2박 3일은 너무 짧다는 생각이 든다. 거기에 아난타라 골든 트라이앵글은 아난타라만의 맞춤 다이닝인 다이닝 바이 디자인Dining by Design을 즐기기에도 최고의 장소다. 원하는 장소에서 원하는 요리로 원하는 시간에 식사를 차려주는 다이닝 바이 디자인까지 완벽하게 체험한다면, 그 어떤 키워드도 아닌 '맛있는 여행'으로 이곳이 각인될지 모를 일이다.

🏨 쓰리 컨트리 뷰 스위트Three Country View Suite 3만 800바트부터 (최소 2박 이상 필수) 🚩 치앙라이 시내에서 차로 1시간 30분 📍 229 Moo 1, Tumbon Wieng, Amphoe Chiang Saen, Golden Triangle, Chiang Rai 📞 +66 53 784 084 🌐 goldentriangle.anantara.com 🅜🅐🅟 p.223-F 지도 밖

1 코끼리가 노니는 정글을 내려다볼 수 있는 넓은 수영장 2,3 각종 예술품으로 채워진 로비, 저녁에는 전통 악기를 연주한다 4,5 부지가 어마어마하게 넓기에 방까지 가는 데만도 절로 운동이 된다 6 코끼리와 함께 정글을 거닐며 의미 있는 여행을 즐겨보자

코끼리의 행복까지 배려해주세요!

tip 코끼리는 자아가 무척 강해서 사람이 시키는 대로 움직이는 쇼나 트레킹에 동원되려면 아기 때부터 잔혹한 훈련을 거쳐야만 한다. 이것을 '파잔 의식'이라고 하는데 코끼리를 우리에 가두고 사람의 말을 들을 때까지 쇠꼬챙이로 찌르고 때리고 학대한다. 혹독한 훈련을 견디지 못한 코끼리는 죽거나 사람에게 길들여진다. 지금도 '코끼리 관광'을 내세우는 나라에서는 코끼리들의 과로사와 부상이 끊이지 않는다.

하지만 포시즌스 텐티드 캠프와 아난타라 리조트는 함께 코끼리 보호 재단Golden Triangle Asian Elephant Foundation을 운영한다. 야생 코끼리를 보호할 뿐 아니라 전통적인 코끼리 몰이꾼의 커뮤니티와 협력하는 것인데 몰이꾼들에게 완벽한 도구와 장비를 제공하고 21세기에 맞는 코끼리 사육과 보호법을 교육하는 것이다. 캠프만의 액티비티를 개발해서 코끼리몰이꾼에게 코끼리에게 스트레스를 주지 않고, 학대하지 않고, 쉴 새 없이 관광객을 맞이하지 않아도 생계가 보장된다는 것을 끊임없이 증명한다. 그래서 이곳에서는 학대당하는 코끼리가 아닌 행복권을 존중받는 코끼리를 만날 수 있다. 코끼리의 보호와 존중에 대한 엄격한 규칙 덕이다. 이곳에서는 상주하는 코끼리 몰이꾼Mahout이 코끼리를 구매하는 행위가 철저히 금지된다. 전통적으로 태국에서 코끼리 몰이꾼은 한 마리 이상의 코끼리를 소유해 야생 코끼리를 잡는 현상이 벌어졌다. 하지만 캠프에서는 코끼리 몰이꾼 한 명당 단 한 마리의 코끼리만을 보살핀다. 또 하나는 번식을 위한 사육을 하지 않는다. 일반적으로 코끼리의 새끼가 70년을 산다고 가정했을 때 그 생명에 대한 변함없고 반복적인 관리와 책임을 보장할 수 없기 때문이다. 실제로 매일 250kg의 음식을 먹고 2000ℓ의 물을 마시는 코끼리 사육에는 큰돈이 든다. 그래서 감당할 수 없는 시점이면 무책임하게 코끼리를 버리는 일도 비일비재하다.

따라서 이 두 리조트에서는 코끼리의 묘기를 구경하는 것이 아니라 머무는 동안 투숙객이 코끼리 몰이꾼이 되어 코끼리의 이름을 익히고, 코끼리 명령 언어를 배우고, 코끼리와 정글을 누비며 하이라이트로 코끼리를 목욕시켜주는 아주 특별한 체험을 하게 된다. 코끼리와 더 친해지기 위해서는 투숙객이 이 영리하고 먹성 좋은 거대한 생명에게 잘 보여야 한다. 그들이 뭘 좋아하고 어떤 것을 꺼리는지를 미리 익히고 행동 패턴까지도 배워야 한다. 지역사회의 문화와 역사를 등지지 않으면서 시대의 흐름과 동물 보호까지 아우르는 노력에 '죄책감 없는' 여행과 머무름이 가능한 것이 아니겠는가.

만족스러운 강변 리조트
르 메르디앙 치앙라이 리조트
Le Meridien Chiang Rai Resort

총 159개의 모던한 객실은 크기가 넉넉하고 모든 객실이 넓은 야외 발코니를 가지고 있어 정원이나 강가 전망을 감상할 수 있다. 시내와 다소 떨어진 거리지만 총 4개의 바와 레스토랑이 있어 불편함이 없는 숙박이 가능하다. 특히 메인 레스토랑인 레이티스트 레시피Latest Recipe 는 조식부터 저녁까지 뷔페를 제공하는데 금요일 시푸드 뷔페와 일요일 선데이 브런치를 제공해 가족들의 외식 장소로도 이름이 높다. 강변을 바라보는 야외 수영장, 24시간 문을 여는 피트니스 센터와 도서관, 스파, 요가 클래스 등이 마련되어 가족 여행자들에게도 좋은 선택이 된다. 컨시어지를 통해 시내 셔틀버스를 50바트에 예약할 수 있으며 골든 트라이 앵글, 코끼리 트레킹 등의 투어 프로그램도 운영한다. 투숙객에게는 차로 20분 거리에 자리한 매파루앙 아트 앤 컬처럴 파크Mae Fah Luang Art & Cultural Park 무료 입장을 제공한다.

🏠🍴 디럭스 가든 뷰Deluxe Garden View 3,020바트부터 🚌버스터미널에서 차로 15분, 맹라이 왕 동상에서 북쪽으로 도보 20분 📍 221 / 2 Moo 20 Kwaewai Rd, Tambon Robwieng, Amphoe Muang, Chiang Rai 📞+66 53 603 333 🌐 www.lemeridienchiangrai.com 🗺 p.223-F

1 르메르디앙 치앙라이 리조트의 모던한 객실 2,3 객실에 딸린 베란다에서는 수영장과 리조트의 연못이 내려다보인다 4,5 위앙 인 입구 6,7 현대적인 분위기 8,9,10 휴양지 느낌이 물씬하다

여기가 바로 시내 중심!
위앙 인 Wiang Inn

치앙라이 여행의 기점으로 삼기 좋은 시내 중심 호텔이다. 버스터미널 바로 옆에 자리하고 있어 도보로 치앙라이의 주요 지점으로 이동이 가능하다는 것이 가장 큰 장점이다. 호텔 인근에도 로컬 식당과 편의점, 나이트 바자가 있어 편리하다. 3성 호텔이지만 260개의 객실을 갖춘 비교적 규모가 큰 호텔로 각종 시설도 잘 갖췄다. 메인 레스토랑과 로비 라운지, 야외 수영장, 마사지 숍, 가라오케 클럽과 대형 연회장 등의 부대시설도 부족함이 없다.

🏠🍴 수페리어Superior 1,800바트부터 🚌버스터미널과 나이트 바자에서 남쪽으로 도보 3분, 큰길가에 자리한다 📍 893 Phaholyothin Rd, Amphoe Muang, Chiang Rai 📞+66 53 711 533 🌐 www.wianginn.com 🗺 p.222-D

눈에 띄는 새 호텔
그랜드 비스타 치앙라이
Grand Vista Chiang Rai

2016년 그랜드 오픈한 호텔로 총 80개의 객실과 여러 부대시설을 갖췄다. 객실은 5가지 타입으로 기본 객실인 디럭스룸 Deluxe Room을 제외하고는 모두 스위트 Suite다. 부대시설로 작은 야외 수영장과 피트니스 센터가 있으며 메인 레스토랑은 금요일부터 주말 런치 뷔페를 운영해 호텔 투숙객이 아니더라도 찾아올 만하다. 시내 중심까지 차로 5분 거리이나 호텔 주변에 대형 마트가 있고 건너편에 치앙마이 유일의 쇼핑몰인 센트럴 플라자가 위치해 쇼핑과 식사를 해결하기 좋다.

🏨 디럭스Deluxe 1,500바트부터 ┃ᵔ 시내 중심에서 남쪽으로 차로 5분, 빅 씨 마트 옆
📍 185 Moo.25, T.Robwiang, Amphoe Muang, Chiang Rai 📞+66 53 746 053
🌐 www.grandvistachiangrai.com
ᴹᵃᵖ p.223-G 지도 밖

휴식이 필요할 때
레전드 치앙라이 The Legend Chiang Rai

치앙라이 시내에서 만나는 자연친화적인 리조트다. 넓은 정원과 강가를 바로 마주하고 있는데 위치적인 장점을 십분 살려 열대 리조트풍으로 꾸몄다. 78개 객실은 대부분 열대 정원에 자리하며 넓은 크기와 심플한 디자인으로 자연스러운 분위기다. 모든 객실에는 넓은 야외 테라스가 있으며 한 건물에 4~6개의 객실만 있어 조용한 시간을 보내기 좋다.

눈에 띄는 점은 태국 북부 지역에서 보기 드문 풀빌라가 있다는 점. 유유히 흐르는 강가를 바라보며 풀빌라의 전용 수영장에서 여유를 누릴 수 있어 온전한 휴식을 즐기기에 그만이다. 기본 객실 투숙객도 인피니티 풀과 레스토랑에서 전망을 즐기면 된다. 레스토랑은 100석 이상의 좌석을 보유하고 있어 현지인들의 모임 장소로 인기이며 와인 바, 스파, 로비 라운지 등 기타 시설도 충분하다. 시내까지 도보 이동이 가능하며 주말 저녁에는 무료 셔틀버스도 제공된다.

🏨 수페리어 스튜디오Superior Stuido 2,900 바트부터 ┃ᵔ 시계탑에서 차로 7분 혹은 도보 25분, 꼬이 공원Ko Loi Public Park 우측
📍 124/15 Moo21 Kohloy Rd, Amphoe Muang, Chiang Rai 📞+66 53 910 400
🌐 www.thelegend-chiangrai.com
ᴹᵃᵖ p.223-E

소박하고 감각적인 호스텔
해피네스트
Happynest

치앙라이 버스터미널에서 차로 5분 거리에 자리한 해피네스트는 1층은 카페와 고객들의 휴식공간으로 활용하고 층마다 작은 서재나 주방을 갖춰 투숙객들의 라운지로 이용하도록 했다. 객실은 셰어룸부터 개별 욕실을 갖춘 프라이빗룸, 가족 고객을 위한 패밀리룸까지 다양하다. 코인 세탁이나 유료 자전거 대여, 투어 안내 등 세심한 서비스를 제공한다.

🏠 프라이빗룸Private Room 1,000바트부터
🚶 치앙라이 버스터미널에서 큰길 따라 남쪽으로 도보 10분 📍 931 Phaholyotin Rd, Wiang, Ampor Muang, Chiang Rai 📞+66 53 715 031 🌐 www.happynesthostel.com 🗺 p.222-D

> **1,2** 감각적인 인테리어가 눈에 띤다
> **3,4** 카페를 겸하고 있다
> **5,6** 1층은 카페이자 공방으로 쓰인다

치앙라이의 편안한 '우리 집'
잇 슬립 카페 앤 베드
Eat Sleep Cafe & Bed

잇 슬립 카페 앤 베드는 엽서 속 풍경 같은 외관으로 눈길을 사로잡는다. 집 한 채는 강가 전망을 가진 예쁜 카페로 쓰이며, 2층의 집은 5개의 객실을 가진 숙소로 운영된다. 모든 객실에 개별 욕실이 있어 1층에 자리한 TV라운지와 주방은 여러 여행자와 정보를 공유하는 만남의 장이 된다. 북유럽 스타일의 인테리어도 인기에 한몫한다.

🏠 스몰룸Small Room 1,200바트부터
🚶 맹라이 왕 동상에서 꼭강가로 르메르디앙 호텔 가기 전 차로 5분 거리 📍 58/9 M.20, Thumbon Rob Wiang, Amphoe Muang, Chiang Rai 📞+66 91 067 8272 🌐 www.facebook.com/pages/Eat-Sleep-Cafe-Bed 🗺 p.223-F

위치까지 백점!
홈 호스텔 스튜디오 앤 베드
Hohm Hostel Studio & Bed

단 3개의 객실을 운영하며 시계탑과 토요 마켓이 열리는 도로 사이에 위치해 도보 여행이 가능하다. 건물 1층은 카페이자 핸드메이드 소품의 스튜디오로 쓰이고 2층부터 숙소로 사용된다. 총 3개의 객실은 개별적으로 쓰고 욕실은 거실에 있는 두 곳을 공유하는 독특한 시스템이다. 침실 곳곳에 쓰인 소품은 모두 스튜디오에서 직접 만든 것이다. 낮에는 작업실이 외부인에게도 개방되어 패브릭 가방 워크숍 등의 강습이 진행된다.

🏠 2인실 650바트부터 🚶 시계탑에서 서쪽으로 도보 4분, 왓밍무앙Wat Ming Muang에서 북쪽 골목 중간에 위치 📍 368 trirat Rd, Amphoe Muang, Chiang Rai 📞+66 90 054 6512 🌐 www.facebook.com/Hohm-Hostel-Studio-Bed 🗺 p.222-D

로맨스, 모험, 우아함의 3박자
레브리 시암 Reverie Siam

빠이 버스터미널에서 오토바이를 타고 10분, 차를 타고 5분이면 닿는 위치에 평화로운 산과 계곡의 풍경 속에 자리한다. 20세기 동양의 이국적인 색채에 매료돼 이곳으로 자신들의 문화를 가져온 서양의 탐험가를 떠올리며 리조트를 계획, 디자인했다. 빅 밴드 재즈가 백그라운드로 깔리고 로맨스와 모험과 우아함이 있던 그 시대 동양과 서양의 만남이 영감이 된 것이다.

레브리 시암은 자신 있게 얘기할 수 있는 빠이에서 가장 럭셔리한 리조트다. 물론 대도시로 가면 그 기준은 무척이나 달라지겠지만 말이다. 객실은 모두 20개. 가든 뷰Garden View, 마운틴 뷰Mountain View, 풀 엑세스Pool Access, 빌라Villa까지 모두 네 종류. 객실을 포함해 총 2개의 야외 수영장, 레스토랑, 투숙객의 쉼터인 강가 파빌리온은 모두 어디에 자리를 잡고 앉아도 끝내주는 전망을 가졌다. 로맨스, 모험, 우아함이라는 테마의 소품들을 적재적소에 꾸며 또 다른 의미의 '볼거리'를 제공하는 것도 레브리 시암이 특별한 이유다. 언제든 원하는 시간에 버스터미널까지 무료 셔틀 서비스를 제공한다는 것도 만족스럽다.

🏨 가든 뷰Garden View 4,500바트부터
🚩 빠이 워킹 스트리트에서 림빠이 마켓 지나 도보 20분, 차로 5분 📍 476 Moo 8, Viengtai, Pai, Mae Hong Son 📞 +66 53 699 870
🌐 reveriesiam.com Map p.256-D

6 어느 도시에 있어도 매력적인 부티크 호텔임이 분명한 레브리 시암 **7,8** 소녀 취향으로 장식된 로맨틱한 객실과 욕실 **9** 공용 공간인 레스토랑에서는 어느 자리에 앉아도 멋진 산의 전망을 바라볼 수 있다

절로 힐링되는 농장에서의 하룻밤
로맨스 어나더 스토리
Romance Another Story

빠이 시내에서 차로 10분을 달려야 도착하는 한적한 마을에는 소와 말, 양이 자연스럽게 뛰노는 로맨스 팜이 자리한다. 농장 깊숙한 곳으로 들어서면 할리우드 서부 영화에서 본 듯한 이국적인 클럽하우스를 중심으로 넓은 들판에 듬성듬성 작은 집들이 있다. 농장 안에 총 6채의 객실을 숙박시설로 제공하는 곳으로 진짜 시골 분위기의 팜 스테이Farm Stay를 경험하는 재미가 특별하다. 가장 큰 매력은 호텔 어디서나 펼쳐지는 드넓은 들판과 그 위에서 뛰노는 농장 동물들의 풍경. 객실은 모두 높은 천장을 가진 독채 원룸 형태. 호텔과 비교할 수는 없겠지만 에어컨과 개별 욕실, TV, 편의시설이 잘 갖춰져 있다. 농장에서 짠 신선한 우유가 웰컴 드링크로 나와 독특하다. 투숙객은 농장을 무료로 둘러보며 농장 입구의 카페에서는 농장에서 짠 우유, 그리고 그 우유로 만든 진한 아이스크림도 맛볼 수 있다. 빠이 버스터미널에서 전화를 하면 무료로 픽업을 해주며 체크인 이후에는 시내까지 무료 셔틀 서비스도 제공된다.

미스트Mist 1,800바트부터 ❘● 빠이 시내 중심에서 북동쪽 방향으로 차로 10분 📍 134 Moo 8 Wieng Nua, Wiang Nuea, Pai, Mae Hong Son 📞+66 53 699 809 🌐 www.romance-pai.com 🗺️ p.257-E

1 객실 내부, 방마다 다르게 꾸며져 있다 2,3 소박한 풍경 4,5 태국 전통 스타일로 되어 있다 6 넓은 객실 7,8,9 그리스 콘셉트의 인테리어

숨겨진 오두막 마을
빠이 빌리지 부티크 리조트 앤 팜
Pai Village Boutique Resort and Farm

빠이 중심에 자리했지만 호텔 안은 평온
함 그 자체다. 태국 북부 스타일의 오두막
38채가 모여 하나의 작은 마을을 이룬
다. 객실 대부분이 TV나 에어컨도 없는
자연친화적 콘셉트다. 투숙객들은 객실
마다 딸린 작은 야외 테라스에 앉아 책을
읽거나 해먹에 누워 여유로운 시간을 보
낸다. 특별한 부대시설은 없지만 호텔의
메인 레스토랑인 스테이크 하우스는 아
침에는 조식당으로, 저녁에는 스테이크
하우스로 외부 고객에게도 사랑받는다.
투숙객에게는 호텔에서 차로 5분 거리에
자리하는 빠이 빌리지 농장을 무료로 방
문할 수 있는 입장권도 제공된다.

디럭스 코티지|Deluxe Cottage 1,200
바트부터 호텔 데스 아티스트에서 남쪽 방향
88 Moo 3, Vieng Tai, Pai, Mae Hong Son
+66 53 698 152 www.paivillage.com
Map p.256-B

일몰이 아름다운 빠이의 명소
오이아 빠이 리조트 Oia Pai Resort

아름다운 일몰을 감상할 수 있는 숨겨진
명소로 통하는 리조트다. 마치 그리스 산
토리니를 연상시키는 새하얀 건물들과
리조트 한가운데에 커다란 인공 라군이
만드는 시원한 풍경이 인상적이다. 금방
이라도 뛰어들고 싶은 라군은 아이러니
하게도 수영은 불가하다. 단 카누 같은 작
은 배를 띄워 유유자적 물놀이는 가능하
다. 객실은 라군 옆에 나란히 자리하는데
모두 빠이의 다른 호텔보다 넓은 사이즈
와 에어컨, TV 등 편의시설을 잘 갖췄다.
테라스에는 흔들 의자, 선베드, 해먹 등
을 다채롭게 비치했으며 라군과 연결된
객실도 있다.
객실 이름에 '선셋'이라는 단어가 포함된
타입은 베란다에서 빠이의 멋진 석양을
감상할 수 있는 최적의 장소이니 예약에
참고할 것. 시내 중심까지 무료 셔틀을 운
행하며 자전거도 무료로 대여해 시내에
서 편리하게 이동할 수 있다.

스탠다드Standard 2,200바트부터 빠이
고등학교에서 강가 방면, 다리 건너 우측 길
안쪽에 위치 254 Moo 1, Ban Mae Yen,
T. Maehee, Pai, Mae Hong Son +66 89
939 3574 Map p.257-G

젠 스타일이 빠이를 만났을 때
쿼터 The Quarter

요마 호텔의 자매 브랜드로 동양적인 매력을 부각시킨 젠 스타일의 호텔이다. 빠이 시내 중심에서 멀지 않은 위치적인 장점과 정원에 자리한 넓은 야외 수영장은 이곳을 보다 매력적으로 만드는 요소. 수영장 주변으로 선베드와 자쿠지까지 있어 햇볕이 뜨거운 낮에는 휴양지 리조트 분위기 속에서 휴식을 취할 수 있다. 36개의 객실 내부의 인테리어는 평범하지만 단정하고 깔끔하게 꾸며졌으며 모든 객실에는 야외 발코니가 있다. 하루 종일 태국음식부터 퓨전 메뉴를 맛볼 수 있는 메인 레스토랑 칼럼The Column과 도서관, 기념품 숍이 있으며 투숙객에게는 DVD, 자전거, 시내와 공항까지 셔틀 차량 등이 무료로 제공된다.

🛏 디럭스룸Deluxe Room 1,400바트부터 🚩 빠이 워킹 스트리트에서 빠이 병원 방향 도보 7분 📍 245 Moo 1 Chaisongkram Rd, Tambol Viengtai, Pai, Mae Hong Son 📞+66 53 699 423 🌐 www. thequarterhotel.com MAP p.256-A

1,2,3 야외 수영장 등 시설이 잘되어 있다 4,5 현대적인 분위기

가격대비 만족스러운 호텔
요마 Yoma

군더더기 없이 심플하지만 제법 웅장함이 느껴지는 입구를 가진 요마 호텔은 가격 대비 충실한 구성의 실속 호텔로 인기를 끈다. 현대적인 분위기의 객실은 총 4가지 타입으로 나뉘는데 내부는 화려하지 않고 평범하지만 각종 편의시설이 잘 갖춰져 불편함이 없다. 이 호텔의 인기 요인으로는 야외 수영장도 빼놓을 수 없다. 수영장에서는 빠이를 둘러싼 산과 들의 풍경을 한눈에 조망할 수 있다. 투숙객에게는 무료로 자전거를 대여해준다. 또 시내 중심과 공항까지 무료 셔틀을 제공한다.

🛏 수페리어Superior 1,200바트부터 🚩 빠이 워킹 스트리트에서 공항 방면으로 차로 3분 📍 59 Moo 6 Tambol Viengtai, Pai, Mae Hong Son 📞+66 53 064 348 🌐 www. yoma-hotel.com MAP p.256-A 지도 밖

빠이 친구 집에 초대받은 느낌!
호텔 데스 아티스트
Hotel Des Artists

빠이 워킹 스트리트 끝자락에 위치한 호텔 데스 아티스트는 인근의 호텔에 비해 2배나 비싼 가격대라 실제로는 호텔보다는 수준급 조식이 유명한 식당, 카페 데스 아티스트가 더 인기가 많은 것이 사실이다. 하지만 '저렴하고 히피스러운 분위기'의 빠이가 아닌 이곳 특유의 예술적이고 평화로운 풍경까지 모두 느끼기에 이보다 좋은 선택이 없다.

빠이를 비롯해 치앙마이 등에도 디자인 부티크 호텔을 운영하는 호텔 데스 아티스트는 '디자인 감각'에 있어서는 의심할 여지가 없다. 태국 북부의 전형적인 2층 목조 건물을 개조한 호텔은 컬러풀한 나무 문, 태국 특유의 문양이 있는 패브릭, 중국풍의 소품 등으로 전통적이면서도 화려하게 멋을 냈다. 복도 끝에서 강변 풍경을 바라보며 누리는 휴식도 꿀맛이다. 총 14개의 객실이 전부이고, 객실 타입도 일반 디럭스룸과 리버뷰룸 2개뿐이다. 객실의 조촐한 규모에 비해 레스토랑은 큰 편, 공동 공간인 거실에서 공용 컴퓨터를 사용할 수도 있다.

6 소박하면서도 아기자기하게 꾸민 객실 7 조촐하게 마련된 리셉션 공간 8,9 태국 전통 가옥의 원형을 보존한 호텔의 외관

💰 디럭스Deluxe 2,700바트부터 🚩 빠이 버스터미널에서 강가 방면으로 도보 5분 📍 99 Moo 3 Chaisongkhram Rd, Viengtai, Pai, Mae Hong Son ☎ +66 53 699 539 🌐 www.hotelartists.com/pai 🗺 p.256-B

Easy Chiang Mai

치앙마이 여행
기초 정보

태국 & 치앙마이
기본 정보

태국은 우리에게 익숙한 여행지이면서도
여전히 신비감이 가득한 곳이다. 어떤 매력이
태국을 전 세계인이 열광하는 여행지로
만들었는지 살펴보고 떠나자.

▣ **명칭** 공식적으로는 타이 왕국Kingdom of Thailand으로 영
어로는 타일랜드Thailand, 태국어로는 쁘라텟 타이Prathet
Thai라고 한다.

▣ **국기** 3색 국기는 붉은색, 하얀색, 짙은 파란색으로 5개
의 수평선을 그리고 있는데 붉은색은 땅과 사람을, 하
얀색은 불교를, 파란색은 군주제를 의미한다.

▣ **정치체제** 민주주의 국가이나 입헌군주제를 바탕으로
하고 있다. 2016년 10월에 서거한 푸미폰 아둔야뎃 왕
을 중심으로 왕실이 크게 신임을 받고 있다.

▣ **면적** 약 514,000㎢로 대한민국보다 14배 정도 넓다.

▣ **인종** 85% 이상이 타이족이며 나머지는 중국계, 말레
이, 고산족 등이다.

▣ **인구** 2016년 기준 6,800만 명으로 세계 21위 수준이다.

▣ **언어** 태국어를 공용어로 사용하고 있다. 주요 도시와

관광지에는 영어 표시가 잘되어 있다.

▣ **종교** 국민 90% 이상이 불교 신자로 소승 불교를 믿는다.

▣ **전압** 우리나라와 같이 220V를 사용한다.

▣ **1인당 국민소득** 약 $5,800(우리나라는 약 $28,000)

▣ **통화** 태국 바트화(BAHT), 1THB = 약 33원

▣ **화폐 구분** 동전은 사탕으로 1□2□5□10바트가 있으며 지
폐는 20□50□100□500□1000바트가 있다.

▣ **비자** 한국인의 경우 무비자로 최대 90일까지 체류 가
능하다. 단 여권의 만료일은 반드시 6개월 이상 남아 있
어야 한다.

▣ **시차** 우리나라가 태국보다 2시간 빠르다.

▣ **태국 내 술 구매 가능 시간** 편의점, 백화점, 마트 등에
서는 주류 구매 가능 시간이 정해져 있다. 가능 시간은
오전 11:00~14:00, 오후 17:00~00:00까지로 이 시
간 외에는 구매가 불가하다. 이밖에 국가 지정 기념일이
나 공휴일, 선거날에도 주류 판매가 금지되는데 마카 부
차 데이Makha Bucha(2~3월 중), 부처의 탄생을 기리는
비사카 부차 Visakha Bucha(5월 중), 아싸나부차Asahna
Bucha (7월 중) 등 몇몇 불교 기념일이 대표적이다. 왕
(12월 5일)과 여왕(8월 12일)의 탄생일도 마찬가지. 단
편의점과 마트를 제외한 여행자가 많은 지역의 호텔과
레스토랑, 바에서는 구매가 가능하다.

▣ **국왕 추도 기간** 편태국 전 국민의 존경을 받던 푸미폰
아둔야뎃Bhumibol Adulyadej 국왕이 2016년 10월 13일
서거하며 태국 전역은 추도 물결에 휩싸였다. 70년 동
안 태국 국민에게 존경받는 왕이자 정신적 지주와 같았

던 국왕의 서거를 애도하기 위해 태국은 2017년 10월까지 공식적인 추도 기간으로 선포했다. 여행에는 지장이 없지만 태국 전역에 걸려있는 왕가의 사진이나 추모 물결에 결례를 범하지 않도록 각별한 주의가 필요하다.

▣ 태국 날씨
월별 평균 최고 기온 (℃)

1월	2월	3월	4월	5월	6월
31	32.7	33.7	34.9	34	33.1
7월	8월	9월	10월	11월	12월
32.7	32.5	32.3	32	31.6	31.3

▣ 치앙마이 날씨
월별 평균 기온 (℃)

1월	2월	3월	4월	5월	6월
29.4	32.2	34.9	36.1	34	32.6
7월	8월	9월	10월	11월	12월
31.8	31.3	31.2	31.4	31.3	31.5

▣ 계절별 특징, 성수기 구분

겨울-건기 성수기 : 1~2월

최성수기 중 하나. 여행하기 가장 좋은 날씨 중 하나로 오전에는 선선한 날씨를 만날 수 있으며 간혹 20℃ 이하로 낮 기온이 떨어지기도 한다. 하지만 낮 시간에는 평균 30℃로 열대 기후를 느낄 수 있어 일교차가 큰 시기이다. 태국인들의 방문도 가장 많은 시기로 평균 호텔 비용이 1.5~2배 가까이 오르기도 한다.

여름-건기 비수기 : 3~4월

34℃를 웃도는 기후를 기록하기 시작하는 3월부터 여름이 시작된다. 태국 최대 명절 송끄란과 함께 시작되는 4월은 본격적인 여름의 시작으로 평균 34℃를 웃도는 뜨거운 여름을 느낄 수 있다. 3월부터는 비수기에 들어가지만 4월 송끄란 기간은 성수기만큼 전 세계 여행자들이 몰려든다.

여름-우기 비수기 : 5~10월

우기는 5,6월부터 시작돼 7월부터 본격적으로 접어드는데 10월까지는 한 달 평균 20일 이상 비가 내리는 날이 많다. 대부분 비는 스콜성으로 종일 내리지 않아 여행에는 무리가 없으며 때에 따라 5일 이상 비가 오지 않는 날도 있다. 비수기에 속하나 주말에는 태국 현지 여행자들이 많다.

겨울-우기/건기 성수기 : 11~12월

최대 명절 중 하나인 로이끄라통이 있는 11월은 본격적인 성수기의 시작이다. 11월까지는 비가 자주 오지만 기온도 30℃를 조금 웃돌아 여행하기에도 좋은 날씨를 연이어 만날 수 있다. 12월부터는 본격적인 건기로 아침에는 서늘한 기후를 나타내기도 한다. 크리스마스, 새해 기간은 최성수기이다.

▣ 태국 북부의 명절과 주요 축제

월	명절/축제
1월	1월 중순 치앙마이 보상 우산 축제
	26일~2월 1일 치앙라이 멜라이 왕 축제
2월	치앙마이 꽃 축제
4월	6일 왕조 창건일
	13일~15일 송끄란
5월	치앙라이 리치(과일) 축제
	위사카부차(부처탄생일)
8월	12일 왕비 탄신일 및 어머니날
10월	23일 현충일
11월	로이끄라통
12월	5일 왕 탄생일 및 아버지날

치앙마이 여행 준비

여행은 준비하는 것만으로도 설레는 법.
자신의 여행 스타일과 목적에 맞는 여행준비는
여행을 배로 신나고 보람차게 만든다.
차근차근 준비해 끝까지 만족스럽게 완성하는
여행 플랜!

01 여행 준비 팁 ABC

A. 여행 목적 정하기

목적이 분명하면 여행이 더욱 즐거워진다. 단시간에 지역을 모두 섭렵하기는 불가능하니 주요 볼거리 이외에 푸드 트립, 역사 탐험, 커피 기행 등 가장 하고 싶은 여행의 주 목적을 미리 정하면 우선순위가 생긴다. 동반자가 있는 경우 서로의 성향에 맞추어 여행 목적을 세워보자.

B. 동선 그려보기

여행의 주된 목적을 정했으면 가고 싶은 스폿들을 나열해보자. 그리고 오전, 오후, 주말 등 특정 시간대에만 문을 여는 곳이 있는지 살펴보고 그 주변 지역을 중심으로 대략적인 동선을 그리자. 스마트폰 지도 앱에 여러 개의 스폿을 찍어두면 갑작스럽게 문을 닫거나 하는 돌발 상황에도 차선책을 활용해 유연하게 대처할 수 있다.

C. 예산 잡기

항공, 호텔을 제외한 현지 비용 예산을 책정해보자. 하루 예산을 만 원부터 수십만 원까지 여행 스타일에 따라 선택할 수 있지만 대부분의 이동 수단, 로컬 음식점, 관광지 등에서는 현금만 사용 가능하기 때문에 하루에 필요한 예산을 가늠해두면 좋다. 신용카드는 일반적으로 쇼핑몰과 대형 식당에서 500바트 이상 결제 시 사용 가능하다.

D. 예약하기

항공과 호텔은 물론이고 현지 투어나 식당 등을 미리 예약해두면 이득이 되는 경우가 많다. 특히 인기 스파의 경우 미리 예약하지 않으면 원하는 시간대에 서비스를 받지 못하는 경우가 많고 고급 레스토랑도 마찬가지다. 데이투어도 미리 신청하면 편리하다. 특히 태국 연휴, 성수기라면 적극적으로 선예약을 고려해보자.

E. 지역 이동 수단 파악하기

치앙마이 시내 중심에서 조금만 벗어나거나 치앙라이와 빠이를 비롯한 다른 북부 소도시의 경우 대중교통이 발달하지 않아 여행 계획을 잘 세워야 한다. 도보와 송태우, 오토바이나 자전거 이동을 적당히 섞어야 효율적이다. 특히 오토바이 렌탈을 계획할 경우 소지하고 있는 오토바이 면허증과 국제 운전면허증을 예비로 준비할 것.

F. 여유롭게 즐기는 마음자세

너무 세심하게 세워둔 일정은 오히려 독이 된다는 사실을 명심하자. 처음 마주하는 여행지에서는 날씨나 파업 등 급작스러운 변수가 발생하기 마련이니 여행에 대해 너그러운 마음을 가져야 제대로 즐길 수 있다. 시간대별로 계획을 세우거나 이동 시간을 타이트하게 잡는다면 일정에 쫓길 수 있으니 여유롭게 계획하는 것이 좋다.

여권 사본 및 각종 정보 사진

분실하지 않는 것이 최상의 방법이지만 만약의 경우를 대비해 미리 여권 원본을 스마트폰이나 이메일로 저장해두고, 여권 사진은 여분으로 지참하는 것이 좋다. 이티켓, 호텔 바우처도 여분을 준비해두자.

상비약

상비약은 필수. 특히 본인 몸에 맞는 약을 챙겨가도록 한다. 민감한 체질의 경우 복합 알레르기약을, 빠이 같이 이동 시간이 긴 치앙마이 근교 여행을 계획한다면 멀미약도 챙겨두자. 현장에서 급하게 필요한 경우 약국Pharmacy 이라 쓰인 곳이나 부츠Boots, 왓슨Watson 등 드럭스토어에서 구입할 수 있다.

여벌 겉옷

겨울 시즌에 방문한다면 얇은 겉옷이나 숄을 준비하는 것이 좋다. 겨울에는 20℃ 이하로 내려가는 날이 종종 있고 아침에는 서늘한 편이다. 여름이라도 실내에서는 에어컨으로 인해 기온 차가 크니 카디건을 준비할 것.

스카프 혹은 사롱

여성들에게 더욱 유용한 아이템. 태국 여행이기에 챙겨두면 유용하다. 대부분의 여행자들은 더운 날씨 때문에 가벼운 차림이 대부분인데 사원을 방문할 때는 다리나 민소매를 가려야 하기 때문에 이때 스카프가 있으면 유용하다. 또 수영장이나 기내에서도 활용도 만점.

오프너(맥가이버칼)

태국 편의점에서 파는 음료는 유리병으로 된 것이 많다. 물론 편의점에서 사서 바로 마신다면 문제없지만 호텔에 두고 마신다면 오프너가 있으면 편리하다. 맥가이버칼은 과일을 맛볼 때도 유용하다.

02 치앙마이 여행 준비물

기본 여행 준비물부터 좀 더 챙겨두면 유용한 아이템 몇 가지. 여벌 옷, 선크림, 우산, 우비, 선글라스, 모기약(모기 기피제는 현지에서 구입하는 것이 좋다) 등은 기본 중 기본. 대부분의 물품은 현지에서 조달이 가능하지만 미리 가져가면 여행을 더욱 편리하게 해주는 물품을 소개한다.

멀티탭

카메라, 스마트폰 등 여러 전자 기기와 함께라면 2~3구 멀티탭을 하나 지참해보자. 보통 호텔 객실 내에는 전기 콘센트가 많지 않은데 멀티탭만 있으면 한번에 해결! 대부분 태국 내 코드는 220V이고 코드 모양도 동일하다. 여행용 멀티 플러그를 지참하는 것도 좋다.

지퍼백

기내에 액체를 반입할 때 사용하는 투명 지퍼백은 여유 있게 준비해두면 여행 내내 유용하게 쓰이는 아이템이다. 남은 음식을 보관하거나 젖은 옷을 넣을 때, 갑작스런 우천 시 가방 속에 주요 전자기기를 넣을 때도 편하다.

03 여행상품 예약하기

모든 것을 맡기는 패키지 여행

치앙마이의 경우 패키지 여행 상품이 많지 않지만 최대한 많은 곳을 편하게 둘러보기 원한다면 고려해볼 만하다. 패키지 여행은 여행사에서 미리 짠 일정대로 정해진 인원이 현장에서 가이드와 함께 이동하는 여행으로 대부분 이동, 숙소, 식사까지 고민할 필요 없이 해결된다. 특히 치앙마이 패키지의 경우 개별적으로 둘러보기 힘든 치앙라이나 고산족 체험 등이 당일 투어로 포함되어 있는 경우가 있어 지역에 대한 전반적인 경험을 한번에 할 수 있다. 단 넓은 지역을 단시간에 둘러보다 보니 많은 관광지를 그야말로 찍고 오는 것이 대부분이고 하루 이동 시간이 6시간 이상이 되기도 한다. 식사도 정해진 것을 먹어야 하고 쇼핑옵션도 큰 비중을 차지해 여러모로 자유롭지 못하니 본인 성향에 맞는 선택이 필요하다.

전문가가 도와주는 자유여행 – 여행사 에어텔

항공과 호텔이 기본적으로 포함되어 있고 1인부터 이용할 수 있는 에어텔은 패키지와 완전한 개별여행의 중간 단계. 여행지에 대해 전문 정보를 가지고 있는 여행사는 그 지역에 대해 초보 여행자들에게 개인 일정에 따라 최적화된 항공과 호텔, 투어 등을 포함한 자유여행 상품을 선보인다. 우선 단순히 항공과 호텔만 포함된 에어텔인지, 항공과 호텔, 여행자 보험 및 투어 예약 대행 등을 대신해줄 수 있는 전문가 자유여행 상품인지를 잘 살펴야 한다. 전문가 자유여행 상품을 이용할 경우 현장에서 발생하는 돌발상황을 처리해주는 담당자가 생긴다는 장점이 있다. 항공 결항, 호텔 북아웃Book Out, 추후 보험 처리 등을 한국에 있는 담당자가 즉시 처리해주기 때문에 마음 편하게 여행을 떠날 수 있다. 단 편리한 만큼 금액은 단순 에어텔이나 개별 예약보다 높다.

모든 것이 내 마음대로 – 항공, 호텔 개별 예약

저가항공의 등장으로 온전한 자유여행이 대세인 요즘은 모든 것을 스스로 해결하는 여행자가 적지 않다. 항공뿐 아니라 호텔 또한 직접 예약할 수 있는 인터넷 사이트가 잘 발달되어 본인 여행 스타일에 따라 직접 만드는 여행이 대세다. 대신 직접 예약할 경우 조건을 잘 살펴야 한다. 항공과 호텔 모두 정확한 여권상 영문명으로 예약해야 하며 저렴할수록 취소, 변경, 환불이 불가한 경우가 많으니 일정을 미리 잘 계획해두어야 한다. 항공은 현장에서 연착, 지연, 결항 등이 발생한 경우 예약 시 등록한 핸드폰 번호로 연락이 오니 잘 입력해두어야 한다. 호텔 및 숙소에서 문제가 있을 시에는 바로 클레임을 제기해 스스로 해결해야 한다. 여행자 보험과 투어 예약, 이티켓 및 정보 출력도 미리미리 해두고 위급 상황 발생 시 연락할 대사관, 영사관 등의 번호도 챙기면 불편 없는 자유여행을 만들 수 있다.

04 항공권 예약하기

한국 - 치앙마이 운항 항공

한국에서 치앙마이까지의 직항편은 국적기인 대한항공과 제주항공이 있다. 대한항공은 주 4회, 인천에서 치앙마이까지 약 5시간 40분의 비행시간으로 운행하는 직항이란 장점이 있으나 매일 취항이 아니고 방콕 경유 대비 높은 가격대다.

많은 여행자는 방콕을 경유하는 방법을 선택한다. 한국에서 방콕까지 직항으로 운항하는 항공은 대한항공, 아시아나, 제주항공, 진에어, 이스타, 타이항공, 에어아시아 등으로 약 6시간의 비행시간이 소요된다. 대부분 한국에서 늦은 오후에 출발해 방콕에 자정 이후 도착한 뒤 다음 날 치앙마이로 따로 이동한다. 타이항공의 경우 한국에서 오전 출발 편이 있어 당일 연결도 가능한데 방콕 경유 치앙마이까지 한번에 예약이 가능하다. 이 경우 한국 공항에서 보딩 시 티켓을 2개 받게 된다. 방콕 공항에 도착하면 트랜짓Transit 표시를 따라 국내선 터미널로 이동한다. 이외에도 에어마카오, 베트남 항공, 중국 남방항공, 동방항공 등은 중간 경유지를 이용해 방콕에 당일 혹은 익일에 연결된다. 캐세이퍼시픽 항공을 이용할 경우 홍콩을 경유해 바로 치앙마이까지 운항하며 환승 시간을 포함해 약 8시간 소요되어 가장 빠른 시간 안에 도착할 수 있다.

방콕 - 치앙마이 운항 항공

방콕을 경유한 여행자들이 가장 편리하게 치앙마이로 가는 방법이 바로 항공이다. 방콕에는 2개의 국제공항이 있는데 가장 큰 수완나품 공항과 국내선으로 주로 쓰이는 돈무앙 공항이다. 수완나품에서 출발하는 항공사는 방콕에어, 타이항공, 타이스마일, 타이비엣젯이며 수완나품에서 차로 1시간 거리에 위치한 돈무앙 공항에서 출발하는 국내선은 녹에어, 에어아시아, 타이라이언에어다. 에어아시아를 제외한 국제선 항공을 이용할 때는 수완나품 공항에 자정 무렵에 도착해 공항 근처 호텔에서 1박 후 다음 날 수완나품 공항에서 바로 출발하는 국내선 항공을 이용하면 시간과 금액을 절약할 수 있다. 국내선은 오전 6시 이후부터 오후 10시 이전까지 시간대별로 다양하며, 방콕에서 치앙마이까지 비행시간은 약 1시간 15분으로 각 항공사 홈페이지에서 예약할 수 있다.

항공사 비교

여행 스타일에 맞게 국적기, 외항사, 저가항공 등 각각의 특징을 잘 비교해서 선택해야 한다. 국적기의 경우 직항이라 편리하다. 한국인 승무원과 기내식 등 다양한 기내 서비스가 제공되기 때문에 가격은 가장 높은 편이다. 타이항공을 비롯한 외항사는 대부분 국적기보다 저렴하나 경유지를 거치기 때문에 시간이 더 소요되는 단점이 있다. 하지만 이를 역으로 활용하면 경유지를 방문하는 스탑오버 시스템을 통해 동시에 여러 나라를 여행할 수 있는 기회가 주어진다. 저가항공의 경우 저렴하다는 장점에 비해 기내식, 담요, 수하물의 제한이 있으니 잘 살펴보자.

항공권 예약 사이트

항공권은 인터넷을 통해 직접 예약하는 사람들이 늘어났으며 국내 항공사는 누구나 손쉽게 예약할 수 있는 시스템을 갖추고 있다. 여행사 홈페이지에도 별도로 할인 항공 코너가 있어 항공사 시스템을 검색함과 동시에 별도 보유 좌석까지 확인할 수 있다. 각각 검색하는 게 번거롭다면 항공권 금액 비교 사이트를 이용할 수 있으나 모든 항공사를 검색해주지는 않는다.

05 항공권 예약 추천 사이트 및 애플리케이션

항공사 사이트

항공사별로 다양한 프로모션을 진행한다. 대한항공과 아시아나의 경우 각 사이트에서 특가 좌석을 비정기적으로 선보이며, 제주항공, 진에어 등 저가 항공사는 직접 사이트에서 예약하는 가격이 여행사 가격과 동일하거나 저렴하기도 하다. 외항사의 경우 1년에 2~3번 대규모 세일을 진행한다. 치앙마이 국내선을 판매하는 항공사 사이트는 대부분 영어로 되어 있으나 예약 절차는 비슷해 쉽게 예약할 수 있다.

스카이 스캐너 www.skyscanner.co.kr

전 세계 2천만 명이 사용 중인, 대표적인 항공권 비교 사이트이다. 출발지와 도착지, 출발일, 인원을 검색하면 시간대별로 가장 저렴한 항공권을 비교해볼 수 있다. 단 한 도시에 공항이 2개 이상인 경우 출발 공항을 잘 살펴봐야 하며 저렴한 경우 경유지가 1곳 이상 있을 수 있어 출도착 시간, 경유지 여부를 눈여겨 봐야 한다. 지역별 국내선 예약에도 유용하다.

카약 닷컴 www.kayak.com

한국에도 론칭하는 여행 및 항공권 비교 사이트로 스카이 스캐너와 같이 실시간 비교 검색이 가능하다. 한 도시에 여러 공항이 있을 경우 인근 지역까지 한번에 검색할 수 있고 항공권뿐 아니라 렌터카와 액티비티도 함께 예약할 수 있다. 단 저렴한 경우 경유지가 있으니 반드시 확인해야 한다.

익스피디아 www.expedia.co.kr

우리나라에서는 호텔 예약 사이트로 공격적인 마케팅을 펼치지만 외국에서는 항공권 및 투어, 렌터카 등 복합적인 온라인 여행사에 가깝다. 전 세계 항공은 물론 호텔까지 한번에 예약할 수 있으며 함께 결제할 경우 할인 적용률이 커진다.

국내 여행사 사이트

대형 여행사 사이트는 물론이고 대부분의 규모 있는 여행사들은 온라인으로 항공 코너를 별도 운영한다. 항공사 서버와 직접 연결이 되어 있어 실시간으로 좌석을 확인할 수 있고 여행사에서 개별적으로 보유한 좌석을 오픈해 놓는 곳도 있어 득템의 기회도 많다. 카드 무이자 결제가 가능하고 문제 발생 시 바로 연결 가능한 직원이 있다는 것이 큰 장점이다.

항공권 예약 시기

항공권 금액은 예약을 서두를수록 저렴해지는 것이 일반적인 룰로 여행 계획을 세웠다면 예약을 서두르는 것이 좋다. 저가 항공의 경우 세일 기간에는 최대 1년 후 출발하는 티켓까지 저렴하게 예약할 수 있다. 단 저렴한 항공은 출발기간이 수개월 남았더라도 취소나 환불 요청 시 수수료가 높은 편. 하지만 미리 예약한 가격이 정상 운임보다 낮아 위험부담을 감수할 만하다. 여행 계획을 늦게 세웠다면 여행사를 통해 보유 좌석을 이용하는 것도 방법이다. 그룹 좌석으로 분류되는 여행사 보유 좌석은 일정은 정해져 있으나 개별적으로 예약하는 것보다는 저렴하다. 설날, 추석, 7, 8월 여름 휴가철과 같이 극성수기에는 저렴한 항공권을 구하기 어려우니 특히 미리 예약하는 것이 좋다.

직접 예약 시 주의 사항

웹사이트를 통해 직접 항공을 예약할 경우에는 반드시 여권 정보를 정확히 파악해야 한다. 항공은 여행자 전원의 정확한 여권 영문을 필요로 하며 한 글자라도 다를 경우 탑승 수속 자체가 불가하다. 따라서 예약 시 여행자의 정확한 여권영문명을 사용해야 하며 여권 유효 기간은 여행 마치는 날로부터 6개월 이상이 남아 있는지 확인해야 한다.

또한 비상 연락처도 꼭 남겨둬야 출발 지연, 취소 등의 상황에서 항공사로부터 연락을 받을 수 있다. 더불어 취소 및 변경 시 비용이 얼마인지, 마일리지 적립은 몇 퍼센트인지, 수하물은 얼마나 허용되는지 등을 꼭 살펴보자. 태국 내 국내선 항공을 직접 예약할 때는 더욱 주의를 기울여야 한다. 결제 시 본인 명의 신용카드를 사용하는 것이 좋고 문제 발생 시에는 영어로 항공사에 직접 메일을 보내거나 전화해 해결해야 한다.

06 출발 전 기타 체크 사항

여행 예산 잡기

여행에서 가장 큰 비중을 차지하는 것은 항공과 호텔이다. 태국은 호텔 선택의 폭이 넓고 하루에 5만~10만 원이면 3~5성급 호텔에 투숙이 가능해 총 예산의 비중은 현지 사용 비용을 중심으로 계획하면 된다. 평균적으로 하루 인당 비용은 약 1,000~3,000바트 사이로 한국 돈 5만~10만 원 정도면 식사와 이동 비용이 충당된다. 필수적으로 계산해야 하는 이동 수단 비용, 식사와 함께 여행 목적에 따라 데이투어나 스파, 쇼핑 등의 비용을 미리 계산해보자. 식사 비용은 저렴한 로컬식으로는 한끼당 30~100바트이며 고급 레스토랑의 경우 인당 1,000~2,000바트를 훌쩍 넘는다. 데이투어 비용도 만만치 않은데 인당 500~3,000바트까지 다양하니 미리 계획이 필요하다. 스파 또한 다양한 옵션이 있는데 저렴한 마사지는 200~300바트 선, 고급 스파는 3,000바트 이상이다. 마지막날 공항 이동 비용과 비상금은 현금으로 약 500~1,000바트 정도를 남겨두는 것이 좋다.

환전하기

태국 바트는 국내에서 쉽게 환전할 수 있다. 달러나 유로 같은 기타 통화는 은행별 차이가 크지 않지만 바트화는 유독 기업은행과 우리은행 환율이 좋다. 특히 공항철도가 출발하는 서울역에 위치한 기업은행을 추천한다. 인근 영업점에 방문해 환전할 경우 지점에 따라 바트를 보유하고 있지 않은 경우도 있고, 500바트 이상 지폐만 환전 가능한 경우도 있어 신청 전 통화를 어느 정도 보유하고 있는지 확인하는 것이 좋다. 은행 환율 우대 쿠폰에 바트는 적용되지 않는 곳이 많으므로 유의하자. 현지에서 환전할 경우 공항이나 호텔은 환율이 좋지 않아 주로 사설 환전소를 이용하게 된다. 치앙마이 시내 곳곳에 Money Exchange라고 쓰인 곳에서 가능하며 수퍼 리치Super Rich 환전소가 환율이 좋다. 한국 돈으로 바로 환전이 되나 100달러, 5만 원권 이상 등 고액권 환율이 더 좋고 환전 시 투숙하는 호텔 이름이나 여권을 요구하니 준비해두자.

신용카드와 현금 비율

태국에서는 현금을 쓰는 일이 더 많지만 여행 시 본인 명의 신용카드는 꼭 하나 지참하는 것이 좋다. 신용카드는 우선 호텔 체크인 시 필요하다. 호텔에서는 객실 내 미니바 사용이나 비품 파손을 대비해 보증금(디포짓Deposit)을 요구하는데 이때 신용카드가 없으면 1박 혹은 전 박에 대한 비용을 현금으로 요구하는 경우가 있어 불편하므로 본인 명의의 신용카드를 사용하는 것이 좋다. 체크카드 혹은 데빗 카드Debit Card라 불리는 현금 카드는 바로 통장에서 돈이 빠져나가기 때문에 보증금을 내고 취소할 경우 환불에 두 달 이상의 시간이 소요된다.
태국 전역에서 신용카드 사용은 보통 500바트 이상을 결

제할 때 사용 가능하지만 대형 마트에서는 작은 금액도 결제 가능하다. 단 환불은 잘 이루어지지 않으니 쇼핑 시에는 주의가 필요하다. 현금은 고액권과 소액권을 적절히 섞어 여행 경비의 절반 이상을 지니고 있는 것이 편리하다. 현금을 지니는 것이 불안하다면 은행 카드를 지참해 ATM기에서 바로 뽑아 쓰는 방법도 있다. 단 출금할 때마다 수수료가 발생한다.

여행자 보험

자유여행자라면 보험은 선택 사항이지만 보다 마음 편한 여행을 위해서는 미리 가입하고 떠나는 것이 좋다. 여행자 보험의 가격은 여행 일정과 보장 내용에 따라 달라지며 주로 여행자들은 만 원 전후반 가격대의 보험을 이용한다. 더 저렴할 경우 보장 내용이 적으니 반드시 확인해볼 것. 가입 방법은 인터넷, 전화 등이 있으며 보험 가입을 위해서는 여행자 전원의 주민등록번호가 필요하니 동행자와 함께 확인 후 가입하는 것이 좋다.
여행사 상품을 이용할 때에는 보험 적용 여부와 보장 내용이 적힌 약관을 미리 받아서 보관해두자. 만약 출발일까지 보험 가입을 하지 못했다면 공항의 보험 서비스 창구에서 바로 들 수 있으나 금액은 비싸다. 보험을 들고 떠났더라도 현지에서 문제나 보상받을 일이 발생했다면 반드시 현지에 공신력 있는 기관을 통해 증명 문서를 받아두어야 한다는 사실도 잊지 말자.

사건, 사고 대처 요령

여권 도난 시

여행 중 여권은 가장 중요하게 보관해야 할 품목 1순위이다. 만약 분실했다면 우선 경찰서에 도난 내용을 신고하고 분실 증명서Police Report를 받아 대한민국 대사관 영사과에 가서 비상 여권을 발급받아야 한다. 분실 증명서는 추후 출국 시 공항 출입국 관리소에서 요구할 수 있으니 잘 챙겨두자. 영사과에서 분실 신고서를 받은 후 태국 이민국을 다시 방문해야 공항에서 출국할 수 있다.

문제는 치앙마이에는 대한민국 대사관이 없어 방콕까지 이동해서 처리해야 한다는 점이다. 대부분 치앙마이-방콕 구간 항공 국내선은 여권 사본이 있으면 탈 수 있으니 항공사에 문의해보자. 이 모든 상황에 대비해 여권 사본을 사진으로 찍어두거나 이메일에 저장해두면 보다 빠르게 일처리를 할 수 있다.

물품 도난 시

여행자 보험에 가입했다면 도난 시 보험사에 이를 청구할 수 있다. 청구를 위해서는 도난 시 반드시 경찰에게 신고 후 확인서Police Report를 받아 와야 한국에 돌아와서 처리할 수 있다는 점을 명심해두자. 신용카드를 분실할 경우 한국 카드사에 바로 전화해 카드 사용을 정지시켜야 한다.

병원 진료 시

급작스럽게 병원 치료를 받게 되는 경우에도 반드시 진단서를 지참해야 한국에 돌아와서 보험 청구가 이루어진다는 사실을 기억하자. 이러한 상황을 대비하기 위해 상비약을 미리 준비해두는 것이 좋다.

방콕 주재 대한민국 총영사관

🏴 방콕 MRT Thailand Cultural Center Station 역에서 택시 3분, 택시 탑승 후 "싸탄툿 까올리 따이"라고 한다.
📍 Embassy of the Republic of Korea 23 Thiam-Ruammit Rd, Ratchadapisek, Huay-Kwang, Bangkok 10310 Thailand
🕐 월~금요일 08:30□11:30, 13:30□16:00
📞 영사과 전화번호 662 247 7540□41, 662 247 2805 / 2836 / 3225
🌐 tha.mofa.go.kr

---

07 알아두면 편리한 스마트폰 애플리케이션

구글맵 Google Map

난생 처음 가는 길도 구글맵과 스마트폰만 있다면 문제없다. 여행 전이라면 구글맵의 거리뷰를 통해 주변 편의 시설을 확인하고 대략적인 거리를 가늠해볼 수 있다. 또한 구글맵의 주변 검색 기능을 통해 호텔이나 음식점, 관광지까지 한번에 검색해 여행 동선을 계획해볼 수도 있다. 원하는 스폿을 미리 여러 개 찍어두면 돌발 상황에도 침착하게 대처할 수 있다.

그랩 Grab

2015년 말부터 일종의 콜택시인 그랩Grab이 또 하나의 이동 수단으로 사랑 받는다. 그랩은 우버와 달리 진짜 택시를 이용한다. 송태우나 툭툭과 달리 미터제로 운행되며 최종 금액에 추가 요금(예약 비용) 50바트를 추가해 기사에게 직접 돈을 내면 된다. 차량 창문에 Grab이라는 초록색 스티커가 붙어 있어 구분할 수 있다. 24시간 운행되며 예약도 가능하다.

🌐 www.grab.com/th/en

우버 Uber

개인이 운행하는 차량을 택시처럼 이용하는 서비스로 앱을 통해 손님의 요청을 받고 원하는 출발 위치에서 목적지까지 이동을 도와준다. 우버의 가장 큰 장점은 이용 시 현금이 필요없다는 것. 앱을 통해 예약은 물론 결제까지 이뤄진다. 또한 이용 전에 앱을 통해 위치를 미리 찍어보고 예상 요금도 확인할 수 있다. 앱은 한국어도 지원한다.

🌐 www.uber.com

치앙마이로 이동하기

치앙마이로 이동하는 방법은 크게 항공, 기차, 버스로 나뉜다. 가장 많이 이용하는 방법은 태국 국내선 항공으로 평균 편도 3만~6만 원 선으로 저렴하다. 다음으로 버스와 기차가 있는데 모험심 많은 여행자들이 애용한다. 치앙마이 공항부터 기차역, 버스터미널 등 치앙마이로 가는 다양한 방법을 알아보자.

01 공항 Chiang Mai Airport

치앙마이 공항(CNX)은 태국 북부 도시를 대표하는 공항으로 시내를 기준 서쪽으로 약 7km 거리에 있다. 국제 공항으로 한국, 중국, 홍콩은 물론 전 세계 각지에서 매일 국제선 항공편이 도착한다. 국내선과 같은 건물에 있어 방콕, 치앙라이 등에서 출발하는 국내선 항공도 있다. 내부에는 식당, 카페, 렌터카, 여행사, 항공사 라운지가 있다. 시내 중심까지는 차로 약 10~20분 거리이다.

📍 60 Mahidol Rd 📞 +66 53 922 100 🌐 Chiang Maiairportthai.com

02 공항 도착 후

A. 입국 심사 (국제선 및 국내선)

한국에서 직항으로 도착하거나 홍콩, 싱가포르 등을 경유해 도착하는 경우에는 다른 나라 사람들과 같이 입국 심사를 받아야 한다. 비행기에서 내린 후 'Arrival' 표시를 따라 입국 심사대에 도착해 입국 심사를 받는데 심사 때는 비행기에서 나눠준 입국Arrival과 출국Departure 신고서를 모두 작성해 제출하도록 한다. 출국 신고서는 여권과 함께 다시 돌려주며 출국 시 사용한다. 만약 기내에서 작성하지 못했다면 심사 직전 반드시 작성해 제시한다. 방콕이나 기타 지역에서 국내선을 이용해 도착한다면 이미 첫 도착지에서 심사를 받았기 때문에 따로 입국 심사는 받지 않고 바로 수하물을 찾으러 간다.

B. 수하물 찾기

'Baggage' 표시를 따라 이동하면 일렬로 늘어선 수하물 레일을 발견할 수 있다. 작은 공항이라 헤맬 것 없이 바로 도착 편명을 확인한 후 레일 앞에 서서 본인 짐을 찾는다. 이때 반드시 내 것이 맞는지 유심히 살펴보고 만약 분실 등의 사고가 발생하면 공항 직원에게 알려야 한다. 분실 시에는 항공 체크인을 할 때 받았던 수하물 표를 제시해야 하므로 잘 챙겨두어야 한다. 또한 항공사 직원에게 바로 연락받을 전화번호와 투숙할 호텔 이름을 알려줘 짐을 받아야 한다. 짐을 찾지 못할 경우를 대비해 항공사로부터 분실 확인증을 받아두는 것도 좋은 방법이다.

C. 유심칩 구매

유심칩은 태국에 도착해서 구입하면 된다. 공항, 시내 태국 통신사 매장, 쇼핑몰, 편의점 등에서 살 수 있다. AIS, True, dtac 모두 유심칩을 판매하며 7일 사용 4G 유심칩 평균 가격은 300바트 선으로 무료 통화와 데이터가 제공된다. 시내 통신사 등에서 구입 시 여권 확인을 요청한다. 구매하는 곳에서 대부분 스마트폰에 유심칩 장착 및 설정을 도와준다.

03 이동 수단

로컬 택시

택시는 대부분 방콕같은 대도시에서 만날 수 있는 미터 택시가 아닌 사설 택시. 치앙마이 내에서 택시라고 하면 송태우를 말하지만 공항에서는 일반 승용차가 택시로 이용된다. 우선 수하물을 찾는 홀에는 공항 밖으로 나가지 않아도 시내까지 이동할 수 있는 택시, 환전, 유심 서비스 코너가 함께 있다. 공항 밖에서 택시를 잡아 타는 가격과 같으므로 이곳에서 미리 택시 서비스를 신청하자. 목적지를 말하면 금액을 알려주고 그 자리에서 요금을 지불하면 영수증과 함께 기사를 만날 출구를 알려준다. 이 영수증을 지참해문 밖으로 나가면 다른 직원이 기사를 지정해 안내해주고 도착 후 기사에게 영수증을 건네면 된다. 정찰제이기 때문에 별도의 팁이나 바가지 요금은 거의 없는 편이지만 잔돈이 없는 경우 거스름돈을 돌려받기 어려울 수 있으니 100바트짜리 지폐를 준비하는 것이 좋다. 편도 요금은 공항과 타패, 나이트 바자, 님만해민 모두 150~200바트

선이며 항동 지역이나 포시즌스 호텔이 위치한 매림 지역은 800~1,000바트대다. 짐 찾는 곳에서 정하지 못한 경우 공항 안팎에 동일한 서비스가 있으니 참고하자.

호텔 픽업

호텔에 투숙 시 차량을 요청해 이용할 수 있다. 대부분의 호텔에서 픽업 서비스를 제공하고 있으며 일반 택시보다는 요금대가 비싼 편이다. 타패와 나이트 바자 인근 호텔은 200~300바트 선으로 수수료격의 추가 요금이 약간 붙는다. 호텔 픽업이 유용한 것은 항동과 매림 지역과 같이 치앙마이 시내에서 30분~1시간 거리에 위치한 호텔을 이용할 때다. 거리가 먼 지역 호텔의 경우는 로컬 택시 서비스와 요금대가 큰 차이가 없고 로컬 기사들은 위치를 잘 모르는 경우도 있어 호텔 픽업이 더 안전할 수 있다. 호텔 픽업은 직접 호텔에 메일을 보내 요금 확인 후 신청할 수 있으며 신청 시에는 KE123, CX123과 같은 항공 편명과 함께 도착 시간을 정확한 숫자로 알려줘야 한다. 만약의 경우를 대비해 기사 연락처를 받아두는 것도 좋다. 호텔 기사는 수하물을 찾은 이후 출국장 밖으로 나오면 호텔 사인보드를 들고 서 있다.

송태우

공항 밖으로 나가면 송태우를 발견할 수 있다. 보통 공항까지 손님을 싣고 온 경우가 대부분으로 시간대에 따라 대기하고 있는 송태우가 없는 경우도 있다. 시내에서와 마찬가지로 목적지를 기사에게 말하고 흥정해서 이용한다. 금액은 거리에 따라 달라지며 타패, 나이트 바자까지 인당

40~60바트 선이면 이동이 가능하다. 단 가는 도중 다른 사람을 태울 수 있기 때문에 다른 곳에 잠시 정차하거나 돌아갈 수도 있으니 불편함은 감수해야 한다. 짐도 직접 뒷자석에 실어야 한다. 치앙마이 시내 이외의 장거리 이동이나 자정 이후에는 송태우가 많지 않아 이 경우에는 택시를 이용하는 것이 편리하다. 또한 처음 흥정 시 100바트 이상을 부르는 경우가 많으니 적당히낮춰서 흥정하는 것이 좋다.

로컬 버스

에어컨이 나오는 버스로 B2번이 공항을 거쳐 센트럴 플라자, 타패, 빙강에서 버스터미널까지, 서쪽에서 동쪽으로 가로지른다. 공항밖으로 나온 후 주차장 건너편에서 작은 표지판을 찾을 수 있으나 태국어로만 되어 있어 잘 살펴봐야 한다. 오전 7시 30분부터 30분~1시간 간격으로 운행되며 막차는 오후 4시 50분경이기 때문에 도착 시간이 낮 시간일 경우에만 유용하다. 인당 15바트이며 티켓은 버스에 탑승 후 안내 직원에게 목적지를 말하고 구입할 수 있다. 공항에서 출발해 버스터미널까지 약 26개의 정류장을 거치므로 미리 소요 시간을 계산해야 한다. 시내 중심까지 20~30분 정도 소요된다.

기차역 Chiang Mai Railway Station

태국 최북단에 위치한 기차역으로 시내 중심에서 동쪽으로 3km 떨어진 짜런므앙 로드에 자리한다. 하루 14대의 기차가 정차하는데 대부분 방콕을 오가는 기차로 약 13시간이 소요된다. 항공이나 버스 대비 이동 시간이 가장 많이 소요된다. 여행자들이 선호하는 에어컨이 나오는 2등석 침대칸을 이용할 경우 인당 약 3만~4만 원대로 항공에 비해 많이 저렴하지 않지만, 방콕에서 밤에 출발해 치앙마이에 아침에 도착할 수 있고 기차여행의 낭만을 즐겨볼 수 있어 색다른 여행방법으로 꼽힌다. 1920년대에 문을 연 기차역은 옛 모습 그대로를 간직하고 있으며 역사 앞 광장에는 옛 기차를 전시해두기도 했다. 내부에는 예약과 당일 티켓을 모두 구입할 수 있는 창구, 매점, 여행사, 짐 보관 서비스 코너가 있다. 기차역에 도착해서는 송태우를 이용해 시내로 들어갈 수 있고 위치에 따라 5~20분 정도 소요된다. 기차역 정문 근처에 3성급 호텔 보소텔 Bossotel과 편의점, 식당이 자리한다.

📍 Charoen Muang Rd 📞 +66 53 247 462 🌐 www.railway.co.th

버스터미널 Chiang Mai Arcade

치앙마이에는 크게 두 곳의 버스터미널이 있는데 대부분 이용하는 곳은 빙강에서 동쪽으로 3km 떨어진 치앙마이 아케이드이다. 현지인들도 버스터미널 하면 이곳을 떠올리며 터미널 2와 3으로 나뉜다. 방콕에서 도착하는 버스는 대부분 터미널 3을 이용하며 터미널 2는 주로 빠이 같은 소도시로 이동하는 버스가 정차한다. 두 버스터미널은 마주보고 있다. 터미널 1은 주로 치앙마이 주변 소도시를 이동하는 창뿌악 터미널Chang Puak Transport Station로 시내 중심 타패 북쪽에 자리한다.

방콕과 치앙마이는 버스로 약 10시간 거리로 대부분 침대좌석이 갖춰진 2층 버스의 경우 인당 2만 원(600바트대)으로 저렴하다. 버스는 치앙라이 등 인근 도시를 연결하는 가장 편리한 방법으로 현지인들도 많이 이용한다. 따라서 송태우를 잡아타기도 용이하다. 주변에 스타 애비뉴 쇼핑몰이 있어 식사나 여행에 필요한 물품을 구하기에도 편리하다.

치앙마이 - 치앙라이 버스 이동

치앙라이까지 가장 많이 이용하는 버스는 그린버스 Greenbus이다. 치앙마이 버스터미널 3에서 출발하며 치앙라이 외에도 태국 전역에서 운행한다. 15~30분 간격으로 오전 7시부터 오후 6시까지 15분~30분 배차 간격을 두고 있어 편리하다. 시간대별로 A□X□V클래스로 나뉘는데 A클래스는 소요 시간이 3시간 20분 정도, V클래스는 3시간이다. 가격은 2016년 기준 가장 저렴한 A클래스는 132바트, V클래스는 인당 263바트이다. 치앙라이를 거쳐 골든 트라이앵글까지 바로 가는 버스도 있으며 인당 216바트이다. 그린버스의 가장 큰 장점은 영문 홈페이지로 예약과 결제가 쉽고 버스터미널에서도 영문 서비스가 제공되는 기계를 이용할 수 있다는 점이다. 단 출발 1시간 전에는 취소 변경 시 패널티가 부과된다. 태국 북부 구석구석을 연결해 이용하기 가장 편리하다.

🌐 www.greenbusthailand.com

치앙마이 - 빠이 버스 이동

빠이 여행자들이 가장 많이 이용하는 버스는 아야Aya 버스와 치앙마이 버스터미널에서 출발하는 쁘렘쁘라차 Prempracha가 양대 산맥을 이루고 있다. 모두 15인승 미니 버스로 762개의 구비진 산길을 넘기에 최적화된 크기이다. 아야 서비스는 치앙마이 내 호텔까지 직접 픽업을 오기 때문에 터미널까지 갈 필요 없어 편리하나 안전성에 대해 여행자들 사이에서 오랫동안 논란이다. 쁘렘쁘라차는 치앙마이 버스터미널 2에서 출발한다. 터미널까지 와서 타야 하지만 보다 안전하다는 평이 많다. 오전 6시 30분부터 오후 5시 30분까지 1시간 간격으로 운행하며 빠이까지 약 3시간이 소요된다. 인당 150바트로 저렴하나 미니벤에 가까운 소형버스이므로 좌석은 좁다. 대신 짐을 버스 지붕에 실어줘 캐리어를 지참해도 문제없다. 예약은 인터넷으로 가능하나 터미널에 있는 티켓 오피스에 출발 45분 전에 도착해 지불을 한다.

🌐 아야 서비스 www.ayaservice.com
쁘렘쁘라차 prempprachatransports.com

치앙마이의 시내 교통

태국 제2의 도시이지만 방콕과 같은 다양한 이동 수단을 기대하기는 무리. 대신 치앙마이 택시라고 불리는 송태우가 치앙마이 전역을 누비고 다녀 이동에는 큰 불편함이 없다. 이밖에 의외로 다양한 이동 수단이 있으니 여행 스타일에 따라 선택해보자.

01 송태우

치앙마이 택시로 불리는 픽업 트럭으로 대부분 빨간색이다. 공항에서는 승용차를 택시로 이용하나 공항 이외 지역에서는 송태우를 택시 겸 버스라고 한다. 치앙마이 전역에서 24시간 운행되며 이용 방법은 택시와 비슷하다.

우선 손을 들어 송태우를 세운 후 운전석 쪽으로 다가가 목적지를 말한다. 기사가 목적지를 모를 경우 근처에 위치한 대형 호텔이나 유명한 사원을 같이 알려주거나 직접 지도를 보여줘 기사가 승낙하면 뒷자리에 탑승한다. 송태우로 5분 정도 거리는 인당 20바트가 적당하다. 가격을 흥정하지 않고 타는 경우가 있으나 하차 시 오히려 과한 요금을 요구할 수 있으니 미리 금액을 확인하는 것이 좋다. 단 도이수텝처럼 치앙마이 시내 중심지를 조금이라도 벗어나면 인당 40~60바트까지 요금이 오르니 탑승 전 꼭 확인하자. 도이수텝까지 이동하는 송태우는 치앙마이 대학을 지나면 대기하고 있는데 편도 40바트로 다른 여행자들과 함께 이용하곤 한다. 단독으로 몇 시간 동안 이용하고 싶다면 협상을 통해 기사 포함 조건으로 렌탈도 가능하다.

빨간색 이외의 라인은 주로 와로롯 시장을 지나 삥강 도로에 대기 중이며 버스 앞에 목적지가 표시되어 있다. 빨간색 이외에는 이른 아침부터 오후 8시경까지만 운행한다. 산깜팽 온천까지 운행하는 노란색 송태우 이외에는 목적지도 태국어로만 표시되어 있고 영어가 잘 통하지 않는다. 목적지를 말하고 흥정해서 탑승하는 것은 동일하다.

송태우 색깔별 노선

● **빨간색** 치앙마이 시내와 가까운 인근 지역을 운행한다. 주로 빨간색이다.

● **노란색** 매림Mae Rim을 포함 산깜팽 온천까지 이동해 여행자들도 많이 이용한다. 삥강 인근 와로롯 시장과 창 뿌악 버스터미널에서 출발하며 산깜팽까지는 인당 50바트 정도다.

○ **하얀색** 매땡Mae Taeng지역을 돌며 산깜팽과 비슷한 루트이다. 온천은 가지 않는다.

● **파란색** 남쪽 사라피Sarapee와 람푼Lamphun을 운행한다.

● **주황색** 팡Fang으로 운행한다.

● **녹색** 매조MaeJo로 운행한다.

02 렌터카

차량만 렌탈하면 주유비를 제외하고 하루 800바트 선에 가능하며 보험 포함 여부를 확인하고 국제 면허증과 여권을 지참해야 한다. 시내 곳곳 렌터카Rent a Car로 써놓은 여행사나 바이크 대여점, 여행사에서 문의할 수 있다. 하지만 대부분은 기사가 포함된 차량을 빌리는 것을 렌터카라고 한다. 특히 일방 통행이 많고 주차 공간이 여의치 않은 지역 상황을 고려했을 때에는 위험부담이 적은 최선의 선택이기도 하다.

기사 포함 시 시간당으로 계산되며 5인승 승용차 기준 1시간에 약 200바트 선이다. 미리 시간과 코스를 정해 이용하는 것이 대부분으로 특히 외곽 지역 이용 시 스스로 찾아가는 수고나 운전에 대한 부담감을 덜 수 있고 스폿마다 기사가 기다려주기 때문에 더욱 편리하다. 또한 별도의 팁이나 주유비도 들지 않고 송태우와 달리 시원한 실내 좌석을 이용할 수 있는 것도 큰 장점이다.

영어가 가능한 기사를 요청하는 한편 스폿을 둘러보고 다시 기사에게 연락해야 하니 핸드폰 번호를 미리 받아두자. 빠이나 치앙라이도 대부분 기사 포함으로 대여한다.

03 버스

에어컨이 나오는 버스로 주로 현지인들이 이용한다. 치앙마이 버스터미널에서 출발하는 B1, B2 단 2개의 번호가 총 7개의 노선으로 운행되며 방향별 정거장이 다르므로 잘 살피고 탑승해야 한다. 비용은 인당 15바트로 저렴하다는 것이 가장 큰 장점. 정류장은 시내 주요 지점에 표지판이 있으며 아랫부분에는 도착 시간이 태국어로 빼곡하게 적혀 있다. 여행자들이 가장 이용하기 편리한 곳은 치앙마이 버스터미널이다.

버스터미널은 신□구 건물이 서로 마주보고 있는데 그 중간 길가에 버스 정류장이 있고 버스가 늘어서 있다. 버스 앞 유리에는 노선이 영어로 표시되어 있다. B1 버스는 버스터미널, 기차역, 타패 게이트를 거쳐 님만해민을 지나 치앙마이 동물원까지 연결되며, B2 버스는 치앙마이 버스터미널에서 타패를 거쳐 공항까지 운행된다. 오전 6시부터 오후 6시까지 30분~1시간 간격으로 운행하니 참고하자.

특이한 점은 기사 외에 안내 직원이 따로 탑승하고 있다는 점이다. 탑승 후 자리를 잡고 안내 직원에게 직접 계산한 후 티켓을 받는다. 버스터미널과 동물원, 공항 이외 지역의 정류장에서는 도착시간에 맞춰 대기하고 있다가 손을 흔들어 탑승하면 된다. 단 스케줄대로 도착하지 않는 경우가 많으니 주의가 필요하다.

04 쇼핑몰 무료 셔틀

치앙마이 외곽 지역에는 대형 쇼핑몰이 여러 개 있는데 대부분 무료 셔틀버스를 제공해 잘 활용하면 편리하다. 대부분의 셔틀버스는 대형 쇼핑몰이 밀집한 나이트 바자 호텔을 경유하며 지정된 호텔을 돌고 목적지로 향한다. 별도의 비용이나 기사 외의 직원도 없어 눈치 볼 필요없이 편하게 탑승 및 하차가 가능하다. 따라서 쇼핑몰까지 무료 셔틀로 이동 후 송태우를 타면 시내에서 바로 목적지로 이동하는 것보다 약간의 비용을 절약할 수 있다. 나이트 바자 인근에서 셔틀버스를 제공하는 곳은 태국 북부에서 가장 큰 쇼핑몰인 센트럴 페스티벌Central Festival, 공항 근처에 위치한 센트럴 플라자Central Plaza, 빙강에서 동쪽에 자리한 아웃렛형 프로메나다Promenada가 대표적이다. 르메르디앙Le Merdien, 두앙타완Duangtawan, 샹그릴라Shangri-la, 아난타라Ananatara등의 호텔에 정차하며 호텔에 투숙하지 않더라도 로비에서 대기 후 이용할 수 있다. 한쪽에는 시간표가 비치되어 있다. 공항의 남쪽에 위치한 프리미엄 아웃렛Premium Outlet은 님만해민까지 운행하며 옆에 자리한 깟 파랑 쇼핑몰까지 한번에 이용할 수 있다. 단 쇼핑몰 이용 고객을 위한 서비스이므로 대형 캐리어 같은 개별 짐을 가지고 탑승할 수 없다.

05 뚝뚝

작은 오토바이를 개조한 뚝뚝은 태국 전역에서 만날 수 있는 고유의 이동 수단이다. 방콕보다는 수는 적지만 치앙마이 시내에서 뚝뚝을 종종 만나볼 수 있고 나이트 바자 입구 인근에는 뚝뚝 기사들이 많이 대기하고 있다. 송태우와 같이 흥정제이며 거리에 따라 40~100바트까지 가격대가 다양해 미리 목적지를 말하고 흥정하는 것이 좋다. 최대 3인까지 탑승 가능하다.

06 인력거 – 자전거 택시

대중적이지는 않지만 올드 시티 치앙마이 게이트 시장과 와로롯 인근에서 인력거도 만나볼 수 있다. 주로 시장에서 장을 본 현지인들이 이용하나 여행자들도 이용할 수 있다. 목적지에 따라 20~50바트 정도.

07 오토바이 대여

A. 바이크 렌탈 방법

대중교통이 발달하지 않는 태국 북부 소도시에서는 바이크만큼 유용한 이동 수단이 없다. 치앙마이에서는 주로 타패 게이트 내부 라차만카 로드를 비롯 시내 곳곳에 대여 숍이 있지만 치앙라이와 빠이는 버스터미널 인근에 많다. 대부분 믿을 수 있는 업체이겠지만 선택이 고민스럽다면 투숙하는 숙소에서 가장 가깝고 믿을 만한 업체를 문의해보는 것도 방법이다. 대여 시에는 여권 원본을 맡기거나 3,000바트 이상의 보증금을 요구하는 경우가 대부분이다. 보증금을 지불할 경우에는 여권은 사본으로 처리가 가능하고 영수증을 받아 반납 시 돈을 돌려받을 수 있다. 또한 보험 포함 여부를 반드시 확인해야 하는데 규모가 작은 업체는 보험이 불가하다. 24시간 기준으로 요금을 책정한다. 헬멧 대여 및 착용은 필수. 헬멧은 대여 금액에 포함되며 머리를 충분히 감싸는 크기로 선택하는 것이 좋다.

B. 바이크 상태 살펴보기

바이크는 기본 50cc 스쿠터부터 전문가용 바이크까지 렌탈이 가능하다. 여행자들이 가장 많이 선택하는 것은 기본 50cc 스쿠터로 면허가 없어도 간단한 강습만으로도 운전할 수 있다. 렌트할 바이크 상태는 꼼꼼히 살펴봐야 한다. 사진이나 간단한 동영상으로 대여 전 상태를 기록해두는 것도 좋다. 특히 외관상 크게 스크래치가 있다면 반납 시 보상을 요구할 수 있으니 잘 살펴봐야 한다. 다음은 시동을 걸어 바로 작동이 되는지 확인해보고 방향등, 전조등, 클랙슨, 브레이크에 문제가 없는지 살펴봐야 한다. 가능하다면 계기판에 표시된 운행거리 수가 적은 기종으로 선택하는 것이 팁이다.

〈바이크 작동법〉

① **오토바이에 탑승▶** 양다리로 균형을 잡고 선다.
② **시동 걸기▶** 열쇠를 넣고 왼쪽 핸들 브레이크를 잡은 상태에서 시동 버튼을 누른다. 시동이 걸리면 브레이크를 놓는다.
③ **출발▶** 오른쪽 핸들 스로틀throttle을 몸쪽 방향으로 조심스럽게 당긴다. 땅을 딛고 있던 발을 기기로 올려 출발.
④ **제동▶** 앞뒤 바퀴가 함께 작동하는 경우가 있으나 기기에 따라 오른쪽과 왼쪽 브레이크는 뒷바퀴를 제동한다. 주로 오른쪽 브레이크를 이용해 제동을 시작해 온전히 멈출 때는 왼쪽 브레이크를 같이 사용한다. 내리막길에서는 브레이크를 계속 잡은 상태에서 천천히 풀어주며 이동한다.

08 자전거

자전거 전문 대여점에서는 보다 다양한 기종을 빌릴 수 있

는데 산악 자전거까지 대여가 가능하다. 시간당 혹은 24시간 기준으로 대여하며 저렴한 자전거는 시간당 20바트에서 하루 60~100바트, 산악 자전거는 시간당 40바트 이상, 하루 200바트 이상, 일주일은 1,200바트 선이다. 자전거 대여 시에도 여권 원본 혹은 신분증이나 현금 보증금을 맡겨야 대여가 가능하니 꼭 지참해야 한다. 자전거 보증금은 1,000~2,000바트 이상이다. 또한 여행자들이 즐겨 타는 주황색 자전거는 바이크 앳 치앙마이에서 대여한다. 무인 자전거 대여소로 치앙마이 시내 곳곳에 총 10개의 비치소가 있다. 처음 이용 시에는 올드 시티 삼왕상 앞에 위치한 사무실에 방문하여 이용 카드를 구입해야 하며 제공된 카드를 10개의 비치소 기기에 가져다 대면 자전거의 잠금 장치가 풀린다. 가장 큰 장점은 이용 후 다른 지역 비치소에 반납할 수 있다는 것과 현금 예치금Deposit이 필요 없다는 것. 단 처음 등록 시 비용이 들고 24시간 이용이 불가해 낮 시간에 한정적으로 활용하면 좋다.

〈바이크 앳 치앙마이 이용법〉

처음 등록 처음 이용 시 카드 구입비로 120바트를 지불해야 한다. 구입 후에는 평생 사용이 가능하다. 여기에 연가입비 100바트를 지불하고 최소 100바트 이상 충전해 사용한다. 온라인으로 가입이 가능하고 올드 타운 중심, 삼왕상 인근 지점에서 직원을 통해 구입할 수 있다. 꼭 여권을 지참해야 한다.

이용 시간 오전 8시부터 오후 8시까지이며 반납 시 빈 칸에 찰칵 소리가 날 때까지 자전거를 거치대 사이에 끼워 넣어야 한다. 오후 8시 이후 반납 시 200바트의 벌금이 있다.

이용 요금 처음 등록 후 첫 1시간은 20바트, 2~5시간은 60바트, 8시간 이상은 100바트로, 충전된 카드에서 자동으로 빠져나간다.

▌● 대여소 : 왓프라싱, 타패 게이트, 치앙마이 게이트 마켓, 부악 햇 공원, 삼왕상, 시타나 학교, 와로롯 마켓, 치앙마이 첫 번째 교회 앞(빙강) ● www.bike-at.com

Index

ㅁ

ㅂ

ㅅ

Index